21世纪高职高专规划教材 高等院校公共基础课程"十二

数学实验与
高等应用数学学习指导

SHUXUE SHIYAN YU
GAODENG YINGYONG SHUXUE
XUEXI ZHIDAO

主　编　何文阁
副主编　钱冰冰　蒋沈庆
参　编　陈建兰　王鲁欣
　　　　秦志高　曹　燕

电子科技大学出版社

图书在版编目（CIP）数据

数学实验与高等应用数学学习指导 / 何文阁主编

. ——成都：电子科技大学出版社，2015.8

ISBN 978-7-5647-3206-6

Ⅰ．①数… Ⅱ．①何… Ⅲ．①高等数学－实验－高等

学校－教学参考资料②应用数学－高等学校－教学参考资

料 Ⅳ．①O13－33②O29

中国版本图书馆 CIP 数据核字（2015）第 196296 号

数学实验与高等应用数学学习指导

主 编 何文阁

出　　版：	电子科技大学出版社（成都市一环路东一段 159 号信息产业大厦　邮编：610051）
策划编辑：	谢晓辉　李述娜
责任编辑：	刘　愚
主　　页：	www.uestcp.com.cn
电子邮箱：	uestcp@uestcp.com.cn
发　　行：	新华书店经销
印　　刷：	北京文良精锐印刷公司
成品尺寸：	185mm×260mm　　印张 22.625　　字数 388 千字
版　　次：	2016 年 8 月第二版
印　　次：	2016 年 8 月第二版印刷
书　　号：	ISBN 978－7－5647－3206－6
定　　价：	42.80 元

◆本社发行部电话：028-83202463；本邮购电话：028-83201495

◆本书如有缺页、破损、装订错误，请寄回印刷厂调换。

修订说明

　　近年来高等数学课程作为高等职业教育中一门重要的通识教育课程,教学改革不断深化,编者通过总结全国各高职院校高等数学课程教学改革经验,探索研究高等数学课程模块化教学,经过几轮教学实践,在原有"基础模块"、"专业选修模块"的基础上,增加了"实验模块"和"学习指导模块",这四个模块构成了高职《高等数学》课程模块化教学的全部教学内容.希望能更好地体现"注重数学思想、注重数学应用、注重服务专业、注重提高教学质量"的高职数学课程的教学改革精神和要求.

　　第二版是与《高等应用数学》(由电子科技大学出版社出版,何文阁主编)相配套的教材和学习指导用书,主要面向使用该教材的学生.

　　在第二版中,根据教学需要增加了"向量代数与空间解析几何"的有关内容以及在附录中增加了2015年、2016年江苏省"专转本"高等数学试题及参考解答和江苏省普通高校第十一届、第十三届高等数学竞赛试题及参考解答等内容.

　　在教学过程中,本书的"实验模块"和"学习指导模块"可与《高等应用数学》教材中的"基础模块"和"专业选修模块"相互穿插配合使用,同时又具有独立性,以便读者使用.

　　在"实验模块"中,我们编写了"MATLAB软件"和"Lingo软件"两部分内容,在编写的过程中,结合高职学生目前的生源状况,力争体现"通俗易懂"的原则,避免"贪多、贪全、贪深",尽量使学生能够"看得懂、用得上",并且在实验内容上尽量使用"基础模块"和"专业选修模块"中的例题和习题.

　　在"学习指导模块"中,按照学生的学习需要,设计了五个板块:(1)主要内容归纳;(2)学法指导;(3)典型例题解析;(4)综合测试与参考解答;(5)教材《作业与练习》参考答案,这五个部分主要体现的是:

　　(1)通过主要内容归纳,帮助学生梳理、记忆、掌握本章的重点知识,理解知识间的内在联系;

　　(2)学法指导意在帮助学生正确理解、掌握本章的知识重点、难点,并起到释难解疑的作用;

　　(3)典型例题解析是通过对典型例题的剖析,帮助学生进一步建立求解类似问题的解题思路、原理、方法的能力;

　　(4)综合测试与参考解答使学生能够自我检查本章知识点、解题方法的学习情况,同时也弥补了教材中习题不足的缺点；

（5）教材"作业与练习"参考答案，给出了《高等应用数学》教材中"基础模块"和"专业选修模块"中所有习题的参考答案。以满足学生练习和作业的需要．但需要说明的是：本书的这部分章节顺序与《高等应用数学》教材中旳章节顺序并不一致，请读者在使用时注意．

本书由南通航运职业技术学院何文阁教授任主编，由钱冰冰、蒋沈庆任副主编，陈建兰、王鲁欣、秦志高、曹燕老师也参加了编写。

由于我们对模块化教学尚在研究、实践的过程中，同时对学习指导类用书缺少编写经验，又限于水平，书中难免存在不足和不妥之处，恳请专家、同行和读者批评指正．

编 者

2016 年 6 月

目　　录

实 验 模 块

学习指导模块

第 12 章　概率论与数理统计

第 1 章　MATLAB 软件及其使用

1.1　MATLAB 软件简介及基本运算实验

一、MATLAB 概况

MATLAB 名字是由 *MATrix* 和 *LABoratory* 两个词的前三个字母组合而成的. 它是 *MathWorks* 公司于 1982 年推出的一套高性能的数值计算和可视化数学软件. 被誉为"巨人肩上的工具". 由于使用 *Matlab* 编程运算与人进行科学计算的思路和表达方式完全一致, 所以不象学习其它高级语言－－如 *Basic*、*Fortran* 和 *C* 等那样难于掌握, 用 *Matlab* 编写程序犹如在演算纸上排列出公式与求解问题, 所以又被称为演算纸式科学算法语言. 在这个环境下, 对所要求解的问题, 用户只需简单地列出数学表达式, 其结果便以数值或图形方式显示出来.

MATLAB 的含义是矩阵实验室(*MATRIX　LABORATORY*), 主要用于方便矩阵的存取, 其基本元素是无须定义维数的矩阵. MATLAB 自问世以来, 就以数值计算著称. MAT-LAB 进行数值计算的基本单位是数组(或称阵列), 这使得 MATLAB 高度"向量化". 经过十几年的完善和扩充, 现已发展成为高等数学、线性代数等课程的标准工具. 由于它不需定义数组的维数, 并给出矩阵函数、特殊矩阵专门的库函数, 使之在求解诸如信号处理、建模、系统识别、控制、优化等领域的问题时, 显得大为简捷、高效、方便, 这是其它高级语言所不能比拟的. 美国许多大学的实验室都安装有 MATLAB 供学习和研究之用.

MATLAB 中包括了被称作工具箱(*TOOLBOX*)的各类应用问题的求解工具. 工具箱实际上是对 MATLAB 进行扩展应用的一系列 MATLAB 函数(称为 M 文件), 它可用来求解各类学科的问题, 包括信号处理、图象处理、控制、系统辨识、神经网络等. 随着 MATLAB 版本的不断升级, 其所含的工具箱的功能也越来越丰富, 因此, 应用范围也越来越广泛, 目前已经发展成为国际上最优秀的高性能科学和工程计算软件之一.

二、MATLAB 工作界面和经常使用的窗口

假定在您的计算机已经安装了 *MATLAB*7.0 或以上版本的软件, 在计算机桌面上双击 *MATLAB* 图标, 启动 *MATLAB* 软件, 运行后将在屏幕上看到如图 1 所示的 *MATLAB* 的工作界面和经常使用的窗口.

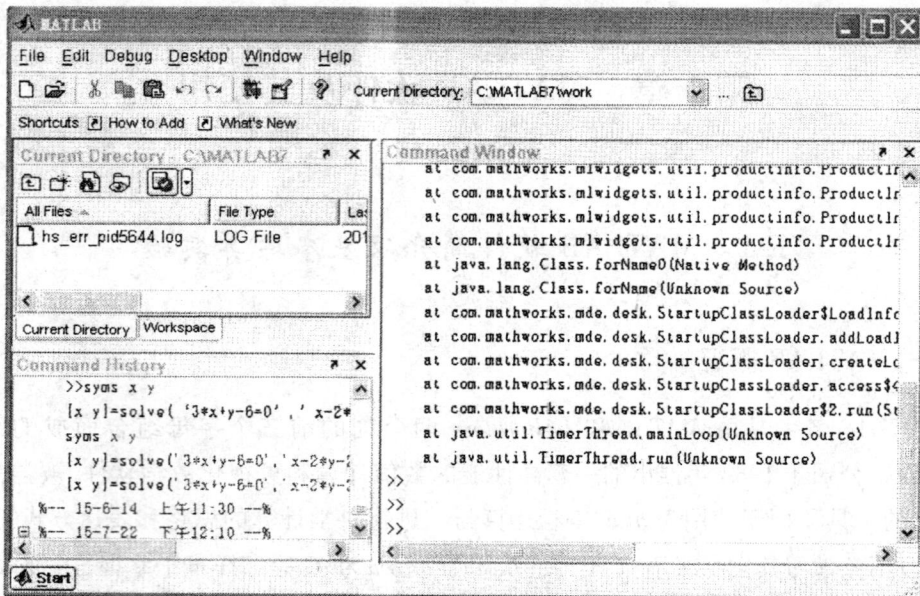

图 1　MATLAB 工作界面

在工作界面上,第一栏为 *MATLAB* 标题栏,标有标题"*MATLAB*";第二栏为菜单栏,包括 6 个菜单,它们是 *File*(基本文件操作)、*Edit*(编辑操作)、*View*、*Web*、*Windowc*、*Help*(帮助);第三栏为工具栏.经常使用的窗口有右边的命令窗口(*CommandWindow*)、当前目录浏览器(*CurrentDirectory*);左边的工作空间窗口(*WorkspaceBrowser*)、命令历史窗口(*CommandHistory*).

1. 命令窗口(*CommandWindow*)命令窗口用于输入 *MATLAB* 命令、变量、函数、数组、表达式等信息,并显示除图形外的所有计算结果,它是 *MATLAB* 的主要交互式窗口.命令窗口提供了命令行编辑功能,可通过键盘输入控制指令、建立矩阵、运算表达式等. *MATLAB* 属于一种交互式语言,输入命令即给出运算结果.当命令窗口出现提示符"＞＞"时,表示 *MATLAB* 已经准备好,可以接受指令了.

在 *MATLAB* 命令窗口下输入相关的运算指令之后,按 *Enter* 回车键,*MATLAB* 即可会将运算结果直接存入一变量"*ans*"(*ans* 是系统自动给出的运行结果变量,是英文 *answer* 的缩写,如果我们直接指定变量,则系统就不再提供 *ans* 作为运行结果变量),代表 *MATLAB* 运算后的答案,并显示在 *MATLAB* 命令窗口屏幕上.

MATLAB 利用↑↓二个游标键可以将所下过的指令调回来重复使用.按下"↑键"则前一次指令重新出现,之后再按 *Enter* 键,即再执行前一次的指令.按下"↓键"的功用则是往后执行指令.其它在键盘上的几个键如→键、←键,*Delete*,*Insert*,其功能则显而易见,试用即知,这里就不再更多加说明了.

2. 当前目录浏览器(*CurrentDirectory*)当前目录是指 *MATLAB* 运行文件时的工作目录,只有在当前目录或者搜索路径下的文件及函数才可以被运行或者调用.

3. 工作空间窗口(*WorkspaceBrowser*)工作空间是 *MATLAB* 用于存储各种变量和结果的内存空间,该窗口用于显示工作空间保存的所有变量的名称、维数大小、字节数和数据类型.

4. 命令历史窗口(*CommandHistory*)命令历史窗口是为记录运行过的 *MATLAB* 命令历史而设计的,它记录了运行过的所有命令、函数、表达式等信息. 在这里可以对已经运行过的命令进行查找、编辑、删除、检查、修改、复制等工作,除此之外,它还记录了每次打开系统的时间. 当在历史命令窗口选定了某条命令后,按住鼠标右键就会弹出一个有 9 个选项的菜单,可以按照需要选择. 需要注意的是,删除命令历史中无用的和错误的命令行,既可以使保留的命令更加整齐,便于查找,也可以将其存入 *M* 文件,形成命令文件.

三、MATLAB 基本数学运算

1. *MATLAB* 变量的命名规则

同其他高级语言一样,*MATLAB* 通过变量保存运算中的初始值、临时结果和最终结果,变量的命名要遵守如下规则:

(1)变量名必须以字母开头,后面可以跟任意字母、数字、或者下划线,但不能有空格符和其他的标点符号. 如果有下划线,下划线必须位于两个字符之间,如 $x,ab,y1,z\_2$ 都是符合规定的变量;

(2)变量名区分字母的大小写,如 t 和 T 是两个不同的变量;

(3)变量名的长度不限,(7.0 以前的版本有限制);

(4)*MATLAB* 中预设了一些常用特殊变量,如表 1 - 1 所示

表 1 - 1　*MATLAB* 中的常用特殊变量

变量名	含义
ans	计算结果的缺省变量名
pi	圆周率 π
Inf 或 inf	正无穷大,如 1/0
eps	最小浮点数 $2^{(-52)}$
i,j	虚数单位 $i=j=\sqrt{-1}$
NaN 或 nan	非数值,如 $0/0$,inf/inf,$0*$inf 等

注意:这些常用的特殊变量和函数名一样,一般不要将其用作变量名,以免引起混淆而不易查出.

2. 变量的赋值形式

MATLAB 语句由表达式和变量组成,表达式是由常数、变量、函数和各种运算符号经过组合形成的,并可以运算得到确定结果的式子. 变量的赋值通常有两种形式:

(1)表达式;

(2)变量 = 表达式.

其中," = "为赋值符号,将右边表达式的值赋值给左边变量. 当不指定输出变量时,*MAT-LAB* 将表达式的值赋给临时变量 *ans*.

同一行可以有多个表达式,用分号(不显示结果)或逗号(显示结果)分隔.

例如,将 2.35 赋值给变量 x,将 0.283 赋值给变量 y,可有如下操作:

在命令窗口光标" > >"后面输入以下命令:

$X = 2.35, y = 0.283$

按 Enter 键,该指令被运行,在命令窗口显示所得结果为:

$X = 2.350, y = 0.2830$

注意:输入时,如 0.2830 也可以简写成.283;若 x 后面加分号";",不显示 x 的值,只显示 y 的值,你不妨试试看结果如何?

3. 符号变量

首先可以利用 *syms* 命令定义一个或多个符号变量,在建立多个符号变量时,可依次输入,中间用空格分开. 如有 x, a, b 等多个变量,一般在命令窗口光标" > >"后面输入以下内容:

syms x a b

4. 字符变量

在 *MATLAB* 中用单引号($''$)括起来的一串字符称为字符串,字符串赋给变量,就构成字符串变量. 例如输入$'hello'$,按 Enter 键后输出结果为:

ans = Hello

5. *MATLAB* 中标点符号的使用

标点在 *MATLAB* 指令中的作用极其重要. 为了保证指令的正确执行,标点符号必须在英文状态下输入. *MATLAB* 指令中标点符号的作用见表 1 - 2

表表1-2. *MATLAB* 中标点符号的作用

名 称	标 点	作 用
空格		分隔输入变量;分隔数组元素
逗号	,	作为要显示结果的指令的结尾;分隔输入变量;分隔数组元素
黑点	.	小数点
分号	;	作为不显示结果的结尾;分隔数组中的行
冒号	:	用作生成一维数组;用作下标时表示该数组维上的所有元素
注释号	%	其后内容为注释内容
单引号	$''$	引住的内容为字符串
圆括号	( )	用作数组标识;表示函数输入变量列表时用
方括号	[ ]	输入数组时用;表示函数输出变量列表时用
花括号	{ }	用作 *cell* 型数组标识
下连符	−	用在变量、函数和文件名中
续行号	...	将长指令行分成两行输入,保持两行逻辑上的连续
回车	Enter	指令输入结束并执行;分隔数组中的行

掌握正确的书写格式是执行 MATLAB 命令的基础. 书写 MATLAB 命令时要注意以下几个问题:

（1）MATLAB 命令既可以用分号结束，也可以不用分号结束，当以分号结尾时，不显示命令行的执行结果；

（2）多条命令可以放在同一行书写，命令之间用逗号或分号隔开；

（3）如果一条命令太长，可以换行书写，换行之前需要用连续的 3 个点"…"结束. 注意是 3 个小数点，而不是中文省略号. 如果换行前的最后一个字符位是数字，则应该是 4 个点，或者先空一格，然后在三个点；

（4）为提高命令的可读性，可用放置在命令后的以 % 开始的字符串对命令作注释；

（5）用 Ctrl + c 可中断 MATLAB 命令的运行.

6. 命令窗口中常用的命令

在 MATLAB 命令窗口中，经常会用到一些指令，比如清除屏幕、清除变量，列出文件目录等，常用的命令如表 1 - 3 所示

表 1 - 3　MATLAB 中常用指令

指令	含义	指令	含义
who	查询 MATLAB 内存变量	clc	清除指令窗中显示的内容
whos	查询全部变量详细情况	Save sa X	将 X 变量保存到 sa. mat 文件
clear	清除内存中的全部变量	Load sa X	调用 sa. mat 文件变量 X
clf	清除图形窗	open	打开指定文件
type	显示 M 文件的内容	Exit/quit	退出 MATLAB

说明：无论是用户自定义的变量，还是特殊变量，一旦为它赋值，就可以在任何需要的时候调用，并能以文件的形式保存起来，供以后使用.

（1）保存变量有三种方法：一是在"File"菜单下选择"SaveWorkSpaceAS…"功能项来保存；二是在工作空间浏览器窗口用右键弹出下拉菜单进行操作；三是在命令窗口下用命令：

（Save　［＜文件名＞］　［＜变量名表＞］　［－ASCⅡ］）

来保存. 若'文件名'省略，系统默认的文件名为 matlab. mat；变量名之间用空格隔开，"变量名表"省略表示保存当前工作空间中存在的所有变量；"－ASCII"省略表示以二进制形式存储，这也是默认的存储形式，否则以 ASCII 码形式存储.

（2）保存在文件中的变量，可通过以下两种方法打开后使用：一是在"File"菜单下选择"LoadWorkSpaceAS…"打开文件中存在的变量；二是在命令窗口下用命令：

Load　［＜文件名＞］　［变量］

从指定文件中将指定变量装入 MATLAB 的工作空间中，文件名省略时系统默认的文件名为 matlab. mat，变量省略时表示打开文件中的所有变量.

（3）用户在操作过程中，如果忘记了变量名或变量的属性时，MATLAB 中的"who"和"whos"命令可以帮助查找，who 命令用于显示工作空间中保存的所有变量名；whos 命令用于显示工作空间中各变量的属性，包括大小、元素个数、占用的字节数、元素精度等. 例

如在命令窗口下键入"who",显示

Your   variables   are：

        a   b

显示结果表明,工作空间中共保存有两个变量,分别是 a 和 b. 若在命令窗口下键入"whos",显示

Name	Size	Bytes	Class
a	3×3	72	double array
b	3×3	72	double array
Grand	total is 18 elements using	144 bytes	

（4）对于不再使用的变量,用户可以删除,删除变量的格式为

$$Clear[变量名表]$$

表示删除由变量名表指定的变量. 当省略变量名表时,表示删除当前工作空间中的所有变量.

四、MATLAB 基本运算

1. 用 MATLAB 求函数值

首先介绍 MATLAB 中的算术运算符,如表 1 - 4 所示

表 1 - 4　MATLAB 算术运算符

运算关系	MATLAB 运算符	运算关系	MATLAB 运算符
加	+	减	−
乘	*	除	/或\
幂	^		

注意:（1）上表中除法运算符/与\,对数值运算时作用是相同的,如 1/2 和 2\1,其结果都是 0.5. 但是对于矩阵进行运算的时候,其完全是两种不同的运算,具体在矩阵运算时在详细说明.

（2）运算原则是从左到右的顺序,优先级的顺序是先幂运算,再乘、除法运算,最后是加、减法运算,有括号的话先算括号里的运算.

其次介绍 MATLAB 工具箱中经常用到的函数,如表 1 - 5 所示

表 1-5　MATLAB 常用函数

函数名称	表达式	MATLAB 命令	函数名称	表达式	MATLAB 命令
幂函数	x^a	$x\hat{\ }a$	三角函数	$\sin x$	$\sin(x)$
	$\sqrt{x}$	$sqrt(x)$		$\cos x$	$\cos(x)$
指数函数	a^x	$a\hat{\ }x$		$\tan x$	$\tan(x)$
	e^x	$exp(x)$		$\cot x$	$\cot(x)$
对数函数	$\ln x$	$\log(x)$		$\sec x$	$\sec(x)$
	$\log_2 x$	$\log2(x)$		$\csc x$	$\csc(x)$
	$\lg x$	$\log10(x)$	反三角函数	$\arcsin x$	$\operatorname{asin}(x)$
绝对值函数	$\lvert x\rvert$	$abs(x)$		$\arccos x$	$\operatorname{acos}(x)$
				$\arctan x$	$\operatorname{atan}(x)$
				$\operatorname{arccot} x$	$\operatorname{acot}(x)$

有了 MATLAB 算术运算符和 MATLAB 常用函数命令,我们就可以进行一般的函数值的计算.

例 1　当 $x=3$ 时,求 $y=x^3-\sqrt[4]{x}+2.15\sin x$ 的值.

在 MATLAB 命令窗口输入

$>>x=3$;

$>>y=x\hat{\ }3-x(1/4)+2.15*\sin(x)$

按回车键,显示输出结果为

$y=$

　25.9873

例 2　求 $y_1=\dfrac{(5-\sqrt{3})\sin(0.3\pi)}{1+\sqrt{5}}$; $y_2=\dfrac{5+\sqrt{3}\cos(0.3\pi)}{1+\sqrt{5}}$.

在 MATLAB 命令窗口输入

$>>y1=(5-sqrt(3))*\sin(0.3*pi)/(1+sqrt(5))$

按回车键,显示输出结果为

$y1=$

　0.8170

对于 y_2 的求解,可用"↑"键调用以前使用过的语句.如按"↑"键,则重新显示:

$>>y1=(5-sqrt(3))*\sin(0.3*pi)/(1+sqrt(5))$

用"←"键修改为:

$>>y2=(5-sqrt(3)*\sin(0.3*pi))/(1+sqrt(5))$

按回车键,显示输出结果为

$$y2 =$$

$$1.1121$$

说明:当命令行有错误的时候,按回车键后,MATLAB 会显示红色字体提示;再输入有下标的变量时,如 $y1$ 只能输入 $y1$,而不能输入 y_1.

利用 *MATLAB* 运算符与函数可以进行快速完成对数组元素的运算,数组元素的乘除与乘幂运算必须在运算符前面加点".",称为"点"运算,如表 1 - 6 所示.

表 1 - 6 "点"运算符

运算关系	MATLAB 运算符	运算关系	MATLAB 运算符
点乘	. *	点乘幂	.^
点除	./		

例 3 设 $f(x) = x^2 - \dfrac{1}{x}$,求 $f(1), f(2), \cdots, f(5)$.

$> >x = 1:5; f = x.\hat{}2 - 1./x$

按回车键,显示输出结果为

$f = 0 \quad 3.5000 \quad 8.6667 \quad 15.7500 \quad 24.8000$

注意:这里的在输入 MATLAB 命令时,必须是"."运算,否则运行结果就会出现错误的.

2. 用 MATLAB 求代数方程的解

在 MATLAB 中,利用命令函数 solve 求代数方程以及方程组的解,其具体调用格式为

(1) solve('eq', 'var')

表示求方程 eq 对指定变量 var 求解,即求方程 eq(var) = 0 的解

(2) solve('eq1', 'eq2', ... 'eqN', 'var1', 'var2', ..., 'varN')

表示求方程组 eq1, eq2, $\cdots$, eqN 中对变量 var1, var2, $\cdots$, varN 的解

例 4 解方程 $x^4 - 3x^3 + 5x^2 - x - 10 = 0$.

解 $> >x = solve('x\hat{}4 - 3 * x\hat{}3 + 5 * x\hat{}2 - x - 10 = 0', 'x')$

按回车键,有

$x =$

-1

2

$1 + 2 * i$

$1 - 2 * i$

可知,方程有四个解 $x_1 = -1, x_2 = 2. x_3 = 1 + 2i, x_4 = 1 - 2i$.

例 5 求方程组 $3x + y = 6, x - 2y = 2$

解 $> >syms \ x \ y$

＞＞$[xy] = solve('3 * x + y - 6 = 0', 'x - 2 * y - 2 = 0', 'x', 'y')$

按回车键,有

$X = 2$

$y = 0$

可知,方程组的解为 $x = 2, y = 0$

2. 矩阵及其运算

(1)矩阵的输入

MATLAB 的主要数据对象是矩阵,行向量、列向量以及标量都是它的特例,MATLAB 最基本的功能是进行矩阵运算,下面我们就简单介绍一下在有 MATLAB 中有关矩阵的操作和运算.

矩阵的输入有多种方法,如直接输入每个元素;由语句或函数生成;在 M 文件(以后介绍)中生成等.

MATLAB 中直接输入矩阵时不用描述矩阵的类型和维数,可以在 MATLAB 的命令窗口中,把元素直接输入方括号中,同一行的元素用逗号或空格隔开,不同行的元素用分号或回车分开,如在命令窗口中输入:

＞＞$A = [1,2,3;4,5,6]$

按回车键,显示输出结果为:

A =

　　1　2　3

　　4　5　6

或

＞＞$A = [1\ 2\ 3;4\ 5\ 6]$,按回车键,显示输出结果为是相同的,都得到一个 2×3 的矩阵. 其他的矩阵输入,读者可随意编写任意矩阵练习,这里不再赘述了.

对于任意给定的一个矩阵,如何找到矩阵中规定位置的元素呢? 矩阵中的元素可以用矩阵的行,列数(放在圆括号中)进行查找,例如,在上例中,

＞＞$a = A(2,1)$　　% 找到矩阵 A 中第二行第一列中的元素,并赋值给 a

按回车键,显示输出结果为:

a = 4

或者不指定输出变量,MATLAB 将回应 ans(answer 的缩写),如 ＞＞$A(2,3)$

按回车键,显示输出结果为:

ans =

　　6

也可以直接修改矩阵中的元素,如 ＞＞$A(2,1) = 7$

按回车键,显示输出结果为:

A =

   1 2 3

   7 5 6

> > A(3,4) = 1

按回车键,显示输出结果为:

A =

   1 2 3 0

   7 5 6 0

   0 0 0 1

原来的 A 没有 3 行 4 列,MATLAB 会自动增加行列数,对未输入的元素赋值为 0.

(2)矩阵的函数生成

MATLAB 提供了一些函数来构造特殊矩阵,如

> > W = zeros(2,3)　　% 构造一个 2 × 3 的零矩阵

按回车键,显示输出结果为:

W =

   0 0 0

   0 0 0

> > U = ones(3)　　% 构造一个 3 × 3 的全 1 矩阵,方阵只需要输入行数.

按回车键,显示输出结果为:

U =

   1 1 1

   1 1 1

   1 1 1

> > V = eye(3)　　% 构造一个 3 × 3 的单位矩阵

按回车键,显示输出结果为:

V =

   1 0 0

   0 1 0

   0 0 1

(3)矩阵的基本运算

MATLAB 中提供了下列矩阵运算符,如表 1-6 所示

表 1-6　MATLAB 矩阵运算符

运算关系	MATLAB 运算符	运算关系	MATLAB 运算符
加法	+	减法	-
乘法	*	乘幂	^
除法	\左除;/右除	转置	'

注意:在这些运算中,它们要符合矩阵的运算规律,如果矩阵的行列数不符合运算符的要求,命令窗口将产生错误的信息,这里将左除和右除以及矩阵与标量的运算简单说明如下:

设 A 是可逆矩阵,$AX = B$ 的解是 A 左除 B,即 $X = A \backslash B$(当 B 为列向量时,得到方程组的解);$XA = B$ 的解是 A 右除 B,即 $X = B / A$.

标量与矩阵进行运算时,要注意,如

> > E = E + 3　　　　　% 矩阵 E 的每一个元素都加上 3,得到一个与 E 的维数相同的矩阵.

(4) 矩阵的".”运算

MATLAB 中为矩阵提供了下面的特殊的"点"运算,如表 1 - 7 所示

表 1 - 7　MATLAB"点"运算符

运算关系	MATLAB 运算符	运算关系	MATLAB 运算符
点乘法	. *	点乘幂	. ^
点左除	. \	点右除	. /

"点"运算实际上是对相同维数的矩阵的对应元素进行相应的运算. 如

> > A = [1,0,2;3,4,0]　　　　% A 对重新赋值

按回车键,结果为:

A =

　　1　0　2

　　3　4　0

> > B = [5,6,3;8,9,3]

按回车键,结果为:　　　　% B 对重新赋值

B =

　　5　6　3

　　8　9　3

> > A. * B

按回车键,结果为:

ans =

　　5　0　6

　　24　36　0

> > B. ^A

按回车键,结果为:

ans =

　　5　　　1　　　9

　　512　　6561　　1

＞＞A.\B

按回车键,结果为：

ans =

     5.0000   Inf   1.5000

     2.6667   2.2500   Inf

注意:A.\B 与 B./A 的结果相同,请读者自己验证一下.

＞＞B.\A

按回车键,结果为：

ans =

    0.2000   0   0.6667

    0.3750   0.4444   0

注意:B.\A 与 A./B 的结果相同,请读者自己验证一下.

还应该注意的是上述运算中两个矩阵的维数应该相同.

对于标量与矩阵的运算有：

＞＞2.^A   % 标量 2 相当于元素全为 2 的与 A 同维数的矩阵

按回车键,结果为：

ans =

    2   1   4

    8 16   1

＞＞A.^2

ans =

    1   0   4

    9 16   0

(5)行向量的特殊输入方式

行向量与一维数组是一样的数据对象,除了作为矩阵的特例像 1×n 矩阵一样输入外,也常利用冒号,即":"建立数组,具体用法可从下面的例子中知道.

＞＞a = 1:5   % 从 1 到 5 公差为 1(可缺省)的等差数组

按回车键,结果为：

a =

   1 2 3 4 5

＞＞b = 1:2:7   % 从 1 到 7 公差为 2 的等差数组

按回车键,结果为：

b =

   1 3 5 7

＞＞c＝6：－3：－6　　　　　% 从 6 到 －6 公差为 －3 的等差数组

按回车键,结果为:

c ＝

　　6　3　0　－3　－6

＞＞d＝0:pi/4:pi　　　　　% 从 6 到 －6 公差为 －3 的等差数组

按回车键,结果为:

d ＝

　　0　0.7854　1.5708　2.3562　3.1416

三、关系运算与逻辑运算

1. 关系运算

MATLAB 中提供了 6 个关系运算符,用于对相同维数的两个矩阵进行比较,如表 1 - 8 所示.

表 1 - 8　MATLAB 中的关系运算符

运算符	含义	运算符	含义	运算符	含义
<	小于	>	大于	＝＝	等于
< ＝	小于等于	> ＝	大于等于	~ ＝	不等于

关系运算的格式为:

A　关系运算符　B

注意:要求 A 与 B 的类型相同,可以是相同维数的矩阵,也可以是算术表达式.

运算原则方法是:如果关系运算符两边是矩阵,则把两矩阵中的对应元素作关系运算;如果运算符两边为表达式,则先计算表达式的值,再作关系运算. 如果关系成立,则运算结果为 1(真),否则为 0(假),因此关系运算的结果就是由 0 或 1 组成的矩阵,具体例子如下:

＞＞a＝[－124;548];b＝[015;512];

＞＞c＝a＞b

按回车键,结果为:

c ＝

　　0　1　0

　　0　1　1

2. 逻辑运算

MATLAB 中提供了 3 个逻辑运算符,如表 1 - 9 所示.

表 1-9 MATLAB 中的逻辑运算符

运算符	含义	运算符	含义	运算符	含义
&	与(AND)			或(OR)	~	非(NOT)

运算原则方法:逻辑运算都是元素对元素的操作,每个非零元素都当作"1"处理. 逻辑运算的结果是一个由"1"和"0"构成的矩阵

(1)逻辑与(&)

格式:$c = a\&b$

其运算结果为一个与 a、b 同维数的矩阵,当 $a(i,j) \neq 0$,且 $b(i,j) \neq 0$ 时,$c(i,j) = 1$,其余 $c(i,j) = 0$.

如:

$> > a = [-1 \quad 2 \quad 4; 5 \quad 4 \quad 8]; b = [0 \quad 1 \quad 5; 5 \quad 1 \quad 2];$

$> > c = a\&b$

按回车键,结果为:

C =

    0 1 1

    1 1 1

(2)逻辑或(|)

格式:$c = a|b$

其运算结果为一个与 a、b 同维数的矩阵,当 $a(i,j) = 0$,且 $b(i,j) = 0$ 时,$c(i,j) = 0$,其余 $c(i,j) = 1$.

如:

$> > c = a|b$

按回车键,结果为:

c =

    1 1 1

    1 1 1

(3)逻辑非

格式:$c = \sim a$

其运算结果为一个与 a、b 同维数的矩阵,当 $a(i,j) = 0$ 时,$c(i,j) = 1$,其余 $c(i,j) = 0$.

如:

$> > c = \sim a$

按回车键,结果为:

c =

　0　0　0

　0　0　0

另外,MATLAB 还提供了许多以"is"打头的判断型逻辑函数以及其他与逻辑运算有关的函数,具体用法可参阅帮助信息,这里不再一一介绍了.

作业与练习 1.1

1. 计算下列各式的值

$(1)\,4^2-\log_2\dfrac{1}{8}+\sqrt{48}\,;(2)\sin\dfrac{\pi}{3}+\cos\dfrac{\pi}{4}-\cot^2\dfrac{\pi}{6}.$

2. 已知函数 $f(x)=x^3-2x+3$,求 $f(2)\,,f(-a)\,,f(t^2).$

3. 求解下列方程或方程组

$(1)\,x^3-5x^2+3x+6=0\,;(2)\sin x=xe^x\,;(3)\begin{cases}x^2+y^2=a\\3x+7=b\end{cases}$

1.2　*MATLAB* 的图形功能

MATLAB 系统提供了丰富的图形功能,下面主要介绍二维图形的画法,对于三维图形只作简单介绍.

一、二维图形

1. *MATLAB* 图形窗口

利用 *MATLAB* 绘图函数和绘图工具所绘制的图形都显示在 *MATLAB* 命令窗口外的一个图形窗口中,图 2 - 1 就是一个典型的 *MATLAB* 图形窗口.

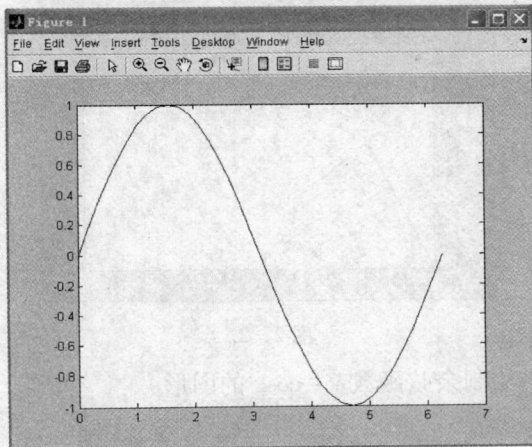

图 2 - 1　*MATLAB* 图形窗口

MATLAB 图形窗口由标题栏、菜单栏、工具栏和图形区组成.

标题栏左侧显示该图形的文件名,右侧是图形最大、最小化以及关闭按钮.

菜单栏包括 File(文件)、Edit(编辑)、View(视图)、Insert(插入)、Tools(工具)、Desktop(桌面)、Window(窗口)和 Help(帮助)菜单.菜单栏右边的箭头可以把图形窗口显示在 MATLAB 桌面中.

工具栏包括以下功能的工具按钮:新建文件、打开文件、保存文件、打印文件;图形编辑模式开关;放大、缩小、平移、旋转;数据点标记;颜色条、图例;隐藏绘图工具、显示绘图工具.用户也可以通过单击视图菜单(View)下的子菜单打开照相机工具条(CameraToolbar)和图形编辑工具条(PlotEditToolbar).

图形区用于显示通过绘图函数和工具绘制的目标图形.

典型的二维图形应该包括标题、坐标轴、函数图形、标注.

2. 基本绘图命令 plot

MATLAB 中最基本的二维绘图命令是绘图命令 plot.它有多种语法格式,可以实现多种绘图功能.

格式:plot(X,Y)

说明:以 X,Y 对应元素为坐标绘制二维图形,但要注意 X,Y 的维数要匹配.

变形格式:plot(Y),对于这种格式,如果 Y 为 m 维变量,则等价于 X 从 1 到 m 即 1:m 的 plot(X,Y)图形.

例 1 $X = [1,2,3,4,5,6]$,$Y = [0,0.58,0.70,0.95,0.83,0.25]$,绘制以数组 X 为横坐标,以数组 Y 为纵座标的的图形.

> >X = [1,2,3,4,5,6];Y = [0,0.58,0.70,0.95,0.83,0.25];

> >plot(X,Y)

按回车键,在 MATLAB 图形窗口中有图形 2 - 2.

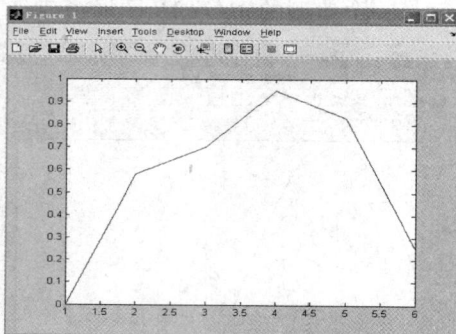

图 2 - 2.

例 2 在[0,2π]内绘制余弦函数 $y = \cos x$ 的图形

> >$X = 0:pi/15:2*pi$;

> >$Y = \cos(x)$;

$> > plot(X,Y)$

按回车键,在 *MATLAB* 图形窗口中有图形 2 - 3.

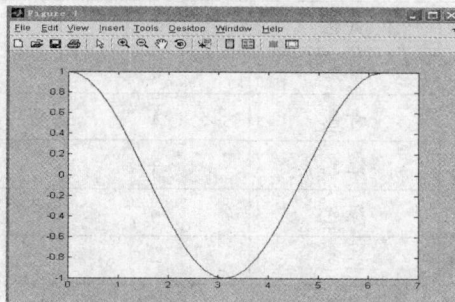

图 2 - 3

3. 在一个坐标系下绘制多个图形

格式: $plot(X1,Y1,X2,Y2,X3,Y3,\cdots.Xn,Yn)$

例 3　在一个坐标系下绘制 $y = \sin x, y = \cos x$ 的图形

解　$> > x = 0:pi/15:2 * pi;$

$> > y1 = \sin(x); y2 = \cos(x);$

$> > plot(x,y1,x,y2)$

按回车键,在 *MATLAB* 图形窗口中有图形 2 - 4.

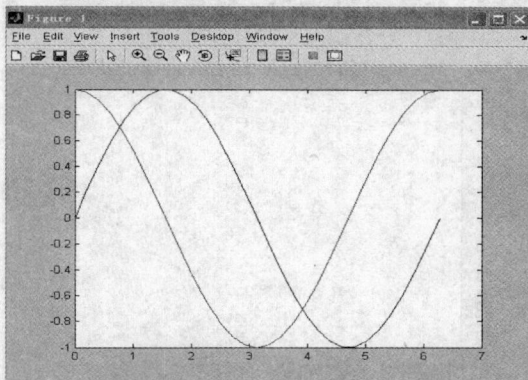

图 2 - 4

在 *MATLAB* 中,可以对绘制的图形的曲线的线型、曲线的颜色进行选择设置,调用格式如下:

格式: $plot(x,y,'s')$

其中,字符串$'s'$表示设定曲线的颜色和线型,*MATLAB* 中提供了多种线型和多种颜色供选择,这里我们给出其中的几种基本的线型和颜色,如表 2 - 1 所示

表 2 - 1   *MATLAB* 中曲线的基本线型和颜色

符号	颜色	符号	线型
y	黄色	.	点
m	紫红	0	圆圈
c	青色	X	X 标记
r	红色	+	加号
g	绿色	*	星号
b	兰色	-	实线
w	白色	:	点线
k	黑色	-.	点划线
		- -	虚线

例 4   在一个坐标系下用红色、加号和绿色、星号线绘制 $y = \sin x, y = \cos x$ 的图形.

解 $>>x = 0:pi/15:2*pi$;

$>>y1 = \sin(x); y2 = \cos(x)$;

$>>plot(x, y1, 'r+', x, y2, 'g*')$

按回车键,在 *MATLAB* 图形窗口中有图形 2 - 5.

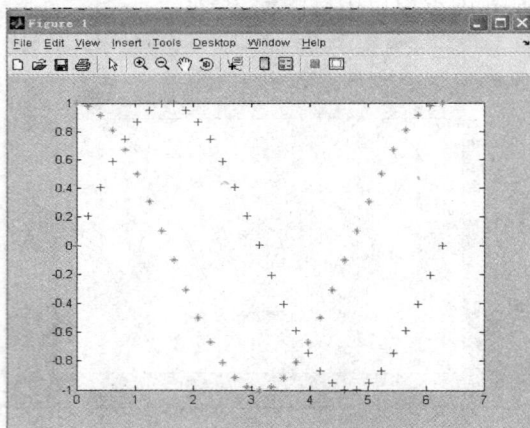

图 2 - 5

4. 在一个窗口下绘制多个子图

有的时候,为了便于对比或者节省绘图空间,需要在同一个绘图窗口下建立多个子图,即建立多个坐标系并在各坐标系中分别绘图. 在 *MATLAB* 中,用命令函数 *subplot*,具体调用格式为

格式:$subplot(m, n, i)$

表示在当前绘图区域中建立 m 行 n 列个子绘图区,并在编号为 i 的位置上建立坐标系,并设置该区域为当前绘图区.

例 5   在同一窗口绘制函数 $y = \cos x, y = x^2, y = \ln x, y = x$ 的图像

解 $>>subplot(2,2,1)$

$>>x=-2*pi:0.1*pi:2*pi;$

$>>y=\cos(x);$

$>>plot(x,y,'-')$

$>>subplot(2,2,2)$

$>>x=-5:0.1:5;$

$>>y=x.^2;$

$>>plot(x,y,'+')$

$>>subplot(2,2,3)$

$>>x=1:0.1:4;$

$>>y=\log(x);plot(x,y,'*')$

$>>subplot(2,2,4)$

$>>x=-4:0.1:4;$

$>>y=x;$

$>>plot(x,y,'--k')$

按回车键,得到图形 2 - 6

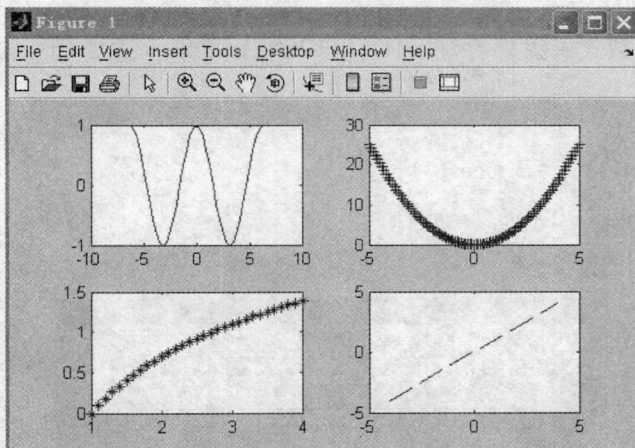

图 2 - 6

5. 显函数、隐函数、参数式函数绘图

在 *MATLAB* 中,用命令函数 ezplot 作显函数、隐函数和参数式函数的图像,其调用格式为

(1) $ezplot(f,[min,max])$

表示在指定的范围 $[min,max]$ 内绘制函数表达式 $f=f(x)$ 的图形.

(2) $ezplot(f,[xmin,xmax,ymin,ymax])$

表示在指定的平面矩形区域 $[xmin,xmax]([ymin,ymax]$ 上作出函数 $f(x,y)=0$ 的图形.

(3) $ezplot(x,y,[tmin,tmax])$

表示在指定的 t 的范围 $[tmin,tmax]$ 内绘制参数式函数 $x=x(t),y=y(t)$ 的图形

例 6 用 ezplot 命令绘制 $y = \dfrac{1}{\sqrt{2\pi}} e^{-\frac{t^2}{2}}$ 的图形

解 $>>syms\ t$ %定义 t 为字符变量(自变量)

$>>y = 1/(sqrt(2*pi)) * exp(-t*t/2);$

$>>ezplot(y,[-4,4]),grid$ %grid 命令表示显示网格线.

按回车键得到图 2-7

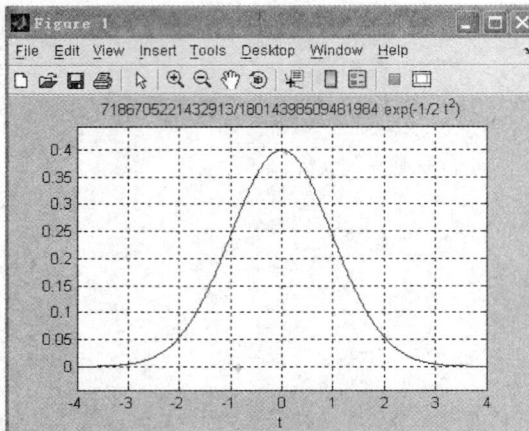

图 2-7

例 7 绘制参数式函数 $\begin{cases} x = 5\sin t \\ y = 3\cos t \end{cases}, t \in [-2\pi, 2\pi]$ 的图形.

解 $>>syms\ t$

$>>x = 5*\sin(t);y = 3*\cos(t);$

$>>ezplot(x,y,[-2*pi,2*pi])$

按回车键得到图形 2-8

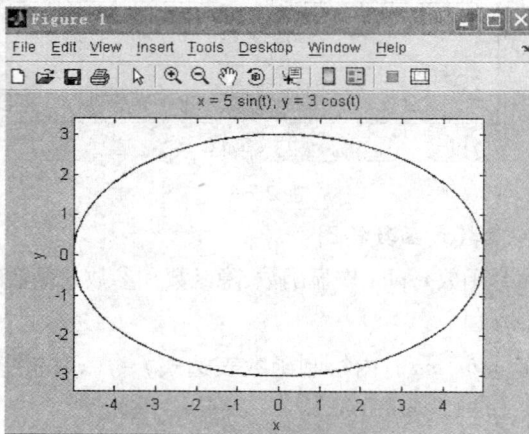

图 2-8

6、图形的标注

通过命令函数 *plot* 画出了基本图形之后,就要对图形进行必要的标注了,比如在一个图形上可以加注标题、*X* 轴标记,*Y* 轴标标记等,在 *MATLAB* 中图形标注的方式可以分为五种:命令窗口中用标注函数标注、通过图形编辑工具条标注、通过插入菜单(*Insert*)项标注、利用图形面板对象标注和在属性编辑器界面下标注.

这里我们只是简单介绍命令窗口中用标注函数标注和通过插入菜单(*Insert*)项标注两种标注方法.

(1)标注函数标注

MATLAB 命令窗口中用标注函数进行标注,常用的标注函数如表 2 - 2 所示.

命令函数	功能	命令函数	功能
Xlabel	给 *x* 轴加标注	*Ylabel*	给 *y* 轴加标注
Text	给图形加标注	*Title*	给图形加标题
Grid	给图形坐标加网格线	*Legend*	标注图例

例8　请绘制 1990 年到 2000 年某地区年平均降水量图形,并给图形标注标题,坐标轴标签等相关信息.

年份	1990	1992	1994	1996	1998	2000
降雨量	1.25	0.81	2.16	2.73	0.06	0.55

解　$>>x=[1990:2:2000]$;

$>>y=[1.250.812.162.730.060.55]$;

$>>plot(x,y)$

$>>title('1990$ 年到 2000 年某地区年平均降水量图$')$

$>>xlabel('$年份$')$

$>>ylabel('$降雨量$')$

$>>grid$

按回车键,得到图形 2 - 9

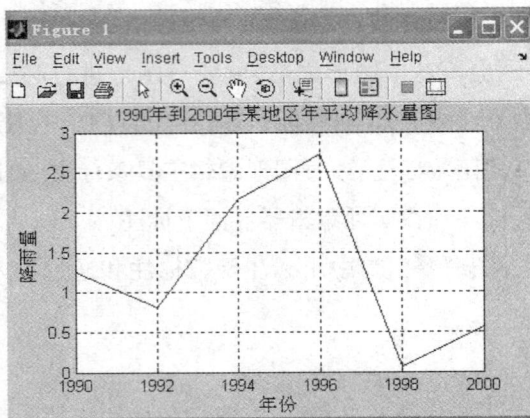

图 2 – 9

（2）插入菜单标注

$MATLAB$ 图形窗口的插入菜单（$Insert$）可以添加任何 $MATLAB$ 提供的图形标注元素. 在图形窗口界面下，从上面第二行找到插入菜单（$Insert$）选项，从该选项中可以看出，$MATLAB$ 提供的标注元素包括：坐标轴标签（X　Label、YLabel、ZLabel）、图形标题（Title）、图例（Legend）、颜色条（COlorbar）、线（Line）、箭头（Arrow）等选项，这里就不详细举例介绍了，请读者自己尝试着用一用就会掌握的.

四、三维图形

对于三维图形我们只对几种常用的命令通过例子作简单介绍

1. 三维曲线图

格式：$plot3(X,Y,Z,S)$

表示绘制由点（$X(i),Y(i),Z(i)$）依次相连的空间曲线，S 为表示线型、线条颜色等内容，可以缺省状态.

例9　作螺旋线

$$x = \sin t, y = \cos t, z = t$$

解　$>>t = 0:pi/50:10*pi;$

$>>plot3(\sin(t),\cos(t),t)$

按回车键，有以下图形

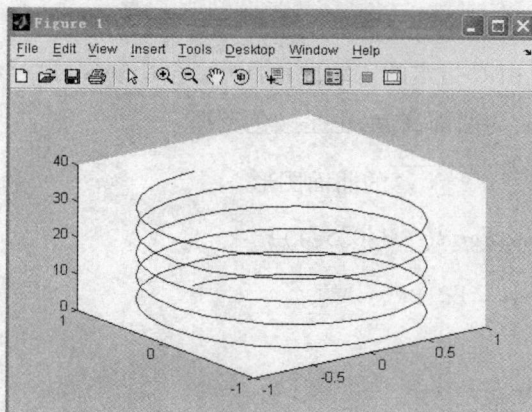

图 2 - 10

2. 三维网格图

格式：$mesh(X,Y,Z,C)$

表示绘制图形颜色由 C 指定的三维网格图形，若 C 缺省，网格线颜色和曲面的高度 Z 相匹配.

例 10　在 $-8 \leqslant x \leqslant 8$，$-8 \leqslant y \leqslant 8$ 的范围内绘制函数 $z = \dfrac{\sin \sqrt{x^2 + y^2}}{\sqrt{x^2 + y^2}}$ 三维网线图

解　$>>[x,y] = meshgrid(-8:0.5:8);$　　% meshgrid 表示生成网格矩阵，x 是行矩阵，y 是列矩阵

$>>R = sqrt(x.^2 + y.^2);$

$>>z = \sin(R)./R;$

$>>mesh(x,y,z)$

按回车键，有以下图形

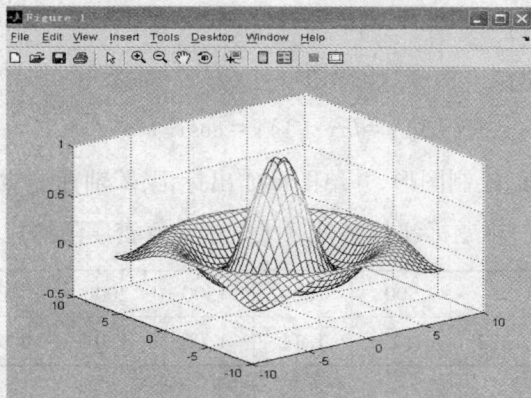

图 2 - 11

3. 三维曲面图

格式:$surf(X,Y,Z,C)$

表示绘制图形颜色由 C 指定的三维曲面图形,若 C 缺省,网格线颜色和曲面的高度 Z 相匹配,即数据 Z 同时为曲面高度,也是颜色数据.

例 11   绘制函数 $z = \sqrt{x^2 + y^2}$ 的曲面图形.

解 $>>[x,y] = meshgrid(-4:0.5:4);$

$>>z = sqrt(x.^2 + y.^2);$

$>>surf(x,y,z)$

按回车键,有以下图形

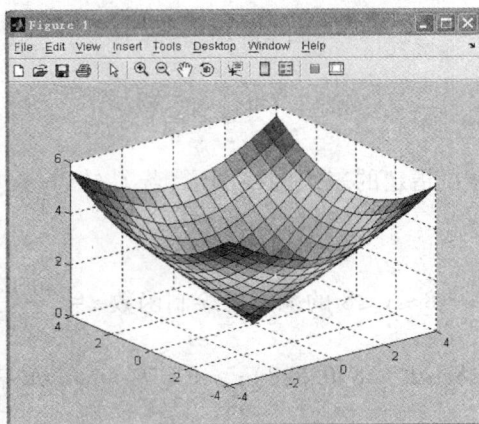

图 2 - 12

作业与练习 2.1

1. 绘制下列函数的图形.

$(1) y = 3x - x^3; (2) y = e^{-x^2}.$

2. 在同一窗口下绘制下列函数的图形

$(1) y = x^2 + 1; (2) y = 2^x; (3) y = lnx; (4) y = cosx.$

3. 根据给出的数据,绘制图形,并给图形作出标记:X 轴标记"海拔高度(m),Y 轴标记"空气密度(kg/m^3)",标题标注:"某地区大气中空气密度随海拔高度变化情况".

$h(m)$	0	500	1000	1500	2000	3000	4000
$\rho(kg/m^3)$	1,22	1.17	1.11	1.06	1.01	0.91	0.82

4. 绘制函数 $z = \dfrac{x^2}{9} - \dfrac{y^2}{4}$ 的三维网线图形

5. 绘制函数 $z = \sin(x - y) - \cos(x + y)$ 的三维图形.

1.3　MATLAB 的微分学运算实验

一、用 MATLAB 求极限

在 *MATLAB* 中,极限运算是通过命令函数

$$limit(表达式,变量,常量)$$

来实现极限运算的,该命令的具体调用格式如下:

$limit(f,x)$　表示计算符号函数 $f(x)$ 在 $x\to 0$ 时的极限值.

$limit(f,x,a)$　表示计算符号函数 $f(x)$ 在 $x\to a$ 时的极限值.

$limit(f,x,inf)$　表示计算符号函数 $f(x)$ 在 $x\to\infty$ 时的极限值.

$limit(f,x,a,'left')$　表示计算符号函数 $f(x)$ 在自变量 x 从左边趋向于 a 时,$x\to a^-$ 时的极限值.

$limit(f,x,a,'right')$　表示计算符号函数 $f(x)$ 在自变量 x 从右边趋向于 a 时,$x\to a^+$ 时的极限值.

例1　求极限 $\lim\limits_{x\to 0}\dfrac{\sqrt{1+x}-1}{x}$.

解　$>>syms\ x$　　　　%定义符号变量

$>>y=(sqrt(1+x)-1)/x;$

$>>limit(y)$

按回车键有

$ans=$

　　　$1/2$

可知,$\lim\limits_{x\to 0}\dfrac{\sqrt{1+x}-1}{x}=\dfrac{1}{2}$

例2　求极限 $\lim\limits_{x\to 1}\dfrac{x^2-3x+2}{x-1}$.

解　$>>syms\ x$

$>>y=(x\verb|^|2-3*x+2)/(x-1);$

$>>limit(y,x,1)$

按回车键有

$ans=$

　　　-1

可知,$\lim\limits_{x\to 1}\dfrac{x^2-3x+2}{x-1}=-1$

例3 求极限 $\lim\limits_{x\to\infty}\left(\dfrac{2-x}{3-x}\right)^{x}$.

解 $>>syms\ x$

$>>y=((2-x)/(3-x))\hat{\ }x;$

$>>limit(y,x,inf)$

按回车键有

$ans=$

$\qquad exp(1)$

可知，$\lim\limits_{x\to\infty}\left(\dfrac{2-x}{3-x}\right)^{x}=e$

例4 求极限 $\lim\limits_{x\to1^{+}}\left(\dfrac{1}{xln^{2}x}-\dfrac{1}{(x-1)^{2}}\right)$.

解 $>>syms\ x$

$>>y=1/(x*log(x)\hat{\ }2)-1/(x-1)\hat{\ }2;$

$>>limit(y,x,1,'right')$

按回车键有

$ans=$

$\qquad 1/12.$

可知，$\lim\limits_{x\to1^{+}}\left(\dfrac{1}{xln^{2}x}-\dfrac{1}{(x-1)^{2}}\right)=\dfrac{1}{12}$

例5 求极限 $\lim\limits_{n\to\infty}\left(1+\dfrac{2}{n}\right)^{n}$.

解 $>>symsn$

$>>y=(1+2/n)\hat{\ }n;$

$>>limit(y,n,inf)$

按回车键有

$ans=exp(2)$

可知，$\lim\limits_{n\to\infty}\left(1+\dfrac{2}{n}\right)^{n}=e^{2}$.

注意：在 *MATLAB* 中，一定要正确书写数学表达式，如 $4x$ 是 $4*x$ 等等，否则程序就执行不下去，会出现错误的提示；

二、用 MATLAB 求导数

在 *MATLAB* 中，导数运算是通过命令函数

$$diff(表达式,符号变量,阶数)$$

来完成求导运算的，其具体调用格式为：

$diff(f)$　表示求符号函数对默认的自变量 x 求一阶导数.

$diff(f,t)$　　表示求符号函数 $f(x)$ 对指定的自变量 t 求一阶导数.

$diff(f,n)$　　表示求符号函数 $f(x)$ 对默认的自变量 x 求 n 阶导数.

$diff(f,t,n)$　　表示求符号函数 $f(x)$ 对指定的自变量 t 求 n 阶导数.

$g=diff(f,x,n);x=x0;eval(g)$ 表示求函数 $f(x)$ 在 $x=x_0$ 处的 n 阶导数.

例 6　求下列函数的导数：

$(1)y=x^3;(2)y=\cos^3 x-\cos 3x.$

解　$>>syms\ x\ y1\ y2$

$>>y1=x\hat{\ }3;$

$>>y2=(\cos(x))\hat{\ }3-\cos(3*x);$

$>>diff(y1)$

按回车键,有

$ans=$

$\qquad 3*x\hat{\ }2.$

$>>diff(y2)$

按回车键,有

$ans=-3*\cos(x)\hat{\ }2*\sin(x)+3\sin(3*x).$

可知,$y'=(x^3)'=3x^2;y'=(\cos^3 x-\cos 3x)'=-3\cos^2 x\sin x+3\sin 3x$

例 7　求下列函数的二阶导数

$(1)y=xe^x;(2)y=ln(1+x^2).$

解　$>>syms\ x\ y1\ y2$

$>>y1=x*exp(x);$

$>>y2=log(1+x\hat{\ }2);$

$>>diff(y1,2)$

按回车键,有

$ans=$

$\qquad 2*exp(x)+x*exp(x)$

$>>diff(y2,2)$

按回车键,有

$ans=2/(1+x\hat{\ }2)-4*x\hat{\ }2/(1+x\hat{\ }2)\hat{\ }2.$

可知,

$$y_1''=2e^x+xe^x;y_2''=\frac{2}{(1+x^2)}-\frac{4x^2}{(1+x^2)^2}.$$

需要说明的是:用 *MATLAB* 求出的导数有时不是最简表达式,特别是求高阶导数时求出的导数显得有些繁琐混乱,需要读者自己化成最简表达式,上述例子中求出的二阶导数并不是最简式,仍然可以化简整理.

例8 已知函数 $y = \sin x^2$,求 $\dfrac{dy}{dx}, \dfrac{dy}{dx}\bigg|_{x=1}$.

解 $>> syms\ x$

$>> y = \sin(x\char`^2);$

$>> diff(y)$

按回车键,有

$ans =$

$\quad\quad 2 * \cos(x\char`^2) * x$

$>> g = diff(y, x);$

$>> x = 1;$

$>> eval(g)$

按回车键,有

$ans =$

$\quad\quad 1.0806$

例9 已知由方程 $e^y + y\sin x - e^x = 0$ 所确定的隐函数 $y = y(x)$ 可导,求 $\dfrac{dy}{dx}$.

解 $>> syms\ x\ y$

$>> f = exp(y) + y * \sin(x) - exp(x);$

$>> dfx = diff(f, x); dfy = diff(f, y);$ %求函数 f 分别对 x, y 的偏导数 dfx 和 dfy

$>> g = -dfx/dfy$

按回车键,有

$g =$

$\quad\quad (-y * \cos(x) + exp(x))/(exp(y) + \sin(x))$

可知,$\dfrac{dy}{dx} = \dfrac{-y\cos x + e^x}{e^y + \sin x}$.

说明:本题为隐函数的求导问题,在 *MATLAB* 中求隐函数的导数时,可利用求偏导数的方法进行求导,即,设方程的左边表达式(右边为零)为一个二元函数 $f = f(x, y)$,然后对这个二元函数分别求偏导数 $f_x'(x, y), f_y'(x, y)$(对 x 的求偏导数时把 y 看成常数,然后求导,对 y 求偏导数时把 x 看成常数,然后求导即可),那么所求的隐函数的导数为 $\dfrac{dy}{dx} = -\dfrac{f_x'(x, y)}{f_y'(x, y)}$.

例10 已知参数式函数 $\begin{cases} x = t\sin t \\ y = t(1 - \cos t) \end{cases}$,求 $\dfrac{dy}{dx}$.

解　＞＞$syms\ x\ y\ t$

＞＞$x = t * \sin(t); y = t * (1 - \cos(t));$

＞＞$dx = diff(x, t); dy = diff(y, t);$

＞＞dy / dx

按回车键,有

$dy / dx =$

$$(1 - \cos(t) + t * \sin(t)) / (\sin(t) + t * \cos(t))$$

可知,$\dfrac{dy}{dx} = \dfrac{1 - \cos t + t \sin t}{\sin t + t \cos t}$

三、用 MATLAB 求一元函数的极值和最值

MATLAB 提供命令函数 *fminbnd* 求一元函数的极小值点与最小值点,其调用格式如下:

$$fun = 'f';$$

$$[z, fval] = fminbnd(fun, a, b)$$

表示求函数 f 在 $[a, b]$ 上的最小值点和最小值,或在 (a, b) 内的极小值点和极小值,z 返回的是最小值点或极小值点,$fval$ 返回的是最小值或极小值.

例 11　求函数 $y = 2e^{-x} \sin x$ 在区间 $[0, 8]$ 上的最小值与最大值

解　＞＞$fun = '2 * exp(-x) * \sin(x)';$

＞＞$[z, fval] = fminbnd(fun, 0, 8)$　%求函数 fun 在 $[0, 8]$ 上的最小值点及最小值

按回车键,有

$z =$

　　3.9270

$fval =$

　　　－0.0279

＞＞$fun = '-2 * exp(-x) * \sin(x)';$

＞＞$[z, fval] = fminbnd(fun, 0, 8)$　　　　%求函数 fun 在 $[0, 8]$ 上的最小值点及最小值

按回车键,有

$z =$

　　0.7584

$fval =$

　　　－0.6488

因此,函数 $y = 2e^{-x} \sin x$ 在区间 $[0, 8]$ 上当 $x = 3.9270$ 时,有最小值 $y = -0.0279$;当 x

$=0.7584$ 时,有最大值 $y=0.6488$.

说明:*MATLAB* 软件中没有提供计算一元函数的最大值的相关命令,但是我们可以将求函数 $f(x)$ 的最大值问题转化为求函数的相反数 $-f(x)$ 的最小值问题来求解.

作业与练习 $1,3$

1. 求下列函数的极限

$(1) \lim\limits_{x \to 0} \dfrac{e^{2x}-1}{x}$;$(2) \lim\limits_{x \to \infty} \left(\dfrac{2x+3}{2x+1}\right)^{x+1}$;$(3) \lim\limits_{x \to 4} \dfrac{\sqrt{x}-2}{x-4}$;$(4) \lim\limits_{x \to 0^+} \dfrac{ln(\cot x)}{lnx}$.

2. 求下列函数的导数

(1)求函数 $y=ln[ln(lnx)]$ 的导数;

(2)求函数 $y=x^4+e^{-x}+\sin x$ 的三阶导数.

(3)已知有方程 $x+y-e^{2x}+e^y=0$ 所确定的隐函数 $y=y(x)$,求 $\dfrac{dy}{dx}$.

(4)已知参数方程为 $\begin{cases} x=\cos t \\ y=\sin \dfrac{t}{2} \end{cases}$,求 $\dfrac{dy}{dx}\Big|_{t=\frac{\pi}{3}}$

3. 求函数 $f(x)=x^4-2x^2+5$ 在区间 $[-2,2]$ 上的极小值和最小值以及最大值.

1.4　MATLAB 的积分学运算实验

一、用 MATLAB 求不定积分

不定积分是积分学的最基本运算,用手工计算不定积分时,一般大多采用换元积分法和分部积分法,其步骤繁琐且容易出错,使用数学软件求不定积分则非常简单,但需要说明的是,目前并不是所有用手工求出来的积分,都能用机器求出,而且使用不同的数学软件,所能求出的不定积分的范围也不相同.

在 MATLAB 中,使用命令函数 int 来实现不定积分的运算,其调用格式为

int(被积函数,积分变量)

int(f)　表示求被积函数 f 对默认的积分变量的不定积分,但需要说明的是,给出的积分结果只是函数 f 的一个原函数,后面并不带任意常数 C.

int(f,x)　表示求被积函数 f 对指定积分变量 x 的不定积分.

例1　求不定积分 $\displaystyle\int \dfrac{-2x}{(1+x^2)^2}dx$.

解　> > syms x

> >f = -2 * x/(1+x^2)^2;

＞＞int(f,x)

按回车键,有

ans =

$\quad$ 1 - (1 + x^2)

可知, $\int \dfrac{-2x}{(1+x^2)^2}dx = \dfrac{1}{1+x^2} + C.$

例2 求不定积分 $\int \sqrt{9-x^2}\,dx.$

解 ＞＞syms x

＞＞f = sqrt(9 - x^2) ;

＞＞int(f,x)

按回车键,有

ans =

$\quad$ 1/2 * x * (9 - x^2)^(1/2) + 9/2 * asinx(1/3 * x)

可知, $\int \sqrt{9-x^2}\,dx = \dfrac{1}{2}x\sqrt{9-x^2} + \dfrac{9}{2}\arcsin\dfrac{1}{3}x + C.$

例3 计算不定积分 $\int \dfrac{1}{(x^2-x-6)}dx$

解 ＞＞*syms x*

＞＞$y = 1/(x^2 - x - 6)$;

＞＞*int(y)*

按回车键,有

$ans =$

$$-1/5 * log(x + 2) + 1/5 * log(x - 3).$$

可知, $\int \dfrac{1}{(x^2 - x - 6)} dx = -\dfrac{1}{5} ln(x + 2) + \dfrac{1}{5} ln(x - 3) + C = \dfrac{1}{5} ln \dfrac{x - 3}{x + 2} + C.$

二、用 MATLAB 计算定积分

在 *MATLAB* 中, 仍然使用命令函数 *int* 来实现不定积分的运算, 其调用格式为:

$$int(被积函数, 积分变量, 积分下限, 积分上限)$$

$int(f, a, b)$ 表示求被积函数 f 对默认的积分变量从 a 到 b 的定积分.

$int(f, v, a, b)$ 表示求被积函数 f 对积分变量 v 从 a 到 b 的定积分.

例 4 计算定积分 $\displaystyle\int_0^{\frac{\pi}{2}} x\sin x dx.$

解 $>> syms\ x\ y$

$>> y = x * sin(x);$

$>> int(y, x, 0, pi/2)$

按回车键, 有

$ans =$

$$1$$

可知, $\displaystyle\int_0^{\frac{\pi}{2}} x\sin x dx = 1.$

例 5 计算定积分 $\displaystyle\int_0^3 x \sqrt{1 + x^2} dx.$

解 $>> syms\ x\ y$

$>> y = x * sqrt(1 + x\text{^}2);$

$>> int(y, x, 0, 3)$

按回车键, 有

$ans =$

$$10/3 * 10\text{^}(1/2) - 1/3$$

可知, $\displaystyle\int_0^3 x \sqrt{1 + x^2} dx = \dfrac{10}{3}\sqrt{10} - \dfrac{1}{3}.$

三. 用 *MATLAB* 计算广义积分

例 6 计算广义积分 $\displaystyle\int_0^{+\infty} \dfrac{1}{1 + x^2} dx.$

解 $>> syms\ x\ y$

$>> y = 1/(1 + x\text{^}2);$

$>> int(y, x, 0, +inf)$

按回车键,有

ans =

    1/2 * pi

可知, $\int_0^{+\infty}\dfrac{1}{1+x^2}dx=\dfrac{\pi}{2}$

例 7　计算广义积分 $\int_1^{+\infty}\dfrac{1}{x^3}dx$.

解　>>*syms x y*

>>*y = 1/x^3*;

>>*int(y,x,1,inf)*

按回车键,有

ans =

    1/2

可知, $\int_1^{+\infty}\dfrac{1}{x^3}dx=\dfrac{1}{2}$.

作业与练习 1.4

1. 计算下列不定积分

(1) $\int\dfrac{(1-x)^2}{\sqrt{x}}dx$; (2) $\int\sec x(\sec x-\tan x)dx$; (3) $\int\dfrac{1}{e^x+1}dx$; (4) $\int e^x\cos x dx$.

2. 计算下列不定积分

(1) $\int_1^{\sqrt{3}}\dfrac{1}{x^2(1+x^2)}dx$; (2) $\int_0^2\sqrt{2-x^2}dx$; (3) $\int_0^1\arctan\sqrt{x}dx$; (4) $\int_0^4 e^{\sqrt{x}}dx$.

3. 计算下列广义积分

(1) $\int_0^{+\infty}xe^{-x^2}dx$; (2) $\int_0^1\dfrac{dx}{\sqrt{1-x^2}}$.

1.5　用 MATLAB 解微分方程实验

在 *MATLAB* 中,用大写字母 *D* 表示微分方程的导数. 例如:*Dy* 表示一阶导数 y' 或 $\dfrac{dy}{dx}$,

D2y 表示二阶导数 y'' 或 $\dfrac{d^2y}{dx^2}$;二阶常系数微分方程

$$y''+2y'+3y-x+6=0$$

可表示为

$$D2y+2*Dy+3*y-x+6=0.$$

初始条件 $y'(0) = 1, y(0) = 2$, 可表示为

$$Dy(0) = 1, , y(0) = 2.$$

用 *MATLAB* 求微分方程或微分方程组的通解、特解的命令函数是 *dsolve*. 其具体的调用格式和功能说明如下：

$$dsolve('eq', 'cond', 'var')$$

其中, *eq* 代表微分方程; *cond* 代表微分方程的初始条件, 如果没有给出初始条件, 则求方程的通解; *var* 代表自变量, 默认是按系统默认的原则处理.

例 1 求一阶微分方程 $\dfrac{dy}{dx} = (1 + x)(1 + y^2)$ 的通解.

解 $> > y = dsolve('Dy = (1 + x) * (1 + y^2)', 'x')$

按回车键, 有

$y =$

$\quad \tan(1/2 * x^2 + x + C1.$

可知, 一阶微分方程 $\dfrac{dy}{dx} = (1 + x)(1 + y^2)$ 的通解为

$$y = \tan\left(\frac{1}{2}x^2 + x + C_1\right).$$

例 2 求一阶线性微分方程 $(1 + x^2)y' - 2xy = (1 + x^2)^2$ 的通解

解 $> > y = dsolve('(1 + x^2) * Dy - 2 * x * y = (1 + x^2)^2', 'x')$

按回车键, 有

$y =$

$\quad (x + C1) * (1 + x^2).$

可知, 一阶线性微分方程 $(1 + x^2)y' - 2xy = (1 + x^2)^2$ 的通解为

$$y = (x + C)(1 + x^2)$$

例 3 求微分方程 $xy' + 2y - e^x = 0$ 满足初始条件 $y|_{x=1} = 2e$ 的特解

解 $> > dsolve('x * Dy + 2 * y - exp(x) = 0', 'y(1) = 2 * exp(1)', 'x')$

按回车键, 有

$ans =$

$\quad (exp(x) * x - exp(x) + 2 * exp(1)/x^2.$

可知, 微分方程 $xy' + 2y - e^x = 0$ 满足初始条件 $y|_{x=1} = 2e$ 的特解为

$$y = \frac{xe^x - e^x + 2e}{x^2}.$$

例 4 求二阶常系数齐次线性微分方程 $y'' - 4y' + 3y = 0$ 满足初始条件 $y(0) = 6, y'(0) = 10$ 的特解.

解 $> > y = dsolve('D2y - 4 * Dy + 3 * y = 0', 'y(0) = 6', 'Dy(0) = 10', 'x')$

按回车键,有

$y =$

　　$4 * exp(x) + 2 * exp(3 * x)$

可知,$y'' - 4y + 3y = 0$ 满足条件的特解为　$y = 4e^x + 2e^{3x}$.

例 5　求二阶常系数非齐次线性微分方程 $y'' - 5y' + 6y = xe^{2x}$ 的通解.

解　$> > y = dsolve('D2y - 5 * Dy + 6 * y = x * exp(2 * x)', 'x')$

按回车键,有

$y =$

　　$exp(2 * x) * C2 + exp(3 * x)C1 - 1/2 * x * exp(2 * x) * (2 + x).$

可知,$y'' - 5y' + 6y = xe^{2x}$ 的通解为

$$y = C_2 e^{2x} + C_1 e^{3x} - \frac{1}{2} xe^{2x} (2 + x).$$

作业与练习 1.5

1. 求下列微分方程的通解.

$(1) e^{x+y} dy = dx$；　$(2) \dfrac{dy}{dx} - \dfrac{2}{(x+1)} y = (x+1)^{\frac{5}{2}}$；

$(3) y'' + 6y' + 10y = 0$；$(4) y'' - 5y' + 6y = xe^{2x}$.

2. 求下列微分方程满足初始条件的特解

$(1) y' - y\tan x = \sec x, y \big|_{x=0} = 0$；

$(2) y'' + 2y' + y = 0, y(0) = 1, y'(0) = 0.$

1.6　用 MATLAB 求偏导数与多元函数的极值

一、用 MATLAB 求多元函数的偏导数

在 *MATLAB* 中,求多元函数的偏导数与求一元函数的导数相类似,仍然用命令函数 *diff*,其调用格式为:

$diff(s, 'var')$

表示求多元函数 s 对指定自变量的偏导数,其中 *var* 代表指定的自变量.

例 1　求二元函数 $f(x, y) = x^2 y + 2y$ 的偏导数 $\dfrac{\partial f}{\partial x}, \dfrac{\partial f}{\partial y}$.

解　$> > syms \ x \ y$

　$> > diff(x^2 * y + 2 * y, x)$

　$> >$

按回车键,有

ans =

    2 * *x* * *y*

> > *diff*(*x*^2 * *y* + 2 * *y*, *y*)

按回车键,有

ans =

    x^2 + 2

可知,$\dfrac{\partial f}{\partial x} = 2xy, \dfrac{\partial f}{\partial y} = x^2 + 2.$

例2　求三元函数 $u = \sqrt{x^2 + y^2 + z^2}$ 对自变量的一阶偏导数

解　> > *syms x y z*

> > *u* = *sqrt*(*x*^2 + *y*^2 + *z*^2)

> > *diff*(*u*, *x*)

按回车键,有

ans =

    1/(*x*^2 + *y*^2 + *z*^2)^1/2 * *x*

> > *diff*(*u*, *y*)

按回车键,有

ans =

    1/(*x*^2 + *y*^2 + *z*^2)^1/2 * *y*

> > *diff*(*u*, *z*)

按回车键,有

ans =

    1/(*x*^2 + *y*^2 + *z*^2)^1/2 * *z*

可知,$\dfrac{\partial u}{\partial x} = \dfrac{x}{\sqrt{x^2 + y^2 + z^2}}; \dfrac{\partial u}{\partial y} = \dfrac{y}{\sqrt{x^2 + y^2 + z^2}}; \dfrac{\partial u}{\partial z} = \dfrac{z}{\sqrt{x^2 + y^2 + z^2}}.$

例3　设 $z = x^3 y^2 - 3xy^3 - xy + 1$,求 $\dfrac{\partial^2 z}{\partial x^2}, \dfrac{\partial^2 z}{\partial x \partial y}, \dfrac{\partial^2 z}{\partial^2 y}$

解　> > *syms x y z*

> > *z* = *x*^3 * *y*^2 − 3 * *x* * *y*^3 − *x* * *y* + 1;

> > *u* = *diff*(*z*, *x*);

> > *v* = *diff*(*z*, *y*);

> > *diff*(*u*, *x*)

按回车键,有

$ans =$

$\qquad 6 * x * y\hat{\ }2$

$> > diff(u,y)$

按回车键,有

$ans =$

$\qquad 6 * x\hat{\ }2 * y - 9 * y\hat{\ }2 - 1$

$> > diff(v,y)$

按回车键,有

$ans =$

$\qquad 2 * x\hat{\ }3 - 18 * x * y$

可知, $\dfrac{\partial^2 z}{\partial x^2} = 6xy^2$, $\dfrac{\partial^2 z}{\partial x \partial y} = 6x^2 y - 9y^2 - 1$, $\dfrac{\partial^2 z}{\partial y^2} = 2x^3 - 18xy$.

例 4　设 $z = u e^{2v - 3w}$,其中 $u = \sin x$, $v = x^3$, $w = x$,求 $\dfrac{dz}{dx}$.

解　$> > syms\ x\ y\ z\ u\ v\ w$

$> > u = \sin(x)$;

$> > v = x\hat{\ }3$;

$> > w = x$;

$> > z = u * exp(2 * v - 3 * w)$

$> > diff(z,x)$

按回车键,有

$ans =$

$\qquad \cos(x) * exp(2 * x\hat{\ }3 - 3 * x) + \sin(x) * (6 * x\hat{\ }2 - 3) * exp(2 * x\hat{\ }3 - 3x)$

可知, $\dfrac{dz}{dx} = \cos x e^{2x^3 - 3x} + (6x^2 - 3)\sin x e^{2x^3 - 3x}$.

二、用 MATLAB 求多元函数的极值

例 5　讨论二元函数 $f(x,y) = x^3 - y^3 + 3x^2 + 3y^2 - 9x$ 的极值情况.

解　$> > syms\ x\ y$

$> > f = x\hat{\ }3 - y\hat{\ }3 + 3 * x\hat{\ }2 + 3 * y\hat{\ }2 - 9 * x$;

$> > a = diff(f,x)$;

$> > b = diff(f,y)$;

$> > [X,Y] = solve(a,x,b,y)$;

$> > A = diff(a,x)$;

$> > B = diff(a, y);$

$> > C = diff(b, y);$

$> > D = A * C - B^2;$

$> > g1 = subs(subs(D, x, 1), y, 0);$

$> > if \ g1 > 0;$

$fprintf('(1,0)$ 是极值点$');$

$else;$

$fprintf('(1,0)$ 不是极值点$');$

end

MATLAB 输出结果

$(1,0)$ 是极值点.

$> > g2 = subs(subs(D, x, -3), y, 0);$

$> > if \ g2 > 0;$

$fprintf('(-3,0)$ 是极值点$');$

$else;$

$fprintf('(-3,0)$ 不是极值点$');$

end

MATLAB 输出结果

$(-3,0)$ 不是极值点.

$> > g3 = subs(subs(D, x, 1), y, 2);$

$> > if \ g3 > 0;$

$fprintf('(1,2)$ 是极值点$');$

$else;$

$fprintf('(1,2)$ 不是极值点$');$

end

MATLAB 输出结果

$(1,2)$ 不是极值点.

$> > g4 = subs(subs(D, x, -3), y, 2);$

$> > if \ g4 > 0;$

$fprintf('(-3,2)$ 是极值点$');$

$else;$

$fprintf('(-3,2)$ 不是极值点$');$

end

MATLAB 输出结果

（ -3,2）是极值点.

作业与练习 1.6

1. 求下列函数的偏导数

（1）$z = \arctan \dfrac{2x}{y}$，求 $\dfrac{\partial z}{\partial x}, \dfrac{\partial z}{\partial y}$；

（2）$z = (\cos x + x)^{y^2}$，求 $\dfrac{\partial z}{\partial x}, \dfrac{\partial z}{\partial y}$；

（3）$z = (\ln x)^{xy}$，求 $\dfrac{\partial z}{\partial x}, \dfrac{\partial z}{\partial y}$.

2. 求下列二元函数的极值

（1）$f(x,y) = x^3 + y^2 - 6xy - 39x + 18y + 18$；（2）$f(x,y) = e^{2x}(x + y^2 + 2y)$.

1.7　用 MATLAB 计算二重积分

在多元函数微积分中,计算二重积分的基本方法是将重积分转化为定积分进行求解,在 *MATLAB* 中,我们仍然是将二重积分转化为二次积分,所以,继续使用命令函数 *int* 来求解二重积分,其调用命令格式为:

（1）$int(int(f(x,y),y,'\varphi(x)','\varphi(x)',x,a,b)$

表示计算二次积分 $\displaystyle\int_a^b \Big[\int_{\varphi(x)}^{\varphi(x)} f(x,y)dy \Big] dx$

（2）$int(int(f(x,y),x,'\varphi(y)','\varphi(y)',y,a,b)$

表示计算二次积分 $\displaystyle\int_a^b \Big[\int_{\varphi(y)}^{\varphi(y)} f(x,y)dx \Big] dy$

（3）)$int(int(f(x,y),x,a,b),y,c,d)$

表示计算二重积分 $\displaystyle\int_\Omega f(x,y)dxdy, x \in [a,b], y \in [c,d]$

例1　计算 $\displaystyle\int_D 3x^2y^2 d\sigma$,其中 D 是由抛物线 $y = 1 - x^2$ 与 x 轴,y 轴所围成的图形在第一象限内的闭区域.

解　画出积分区域,并将其化为二次积分,得

$$\iint_D 3x^2y^2 d\sigma = \int_0^1 \Big[\int_0^{1-x^2} 3x^2 y^2 dy \Big] dx$$

用 *MATLAB* 求解,有

　> >*syms x y*

　> >*int(int(3 * x^2 * y^2, y, '0', '1 - x^2'), x, 0, 1)*

按回车键,有

ans =

16/135

可知, $\iint\limits_{D} 3x^2y^2d\sigma = \int_0^1 \left[\int_0^{1-x^2} 3x^2y^2dy \right] dx = \frac{16}{135}$.

例2 计算 $\iint\limits_{D} xyd$, 其中 D 是由抛物线 $y^2 = x$ 及直线 $y = x - 2$ 所围成的闭区域.

解 画出积分区域, 并将其化为二次积分, 得

$$\iint\limits_{D} xyd\sigma = \int_{-1}^{2} \left(\int_{y^2}^{y+2} xydx \right) dy$$

用 MATLAB 求解, 有

\> \> *syms x y*

\> \> $int(int(x*y, x, 'y*y', 'y+2'), y, -1, 2)$

按回车键, 有

ans =

45/8

可知, $\iint\limits_{D} xyd\sigma = \int_{-1}^{2} \left(\int_{y^2}^{y+2} xydx \right) dy = \frac{45}{8}$

例3 计算二重积分 $\iint\limits_{D} \frac{x}{1+xy}dxdy$, 其中, $D: 0 \le x \le 1, 0 \le y \le 1$

解 积分区域是一个矩形域, 两个定积分的上下限已经给定, 既可以选择先对 x 积分, 也可以先对 y 积分.

方法一

用 MATLAB 求解, 有

\> \> *syms x y*

\> \> $int(int(x/(1+x*y), x, 0, 1), y, 0, 1)$

按回车键, 有

ans =

$2 * log(2) - 1$

可知, $\iint\limits_{D} \frac{x}{1+xy}dxdy = 2ln2 - 1$.

方法二(也可以分开分别求定积分)

用 MATLAB 求解, 有

\> \> *syms x y*

\> \> $sx = int(x/(1+x*y), x, 0, 1)$

按回车键, 有

sx =

$$-1/y^2*log(1+y)+1/y$$

$$>>sy=int(sx,y,0,1)$$

按回车键,有

$$sy=$$

$$2*log(2)-1$$

也可得,
$$\iint_D \frac{x}{1+xy}dxdy=2ln2-1.$$

例 4   计算二重积分 $\iint_D \frac{y}{x}dxdy$,其中 D 是由 $y=2x,y=x,x=2,x=4$ 所围成的区域.

解   选择先对 x 后对 x 积分,y 的变化范围为 $x \le y \le 2x$,x 的变化范围为:

$2 \le x \le 4$.

用 *MATLAB* 求解,有

$$>>syms\ x\ y$$

$$>>sy=int(y/x,y,x,2*x)$$

按回车键,有

$$sy=$$

$$3/2*x$$

$$>>sx=int(sy,x,2,4)$$

按回车键,有

$$sx=$$

$$9$$

可知,$\iint_D \frac{y}{x}dxdy=9$

注意: 从以上例题可以看出,用 *MATLAB* 计算二重积分编程的时候,既可以写成一个统一的命令,也可以分开二次求定积分,但要注意程序上的细微差别.

作业与练习 1.7

计算下列二重积分

1. $\iint_D \frac{y}{x^2}dxdy$,其中 D 是正方形区域:$1 \le x \le 2$, $0 \le y \le 1$.

2. $\iint_D xyd\sigma$,其中 D 是由 $y^2=x,y=x^2$ 所围成的区域.

3. 计算 $\int_0^2 dx \int_x^2 e^{-y^2}dy$.

4. $\iint_D (x^2+y^2)d\sigma$,其中 D 为圆域 $x^2+y^2 \le 2x$.

1.8 用 MATLAB 做级数运算

一、级数求和

对于收敛的级数,不论是数项级数还是函数项级数,都需要求和,在 *MATLAB* 中使用命令函数 *symsun*,其调用格式如下:

$$symsum(s,x,a,b)$$

表示计算级数的通项表达式 S 对于通项变量中的求和变量 x 从 a 到 b 进行求和. 如果不指定 a 和 b,则求和的指定变量 x 将从 0 开始到 $x-1$ 结束,如果不指定 x,则系统将对通项表达式 S 中默认的变量进行求和.

例1 求级数 $1+2+3+\cdots+(k-1)$ 的和以及 $1+2+3+\cdots+(k-1)+\cdots$ 的和

解 $>>syms\ k$

$>>symsum(k)$　　　　% 求数项级数前 n 项的和

按回车键,有

ans =

$1/2*k^2-1/2*k$

可知,$1+2+3+\cdots+(k-1)=\dfrac{1}{2}k^2-\dfrac{1}{2}k.$

$>>syms\ k$

$>>symsum(k,1,inf)$　　　　% 求数项级数的无限和

按回车键,有

ans =

inf

可知,$1+2+3+\cdots+(k-1)+\cdots=\infty$,说明该级数散.

例2 求下列级数的和

$(1)\ \displaystyle\sum_{k=0}^{n}k^2;\quad (2)\ \displaystyle\sum_{n=1}^{\infty}\frac{1}{n(n+1)};\quad (3)\ \displaystyle\sum_{n=1}^{\infty}\frac{x^n}{2^n n}$

解 $(1)>>syms\ k\ n$

$>>symsum(k^2,k,0,n)$

按回车键,有

ans =

$1/3*(n+1)^3-1/2*(n+1)^2+1/6*n+1/6$

可知,$\displaystyle\sum_{k=0}^{n}k^2=\frac{1}{6}n(n+1)(2n+1)$

（2）＞＞$syms\ n$

＞＞$symsum(1/n*(n+1),n,1,inf)$

按回车键，有

$ans =$

　　　1

可知，$\displaystyle\sum_{n=1}^{\infty}\frac{1}{n(n+1)}=1$

（3）＞＞$syms\ n\ x$

＞＞$s=symsum(x^n/(n*2^n),n,1,inf)$

按回车键，有

$s =$

　　　$-log(1-1/2*x)$

可知，$\displaystyle\sum_{n=1}^{\infty}\frac{x^n}{2^n n}=-\ln\left(1-\frac{x}{2}\right)$

例 3　求幂级数 $\displaystyle\sum_{n=0}^{\infty}\frac{x^n}{n+1}$ 的和函数.

解　＞＞$syms\ n\ x$

＞＞$symsum(x^n/(n+1),n,0,inf)$

按回车键，有

$ans =$

　　　$-1/x*log(1-x)$

可知，$\displaystyle\sum_{n=0}^{\infty}\frac{x^n}{n+1}=-\frac{1}{x}\ln(1-x)=\frac{\ln(1-x)}{x}$

二、函数的泰勒级数

在 $MATLAB$ 中泰勒展开使用命令函数 $taylor$，其调用格式如下：

$$taylor(s,n,x,a)$$

表示计算函数表达式 s 在自变量 x 等于 a 处的 $n-1$ 阶泰勒级数展开式. 其中，n 为展开的阶数，如不指定，则表示求 5 阶泰勒级数展开式；a 为变量求导的取值点，如果不指定，则系统将默认为 0，即求麦克劳林级数；如果不指定自变量 x，则系统将对函数表达式 s 中默认的自变量进行级数求解.

例 4　将函数 $f(x)=e^x$ 展开成 5 阶的 x 的幂级数.

解　＞＞$syms\ x\ n$

＞＞$s=taylor(exp(x))$

按回车键，有

$s =$

$1 + x + 1/2 * x^2 + 1/6 * x^3 + 1/24 * x^4 + 1/120 * x^5$

可知，$f(x) = e^x = 1 + x + \dfrac{x^2}{2} + \dfrac{x^3}{6} + \dfrac{x^4}{24} + \dfrac{x^5}{120}$.

例 5 将函数 $f(x) = \dfrac{1}{x^2 + 1}$ 展开成 8 阶的 $(x-1)$ 的幂级数.

解 $>> syms\ x\ n$

$>> s = taylor(1/(1+x^2), 8, x, 1)$

按回车键，有

$s =$

$1 - 1/2 * x + 1/4 * (x-1)^2 - 1/8 * (x-1)^4 + 1/8 * (x-1)^5 - 1/16 * (x-1)^6$

可知，$f(x) = \dfrac{1}{x^2 + 1} = 1 - \dfrac{x}{2} + \dfrac{(x-1)^2}{4} - \dfrac{(x-1)^4}{8} + \dfrac{(x-1)^5}{8} - \dfrac{(x-1)^6}{16}$.

作业与练习 1.8

1. 求下列级数的和

(1) $\displaystyle\sum_{n=0}^{\infty} \dfrac{2^n - 1}{2^n}$; (2) $\displaystyle\sum_{n=1}^{\infty} \sin \dfrac{\pi}{4^n}$.

2. 求下列函数在指定点的泰勒级数

(1) $f(x) = ln(5 + x)$ 在 $x = 0$ 处展开成 3 阶的泰勒级数；

(2) $f(x) = \dfrac{1}{3 - x}$ 在 $x = 2$ 处展开成 5 阶的泰勒级数；

(3) $f(x) = \sin x e^x$ 在 $x = \dfrac{\pi}{4}$ 处展开成 8 阶的泰勒级数.

1.9 用 MATLAB 做矩阵运算及解线性方程组

我们在第一节中介绍 *MATLAB* 软件的时候知道，*MATLAB* 的含义是矩阵实验室（*MATRIX LABORATORY*），*MATLAB* 软件的操作对象是矩阵，并且学习了矩阵的几个简单的运算，本节继续学习矩阵的其他相关运算.

一、矩阵的行列式

矩阵的行列式是一个数值，手工计算非常繁琐，而且容易出错，利用 *MATLAB* 软件计算矩阵的行列式非常简单有效. 在 *MATLAB* 中求解矩阵行列式的命令函数是 *det*，其调用格式为：

$$det(A)$$

例 1　计算行列式

$$\begin{vmatrix} 1 & 2 & 3 & 4 & 5 \\ 2 & 3 & 4 & 5 & 1 \\ 3 & 4 & 5 & 1 & 2 \\ 4 & 5 & 1 & 2 & 3 \\ 5 & 1 & 2 & 3 & 4 \end{vmatrix}$$

解　$>>A=[1,2,3,4,5;2,3,4,5,1;3,4,5,1,2;4,5,1,2,3;5,1,2,3,4];$

$>>det(A)$

按回车键,有

$ans=$

　　1875

可知,$\begin{vmatrix} 1 & 2 & 3 & 4 & 5 \\ 2 & 3 & 4 & 5 & 1 \\ 3 & 4 & 5 & 1 & 2 \\ 4 & 5 & 1 & 2 & 3 \\ 5 & 1 & 2 & 3 & 4 \end{vmatrix}=1875$

例 2　利用克莱姆法则并运用 *MATLAB* 软件求解线性方程组

$$\begin{cases} x_1 - x_2 + x_3 - 2x_4 = 2 \\ 2x_1 - x_3 + 4x_4 = 4 \\ 3x_1 + 2x_2 + x_3 = -1 \\ -x_1 + 2x_2 - x_3 + 2x_4 = -4 \end{cases}$$

解　$>>D=[1-11-2;20-14;3210;-12-12];$

$>>D1=[2-11-2;40-14;-1210;-42-12];$

$>>D2=[121-2;24-14;3-110;-1-4-12];$

$>>D3=[1-12-2;2044;32-10;-12-42];$

$>>D4=[1-112;20-14;321-1;-12-1-4];$

$>>x1=det(D1)/det(D)$

按回车键,有

$x1=$

　　1

$>>x2=det(D2)/det(D)$

按回车键,有

$x2=$

　　-2

$>>x3 = det(D3)/det(D)$

按回车键,有

$x3 =$

   0

$>>x4 = det(D4)/det(D)$

按回车键,有

$x4 =$

   0.5000

可知,线性方程组的解为 $x_1 = 1$, $x_2 = -2$, $x_3 = 0$, $x_4 = \dfrac{1}{2}$.

上例说明,利用 *MATLAB* 运用克莱姆法则求解线性方程组非常有效,且简单易于掌握.

二、矩阵的加、减、乘、除、乘方以及转置运算

矩阵的加、减、乘、除、乘方以及转置等基本运算,我们在第一节中已经介绍过了,不再赘述,这里就仅举例复习相关运算.

例2 设 $A = \begin{pmatrix} 1 & 2 & 1 \\ 1 & 2 & 3 \\ 1 & 3 & 6 \end{pmatrix}, B = \begin{pmatrix} 1 & 1 & 1 \\ 3 & 1 & 2 \\ 2 & 1 & 3 \end{pmatrix}$,求 $A+B, 3A, AB, A\backslash B, A^3, A^T$.

解 $>>A = [1\ 2\ 1;1\ 2\ 3;1\ 3\ 6]; B = [1\ 1\ 1;3\ 1\ 2;2\ 1\ 3];$

$>>C = A+B, D = 3*A, E = A*B, F = A\backslash B, G = A^3, H = A'$

按回车键,有

$C =$

   2   3   2
   4   3   5
   3   4   9

$D =$

   3   6   3
   3   6   9
   3   9   18

$E =$

   9   4   8
   13   6   14
   22   10   25

$F =$

$$\begin{matrix} 8.0000 & 1.0000 & 1.5000 \\ -4.0000 & 0 & -0.5000 \\ 1.0000 & 0 & 0.5000 \end{matrix}$$

$G =$

$$\begin{matrix} 26 & 65 & 109 \\ 46 & 117 & 201 \\ 82 & 210 & 364 \end{matrix}$$

$H =$

$$\begin{matrix} 1 & 1 & 1 \\ 2 & 2 & 3 \\ 1 & 3 & 6 \end{matrix}$$

可知, $A + B = \begin{pmatrix} 2 & 3 & 2 \\ 4 & 3 & 5 \\ 3 & 4 & 9 \end{pmatrix}$; $\quad 3A = \begin{pmatrix} 3 & 6 & 3 \\ 3 & 6 & 9 \\ 3 & 9 & 18 \end{pmatrix}$; $\quad AB = \begin{pmatrix} 9 & 4 & 8 \\ 13 & 6 & 14 \\ 22 & 10 & 25 \end{pmatrix}$;

$A \backslash B = \begin{pmatrix} 8 & 1 & \dfrac{3}{2} \\ -4 & 0 & -\dfrac{1}{2} \\ 1 & 0 & 0.5 \end{pmatrix}$; $\quad A^3 = \begin{pmatrix} 26 & 65 & 109 \\ 46 & 117 & 201 \\ 82 & 210 & 364 \end{pmatrix}$; $\quad A^T = \begin{pmatrix} 1 & 1 & 1 \\ 2 & 2 & 3 \\ 1 & 3 & 6 \end{pmatrix}$.

说明: 对于矩阵的除法运算, MATLAB 提供了两种除法运算: 左除($\backslash$)和右除($/$), 一般情况下, $X = A \backslash B$ 是方程 $A * X = B$ 的解, 而 $X = A/B$ 是方程 $X * A = B$ 的解.

三、求矩阵的最简矩阵和矩阵的秩

在 *MATLAB* 软件中, 用命令函数 $rref(A)$ 将矩阵 A 化为行最简型矩阵; 用命令函数 $rank(A)$ 可以求出矩阵 A 的秩, 举例如下.

例 3　将矩阵 $A = \begin{pmatrix} 2 & -4 & 4 & 10 & -4 \\ 0 & 1 & -1 & 3 & 1 \\ 1 & -2 & 1 & -4 & 2 \\ 4 & -7 & 4 & -4 & 5 \end{pmatrix}$ 化为行简化阶梯形矩阵.

解　$>>A = [2 -4 4 10 -4; 0 1 -1 3 1; 1 -2 1 -4 2; 4 -7 4 -4 5];$

$>>rref(A)$

按回车键, 有

$ans =$

$$\begin{matrix} 1 & 0 & 0 & 11 & 0 \\ 0 & 1 & 0 & 12 & -3 \end{matrix}$$

$$\begin{array}{ccccc} 0 & 0 & 1 & 9 & -4 \\ 0 & 0 & 0 & 0 & 0 \end{array}$$

可知，$A = \begin{pmatrix} 2 & -4 & 4 & 10 & -4 \\ 0 & 1 & -1 & 3 & 1 \\ 1 & -2 & 1 & -4 & 2 \\ 4 & -7 & 4 & -4 & 5 \end{pmatrix} \longrightarrow \cdots \longrightarrow \begin{pmatrix} 1 & 0 & 0 & 11 & 0 \\ 0 & 1 & 0 & 12 & -3 \\ 0 & 0 & 1 & 9 & -4 \\ 0 & 0 & 0 & 0 & 0 \end{pmatrix}$

例 4　求矩阵 $A = \begin{pmatrix} 1 & -2 & -1 & 3 & -1 \\ 2 & -1 & 0 & 1 & -2 \\ -2 & -5 & -4 & 8 & 3 \\ 1 & 1 & 1 & -1 & -2 \end{pmatrix}$ 的秩.

解　$>>A = [1 -2 -1 3 -1;2 -1 0 1 -2; -2 -5 -4 8 3;1 1 1 -1 -2];$

$>> rank(A)$

按回车键，有

$ans =$

　　3

可知，矩阵 A 的秩 $r(A) = 3$.

四、用 MATLAB 求矩阵的逆

对于方阵的逆矩阵求解，在 *MATLAB* 中用命令函数 $inv(A)$，但需要说明的是：如果方阵 A 为奇异矩阵或近似奇异矩阵，软件将给出警告信息.

例 5　设 $A = \begin{pmatrix} 3 & 4 & -1 \\ 6 & 5 & 0 \\ 1 & -4 & 7 \end{pmatrix}$，求 A^{-1}.

解　$>>A = [3 4 -1;6 5 0;1 -4 7];$

$>> inv(A)$

按回车键，有

$ans =$

$\quad -1.0294 \quad 0.7059 \quad -0.1471$

$\quad 1.2353 \quad -0.6471 \quad 0.1765$

$\quad 0.8529 \quad -0.4706 \quad 0.2647$

可知，$A^{-1} = \begin{pmatrix} -1.0294 & 0.7059 & -0.1471 \\ 1.2353 & -0.6471 & 0.1765 \\ 0.8529 & -0.4706 & 0.2647 \end{pmatrix}$

五、用 MATLAB 求线性方程组的解

线性方程组的求解问题可以表述为:给定两个矩阵 A 和 B,求满足方程 $AX = B$ 或 $XA = B$ 的矩阵 X,在 $MATLAB$ 中提供了多种方法求解方程组,下面我们举例介绍几种常用的方程组的求解方法.

1. 逆矩阵法:如果方程组 $AX = B$,A 为方阵,且 $det(A) \neq 0$,则 $X = inv(A) * B$.

例 6　解线性方程组 $\begin{cases} 2x_1 - x_2 + 3x_3 = 1 \\ 4x_1 + 2x_2 + 5x_3 = 4. \\ x_1 + \quad x_3 = 3 \end{cases}$

解　$>> A = [2 - 1\ 3; 4\ 2\ 5; 1\ 0\ 1]; B = [1\ 4\ 3];$

$>> X = inv(A) * B'$

按回车键,有

$X =$

$\quad 9$

$\quad -1$

$\quad -6$

即方程的解为:$x_1 = 9, x_2 = -1, x_3 = -6$,其中 $det(A) = -3$,故可逆.

注意:矩阵 B 要转换成列向量,否则无法作矩阵乘法,软件提示错误信息.

2. 左除法:如果方程组 $AX = B$,A 为方阵,且 $det(A) \neq 0$,则 $X = A \backslash B$.

例 7　解线性方程组 $\begin{cases} 2x_1 - x_2 + 3x_3 = 1 \\ 4x_1 + 2x_2 + 5x_3 = 4. \\ x_1 + \quad x_3 = 3 \end{cases}$

解　$>> A = [2 - 1\ 3; 4\ 2\ 5; 1\ 0\ 1]; B = [1\ 4\ 3];$

$>> X = A \backslash B'$

按回车键,有

$X =$

$\quad 9$

$\quad -1$

$\quad -6$

可见,同样得到方程的解为:$x_1 = 9, x_2 = -1, x_3 = -6$.

说明:求解线性方程组时,如果 A 为方阵,尽量使用左除法 $A \backslash B$ 求解,这样速度快,精度高.

3. 化最简矩阵法:使用 $rref(A)$ 命令,将矩阵化为行最简阶梯形矩阵然后求解

例 8　解线性方程组 $\begin{cases} x_1 + 2x_2 - 3x_3 = -9 \\ 3x_1 + 8x_2 - 12x_3 = -38. \\ -2x_1 - 5x_2 + 3x_3 = 10 \end{cases}$

解　$>>A = [1\ 2\ -3;3\ 8\ -12;-2\ -5\ 3];B = [-9\ -38\ 10];$

$>>rref([A,B'])$

按回车键,有

$ans =$

$$\begin{matrix} 1 & 0 & 0 & 2 \\ 0 & 1 & 0 & -1 \\ 0 & 0 & 1 & 3 \end{matrix}$$

可知,方程组的解为 $x_1 = 2, x_2 = -1, x_3 = 3$

4. 齐次线性方程组 $AX = 0$ 的求解

在 MATLAB 中,利用命令函数 $null(A,'r')$ 求齐次线性方程组 $AX = 0$ 的基础解系.

例 9　求解齐次线性方程组 $\begin{cases} -9x_1 + 3x_2 + 5x_3 = 0 \\ 5x_1 - 6x_2 + 2x_3 = 0 \\ 4x_1 + 3x_2 - 7x_3 = 0 \end{cases}$　的通解

解　$>>A = [-9\ 3\ 5;5\ -6\ 2;4\ 3\ -7];$

$>>formatrat$　　%分数数据格式

$>>rref(A)$

按回车键,有

$ans =$

$$\begin{matrix} 1 & 0 & -12/13 \\ 0 & 1 & -43/39 \\ 0 & 0 & 0 \end{matrix}$$

再次输入

$>>null(A,'r')$ %方程组的基础解系.

按回车键,有

$ans =$

$$\begin{matrix} 12/13 \\ 43/39 \\ 1 \end{matrix}$$

即方程组的通解为:$x = k\begin{pmatrix} 12/13 \\ 43/39 \\ 1 \end{pmatrix}$,$k$ 为任意常数.

说明:本题为方程组中方程的个数与未知变量的个数相同.

例 10　求齐次线性方程组的解 $\begin{cases} x_1 + x_2 + x_3 + 4x_4 - 3x_5 = 0 \\ x_1 - x_2 + 3x_3 - 2x_4 - x_5 = 0 \\ 2x_1 + x_2 + 3x_3 + 5x_4 - 5x_5 = 0 \\ 3x_1 + x_2 + 5x_3 + 6x_4 - 7x_5 = 0 \end{cases}$.

解　$>>A=[1\ 1\ 1\ 4\ -3;1\ -1\ 3\ -2\ -1;2\ 1\ 3\ 5\ -5;3\ 1\ 5\ 6\ -7];$

$>>null(A,'r')$

按回车键,有

$ans =$

$$\begin{matrix} -2 & -1 & 2 \\ 1 & -3 & 1 \\ 1 & 0 & 0 \\ 0 & 1 & 0 \\ 0 & 0 & 1 \end{matrix}$$

即得到齐次线性方程组的一个基础解系表示的通解为

$$X = k_1 \begin{pmatrix} -2 \\ 1 \\ 1 \\ 0 \\ 0 \end{pmatrix} + k_2 \begin{pmatrix} -1 \\ -3 \\ 0 \\ 1 \\ 0 \end{pmatrix} + k_3 \begin{pmatrix} 2 \\ 1 \\ 0 \\ 0 \\ 1 \end{pmatrix}, k_1, k_2, k_3 \text{ 为任意常数}.$$

说明:本题为方程组中方程的个数是 4,未知变量的个数是 5 的情况.

5. 非齐次线性方程组 $AX = b$ 的求解

对于非齐次线性方程组 $AX = b$,如果方程组中方程的个数与未知变量的个数相等,且系数矩阵的秩和增广矩阵的秩相等,都等于未知变量的个数 $r(A) = r(\bar{A}) = n$,即方程组有唯一解,可用函数命令

$$reff([Ab'])$$

将增广矩阵化为行最简矩阵求解.

例 11　一公司准备花 21 万元购置四种型号的计算机,各种型号的售价如下:A 型 5000 元,B 型 6000 元,C 型 10000 元,D 型 15000 元,已知计划购买 B 型的台数等于 C 型和 D 型的总和,B 型的台数是 A 型、C 型的两倍,问购买各种型号的数量分别为多少?

解　设 A,B,C,D 四种型号计算机的购买量分别为 x_1, x_2, x_3, x_4,建立数学模型如下:

$$\begin{cases} 5000x_1 + 6000x_2 + 10000x_3 + 15000x_4 = 210000 \\ x_2 = x_3 + x_4 \\ x_2 = 2x_1 \\ x_2 = 2x_3 \end{cases}$$

化为标准的线性方程组为

$$\begin{cases} 5000x_1 + 6000x_2 + 10000x_3 + 15000x_4 = 210000 \\ x_2 - x_3 - x_4 = 0 \\ -2x_1 + x_2 = 0 \\ x_2 - 2x_3 = 0 \end{cases}$$

下面用 *MATLAB* 软件求解.

$> >A = [5000\ 6000\ 10000\ 15000;0\ 1\ -1\ -1;-2\ 1\ 0\ 0;0\ 1\ -2\ 0]$;

$> >b = [210000\ 0\ 0\ 0]$;

$> >r1 = rank(A)$

按回车键有,

$r1 =$

    4

$> >r2 = rank([Ab'])$

按回车键有,

$r2 =$

    4

由此知系数矩阵的秩与增广矩阵的秩相等,$r(A) = r(\tilde{A}) = 4$,方程组有唯一解. 再将增广矩阵化为行最简阶梯矩阵,有

$> >rref([Ab'])$

按回车键有,

$ans =$

$$\begin{array}{ccccc} 1 & 0 & 0 & 0 & 5 \\ 0 & 1 & 0 & 0 & 10 \\ 0 & 0 & 1 & 0 & 5 \\ 0 & 0 & 0 & 1 & 5 \end{array}$$

可知,线性方程组的解为

$$x_5 = 5, x_2 = 10, x_3 = 5, x_4 = 5$$

故购买 A 型计算机 5 台,B 型计算机 10 台,C 型计算机 5 台,D 型计算机 5 台.

对于非齐次线性方程组 $AX = b$,如果方程组中方程的个数与未知变量的个数不相等,但系数矩阵的秩和增广矩阵的秩相等,且小于未知变量的个数,即 $r(A) = r(\tilde{A}) < n$,则线

性方程组有无穷多解，那么利用命令函数 $null(A,'r')$ 先求对应的齐次方程组的 $AX = 0$ 的通解 X，然后再求非齐次方程组的一个特解 X_0，那么非齐次方程组的通解为 $X + X_0$.

例 12　求下面非齐次线性方程组的解

$$\begin{cases} x_1 + x_2 + x_3 + x_4 + x_5 = 1 \\ 3x_1 + 2x_2 + x_3 + x_4 - 3x_5 = 5 \\ x_2 + 2x_3 + 3x_4 + 6x_5 = 3 \\ 5x_1 + 4x_2 + 3x_3 + 3x_4 - x_5 = 7 \end{cases}$$

解　首先利用命令函数 $null(A,'r')$ 求对应齐次方程组的通解

> $>A = [1\ 1\ 1\ 1\ 1;3\ 2\ 1\ 1\ -3;0\ 1\ 2\ 3\ 6;5\ 4\ 3\ 3\ -1];$

> $>X = null(A,'r')$

按回车键，有

$X =$

$$\begin{array}{rr} 1 & 5 \\ -2 & -6 \\ 1 & 0 \\ 0 & 0 \\ 0 & 1 \end{array}$$

可知，对应齐次线性方程组的通解为

$$X = k_1 \begin{pmatrix} 1 \\ -2 \\ 1 \\ 0 \\ 0 \end{pmatrix} + k_2 \begin{pmatrix} 5 \\ -6 \\ 0 \\ 0 \\ 1 \end{pmatrix}$$

再利用函数 $rref([A,b'])$ 化为最简行阶梯形矩阵求非齐次线性方程组的一个特解

输入 $MATLAB$ 命令如下

> $>b = [1\ 5\ 3\ 7];$

> $>rref([Ab'])$

按回车键，有 $ans =$

$$\begin{array}{rrrrrr} 1 & 0 & -1 & 0 & -5 & 8 \\ 0 & 1 & 2 & 0 & 6 & -12 \\ 0 & 0 & 0 & 1 & 0 & 5 \\ 0 & 0 & 0 & 0 & 0 & 0 \end{array}$$

可得，原方程组通解的方程组为

$$\begin{cases} x_1 - x_3 - 5x_5 = 8 \\ x_2 + 2x_3 + 6x_5 = -12 \\ x_4 = 5 \end{cases}$$

令 $x_3 = x_5 = 0$, 得方程组的一个特解 $X_0 = (8, -12, 0, 5, 0)^T$

所以, 所求的非齐次线性方程组的通解为

$$X + X_0 = X = k_1 \begin{pmatrix} 1 \\ -2 \\ 1 \\ 0 \\ 0 \end{pmatrix} + k_2 \begin{pmatrix} 5 \\ -6 \\ 0 \\ 0 \\ 1 \end{pmatrix} + \begin{pmatrix} 8 \\ -12 \\ 0 \\ 5 \\ 0 \end{pmatrix}.$$

作业与练习1.9

1. 计算行列式 $\begin{vmatrix} 2 & 1 & 1 & 1 & 1 \\ 1 & 2 & 1 & 1 & 1 \\ 1 & 1 & 2 & 1 & 1 \\ 1 & 1 & 1 & 2 & 1 \\ 1 & 1 & 1 & 1 & 2 \end{vmatrix}$ 的值.

2. 将矩阵 $\begin{pmatrix} 1 & -2 & -1 & 3 & -1 \\ 2 & -1 & 0 & 1 & -2 \\ -2 & -5 & -4 & 8 & 3 \\ 1 & 1 & 1 & -1 & -2 \end{pmatrix}$ 化为行最简矩阵, 并求矩阵的秩.

3. 求解矩阵方程 $X \begin{pmatrix} 2 & 1 & -1 \\ 2 & 1 & 0 \\ 1 & -1 & 1 \end{pmatrix} = \begin{pmatrix} 1 & -1 & 3 \\ 4 & 3 & 2 \\ 1 & -2 & 5 \end{pmatrix}$.

4. 求齐次线性方程组的解

$$\begin{cases} x_1 - 2x_2 + x_3 - x_4 + x_5 = 0 \\ 2x_1 + x_2 - x_3 + 2x_4 - 3x_5 = 0 \\ 3x_1 - 2x_2 - x_3 + x_4 - 2x_5 = 0 \\ 2x_1 - 5x_2 + x_3 - 2x_4 + 2x_5 = 0 \end{cases}.$$

5. 求非齐次线性方程组的解

$$\begin{cases} x_1 + x_2 + x_3 + x_4 + x_5 = 7 \\ 3x_1 + 2x_2 + x_3 + x_4 - 3x_5 = -2 \\ x_2 + 2x_3 + 2x_4 + 6x_5 = 23 \\ 5x_1 + 4x_2 + 3x_3 + 3x_4 - 5x_5 = 12 \end{cases}.$$

第 2 章　*LINGO* 软件简介及其应用

LINGO 软件

LINGO 软件是用来求解线性和非线性优化问题的简易工具. *LINGO* 内置了一种建立最优化模型的语言,可以简便地表达大规模问题,利用 *LINGO* 高效的求解器可快速求解并分析结果. 本章主要介绍 *LINGO* 数学软件的基本使用方法和基本功能,及如何利用 *LINGO* 数学软件求解数学规划问题.

2.1　LINGO 软件简介

实验室的所有电脑都已经事先安装好了 *LINGO* 8(或者 9,10,11). 如果要在自己的电脑上安装这个软件,建议从网上下载一个,按照提示一步一步地安装完毕.

当你在 *windows* 系统下开始运行 *LINGO* 时,会得到类似于下面的一个窗口:

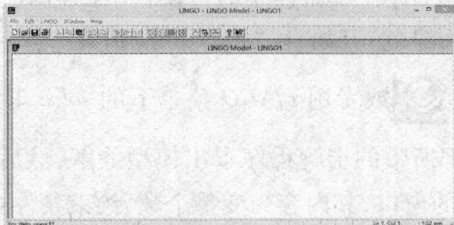

外层是主框架窗口,包含了所有菜单命令和工具条,其它所有的窗口将被包含在主窗口之下. 在主窗口内的标题为 *LINGO Model – LINGO*1 的窗口是 *LINGO* 的默认模型窗口,建立的模型都要在该窗口内编码实现.

一、LINGO 基本用法

一般来说,一个优化模型将由以下三部分组成:

(1)目标函数:要达到的目标.

(2)决策变量:每组决策变量的值代表一种方案. 在优化模型中需要确定决策变量的最优值,优化的目标就是找到决策变量的最优值使得目标函数取得最优.

(3)约束条件:对于决策变量的一些约束,它限定决策变量可以取的值.

例1　求解线性规划问题

$$maxf = 6x_1 + 4x_2$$

$$s.t. \begin{cases} 2x_1 + 3x_2 \leqslant 100 \\ 4x_1 + 2x_2 \leqslant 120 \\ x_1, x_2 \geqslant 0 \end{cases}$$

在模型窗口输入如下代码：

$max = 6 * x1 + 4 * x2;$

$2 * x1 + 3 * x2 < = 100;$

$4 * x1 + 2 * x2 < = 120;$

注：$LINGO$ 默认所有决策变量都非负，因而变量非负条件可以不必输入.

$LINGO$ 的语法规定：

(1)求目标函数的最大值或最小值分别用 $MAX = \cdots$ 或 $MIN = \cdots$ 来表示；

(2)每个 $LINGO$ 表达式最后要跟一个分号"；"，每行可以有多个分句，语句可以跨行；

(3)$LINGO$ 中不区分变量名的大小写，变量名必须以字母($A - Z$)开头，后面的字符可以是字母、数字($0 - 9$)、下划线，变量名不能超过 32 个字符；

(4)多数电脑中没有≤符号，$LINGO$ 中 $< =$ 代替，同理 $LINGO$ 中 $> =$ 代替≥；

(5)可以给语句加上标号，例如$[OBJ]MAX = 6 * x1 + 4 * x2$；

(6)我们可以添加一些注释，增加程序的可读性. 注释以一个"！"(叹号必须在英文状态下输入，它会自动变为绿色)开始，以"；"(分号)结束.

点击工具栏上的按钮 或者用 $LINGO$ 菜单下的 $solve$ 求解这个模型，如果模型没有语法错误，$LINGO$ 用内部所带的求解程序求出模型的解，然后弹出一个标题为"$LINGO$ $Solver$ $Status$"(求解状态)的窗口，其内容为变量个数、约束条件个数、优化状态、非零变量个数、耗费内存、所花时间等信息，如下图所示.

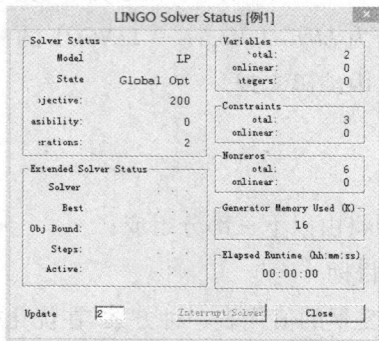

点击 $Close$ 关闭该窗口，屏幕上出现标题为"$Solution$ $Report$"(解的报告)的信息窗口，显示优化计算的步数、优化后的目标函数值、列出各变量的计算结果，本例的具体内容如下：

Global optimal solution found.

Objective value：	200. 0000
Total solver iterations：	2

Variable	Value	Reduced cost
X1	20. 00000	0. 000000
X2	20. 00000	0. 000000

Row	Slack or Surplus	Dual Price
1	200. 0000	1. 000000
2	0. 000000	0. 5000000
3	0. 000000	1. 250000

该报告说明：运行 2 步找到全局最优解，目标函数值为 200，变量为 $X1 = 20, X2 = 20$.

例 2　某工厂生产 A, B, C 三种产品，每种产品都利用同一种原材料加工而成，每种产品每生产一件所需的原材料数、加工工时、每件产品的利润以及工厂现有的原材料数的加工工时见表 1.

表 1

类目	产品 A	产品 B	产品 C	现有材料
原材料/t	2	1	2	7
加工工时/h	100	300	200	1100
利润/万元	2	3	1	

假如你是主管，该制定什么样的生产计划才能获得最大利润？

解：　设 A, B, C 三种产品的产量分别是 x_1 件， x_2 件和 x_3 件，得约束条件为

$$\begin{cases} 2x_1 + x_2 + x_3 \leqslant 7 \\ 100x_1 + 300x_2 + 200x_3 \leqslant 1100 \\ x_1, x_2, x_3 \geqslant 0 \end{cases}$$

问题的目标函数为 $f = 2x_1 + 3x_2 + x_3$

则该问题的线性规划的数学模型为

$$maxf = 2x_1 + 3x_2 + x_3$$

$$s. t. \begin{cases} 2x_1 + x_2 + x_3 \leqslant 7 \\ 100x_1 + 300x_2 + 200x_3 \leqslant 1100 \\ x_1, x_2, x_3 \geqslant 0 \end{cases}$$

在模型窗口输入如下代码：

$max = 2 * x1 + 3 * x2 + x3;$

$2*x1 + x2 + x3 < =7$;

$100*x1 + 300*x2 + 200*x3 < =1100$;

得解的报告如下：

Global optimal solution found.

Objective value：		13.00000
Total solver iterations：		2

Variable	Value	Reduced cost
X1	2.000000	0.000000
X2	3.000000	0.000000
X3	0.000000	1.200000

Row	Slack or Surplus	Dual Price
1	13.00000	1.000000
2	0.000000	0.6000000
3	0.000000	0.8000000E-02

该报告说明：运行 2 步找到全局最优解，目标函数值为 13，变量为 $x_1 = 2, x_2 = 3, x_3 = 0$. 即产品 A 生产 2 件，产品 B 生产 3 件，不生产产品 C，可获最大利润为 13 万元.

例 3 （奶制品生产计划）

一奶制品加工厂用牛奶生产 A_1, A_2 两种奶制品，1 桶牛奶可以在甲车间用 12 h 加工成 3 kgA_1，或者在乙车间用 8 h 加工成 4 kgA_2. 根据市场需求，生产出的 A_1, A_2 全部能出售，且每千克 A_1 获利 24 元，每千克 A_2 获利 16 元. 现在加工厂每天能得到 50 桶牛奶的供应，每天正式工人总的劳动时间为 480 h，并且甲车间的设备每天至多能加工 100 kgA_1，乙车间的设备的加工能力可以认为没有上限限制（即加工能力足够大）. 请为该工厂制定一个生产计划，使每天获利最大.

分析：这个问题的目标是使每天的获利最大，要作的决策是生产计划，即每天用多少桶牛奶生产 A_1，用多少桶牛奶生产 A_2（当然，决策变量可以取每天生产多少千克 A_1，多少千克 A_2 得到的模型不会有本质区别），决策受到 3 个条件的限制：原料（牛奶）供应、劳动时间、甲车间的加工能力. 按照题目所给，将决策变量、目标函数和约束条件用数学符号及式子表示出来，就可得到问题的线性规划数学模型.

解 设每天用 x_1 桶牛奶生产 A_1，用 x_2 桶牛奶生产 A_2，得问题的数学模型为

$$maxz = 72x_1 + 64x_2$$

$$s.t. \begin{cases} x_1 + x_2 \leqslant 50 \\ 12x_1 + 8x_2 \leqslant 480 \\ 3x_1 \leqslant 100 \\ x_1, x_2 \geqslant 0 \end{cases}$$

在模型窗口输入如下代码：

$max = 72 * x1 + 64 * x2;$

$x1 + x2 < = 50;$

$12 * x1 + 8 * x2 < = 480;$

$3 * x1 < = 100;$

得解的报告如下

Global optimal solution found.

Objective value：3360.000

Total solver iterations：2

Variable	Value	Reduced cost
X1	20.00000	0.000000
X2	30.00000	0.000000

Row	Slack or Surplus	Dual Price
1	3360.000	1.000000
2	0.000000	48.00000
3	0.000000	2.000000
4	40.00000	0.000000

该报告说明：运行 2 步找到全局最优解，目标函数值为 3360，变量为 $X_1 = 20$，$X_2 = 30$. "Reduced cost" 的含义是缩减成本系数（最优解中变量的 Reduced cost 值自动取零），"Row" 是输入模型中的行号，"Slack or Surplus" 的意思为松弛或剩余，即约束条件左边与右边的差值，对于 "< =" 不等式，右边减左边的差值称为 Slack（松弛），对于 "> =" 不等式，左边减右边的差值称为 Surplus（剩余），当约束条件的左右两边相等时，松弛或剩余的值为零，如果约束条件无法满足，即没有可行解，即松弛或剩余的值为负数. "Dual Price" 的意思是影子价格，上面报告中 Row2 的松弛值为 0，意思是说第二行的约束条件，即原料（牛奶）供应已经达到饱和状态（50 桶），影子价格为 48，含义是：原料（牛奶）增加 1 个单位（1 桶牛奶）时，能使目标函数值（利润）增长 48（元）；报告中 Row4 的松弛值为 40，意思是说第四行的约束条件，即车间甲的最大生产能力 100 剩余了 40，因此增加车间甲的能力则不会使利润增长.

作业与练习 2.1

1. 运用 LINGO 求解下列线性规划问题

（1）$\min f = -x_1 + 2x_2$　　　　　　（2）$\min f = 3x_1 + 2x_2$

$$s.t. \begin{cases} x_1 - x_2 \geqslant -2 \\ x_1 + 2x_2 \leqslant 6 \\ x_1, x_2 \geqslant 0 \end{cases} \qquad s.t. \begin{cases} 3x_1 + 2x_2 \geqslant 150 \\ 2x_1 + 3x_2 \geqslant 120 \\ 3x_1 + x_2 \geqslant 55 \\ x_1, x_2 \geqslant 0 \end{cases}$$

2. 某公司下属甲、乙两个工厂都生产 A,B,C 三款手机, 已知表2列出的数据

表2

	$A(台/h)$	$B(台/h)$	$C(台/h)$	成本(万元/h)
甲	50	30	50	5
乙	30	40	50	4
需求(台/h)	900	750	1000	

问每个厂各应开工生产多少小时. 才能满足供应需求而使成本最小?

3. 某工厂生产甲、乙两种产品需要经过 A,B 两条装配线, 每件甲、乙产品在不同装配线上所需工时, 它们销售后所能获得的利润以及这两个装配线每工期能提供的工时见表3, 问如何安排生产计划, 即甲、乙两种产品个生产多少件, 可使利润最大?

表3

设备	每件产品的装配工时		点有效工时
	甲	乙	
A	2	4	80
B	3	1	60
利润(元/件)	100	80	

2.2 LINGO 求解线性规划问题

本节将介绍常见的几类线性规划问题用 $LINGO$ 求解的方法.

一、整数规划

在 $LINGO$ 中对变量的取值限制在整数的语句是:

$$@gin(x): 限制 x 为整数值.$$

例1 求解整数规划问题

$$max f = 5x_1 + 8x_2$$

$$s.t. \begin{cases} x_1 + x_2 \leqslant 6 \\ 5x_1 + 9x_2 \leqslant 45 \\ x_1, x_2 \geqslant 0 \text{ 且为整数} \end{cases}$$

在模型窗口输入如下代码:

$max = 5 * x1 + 8 * x2;$

$x1 + x2 < = 6;$

$5 * x1 + 9 * x2 < = 45;$

$@gin(x1);@gin(x2);$

得最优解为 $x_1 = 0, x_2 = 5$, 最优值为 $f = 40.$

例 2　某医院住院部, 24 小时都要护士值班, 住院部安排护士长制定值班表, 护士以 4 h 为一个时间段将全天分为 6 个时间段, 每名护士在任一时段开始上班后要连续工作 8 h 才下班, 根据以往资料, 已知每个时间段所需的值班人员如表 1 所示.

表 1

序号	时间段	至少需要值班人数
1	06 - 10	8
2	10 - 14	12
3	14 - 18	10
4	18 - 22	8
5	22 - 02	6
6	02 - 06	4

问该住院部至少配备多少名护士?

分析:在每一时间段里上班的护士中, 既包括在该时间段内开始报到的护士, 还包括在上一时间段工作的护士. 因为每一时间段只有 4 h, 而每个护士却要连续工作 8 h, 因此每班的人员应理解为该班次相应时间段开始报到的人员.

解:　设 x_i 为第 i 班应报到的人员 $(i = 1, 2, 3, 4, 5, 6)$, 则建立数学模型为

$$minf = x_1 + x_2 + x_3 + x_4 + x_5 + x_6$$

$$s.t. \begin{cases} x_1 + x_6 \geqslant 8 \\ x_1 + x_2 \geqslant 12 \\ x_2 + x_3 \geqslant 10 \\ x_3 + x_4 \geqslant 8 \\ x_4 + x_5 \geqslant 5 \\ x_5 + x_6 \geqslant 4 \\ x_i \geqslant 0 \ 且为整数(i = 1, 2, 3, 4, 5, 6) \end{cases}$$

在模型窗口输入如下代码:

$min = x1 + x2 + x3 + x4 + x5 + x6;$

$x1 + x6 > = 8;$

$x1 + x2 > = 12;$

$x2 + x3 > = 10;$

$x3 + x4 > = 8;$

$x4 + x5 > = 5;$

$x5 + x6 > = 4;$

$@gin(x1);@gin(x2);@gin(x3);@gin(x4);@gin(x5);@gin(x6);$

得最优解为 $x_1 = 8, x_2 = 4, x_3 = 7, x_4 = 1, x_5 = 4, x_6 = 0$, 最优值为 $f = 24$. 即在 $06 - 10$ 时间段需 8 名护士, $10 - 14$ 时间段需 4 名护士, $14 - 18$ 时间段需 7 名护士, $18 - 22$ 时间段需 1 名护士, $22 - 02$ 时间段需 4 名护士, $02 - 06$ 时间段需 0 名护士, 至少配备 24 名护士.

二、0 - 1 规划

在 $LINGO$ 中对变量的取值限制只取 0 或 1 的语句是:

$$@bin(x): 限制 x 为 0 或 1.$$

例 3 某游泳队拟选用甲、乙、丙、丁四名游泳运动员组成 $4 \times 100 \text{ m}$ 混合接力队参加锦标赛, 他们的 100 m 自由泳、蛙泳、蝶泳、仰泳的成绩如表 2 所示, 甲、乙、丙、丁四名队员各自游什么姿势, 才能取得最好成绩.

表 2

成绩	自由泳/s	蛙泳/s	蝶泳/s	仰泳/s
甲	56	74	61	63
乙	63	69	65	71
丙	57	77	63	67
丁	55	76	62	62

解: 设 $x_{ij} = \begin{cases} 1 & 第 i 个人游第 j 种姿势 \\ 0 & 第 i 个人不游第 j 种姿势 \end{cases}$, 则建立数学模型为

$$\begin{aligned} minf = & 56x_{11} + 74x_{12} + 61x_{13} + 63x_{14} \\ & + 63x_{21} + 69x_{22} + 65x_{23} + 71x_{24} \\ & + 57x_{31} + 77x_{32} + 63x_{33} + 67x_{34} \\ & + 55x_{41} + 76x_{42} + 62x_{43} + 62x_{44} \end{aligned}$$

$$s.t. \begin{cases} x_{11} + x_{12} + x_{13} + x_{14} = 1 \\ x_{21} + x_{22} + x_{23} + x_{24} = 1 \\ x_{31} + x_{32} + x_{33} + x_{34} = 1 \\ x_{41} + x_{42} + x_{43} + x_{44} = 1 \\ x_{11} + x_{21} + x_{31} + x_{41} = 1 \\ x_{12} + x_{22} + x_{32} + x_{42} = 1 \\ x_{13} + x_{23} + x_{33} + x_{43} = 1 \\ x_{14} + x_{24} + x_{34} + x_{44} = 1 \\ x_{ij} = 0 \text{ 或 } 1 (i,j = 1,2,3,4) \end{cases}$$

在模型窗口输入如下代码：

$min = 56 * x11 + 74 * x12 + 61 * x13 + 63 * x14$

$\qquad + 63 * x21 + 69 * x22 + 65 * x23 + 71 * x24$

$\qquad + 57 * x31 + 77 * x32 + 63 * x33 + 67 * x34$

$\qquad + 55 * x41 + 76 * x42 + 62 * x43 + 62 * x44;$

$x11 + x12 + x13 + x14 = 1;$

$x21 + x22 + x23 + x24 = 1;$

$x31 + x32 + x33 + x34 = 1;$

$x41 + x42 + x43 + x44 = 1;$

$x11 + x21 + x31 + x41 = 1;$

$x12 + x22 + x32 + x42 = 1;$

$x13 + x23 + x33 + x34 = 1;$

$x41 + x42 + x43 + x44 = 1;$

$@bin(x11); @bin(x12); @bin(x13); @bin(x14);$

$@bin(x21); @bin(x22); @bin(x23); @bin(x24);$

$@bin(x31); @bin(x32); @bin(x33); @bin(x34);$

$@bin(x41); @bin(x42); @bin(x43); @bin(x44);$

得最优解为 $x_{13} = 1, x_{22} = 1, x_{31} = 1, x_{44} = 1$，最优值为 $f = 249$. 即安排甲游蝶泳，乙游蛙泳，丙游自由泳，丁游仰泳，最优成绩为 $249s$.

作业与练习 2.2

1. 用 *LINGO* 求解如下整数规划问题

（1）$max f = 40x_1 + 90x_2$

$$s.t.\begin{cases} 9x_1 + 7x_2 \leqslant 56 \\ 7x_1 + 20x_2 \leqslant 70 \\ x_1, x_2 \geqslant 0 \text{ 且为整数} \end{cases}$$

$$(2)\ \max f = 5x_1 + 10x_2 + 3x_3 + 6x_4$$

$$s.t.\begin{cases} x_1 + 4x_2 + 5x_3 + 10x_4 \leqslant 20 \\ x_1, x_2, x_3, x_4 \geqslant 0 \text{ 且为整数} \end{cases}$$

2. 用 LINGO 求解如下 0 - 1 规划问题

$$\max f = 5x_1 + 10x_2 + 3x_3 + 6x_4$$

$$s.t.\begin{cases} x_1 + 4x_2 + 5x_3 + 10x_4 \leqslant 20 \\ x_1, x_2, x_3, x_4 = 0 \text{ 或 } 1 \end{cases}$$

3. 某昼夜服务的公交线路每天各时间区段内需司机和乘务人员见表3,设司机和乘务人员分别在各时间区段一开始上班,并连续工作8 h,问该公交线路至少配备多少名司机和乘务人员?

表3

序号	时间段	至少需要人数(人)
1	06 - 10	60
2	10 - 14	70
3	14 - 18	60
4	18 - 22	50
5	22 - 02	20
6	02 - 06	30

4. 公司在各地有4项业务,选定了4位业务员去处理,由于业务能力、经验和其他情况不同,4业务员去处理4项业务的费用各不相同,见表4,应当怎样分派任务才能使总的费用最小?

表4

	业务1	业务2	业务3	业务4
业务员甲	1100	800	1000	700
业务员乙	600	500	300	800
业务员丙	400	800	1000	900
业务员丁	1100	1000	500	700

2.3 用 LINGO 编程语言建立模型

上一节介绍了 LINGO 的基本用法,其优点是输入模型较直观,一般的数学表达式无须作大的变换即可直接输入. 对于规模较小的规划模型,用直接输入的方式是有利的,但是,如果模型的变量和约束条件个数都比较多,若仍然用直接输入方式,虽然也能求解并得出结果,但是这种做法有明显的不足之处:模型的篇幅很长,不便于分析修改和扩展,例如,目标函数中有求和表达式 $\sum\limits_{i=1}^{10}\sum\limits_{j=1}^{20}c_{ij}x_{ij}$,若直接输入的方式,将有 200 个 c_{ij} 和 200 个 x_{ij} 相乘再相加,需要输入长长一大串,即不便于输入,也不便于修改,可读性较差. 幸好 LINGO 提供了建模语言,能够用较少语句简单有效地表达上述目标函数(以及约束条件).

LINGO 建模语言引入了集合概念,为建立大规模数学规划模型提供了方便. 用 LINGO 语言编写程序来表达一个实际优化问题,称之为 LINGO 模型. 下面以一个运输规划问题为例说明 LINGO 模型的基本构成.

例1　使用 LINGO 软件计算 6 个仓库 8 个销售地的最小费用运输问题. 产销单位运价如表1.

表 1

单位运价　销地 仓库	V1	V2	V3	V4	V5	V6	V7	V8	库存量
W1	6	2	6	7	4	2	5	9	60
W2	4	9	5	3	8	5	8	2	55
W3	5	2	1	9	7	4	3	3	51
W4	7	6	7	3	9	2	7	1	43
W5	2	3	9	5	7	2	6	5	41
W6	5	5	2	2	8	1	4	3	52
需求量	35	37	22	32	41	32	43	38	

解　设 x_{ij} 为从第 i 个仓库到第 j 个销售地的货物运量. 用符号 c_{ij} 表示从第 i 个仓库到第 j 个销售地的单位货物运价,a_i 表示第 i 个仓库的库存量,d_j 表示第 j 个销售地的需求量.

目标函数是总运输费用最少.

约束条件是:①各仓库运出的货物总量不超过其库存数;②各销售地收到的货物总量等于其需求量;③决策变量 x_{ij} 非负.

综上可得该问题的数学模型为

$$minz = \sum_{i=1}^{6}\sum_{j=1}^{8}c_{ij}x_{ij}$$

· 65 ·

$$s.t. \begin{cases} \sum_{j=1}^{8} x_{ij} \leqslant a_i, i=1,2,\cdots,6 \\ \sum_{i=1}^{6} x_{ij} = d_j, j=1,2,\cdots,8 \\ x_{ij} \geqslant 0, i=1,2,\cdots,6, j=1,2,\cdots,8 \end{cases}$$

如何编写 $LINGO$ 程序呢？我们分下面三步进行.

（1）定义集合

$LINGO$ 将集合（SET）的概念引入建模语言,集合是一些相关对象构成的集合,代表模型中的实际事务,并与数学变量及常量联系起来,是实际问题到数学的抽象. 例 1 中的 6 个仓库可以看成一个集合,8 个销地可以看成另一个集合.

每一个集合在使用之前需要预先给出定义,定义集合时要明确三方面内容:集合的名称、集合内的成员（组成集合的个体,也称元素）、集合的属性（可以看成是与该集合有关的变量或常量,相当于数组）. 本例先定义仓库集合:

$$WH/W1..W6/:AI;$$

其中 WH 是集合的名称,$W1..W6$ 是集合内的成员,"$..$"是特定的省略号（如果不用该省略号,也可以把成员一一罗列出来,成员之间用逗号或空格分开）,表明该集合有 6 个成员,分别对应于 6 个仓库,AI 是集合的属性,它可以看成是一个一维数组,有 6 个分量,分别表示各仓库现有货物的总数.

集合、成员、属性的命名规则与变量相同,可按自己的意愿,用有一定意义的字母数字串来表示,式中"$/$"和"$/:$"是规定的语法规则.

同样定义本例销售地集合:

$$VD/V1..V6/:DJ;$$

该集合有 8 个成员,分别对应于 8 个销售地,DJ 是集合的属性（有 8 个分量）表示各销售地的需求量.

以上两个集合称为初始集合（或称基本集合,原始集合）,初始集合的属性都相当于一维数组.

为了表示数学模型中从仓库到销售地的运输关系以及与此相关的运输单价 c_{ij} 和运量 x_{ij},再定义一个表示运输关系（路线）的集合:

$$LINKS(WH,VD):C,X;$$

该集合以初始集合 WH 和 VD 为基础,称为衍生集合（或派生集合）. C 和 X 是该衍生集合的两个属性. 衍生集合的定义语句有如下要素组成:

①集合的名称;

②对应的初始集合;

③集合的成员（可以省略不写明）;

④集合的属性（可以没有）.

定义衍生集合时可以用罗列的方式将衍生集合的成员一一列出来,如果省略不写,则默认衍生集合的成员取它所对应初始集合的所有可能的组合,上述衍生集合 *LINKS* 的定义中没有指明成员,而它所对应的初始集合 *WH* 有 6 个成员,*VD* 有 8 个成员,因此 *LINKS* 成员取 *WH* 和 *VD* 的所有可能集合,即集合 *LINKS* 有 48 个成员,48 个成员可以排列成一个矩阵,其行数与集合 *WH* 的成员个数相等,列数与集合 *VD* 的成员个数相等. 相应的,集合 *LINKS* 的属性 *C* 和 *X* 都相当于二位数组,各有 48 个分量,*C* 表示仓库 W_i 到销售地 V_j 的单位货物运价,*X* 表示仓库 W_i 到销售地 V_j 的货物运量.

集合定义部分以语句 *SETS*:开始,以语句 *ENDSETS* 结束,这两个语句必须单独成一行. *ENDSETS* 后面不加标点符号. 本例完整的集合定义为:

SETS:

*WH/W*1..*W*6/:*AI*;

*VD/V*1..*V*8/:*DJ*;

LINKS(*WH*,*VD*):*C*,*X*;

ENDSETS

(2) 数据段

以上集合中属性 *X*(有 48 个)是决策变量,是待求未知数,属性 *AI*、*DJ* 和 *C*(分别有 6、8、48 个分量)都是已知数,*LINGO* 建模语言通过数据段来实现对已知属性赋以初始值. 数据段以 *DATA*:开始,以 *ENDDATA* 表示数据段结束,这两个语句必须单独成一行. 数据之间的逗号和空格可以相互替换. 格式为:

DATA:

　AI = 60 55 51 43 41 52;

　DJ = 35 37 22 32 41 32 43 38;

　C = 6 2 6 7 4 2 5 9

　　　4 9 5 3 8 5 8 2

　　　5 2 1 9 7 4 3 3

　　　7 6 7 3 9 2 7 1

　　　2 3 9 5 7 2 6 5

　　　5 5 2 2 8 1 4 3;

(3) 目标函数

目标函数表达式 $minz = \sum\limits_{i=1}^{6} \sum\limits_{j=1}^{8} c_{ij} x_{ij}$ 用 *LINGO* 语句表示为:

$$MIN = @ SUM(LINKS(I,J):C(I,J) * X(I,J));$$

式中,@ *SUM* 是 *LINGO* 提供的内部函数,其作用是对某个集合的所有成员,求指定表达式的和,该函数需要两个参数,第一个参数是集合名称,指定对该集合的所有成员求和,如果此集合是初始集合,它有 m 个成员,则求和运算对这 m 个成员进行,相当于求 $\sum\limits_{i=1}^{m}$,第二个参数是一个表达式,表示求和运算对该表达式进行. 此处,@SUM 的第一个参数是 $LINKS(I,J)$,表示求和运算对衍生集合 $LINKS$ 进行,该集合的维数是 2,共有 48 个成员,运算法则是:先对 48 个成员分别求表达式 $C(I,J)*X(I,J)$ 的值,然后求和,相当于求 $\sum\limits_{i=1}^{6}\sum\limits_{j=1}^{8}c_{ij}x_{ij}$,表达式中的 C 和 X 是集合 $LINKS$ 的两种属性,它们各有 48 个分量.

下面将比较本例的数学符号和 $LINGO$ 的语法,如表 2.

表 2

数学符号	$LINGO$ 语法
$Minimize$	MIN =
$\sum\limits_{i=1}^{6}\sum\limits_{j=1}^{8}$	@ SUM(LINKS(I, J):
c_{ij}	$C(I,J)$
·	*
x_{ij}	$X(I,J)$

注如果表达式中参与运算的属性属于同一个集合,则@SUM 语句中索引(相当于矩阵或数组的下标)可以省略(隐藏),假如表达式中参与运算的属性属于不同的集合,则不能省略属性的索引. 本例的目标函数可以写成:

$$MIN = @SUM(LINKS:C*X);$$

(4)约束条件

约束条件 $\sum\limits_{j=1}^{8}x_{ij}\leqslant a_i(i=1,2,\cdots,6)$ 实际上表达了 6 个不等式,对应的 $LINGO$ 模型语言描述是:

$$@FOR(WH(I):@SUM(VD(J):X(I,J)) < =AI(I));$$

语句中的@FOR 是 $LINGO$ 提供的内部函数,它的作用是对某个集合的所有成员分别生成一个约束表达式,它有两个参数,第一个参数是集合名,表示对该集合的所有成员生成对应的约束表达式,上述@FOR 的第一个参数为 WH,它表示仓库,共有 6 个成员,故应生成 6 个约束表达式,@FOR 的第二个参数是约束表达式的具体内容,此处再调用@SUM 函数,表示约束表达式的左边是求和,是对集合 VD 的 8 个成员,并且对表达式 $X(I,J)$ 中的第二维 J 求和,即 $\sum\limits_{j=1}^{8}x_{ij}$,约束表达式的右边是集合 WH 的属性 AI,它有 6 个分量,与 6 个约束表达式一一对应. 本语句中的属性分别属于不同的集合,所以不能省略索引 I,J.

比较本例的数学符号和 $LINGO$ 的语法,如表 3.

表3

数学符号	LINGO 语法
对于每个仓库 i	$@FOR(WH(I)$：
$\sum_{j=1}^{8}$	$@SUM(VD(J)$：
x_{ij}	$X(I,J)$
$\leqslant$	$<=$
a_i	$AI(I)$

同样地，约束条件 $\sum_{i=1}^{6} x_{ij} = d_j (j=1,2,\cdots,8)$ 用 LINGO 语句表示为：

$$@FOR(VD(J)：@SUM(WH(I)：X(I,J))=DJ(J))；$$

（5）完整 LINGO 模型

综上本例的完整 LINGO 模型如下：

MODEL：

SETS：

　WH/W1..W6/：AI；

　VD/V1..V8/：DJ；

　LINKS(WH,VD)：C,X；

ENDSETS

DATA：

　AI = 60 55 51 43 41 52；

　DJ = 35 37 22 32 41 32 43 38；

　C = 6 2 6 7 4 2 5 9

　　　4 9 5 3 8 5 8 2

　　　5 2 1 9 7 4 3 3

　　　7 6 7 3 9 2 7 1

　　　2 3 9 5 7 2 6 5

　　　5 5 2 2 8 1 4 3；

ENDDATA

MIN = @SUM(LINKS(I,J)：C(I,J) * X(I,J))；! 目标函数；

@FOR(WH(I)：@SUM(VD(J)：X(I,J)) <= AI(I))；! 约束条件；

@FOR(VD(J)：@SUM(WH(I)：X(I,J)) = DJ(J))；

END

注：①LINGO 模型以 MODEL：表示模型开始，以 END 表示模型结束，这两个语句单独
成一行；

②完整的模型由集合定义、数据段、目标函数和约束条件等部分组成,这几个部分的先后次序无关紧要;

③叹号为 *LINGO* 的注释符,以分号表示注释结束(可有可无). 注释可以写在多行,一般显示为绿色.

(6)模型求解

选菜单 *LINGO* 下的 *solve* 求解,在"*Solution Report*"信息窗口中,得到的具体结果为:

Objective value:　　　　　　　　　　　　664.0000(目标函数值)

Total solver iterations:　　　　　　　　　20(计算迭代次数)

(调运方案)

Variable	*Value*	*Reduced cost*
$X(W1, V1)$	0.000000	5.000000
$X(W1, V2)$	19.00000	0.000000
$X(W1, V3)$	0.000000	5.000000
$X(W1, V4)$	0.000000	7.000000
$X(W1, V5)$	41.00000	0.000000
$X(W1, V6)$	0.000000	2.000000
$X(W1, V7)$	0.000000	2.000000
$X(W1, V8)$	0.000000	10.00000
$X(W2, V1)$	1.000000	0.000000
$X(W2, V2)$	0.000000	4.000000
$X(W2, V3)$	0.000000	1.000000
$X(W2, V4)$	32.00000	0.000000
$X(W2, V5)$	0.000000	1.000000
$X(W2, V6)$	0.000000	2.000000
$X(W2, V7)$	0.000000	2.000000
$X(W2, V8)$	0.000000	0.000000
$X(W3, V1)$	0.000000	4.000000
$X(W3, V2)$	11.00000	0.000000
$X(W3, V3)$	0.000000	0.000000
$X(W3, V4)$	0.000000	9.000000
$X(W3, V5)$	0.000000	3.000000
$X(W3, V6)$	0.000000	4.000000
$X(W3, V7)$	40.00000	0.000000
$X(W3, V8)$	0.000000	4.000000
$X(W4, V1)$	0.000000	4.000000
$X(W4, V2)$	0.000000	2.000000

$X(W4, V3)$	0.000000	4.000000
$X(W4, V4)$	0.000000	1.000000
$X(W4, V5)$	0.000000	3.000000
$X(W4, V6)$	5.000000	0.000000
$X(W4, V7)$	0.000000	2.000000
$X(W4, V8)$	38.00000	0.000000
$X(W5, V1)$	34.00000	0.000000
$X(W5, V2)$	7.000000	0.000000
$X(W5, V3)$	0.000000	7.000000
$X(W5, V4)$	0.000000	4.000000
$X(W5, V5)$	0.000000	2.000000
$X(W5, V6)$	0.000000	1.000000
$X(W5, V7)$	0.000000	2.000000
$X(W5, V8)$	0.000000	5.000000
$X(W6, V1)$	0.000000	3.000000
$X(W6, V2)$	0.000000	2.000000
$X(W6, V3)$	22.00000	0.000000
$X(W6, V4)$	0.000000	1.000000
$X(W6, V5)$	0.000000	3.000000
$X(W6, V6)$	27.00000	0.000000
$X(W6, V7)$	3.000000	0.000000
$X(W6, V8)$	0.000000	3.000000

注　如果只想看到求解结果中的非零部分,可以在菜单中选择 *solution*,在属性或行名称下拉框中选择 *volume*,在勾选 *Nonzeros* 复选框.

本例最后结果为:最小运输费用为 664.0000,最优运输方案见表 4.

表4

	V1	V2	V3	V4	V5	V6	V7	V8	合计
W1	0	19	0	0	41	0	0	0	60
W2	1	0	0	32	0	0	0	0	33
W3	0	11	0	0	0	0	40	0	51
W4	0	0	0	0	0	5	0	38	43
W5	34	7	0	0	0	0	0	0	41
W6	0	0	22	0	0	27	3	0	52
合计	35	37	22	32	41	32	43	38	

从以上实例可以看出,*LINGO* 建模语言建立规划模型有如下优点:

（1）对大规模数学规划，*LINGO* 语言所建立模型较简洁，语句不多；

（2）模型易于扩展，因为@*SUM*、@*FOR* 等语句并没有指定求和或循环的上限，如果在集合定义部分增加集合成员的个数，则求和或循环自然扩展，不需要改动目标函数的约束条件；

（3）数据段与其他部分分开，对同一模型用不同数据来计算时，只需改动数据部分即可，其他语句不变；

（4）"集合"是 *LINGO* 很有特色的概念，它表达了模型中的实际事物，又与数学变量及常量联系起来，是实际问题到数学量的抽象，它比 *C* 语言中的数组用途更为广泛，集合中的成员可以随意起名字，没有什么限制，集合的属性可以根据需要确定用多少个，可以用来代表已知常量，也可以用来代表决策变量；

使用了集合以及@*SUM*、@*FOR* 等集合操作函数以后可以用简洁的语句表达出常见的规划模型中的目标函数和约束条件，即使模型有大量决策变量和大量数据，组成模型的语句并不随之增加.

作业与练习2.3

（利用 *LINGO* 编程语言求解）公司在各地有 4 项业务，选定了 4 位业务员去处理，由于业务能力、经验和其他情况不同，4 业务员去处理 4 项业务的费用各不相同，见表5，应当怎样分派任务才能使总的费用最小？

表5

	业务1	业务2	业务3	业务4
业务员甲	1100	800	1000	700
业务员乙	600	500	300	800
业务员丙	400	800	1000	900
业务员丁	1100	1000	500	700

2.4 LINGO 函数

有了前几节的基础知识，再加上本节的内容，你就能够借助于 *LINGO* 建立并求解复杂的优化模型了.

LINGO 有 4 种类型的函数：

1. 基本运算符：包括算术运算符、逻辑运算符和关系运算符

2. 数学函数：三角函数和常规的数学函数

3. 变量界定函数：这类函数用来定义变量的取值范围

4. 集循环函数：遍历集的元素，执行一定的操作的函数

一、基本运算符

这些运算符是非常基本的,甚至可以不认为它们是一类函数. 事实上,在 *LINGO* 中它们是非常重要的.

1. 算术运算符

算术运算符是针对数值进行操作的. *LINGO* 提供了 5 种二元运算符:

^　乘方

＊　乘

／　除

＋　加

－　减

LINGO 唯一的一元算术运算符是取反函数"－".

这些运算符的优先级由高到底为:

高　　－(取反)

　　　　^

　　　＊／

低　　＋　－

运算符的运算次序为从左到右按优先级高低来执行. 运算的次序可以用圆括号"( )"来改变.

2. 逻辑运算符

在 *LINGO* 中,逻辑运算符主要用于集循环函数的条件表达式中,来控制在函数中哪些集成员被包含,哪些被排斥. *LINGO* 具有 9 种逻辑运算符:

#*not*#　　　否定该操作数的逻辑值,#*not*#是一个一元运算符

#*eq*#　　　若两个运算数相等,则为 *true*;否则为 *flase*

#*ne*#　　　若两个运算符不相等,则为 *true*;否则为 *flase*

#*gt*#　　　若左边的运算符严格大于右边的运算符,则为 *true*;否则为 *flase*

#*ge*#　　　若左边的运算符大于或等于右边的运算符,则为 *true*;否则为 *flase*

#*lt*#　　　若左边的运算符严格小于右边的运算符,则为 *true*;否则为 *flase*

#*le*#　　　若左边的运算符小于或等于右边的运算符,则为 *true*;否则为 *flase*

#*and*#　　仅当两个参数都为 *true* 时,结果为 *true*;否则为 *flase*

#*or*#　　　仅当两个参数都为 *false* 时,结果为 *false*;否则为 *true*

这些运算符的优先级由高到低为:

高　　　#*not*#

　　　　#*eq*#　#*ne*#　#*gt*#　#*ge*#　#*lt*#　#*le*#

低　　　#*and*#　#*or*#

3. 关系运算符

在 *LINGO* 中,关系运算符主要是被用在模型中,来指定一个表达式的左边是否等于、小于等于、或者大于等于右边,形成模型的一个约束条件. 关系运算符与逻辑运算符#*eq*#、#*le*#、#*ge*#截然不同,前者是模型中该关系运算符所指定关系的为真描述,而后者仅仅判断一个该关系是否被满足:满足为真,不满足为假.

LINGO 有三种关系运算符:" = "、" < = "和" > =". *LINGO* 中还能用" < "表示小于等于关系," > "表示大于等于关系. *LINGO* 并不支持严格小于和严格大于关系运算符. 然而,如果需要严格小于和严格大于关系,比如让 A 严格小于 B:

$$A < B,$$

那么可以把它变成如下的小于等于表达式:

$$A + \varepsilon < = B,$$

这里 ε 是一个小的正数,它的值依赖于模型中 A 小于 B 多少才算不等.

下面给出以上三类操作符的优先级:

高　#*not*#　-（取反）

　　^

　　* /

　　+ -

　　#*eq*#　#*ne*#　#*gt*#　#*ge*#　#*lt*#　#*le*#

　　#*and*#　#*or*#

低　< =　　=　　> =

二、数学函数

LINGO 提供了大量的标准数学函数:

@ *abs*(x):返回 x 的绝对值

@ sin(x):返回 x 的正弦值,x 采用弧度制

@ cos(x):返回 x 的余弦值

@ tan(x):返回 x 的正切值

@ *exp*(x):返回常数 e 的 x 次方

@ *log*(x):返回 x 的自然对数

@ *lgm*(x):返回 x 的 *gamma* 函数的自然对数

@ *sign*(x):如果 $x < 0$ 返回 -1;否则,返回 1

@ *floor*(x):返回 x 的整数部分. 当 $x > = 0$ 时,返回不超过 x 的最大整数;当 $x < 0$ 时,返回不低于 x 的最大整数.

@ *smax*($x1, x2, \cdots, xn$):返回 $x1, x2, \cdots, xn$ 中的最大值

@ $smin(x1,x2,\cdots,xn)$：返回 $x1,x2,\cdots,xn$ 中的最小值

三、变量界定函数

变量界定函数实现对变量取值范围的附加限制,共 4 种:

@ $bin(x)$：限制 x 为 0 或 1

@ $bnd(L,x,U)$：限制 $L \leqslant x \leqslant U$

@ $free(x)$：取消对变量 x 的默认下界为 0 的限制,即 x 可以取任意实数

@ $gin(x)$：限制 x 为整数

在默认情况下,$LINGO$ 规定变量是非负的,也就是说下界为 0,上界为 $+\infty$. @ $free$ 取消了默认的下界为 0 的限制,使变量也可以取负值. @ bnd 用于设定一个变量的上下界,它也可以取消默认下界为 0 的约束.

四、集循环函数

集循环函数遍历整个集进行操作. 其语法为

@ $function(setname[(set\text{-}index\text{-}list)[|conditional\text{-}qualifier]]$：

$expression\text{-}list)$；

@ $function$ 相应于下面罗列的四个集循环函数之一；$setname$ 是要遍历的集；$set\text{-}index\text{-}list$ 是集索引列表；$conditional\text{-}qualifier$ 是用来限制集循环函数的范围,当集循环函数遍历集的每个成员时,$LINGO$ 都要对 $conditional\text{-}qualifier$ 进行评价,若结果为真,则对该成员执行 @ $function$ 操作,否则跳过,继续执行下一次循环. $expression\text{-}list$ 是被应用到每个集成员的表达式列表,当用的是 @ for 函数时,$expression\text{-}list$ 可以包含多个表达式,其间用逗号隔开. 这些表达式将被作为约束加到模型中. 当使用其余的三个集循环函数时,$expression\text{-}list$ 只能有一个表达式. 如果省略 $set\text{-}index\text{-}list$,那么在 $expression\text{-}list$ 中引用的所有属性的类型都是 $setname$ 集.

1. @ for

该函数用来产生对集成员的约束. 基于建模语言的标量需要显式输入每个约束,不过 @ for 函数允许只输入一个约束,然后 $LINGO$ 自动产生每个集成员的约束.

例 1　产生序列 $\{1,4,9,16,25\}$. $LINGO$ 语句为:

$model$:

$sets$:

　　$number/1..5/:x$；

$endsets$

　　@ $for(number(I):x(I)=I^{\smallfrown}2)$；

end

2. @ sum

该函数返回遍历指定的集成员的一个表达式的和.

例2 求向量$[5,1,3,4,6,10]$前 5 个数的和. *LINGO* 语句为:

model:

data:

   $N = 6$;

enddata

sets:

   $number/1..N/:x$;

endsets

data:

   $x = 5\ 1\ 3\ 4\ 6\ 10$;

enddata

   $s = @sum(number(I) \mid I\ \#le\#\ 5: x)$;

end

3. $@min$ 和 $@max$

返回指定的集成员的一个表达式的最小值或最大值.

例3 求向量$[5,1,3,4,6,10]$前 5 个数的最小值,后 3 个数的最大值. *LINGO* 语句为:

model:

data:

   $N = 6$;

enddata

sets:

   $number/1..N/:x$;

endsets

data:

   $x = 5\ 1\ 3\ 4\ 6\ 10$;

enddata

   $minv = @min(number(I) \mid I\ \#le\#\ 5: x)$;

   $maxv = @max(number(I) \mid I\ \#ge\#\ N-2: x)$;

end

第3章 函数 极限 连续

主要内容归纳

一、函数

1. 函数的定义

设 x 和 y 是两个变量，D 是非空集合，若对于 D 中的每一个数 x，按照一定的对应法则 f，都有唯一确定的数 y 与之对应，则称 y 是定义在集合 D 上的 x 的函数，记作 $y = f(x)$.

2. 函数的表示方法：

公式法（解析法）、表格法、图像法.

3. 分段函数：

函数在其定义域的不同范围内，用不同的解析表达式表示的一个函数. 常用的分段函数有绝对值函数 $y = |x|$、取整函数 $y = [x]$、符号函数 $y = sgnx$ 等.

4. 函数的特性：

奇偶性：对任意 $x \in D$ 有 $f(-x) = f(x)$，函数 $f(x)$ 为偶函数；对任意 $x \in D$ 均有 $f(-x) = -f(x)$，函数 $f(x)$ 为奇函数. 偶函数的图像关于 y 轴对称；奇函数的图像关于原点对称.

常用的奇函数：$y = \sin x, y = \tan x, y = \arctan x, y = x, y = x^3, y = ln(x + \sqrt{1 + x^2}), y = f(x) - f(-x)$；

常用的偶函数：$y = x^2, y = \cos x, y = f(x) + f(-x)$.

单调性：对于在区间 (a,b) 内的任意两点 x_1, x_2，当 $x_1 < x_2$ 时，如果有 $f(x_1) < f(x_2)$，函数在区间 (a,b) 内单调增加；如果有 $f(x_1) > (x_2)$，则称此函数在区间 (a,b) 内单调减少. 单调增加和单调减少的函数统称为单调函数.

周期性：对于函数 $f(x)$ 存在常数 $T > 0$，对一切 x 恒有 $f(x + T) = f(x)$ 成立，则函数 $f(x)$ 为周期函数. 满足 $f(x)$ 的最小正数 T 称为函数 $f(x)$ 的最小正周期. 一般地，我们所说的函数的周期是指函数的最小正周期.

有界性：对于函数 $y = f(x)$，如果存在正数 M，都有

$|f(x)| \leqslant M$，即 $-M \leqslant f(x) \leqslant M$

则称函数 $f(x)$ 为有界函数；否则称函数 $f(x)$ 为无界函数.

常用的有界函数:$y = \sin x$,$y = \cos x$,$y = \arctan x$.

5. 基本初等函数

常数函数 $y = C$(C 是任意实数);

幂函数 $y = x^{\mu}$(μ 是任意实数);

指数函数 $y = a^x$(a 为常数,$a > 0$,$a \neq 11$),$y = e^x$;

常用公式:$a^x \cdot a^y = a^{x+y}$,$f(x) = e^{\ln f(x)}$,$f(x) = \ln(e^{f(x)})$.

对数函数 $y = \log_a^x$(a 为常数,$a > 0$,$a \neq 1$),自然对数 $y = \ln x$,常用对数 $y = \lg x$,自然对数的底数 $e = 2.71828\cdots$;

常用公式:

$$\log_a(xy) = \log_a x + \log_a y,\ \log_a\left(\frac{x}{y}\right) = \log_a x - \log_a y,\ \log_a b = \frac{\ln b}{\ln a}.$$

三角函数:$y = \sin x$,$y = \cos x$,$y = \tan x$,$y = \cot x$,$y = \sec x$,$y = \csc x$;

常用公式:$\sin^2 x + \cos^2 x = 1$,$1 + \tan^2 x = \sec^2 x$,$1 + \cot^2 x = \csc^2 x$(平方和公式);$\sin^2 x = \frac{1 - \cos 2x}{2}$,$\cos^2 x = \frac{1 + \cos 2x}{2}$(降幂公式).

反三角函数:$y = \arcsin x$,$y = \arccos x$,$y = \arctan x$,$y = \operatorname{arccot} x$.

六类基本初等函数的定义域、值域、奇偶性、单调性、周期性等请读者自己归纳总结.

6. 复合函数

设 $y = f(u)$,而 $u = \varphi(x)$,且 $\varphi(x)$ 的值域与 $y = f(u)$ 的定义域的交集非空,则称函数 $y = f[\varphi(x)]$ 是由 $y = f(u)$ 和 $u = \varphi(x)$ 复合而成的复合函数,u 是中间变量.

7. 初等函数

由基本初等函数经过有限次的四则运算和有限次的复合过程而成的,并能用一个式子表示的函数称为初等函数.

二、极限

1. 极限的概念

数列的极限:$\lim\limits_{n \to +\infty} u_n = A$

表示当自变量 n(项数 n)无限增大时,数列 $\{u_n\}$ 无限趋近一个确定的常数 A.

函数的极限:有两种情况

(1)$x \to \infty$;时的极限 $\qquad \lim\limits_{x \to \infty} f(x) = A$

表示当自变量 $|x|$ 无限增大($x \to \infty$)时,函数 $f(x)$ 无限趋近一个确定的常数 A. 它包含当自变量 x 取正值无限增大,即 $x \to \infty$ 时,有

$$\lim\limits_{x \to \infty} f(x) = A$$

也包含自变量 x 取负值无限减小,但绝对值无限增大,即 $x \to \infty$ 时,有

$$\lim_{x \to \infty} f(x) = A$$

$$\lim_{x \to \infty} f(x) = A \Leftrightarrow \lim_{x \to \infty} f(x) = A \text{ 且 } \lim_{x \to \infty} f(x) = A$$

（2）$x \to x_0$ 时的极限　　　$\lim_{x \to x_0} f(x) = A$

表示当自变量 x 无限接近于 x_0（但 $x \neq x_0$）时，函数 $f(x)$ 无限趋近一个确定的常数 A.

（3）左、右极限

左极限：$\lim_{x \to 0} f(x) = A$

表示当自变量 x 从 x_0 的左侧（小于 x_0 的方向）无限接近于 x_0 时，函数 $f(x)$ 无限趋近一个确定的常数 A.

右极限：$\lim_{x \to 0} f(x) = A$

表示当自变量 x 从 x_0 的右侧（大于 x_0 的方向）无限接近于 x_0 时，函数 $f(x)$ 无限趋近一个确定的常数 A.

（4）极限存在定理：

当 $x \to x_0$ 时，函数 $f(x)$ 的极限存在的充要条件是左右极限存在且相等，即

$$\lim_{x \to \infty} f(x) = A \Leftrightarrow \lim_{x \to \infty} f(x) = \lim_{x \to 0} f(x) = A$$

2. 无穷小量和无穷大量

（1）无穷小量：在自变量 x 的某一个变化过程中，函数 $f(x)$ 以"零"为极限，则称函数 $f(x)$ 为这一变化过程中的无穷小量. 一般用字母 α、β 等表示.

无穷小量的性质：

性质 1 有限个无穷小量的和还是无穷小量；

性质 2 有界函数与无穷小量的乘积还是无穷小量；

性质 3 常数与无穷小量的乘积还是无穷小量；

性质 4 有限个无穷小量的乘积还是无穷小量.

（2）无穷大量：在自变量 x 的某一个变化过程中，函数 $f(x)$ 的绝对值 $|f(x)|$ 无限增大，则称函数 $f(x)$ 为这一变化过程中的无穷大量，简称为无穷大，记作 $\lim f(x) = \infty$，既包含函数 $f(x)$ 取正值无限增大，即 $\lim f(x) = +\infty$，正无穷大；也包含函数 $f(x)$ 取负值无限减小，但绝对值无限增大，即 $\lim f(x) = -\infty$，负无穷大.

（3）无穷小量与无穷大量的关系：

定理：在自变量 x 的同一个变化过程中，如果 $f(x)$ 为无穷大量，则 $\dfrac{1}{f(x)}$ 为无穷小量；反之，如果 $f(x)$ 为无穷小量，则 $\dfrac{1}{f(x)}$ 为无穷大量.

3. 极限的运算

（1）极限的四则运算法则

设函数 $f(x)$、$g(x)$ 的极限 $\lim f(x)$、$\lim g(x)$ 都存在，则有

法则 1 $\lim[f(x) \pm g(x)] = \lim f(x) \pm \lim g(x)$;

法则 2 $\lim[f(x) \cdot g(x)] = \lim f(x) \cdot \lim g(x)$, $\lim Cf(x) = C\lim f(x)$;

法则 3 若 $\lim g(x) \neq 0$, 则 $\lim \dfrac{f(x)}{g(x)} = \dfrac{\lim f(x)}{\lim g(x)}$;

（2）多项式分式极限

若 $a_0 \neq 0;0, b_0 \neq 0;0, m, n$ 为非负整数,则

$$\lim_{x \to \infty} \frac{a_0 x^m + a_1 x^{m-1} + \cdots + a_m}{b_0 x^n + b_1 x^{n-1} + \cdots + b_n} = \begin{cases} \dfrac{a_0}{b_0}, & m = n \\ 0, & m < n \\ \infty, & m > n \end{cases}.$$

（3）两个无穷小的比较

定义:设 α、β 是同一极限过程中的两个无穷小量,则有

$$\text{如果} \lim \frac{\alpha}{\beta} = \begin{cases} 0, & \text{称 } \alpha \text{ 比 } \beta \text{ 高阶无穷小,记作 } \alpha = o(\beta); \\ \infty, & \text{称 } \alpha \text{ 比 } \beta \text{ 低阶无穷小}; \\ C, & \text{称 } \alpha \text{ 与 } \beta \text{ 是同阶无穷小}; \\ 1, & \text{称 } \alpha \text{ 与 } \beta \text{ 是等价无穷小,记作 } \alpha \sim \beta. \end{cases}$$

定理　设 $\alpha, \alpha', \beta, \beta'$ 是自变量同一变化过程中的无穷小量,且 $\alpha \sim \alpha', \beta \sim \beta'$,则有

$$\lim \frac{\alpha}{\beta} = \lim \frac{\alpha'}{\beta'}.$$

（4）两个重要极限

第一个重要极限　$\lim\limits_{x \to 0} \dfrac{\sin x}{x} = 1$;

第二个重要极限　$\lim\limits_{x \to \infty} \left(1 + \dfrac{1}{x}\right)^x = e$, 或 $\lim\limits_{z \to 0} (1 + z)^{\frac{1}{z}} = e.$

两个重要极限推广形式为

$$\lim_{f(x) \to 0} \frac{\sin f(x)}{f(x)} = 1$$

$$\lim_{f(x) \to \infty} \left(1 + \frac{1}{f(x)}\right)^{f(x)} = e, \text{或} \lim_{f(x) \to 0} [1 + f(x)]^{\frac{1}{f(x)}} = e.$$

4. 函数的连续性

（1）连续的两个定义

定义 1 设函数 $f(x)$ 在点 x_0 的某个邻域内有定义,若

$$\lim_{\Delta x \to 0} \Delta y = \lim_{\Delta x \to 0} [f(x_0 + \Delta x) - f(x_0)] = 0$$

则称函数 $f(x)$ 在点 x_0 处连续.

定义 2 设函数 $f(x)$ 在点 x_0 的某个邻域内有定义,若

$$\lim_{x \to x_0} f(x) = f(x_0)$$

则称函数 $f(x)$ 在点 x_0 处连续.

（2）左连续和右连续

对于函数 $f(x)$，如果有 $\lim\limits_{x \to x_0^-} f(x) = f(x_0)$，则称函数 $f(x)$ 在点 x_0 处左连续，如果有 $\lim\limits_{x \to x_0^+} f(x) = f(x_0)$，则称函数 $f(x)$ 在点 x_0 处右连续.

定理：函数 $f(x)$ 在点 x_0 处连续 $\Leftrightarrow$ 函数 $f(x)$ 在点 x_0 处既左连续且右连续，即有

$$\lim_{x \to x_0} f(x) = f(x_0) \Leftrightarrow \lim_{x \to x_0^-} f(x) = \lim_{x \to x_0^+} f(x) = f(x_0)$$

如果函数 $f(x)$ 在区间 (a,b) 内的每一点都连续，则称函数 $f(x)$ 在区间 (a,b) 内连续；如果函数 $f(x)$ 在区间 (a,b) 内连续，且左端点右连续，即 $\lim\limits_{x \to a^+} f(x) = f(a)$、右端点左连续，即 $\lim\limits_{x \to b^-} f(x) = f(b)$，则称函数 $f(x)$ 在闭区间 $[a,b]$ 上连续.

（3）函数的间断点及其分类

定义：函数 $f(x)$ 在点 x_0 处不连续点，则称 x_0 点为函数 $f(x)$ 的间断点.

间断的原因：

A、函数 $f(x)$ 在点 x_0 处没有定义；

B、函数 $f(x)$ 在点 x_0 处有定义，但极限不存在，即 $\lim\limits_{x \to x_0} f(x)$ 不存在.

C、函数 $f(x)$ 在点 x_0 处有定义，极限 $\lim\limits_{x \to x_0} f(x)$ 存在，但极限值不等于函数值，即 $\lim\limits_{x \to x_0} f(x) \neq f(x_0)$.

间断点的分类：

$$间断点 \begin{cases} 第一类间断点 \begin{cases} 跳跃间断点 \\ 可去间断点 \end{cases} \\ 第二类间断点 \quad 主要有无穷型间断点. \end{cases}$$

（4）初等函数的连续性

定理1：基本初等函数在定义域内都是连续的；

定理2：一切初等函数在定义域内都是连续的.

（5）闭区间上连续函数的性质

性质1（最值存在定理）

闭区间上的连续函数一定存在最大值和最小值；

性质2（零点定理）

设函数 $y = f(x)$ 在闭区间 $[a,b]$ 上连续，且两个端点的函数值异号，即 $f(a) \cdot f(b) < 0$，则方程 $f(x) = 0$ 在开区间 (a,b) 内至少存在一点 ξ，使得 $f(\xi) = 0$.

学法指导

一、关于函数

1. 函数 $y = f(x)$ 的实质是反映两个事物之间的一种内在规律,是用数学模型反映事物之间的规律,定义域 D 和对应法则 f 是决定函数的两个要素,对应法则 f 就是事物之间的内在规律,定义域 D 是规律 f(对应法则)适用的范围,所以,对应法则 f 和定义域都相同的两个函数才是两个相等的函数. 与函数的自变量、因变量用什么字母表示无关.

2. 函数 $y = f(x)$ 的图形通常是平面直角坐标系中的一条平面曲线,该曲线在 x 轴上的投影是函数的定义域 D,在 y 轴上的投影是函数的值域 M.

3. 分段函数的定义域是每个区间段的并集. 分段函数的求值,首先要确定自变量 x 属于哪个定义区间段,然后将自变量带入该段上的函数表达式求值,对于分段函数分界点尤其要注意其属于哪个部分. 分段函数的图像要分段作图,并且图像要作在一个坐标系中.

4. 正确理解掌握好复合函数 $y = f[\varphi(x)]$ 的分解运算,是函数的求导以及积分运算的基础,判断复合函数的分解是否正确的标准就是看分解的每一步的函数是否是基本初等函数的标准形式,或者是基本初等函数的的四则运算构成的函数.

二、关于极限

5. 高职数学中极限的概念是描述性概念,是反映函数的自变量无限变化过程中,函数值的变化趋势的过程,如果存在极限,那么函数值就无限趋近一个确定的常数,这个常数就是函数的极限. 所以,高职数学中极限的思想就是"无限趋近"的思想.

6. 函数 $f(x)$ 在 x_0 点有没有极限与函数在 x_0 点有没有定义无关,在 x_0 点没有定义,但可以有极限,在 x_0 点有定义,但也可以没有极限.

7. 对于分段函数在分界点处的极限,首先讨论分界点处左右两侧的极限情况,即求出分界点处的左极限和右极限,再根据极限存在定理,判断函数在分界点处的极限是否存在,如果存在,求出极限值是多少.

8. 对区间端点处函数的极限要考虑左、右极限问题,左端点考察右极限、右端点考察左极限.

9. 无穷小量是函数以"零"为极限,表示函数值无限趋近于常数"零",是一个变化趋势;无穷大量是指函数的绝对值 $|f(x)|$ 无限增大,它既包含函数取正值无限增加趋近于 $+\infty$;,也包括函数取负值无限减小趋近于 $-\infty$;,函数 $f(x)$ 是无穷大量,记作 $\lim f(x) = \infty$;,只表示函数 $f(x)$ 的变化趋势是无穷大量,并不表示函数的极限存在.

10. 常用的求极限的方法

一般的遇到求极限问题时,可以试用以下方法:

(1)当被求极限的函数是由几个极限都存在的函数的和、差、积、商(分母的极限不为零)构成的,此时利用极限的四则运算法则求极限;

(2)当分子的极限存在且不为零,分母的极限为零时,利用无穷大量与无穷小量的关系定理求极限;

(3)当被求极限的函数是有界函数与无穷小量的乘积时,可利用无穷小量的性质求极限;

(4)当被求函数的极限符合两个重要极限的形式的时候,可利用两个重要极限求极限;

(5)当被求极限的函数是分式,并呈现"$\frac{0}{0}$"型,并且分子分母含有相同的"零"因子的时候,可利用因式分解消去"零因子"的方法求极限;

(6)当被求极限的函数是分式,并呈现"$\frac{0}{0}$"型,并且分子或分母含有无理式"零"因子的时候,可对分子或分母进行有理化后消去"零因子"的方法求极限;

(7)当被求极限的函数是两个无穷大量只差,即"$\infty - \infty$"型时,可利用通分或有理化等方法转化为"$\frac{0}{0}$"型来求解;

(8)当被求函数的极限是两个无穷大量的商,即呈现"$\frac{\infty}{\infty}$"型时,可同时除以分子或分母的最高次项的方法求极限;

(9)当自变量 $x \to 0$ 时,被求函数的极限是两个无穷小量的商,即"$\frac{0}{0}$"型时,可利用等价无穷小量来代替求极限,但关键是必须要熟记以下常用的等价无穷小:当 $x \to 0$ 时,有

$\sin x \sim x$；　$\tan x \sim x$；　$\arcsin x \sim x$；　$\arctan x \sim x$；

$ln(1+x) \sim x$；　$e^x - 1 \sim x$；　$1 - \cos x \sim \frac{1}{2}x^2$.

(10)当被求极限的函数为初等函数,且自变量属于定义域内的点时,可利用初等函数的连续性来求极限,即

$$\lim_{x \to x_0} f(x) = f(x_0)$$

(11)对于"$\frac{0}{0}$"型、"$\frac{\infty}{\infty}$"型、"∞；"型、"1^0"型、"0^0"型、"∞；^{0}"型等类型的极限,也可用洛必达法则求极限(在导数应用的相关章节中详细介绍).

三、关于连续

1、函数 $f(x)$ 在点 x_0 处的连续有两个定义,但定义的角度不同,一是从增量的角度定

义连续,如果在点 x_0 连续,有 $\lim\limits_{\Delta x \to 0} \Delta y = 0$;一是从函数的极限值与函数值的角度定义连续,如果在点 x_0 连续,有 $\lim\limits_{x \to x_0} f(x) = f(x_0)$.

2、函数 $f(x)$ 在点 x_0 处存在极限与点 x_0 处连续是有区别的,连续必须满足三个条件:

(1)函数 $f(x)$ 在点 x_0 处有定义;

(2)极限 $\lim\limits_{x \to x_0} f(x)$ 存在;

(3) $\lim\limits_{x \to x_0} f(x) = f(x_0)$.

两者的关系是:

函数 $f(x)$ 在点 x_0 处连续 $\Rightarrow$ 极限 $\lim\limits_{x \to x_0} f(x)$ 存在.

反之不成立.

3、由函数 $f(x)$ 在点 x_0 处的左右极限来判断间断点的类型,左右极限存在属于第一类间断点,左右极限有一个不存在属于第二类间断点. 一般有以下两种情况:

(1)对于分段函数的分段点,求出左右极限,如果左右极限都存在但是不相等,则属于第一类间断点的跳跃间断点;如果左右极限都存在且相等,属于第一类间断点的可去间断点. 对于可去间断点,如果函数 $f(x)$ 在 x_0 点没有定义,则需补充定义令 $f(x_0) = \lim\limits_{x \to x_0} f(x)$,可使 $f(x)$ 在 x_0 点连续;如果函数 $f(x)$ 在 x_0 点有定义,则需改变原有定义令 $f(x_0) = \lim\limits_{x \to x_0} f(x)$,也可使 $f(x)$ 在 x_0 点连续.

(2)对于非分段点的间断点,求出函数的极限即可,然后根据极限的情况再进一步的判断.

4、一切初等函数在其定义区间内连续,而不是在其定义域内连续,如函数 $y = \sqrt{\cos x - 1}$ 是初等函数,它的定义域是一些孤立点 $x = 2k\pi (k \in Z)$,函数在这些点处有定义但不连续,所以,求初等函数的连续区间就是求定义区间.

典型例题解析

一、函数部分

例1 判断下列各对函数是否相同,为什么?

(1) $f(x) = \ln(4 - x^2)$ 与 $g(x) = \ln(2 + x) + \ln(2 - x)$;

(2) $f(x) = x$ 与 $g(x) = \sqrt{x^2}$.

解析:两个函数是否相同,要看这两个函数的定义域和对应法则是否都相同,如果相同这两个函数相同,否则,就不是相同的函数.

解 (1)因为 $f(x) = \ln(4 - x^2)$ 的定义域是 $4 - x^2 > 0$,即 $-2 < x < 2$;

而 $g(x) = \ln(2+x) + \ln(2-x)$ 的定义域是 $\begin{cases} 2+x>0 \\ 2-x>0 \end{cases}$,即 $-2<x<2$,

因此, $f(x)$ 与 $g(x)$ 的定义域是相同的.

当 $x \in (-2,2)$ 时,有

$$f(x) = \ln(4-x^2) = \ln(2+x)(2-x) = \ln(2+x) + \ln(2-x) = g(x)$$

因此, $f(x)$ 与 $g(x)$ 的对应法则也相同.

故函数 $f(x)$ 与 $g(x)$ 是相同函数.

(2)显然 $f(x)$ 与 $g(x)$ 的定义域都是 $(-\infty, +\infty)$,而 $g(x) = \sqrt{x^2} = |x|$,从而,当 $x>0$ 时, $f(x) = g(x) = x$;但当 $x<0$ 时, $f(x) = x$, $g(x) = -x$,因此, $f(x)$ 与 $g(x)$ 的对应法则不相同,所以,函数 $f(x)$ 与 $g(x)$ 不是相同函数.

例 2 求函数 $f(x) = \dfrac{ln(2x+4)}{\sqrt{3-x}} + \arcsin\dfrac{1+x}{2}$ 的定义域

解析:求函数的定义域就是求使函数 $f(x)$ 成立的自变量 x 的取值范围,本题函数表达式中,包含分式、偶次根式、对数、反正弦,因此要使函数有意义,需同时满足分母不为零,被开方式大于等于零,对数的真数大于零,反函数的自变量取值在 $[-1,1]$.

解 要使函数成立,需满足:

$$\begin{cases} 3-x>0 \\ 2x+4>0 \\ -1 \leqslant \dfrac{1+x}{2} \leqslant 1 \end{cases}, \qquad 解得: \begin{cases} x<3 \\ x>-2 \\ -3 \leqslant x \leqslant 1 \end{cases}$$

找到公共部分有: $-2<x \leqslant 1$,所以,函数 $f(x)$ 的定义域为 $(-2,1]$.

例 3 设函数 $f(x)$ 的定义域为 $[0,1]$,求函数 $f\left(x+\dfrac{1}{4}\right) + f\left(x-\dfrac{1}{4}\right)$ 的定义域.

解析:本题是已知抽象函数 $f(x)$ 的定义域,求复合抽象函数 $f(\varphi(x))$ 的定义域的问题. 根据题意,函数 $f(x)$ 的自变量 x 的取值为 $0 \leqslant x \leqslant 1$,那么,函数 $f\left(x+\dfrac{1}{4}\right)$ 的自变量 x 应满足 $0 \leqslant x+\dfrac{1}{4} \leqslant 1$;同时函数 $f\left(x-\dfrac{1}{4}\right)$ 的自变量 x 应满足 $0 \leqslant x-\dfrac{1}{4} \leqslant 1$.

解 根据题意,要使函数成立,应满足:

$$\begin{cases} 0 \leqslant x+\dfrac{1}{4} \leqslant 1, \\ 0 \leqslant x-\dfrac{1}{4} \leqslant 1 \end{cases}, \quad 即 \begin{cases} -\dfrac{1}{4} \leqslant x \leqslant \dfrac{3}{4} \\ \dfrac{1}{4} \leqslant x \leqslant \dfrac{5}{4} \end{cases}$$

找到公共部分有: $\dfrac{1}{4} \leqslant x \leqslant \dfrac{3}{4}$,故函数 $f\left(x+\dfrac{1}{4}\right) + f\left(x-\dfrac{1}{4}\right)$ 的定义域为 $\left[\dfrac{1}{4}, \dfrac{3}{4}\right]$.

例 4 将函数 $f(x) = 3 - |3x-1|$ 用分段函数来表示.

解析:本题是将绝对值函数表示为分段函数,需要根据绝对值的性质去掉绝对值符号,当 $3x-1 \geq 0$ 时, $|3x-1| = 3x-1$,当 $3x-1 < 0$ 时, $|3x-1| = 1-3x$.

解 根据绝对值定义,

当 $3x-1 \geq 0$ 时,即 $x \geq \dfrac{1}{3}$ 时, $|3x-1| = 3x-1$;当 $3x-1 < 0$ 时,即 $x < \dfrac{1}{3}$ 时,

$|3x-1| = 1-3x$,于是

$$f(x) = \begin{cases} 3-(3x-1), & x \geq \dfrac{1}{3} \\ 3-(1-3x), & x < \dfrac{1}{3} \end{cases}, \quad 即:f(x) = \begin{cases} 4-3x, & x \geq \dfrac{1}{3} \\ 2+3x, & x < \dfrac{1}{3} \end{cases}$$

例5 设函数

$$f(x) = \begin{cases} x^2, & x \leq 0 \\ \ln x, & x > 0 \end{cases}, \quad g(x) = \begin{cases} 2-\cos x, & x \leq 0 \\ 1-\sqrt{x}, & x > 0 \end{cases}$$

求 $g[f(-1)]$ 的值.

解析:本题是复合分段函数求职问题,只须根据分段函数和复合函数的求值方法求值即可.

解 先求 $f(-1)$,因为 $-1 < 0$,由分段函数的求值方法, $f(-1) = (-1)^2 = 1$,再求复合函数 $g[f(-1)]$ 的值, $g[f(-1)] = g(1) = 1-\sqrt{1} = 0$,于是, $g[f(-1)] = 0$.

例6 指出下列复合函数的复合过程.

$(1) y = \sqrt{\cos(2x-3)}$; $(2) y = \ln\arcsin x^3$; $(3) y = e^{\arctan\sqrt{x-1}}$.

解析:分析复合函数的复合过程的原则是"由外及里、逐层分解",要求分解的每一步是基本初等函数的标准形式或者是基本初等函数标准形式的四则运算形式.

解 (1) 函数 $y = \sqrt{\cos(2x-3)}$ 是由 $y = \sqrt{u}$, $u = \cos v$, $v = 2x-3$ 复合而成的;

(2) 函数 $y = \ln\arcsin x^3$ 是由 $y = \ln u$, $u = \arcsin v$, $v = x^3$ 复合而成的;

(3) 函数 $y = e^{\arctan\sqrt{x-1}}$ 是由 $y = e^u$, $u = \arctan v$, $v = \sqrt{w}$, $w = x-1$ 复合而成的.

二、极限部分

1、利用极限四则运算法则求函数的极限

例1 求下列函数的极限

$(1) \lim\limits_{x \to 9} \dfrac{x-2\sqrt{x}-3}{x-9}$; $\qquad (2) \lim\limits_{x \to 2} \dfrac{x^2+2x-5}{x^2+x-6}$;

$(3) \lim\limits_{x \to 0} \dfrac{x^2}{1-\sqrt{1+x^2}}$; $\qquad (4) \lim\limits_{x \to 4} \dfrac{\sqrt{2x+1}-3}{\sqrt{x-2}-\sqrt{2}}$.

解析:在运用极限的四则运算法则求分式的极限的时候,要求分母的极限不为零,对于分母的极限为零的情况,不能直接利用商的运算法则,可采用因式分解消零因子法、无

穷小量与无穷大量关系法、分子分母有理化法等进行求解

$$\lim_{x \to 9} \frac{x - 2\sqrt{x} - 3}{x - 9} = \lim_{x \to 9} \frac{(\sqrt{x} - 3)(\sqrt{x} + 1)}{(\sqrt{x} - 3)(\sqrt{x} + 3)} = \lim_{x \to 9} \frac{(\sqrt{x} + 1)}{(\sqrt{x} + 3)} = \frac{4}{6} = \frac{2}{3}.$$

（2）当 $x \to 2$ 时,分母的极限为零,即 $\lim\limits_{x \to 2}(x^2 + x - 6) = 0$,分子的极限不为零,即 $\lim\limits_{x \to 2}(x^2 + 2x - 5) = 3 \neq 0$,不能利用商的运算法则,但有

$$\lim_{x \to 2} \frac{x^2 + x - 6}{x^2 + 2x - 5} = \frac{\lim\limits_{x \to 2}(x^2 + x - 6)}{\lim\limits_{x \to 2}(x^2 + 2x - 5)} = \frac{0}{3} = 0$$

于是,函数 $f(x) = \dfrac{x^2 + x - 6}{x^2 + 2x - 5}$ 为无穷小量,根据无穷小量与无穷大量的关系有

$$\lim_{x \to 2} \frac{x^2 + 2x - 5}{x^2 + x - 6} = \infty$$

（3）当 $x \to 0$ 时,分子、分母的极限都为零,但注意到分母为无理式,可对分母进行有理化,有

$$\lim_{x \to 0} \frac{x^2}{1 - \sqrt{1 + x^2}} = \lim_{x \to 0} \frac{x^2(1 + \sqrt{1 + x^2})}{(1 - \sqrt{1 + x^2})(1 + \sqrt{1 + x^2})} = \lim_{x \to 0} \frac{x^2(1 + \sqrt{1 + x^2})}{1 - (1 + x^2)}$$

$$= -\lim_{x \to 0}(1 + \sqrt{1 + x^2}) = -2$$

（4）当 $x \to 4$ 时,分子、分母的极限都为零,但注意到分子、分母均为无理式,可对分子、分母同时进行有理化,有

$$\lim_{x \to 4} \frac{\sqrt{2x + 1} - 3}{\sqrt{x - 2} - \sqrt{2}} = \lim_{x \to 4} \frac{(\sqrt{2x + 1} - 3)(\sqrt{2x + 1} + 3)(\sqrt{x - 2} + \sqrt{2})}{(\sqrt{x - 2} - \sqrt{2})(\sqrt{x - 2} + \sqrt{2})(\sqrt{2x + 1} + 3)}$$

$$= \lim_{x \to 4} \frac{[(2x + 1) - 9](\sqrt{x - 2} + \sqrt{2})}{[(x - 2) - 2](\sqrt{2x + 1} + 3)}$$

$$= 2 \lim_{x \to 4} \frac{\sqrt{x - 2} + \sqrt{2}}{\sqrt{2x + 1} + 3)} = \frac{2\sqrt{2}}{3}.$$

2. 利用无穷小量求极限

例2 求下列函数的极限

（1）$\lim\limits_{x \to \infty} \dfrac{x + 2}{x^2 + 1}(\cos x + 4)$; （2）$\lim\limits_{x \to 0} \dfrac{(1 - \cos x)\sin 2x}{(e^{2x} - 1)\ln(1 + x^2)}$.

解析: 利用无穷小量求函数的极限一般有两种方法:一种是利用无穷小量的性质,即有界函数与无穷小量的积还是无穷小量;另一种是利用等价无穷小替换的方法求极限,但应用该方法时要注意只能对乘积和商进行替换,对和差不能替换.

解 （1）当 $x \to \infty$ 时,$\dfrac{x + 2}{x^2 + 1} \to 0$,是无穷小量,又当 $x \to \infty$ 时,$\cos x$ 振荡无极限,但 $|\cos x| \leqslant 1$,从而 $|\cos x + 4| \leqslant 5$,是有界函数,故根据无穷小量的性质,有

$$\lim_{x \to \infty} \frac{x+2}{x^2+1}(\cos x + 4) = 0.$$

（2）根据常用等价无穷小量，可知当 $x \to 0$ 时，$1 - \cos x \sim \dfrac{1}{2}x^2$，$\sin 2x \sim 2x$，$e^{2x} - 1 \sim 2x$，$\ln(1+x^2) \sim x^2$，于是有

$$\lim_{x \to 0} \frac{(1-\cos x)\sin 2x}{(e^{2x}-1)\ln(1+x^2)} = \lim_{x \to 0} \frac{\dfrac{1}{2}x^2 \cdot 2x}{2x \cdot x^2} = \frac{1}{2}$$

3. 当 $x \to \infty$ 时，求"$\dfrac{\infty}{\infty}$"型多项式分式极限

例 3　求下列函数的极限

（1）$\lim\limits_{x \to \infty} \dfrac{2x^2-2x+3}{3x^2+4}$；　　（2）$\lim\limits_{x \to \infty} \dfrac{(x-1)(x-2)(x-3)}{(1-4x)^3}$；

（3）$\lim\limits_{x \to \infty} \dfrac{(2x-1)^{30}(3x-2)^{20}}{(2x+1)^{50}}$.

解析：利用多项式分式求极限的方法（详见内容提要部分），用分子分母的最高次项去除以分子分母的各项，然后利用极限的四则运算法则求极限.

解　（1）$n=2$，$m=2$，用 x^2 除以分子分母，在用极限四则运算法则，有

$$\lim_{x \to \infty} \frac{2x^2-2x+3}{3x^2+4} = \lim_{x \to \infty} \frac{2-\dfrac{2}{x}+\dfrac{3}{x^2}}{3+\dfrac{4}{x^2}} = \frac{2}{3}.$$

（2）$n=3$，$m=3$，用 x^3 除以分子分母，再用极限四则运算法则，有

$$\lim_{x \to \infty} \frac{(x-1)(x-2)(x-3)}{(1-4x)^3} = \lim_{x \to \infty} \frac{\left(1-\dfrac{1}{x}\right)\left(1-\dfrac{2}{x}\right)\left(1-\dfrac{3}{x}\right)}{\left(\dfrac{1}{x}-4\right)^3} = \frac{1}{(-4)^3} = -\frac{1}{64}.$$

（3）分子分母的最高次数相同，为了便于求极限可将分式进行适当变形后求解有

$$\lim_{x \to \infty} \frac{(2x-1)^{30}(3x-2)^{20}}{(2x+1)^{50}} = \lim_{x \to \infty} \frac{(2x-1)^{30}(3x-2)^{20}}{(2x+1)^{30}(2x+1)^{20}}$$

$$= \lim_{x \to \infty} \left(\frac{2x-1}{2x+1}\right)^{30} \cdot \lim_{x \to \infty} \left(\frac{3x-2}{2x+1}\right)^{20}$$

$$= \left(\frac{2}{2}\right)^{30} \cdot \left(\frac{3}{2}\right)^{20} = \left(\frac{3}{2}\right)^{20}.$$

4. 对于"$\infty - \infty$"型极限，通分变成分式后，再求极限

例 4　求下列函数的极限

（1）$\lim\limits_{x \to 1}\left(\dfrac{3}{1-x^3} - \dfrac{1}{1-x}\right)$；　　（2）$\lim\limits_{x \to \infty}\left(\sqrt{x+\sqrt{x}} - \sqrt{x-\sqrt{x}}\right)$.

解析　对于"$\infty - \infty$"型极限，通分变成分式后，根据变形后的分式的极限情况，再求

极限.

解(1)(1)$\lim\limits_{x\to 1}\left(\dfrac{3}{1-x^3}-\dfrac{1}{1-x}\right)=\lim\limits_{x\to 1}\dfrac{3-(1+x+x^2)}{(1-x)(1+x+x^2)}$（转化为$\dfrac{0}{0}$型）

$$=\lim\limits_{x\to 1}\dfrac{(1-x)(2+x)}{(1-x)(1+x+x^2)}=\lim\limits_{x\to 1}\dfrac{2+x}{1+x+x^2}=1.$$

(2)看成分母是1的分式,对分子进行有理化,有

$$\lim\limits_{x\to\infty}\left(\sqrt{x+\sqrt{x}}-\sqrt{x-\sqrt{x}}\right)=\lim\limits_{x\to\infty}\dfrac{\left(\sqrt{x+\sqrt{x}}-\sqrt{x-\sqrt{x}}\right)\left(\sqrt{x+\sqrt{x}}+\sqrt{x-\sqrt{x}}\right)}{\left(\sqrt{x+\sqrt{x}}+\sqrt{x-\sqrt{x}}\right)}$$

$$=\lim\limits_{x\to\infty}\dfrac{2\sqrt{x}}{\sqrt{x+\sqrt{x}}+\sqrt{x-\sqrt{x}}}\quad（转化为``\dfrac{\infty}{\infty}''型）$$

$$=\lim\limits_{x\to\infty}\dfrac{2}{\sqrt{1+\dfrac{1}{\sqrt{x}}}+\sqrt{1-\dfrac{1}{\sqrt{x}}}}=1.$$

5. 利用两个重要极限求极限

例5 求下列函数的极限

(1)$\lim\limits_{x\to 1}\dfrac{\sin(x-1)}{x^2-1}$;   (2)$\lim\limits_{x\to 0}\dfrac{1-\cos x}{x\tan x}$

解析 对于重要极限$\lim\limits_{x\to 0}\dfrac{\sin x}{x}=1$,它是无穷小的正弦与自身的比值,属于``$\dfrac{0}{0}$''型,它的

推广形式是$\lim\limits_{\varphi(x)\to 0}\dfrac{\sin\varphi(x)}{f(x)}$,当$\varphi(x)=f(x)$时,直接利用公式求极限为1,当$\varphi(x)\neq f(x)$时,可

通过提取公因子、乘上一个因子或三角恒等变形,使其出现重要极限的形式;当函数表达式

含有$\arcsin x$,$\arctan x$,且为``$\dfrac{0}{0}$''型时,可作变量替换$t=\arcsin x$,$\arctan x$进行变形.

解 (1) 这里$\varphi(x)=x-1$,$f(x)=x^2-1=(x-1)(x+1)=\varphi(x)(x+1)$,于是有

$$\lim\limits_{x\to 1}\dfrac{\sin(x-1)}{x^2-1}=\lim\limits_{x\to 1}\dfrac{\sin(x-1)}{(x-1)(x+1)}=\lim\limits_{x\to 1}\dfrac{\sin(x-1)}{x-1}\cdot\dfrac{1}{x+1}$$

$$=\lim\limits_{x\to 1}\dfrac{\sin(x-1)}{x-1}\cdot\lim\limits_{x\to 1}\dfrac{1}{x+1}=1\cdot\dfrac{1}{2}=\dfrac{1}{2}$$

(2)本题被求极限函数含有三角函数,且为分式,可考虑利用重要极限,对函数作三

角恒等变形,构造出重要极限的形式然后求解.

$$\lim\limits_{x\to 0}\dfrac{1-\cos x}{x\tan x}=\lim\limits_{x\to 0}\dfrac{2\sin^2\dfrac{x}{2}}{x\cdot\dfrac{\sin x}{\cos x}}$$

$$=\dfrac{1}{2}\lim\limits_{x\to 0}\cos x\cdot\left(\dfrac{\sin\dfrac{x}{2}}{\dfrac{x}{2}}\right)^2\cdot\dfrac{x}{\sin x}$$

$$= \frac{1}{2} \lim_{x \to 0} \cos x \cdot \lim_{x \to 0} \left(\frac{\sin \frac{x}{2}}{\frac{x}{2}} \right)^2 \cdot \lim_{x \to 0} \frac{x}{\sin x} = \frac{1}{2}.$$

注 本题的另一种做法是利用等价无穷小就更为简单了.

例6 求下列函数的极限

$$(1) \lim_{x \to \infty} \left(\frac{x-1}{1+x} \right)^x; \qquad\qquad (2) \lim_{x \to 0} \left(\frac{2-x}{2} \right)^{\frac{2}{x}-1}.$$

解析: 这是幂指函数 $f(x)^{g(x)}$ 的极限且是"1^∞型",属于第二个重要极限 $\lim\limits_{x \to \infty} \left(1 + \frac{1}{x} \right)^x =$

e 或 $\lim\limits_{x \to 0} (1+x)^{\frac{1}{x}} = e$,它的推广形式为 $\lim\limits_{\varphi(x) \to \infty} \left(1 + \frac{1}{\varphi(x)} \right)^{\varphi(x)} = e$,或 $\lim\limits_{\varphi(x) \to 0} [1 + \varphi(x)]^{\frac{1}{\varphi(x)}} = e$.

对于这种类型的极限,当函数式为 $(1 + \varphi(x))^{f(x)}$ 且是"1^∞型"时,如果 $f(x) \neq$ $\frac{1}{\varphi(x)}$,那就设法将 $f(x)$ 变形使之出现 $\frac{1}{\varphi(x)}$;当函数式为 $f(x)^{g(x)}$ 且是"1^∞型"时,可设法将 $f(x)$ 写成 $[1 + \varphi(x)]$ 的形式,将 $g(x)$ 写成 $\frac{1}{\varphi(x)} \cdot a$ 或 $\frac{1}{\varphi(x)} \cdot \psi(x)$ 形式,就是构造成重要极限的形式,然后利用重要极限求解.

解 $(1) \lim\limits_{x \to \infty} \left(\frac{x-1}{1+x} \right)^x = \lim\limits_{x \to \infty} \left(\frac{x+1-2}{x+1} \right)^x = \lim\limits_{x \to \infty} \left(1 + \frac{-2}{x+1} \right)^x$

$$= \lim_{x \to \infty} \left(1 + \frac{-2}{x+1} \right)^{\frac{x+1}{-2} \cdot (-2) - 1}$$

$$= \lim_{x \to \infty} \left[\left(1 + \frac{-2}{x+1} \right)^{\frac{x+1}{-2}} \right]^{-2} \left(1 + \frac{-2}{x+1} \right)^{-1}$$

$$= \lim_{x \to \infty} \left[\left(1 + \frac{-2}{x+1} \right)^{\frac{x+1}{-2}} \right]^{-2} \cdot \lim_{x \to \infty} \left(1 + \frac{-2}{x+1} \right)^{-1} = e^{-2} \cdot 1 = e^{-2}.$$

该极限用以下方法求更加简便:

$$\lim_{x \to \infty} \left(\frac{x-1}{1+x} \right)^x = \lim_{x \to \infty} \frac{\left(1 - \frac{1}{x} \right)^x}{\left(1 + \frac{1}{x} \right)^x} = \frac{\lim\limits_{x \to \infty} \left(1 + \frac{1}{-x} \right)^{(-x) \cdot (-1)}}{\lim\limits_{x \to \infty} \left(1 + \frac{1}{x} \right)^x} = \frac{e^{-1}}{e} = e^{-2}.$$

(2) 由于 $\qquad \left(\frac{2-x}{2} \right)^{\frac{2}{x}} = \left[1 + \left(-\frac{x}{2} \right) \right]^{\left(-\frac{2}{x} \right) \cdot (-1)}$

所以,$\lim\limits_{x \to 0} \left(\frac{2-x}{2} \right)^{\frac{2}{x}-1} = \lim\limits_{x \to 0} \left[1 + \left(-\frac{x}{2} \right) \right]^{\left(-\frac{2}{x} \right) \cdot (-1)} \left(1 - \frac{x}{2} \right)^{-1}$

$$= \lim_{x \to 0} \left[1 + \left(-\frac{x}{2} \right) \right]^{\left(-\frac{2}{x} \right) \cdot (-1)} \cdot \lim_{x \to 0} \left(1 - \frac{x}{2} \right)^{-1}$$

$$= e^{-1} \cdot 1 = e^{-1}.$$

6. 数列的极限举例

例7 求下列数列的极限

(1) $\lim\limits_{n \to \infty} \left(\dfrac{1}{1 \cdot 2} + \dfrac{1}{2 \cdot 3} + \dfrac{1}{n(n+1)} \right)$;

(2) $\lim\limits_{n \to \infty} \left(\sqrt{2} \cdot \sqrt[4]{2} \cdot \sqrt[8]{2} \cdots \sqrt[2^n]{2} \right)$;

(3) $\lim\limits_{n \to \infty} \dfrac{2^{n+1} + 3^{n+1}}{2^n + 3^n}$.

解析 求数列的极限,一般可根据数列的特点,如果数列的通项为 n 项和的形式,就要先求出数列的 n 项和的表达式:比如可利用拆项的办法、等差数列求和公式、等比数列求和公式等方法,然后再求极限.

解 (1) $\lim\limits_{n \to \infty} \left(\dfrac{1}{1 \cdot 2} + \dfrac{1}{2 \cdot 3} + \dfrac{1}{n(n+1)} \right) = \lim\limits_{n \to \infty} \left[\left(\dfrac{1}{1} - \dfrac{1}{2} \right) + \left(\dfrac{1}{2} - \dfrac{1}{3} \right) + \cdots + \left(\dfrac{1}{n} - \dfrac{1}{n+1} \right) \right]$

$$= \lim\limits_{n \to \infty} \left(1 - \dfrac{1}{n+1} \right) = 1.$$

(2) 根据数列的特点,有

$$\sqrt{2} \cdot \sqrt[4]{2} \cdot \sqrt[8]{2} \cdots \sqrt[2^n]{2} = 2^{\frac{1}{2}} \cdot 2^{\frac{1}{4}} \cdot 2^{\frac{1}{8}} \cdots 2^{\frac{1}{2^n}} = 2^{\frac{1}{2} + \frac{1}{4} + \frac{1}{8} + \cdots + \frac{1}{2^n}} = 2^{\frac{\frac{1}{2}\left(1 - \frac{1}{2^n}\right)}{1 - \frac{1}{2}}} = 2^{1 - \frac{1}{2^n}}$$

于是,有

$$\lim\limits_{n \to \infty} \left(\sqrt{2} \cdot \sqrt[4]{2} \cdot \sqrt[8]{2} \cdots \sqrt[2^n]{2} \right) = \lim\limits_{n \to \infty} 2^{1 - \frac{1}{2^n}} = 2^{\lim\limits_{n \to \infty} \left(1 - \frac{1}{2^n}\right)} = 2$$

(3) 分子分母同除 3^n,然后求极限有

$$\lim\limits_{n \to \infty} \dfrac{2^{n+1} + 3^{n+1}}{2^n + 3^n} = \lim\limits_{n \to \infty} \dfrac{\left[\left(\frac{2}{3} \right)^{n+1} + 1 \right] \cdot 3}{\left(\frac{2}{3} \right)^n + 1} = \dfrac{3 \lim\limits_{n \to \infty} \left[\left(\frac{2}{3} \right)^{n+1} + 1 \right]}{\lim\limits_{n \to \infty} \left[\left(\frac{2}{3} \right)^n + 1 \right]} = 3.$$

7. 分段函数的极限

例8 设函数 $f(x) = \begin{cases} 1 - x, & x < 0 \\ 2x^2 + 1, & 0 \leq x < 1 \\ 3 + (x-1)^3, & x \geq 1 \end{cases}$,求 $\lim\limits_{x \to 0} f(x)$,$\lim\limits_{x \to 1} f(x)$,$\lim\limits_{x \to 4} f(x)$,$\lim\limits_{x \to -3} f(x)$.

解析 求分段函数 $f(x)$ 的极限 $\lim\limits_{x \to x_0} f(x)$,关键是要看 x_0 是否为分段点,如果是分段点,求出其左、右极限,然后利用极限存在定理讨论该点处的极限;如果不是,可利用连续函数的性质 $\lim\limits_{x \to x_0} f(x) = f(x_0)$ 求该点处的极限.

解 显然 $x = 0$,$x = 1$ 都是函数 $f(x)$ 的分段点,需求左、右极限,有

$$\lim\limits_{x \to 0^+} f(x) = \lim\limits_{x \to 0^+} (2x^2 + 1) = 1$$

$$\lim\limits_{x \to 0^-} f(x) = \lim\limits_{x \to 0^-} (1 - x) = 1$$

故 $$\lim\limits_{x \to 0} f(x) = 1$$

又有
$$\lim_{x \to 1^+} f(x) = \lim_{x \to 1^+} [3 + (x-1)^3] = 3$$
$$\lim_{x \to 1^-} f(x) = \lim_{x \to 1^-} (2x^2 + 1) = 3$$

故
$$\lim_{x \to 1} f(x) = 3$$

而
$$4 \in [1, +\infty], \ -3 \in (-\infty, 0)$$

则
$$\lim_{x \to 4} f(x) = \lim_{x \to 4} [3 + (x-1)^3] = 30$$
$$\lim_{x \to -3} f(x) = \lim_{x \to -3} (1-x) = 4$$

8. 综合问题:确定极限问题中的待定系数

例 9　设 $\lim\limits_{x \to 2} \dfrac{x-2}{x^2 + ax + b} = \dfrac{1}{8}$，求 a, b 的值.

解析　当 $x \to 2$ 时,分子的极限 $\lim\limits_{x \to 2}(x-2) = 0$,因为分式的极限存在且为 $\dfrac{1}{8}$,根据极限理论,必有分母的极限为零,即 $\lim\limits_{x \to 2}(x^2 + ax + b) = 0$,而且分母必含有 $(x-2)$ 因子.

解　由已知条件,必有
$$\lim_{x \to 2}(x^2 + ax + b) = 0$$

且有
$$x^2 + ax + b = (x-2)(x-k)$$
$$\lim_{x \to 2} \frac{x-2}{x^2 + ax + b} = \frac{1}{8} = \lim_{x \to 2} \frac{x-2}{(x-2)(x-k)} = \lim_{x \to 2} \frac{1}{x-k} = \frac{1}{8}$$

即
$$\frac{1}{2-k} = \frac{1}{8}, k = -6$$

再由
$$(x-2)(x+6) = x^2 + 4x - 12 = x^2 + ax + b, 可知$$
$$a = 4, b = -12.$$

例 10　设 $f(x) = \dfrac{px^2 - 2}{x^2 + 1} + 3qx + 5$,当 $x \to \infty$ 时,p、q 为何值时,函数 $f(x)$ 为无穷小? p、q 为何值时,函数 $f(x)$ 为无穷大?

解　现将 $f(x)$ 写成分式
$$f(x) = \frac{px^2 - 2}{x^2 + 1} + 3qx + 5$$
$$= \frac{px^2 - 2 + (3qx + 5)(x^2 + 1)}{x^2 + 1}$$
$$= \frac{3qx^3 + (p+5)x^2 + 3qx + 3}{x^2 + 1}.$$

当 $x \to \infty$ 时,如果 $f(x)$ 为无穷小,即 $\lim\limits_{x \to \infty} f(x) = 0$,由多项式分式极限的结论可知,分母的次数应高于分子的次数,所以有
$$\begin{cases} 3q = 0 \\ p + 5 = 0 \end{cases}, 即 \begin{cases} q = 0 \\ p = -5 \end{cases}$$

当 $x \to \infty$ 时,如果 $f(x)$ 为无穷大,即 $\lim\limits_{x \to \infty} f(x) = \infty$,由多项式分式极限的结论可知,分母的次数应低于分子的次数,所以有

$$\begin{cases} 3q \neq 0 \\ p + 5 \text{ 为任意实数} \end{cases}, \text{即} \begin{cases} q \neq 0 \\ p \text{ 为任意实数} \end{cases}.$$

9. 其他典型问题

例 11 判断下列函数在 $x = 0$ 的极限是否存在.

$(1) f(x) = \begin{cases} e^x, & x \leq 0 \\ \ln x, & x > 0 \end{cases};$ $\qquad$ $(2) f(x) = \begin{cases} 1 + \sin x, & x < 0 \\ \cos x, & x > 0 \end{cases};$

$(3) f(x) = \begin{cases} \dfrac{|x|}{x}, & x \neq 0 \\ 1, & x > 0 \end{cases};$ $\qquad$ $(4) f(x) = \begin{cases} x^3 + 1, & x < 0 \\ 0, & x = 0 \\ 3^x + 1, & x > 0 \end{cases}.$

解析 这是判断分段函数在分段点处极限是否存在的问题,求出分段函数在分段点处的左右极限,然后利用极限存在定理进行判断.

解 (1) 由于 $\lim\limits_{x \to 0^-} e^x = 1$, $\lim\limits_{x \to 0^+} \ln x = -\infty$,根据极限存在定理知,$\lim\limits_{x \to 0} f(x)$ 不存在.

(2) 由于 $\lim\limits_{x \to 0^-} (1 + \sin x) = 1$, $\lim\limits_{x \to 0^+} \cos x = 1$,根据极限存在定理知,$\lim\limits_{x \to 0} f(x) = 1$.

(3) 由于 $\lim\limits_{x \to 0^-} \dfrac{|x|}{x} = \lim\limits_{x \to 0^-} \dfrac{-x}{x} = -1$, $\lim\limits_{x \to 0^+} \dfrac{|x|}{x} = \lim\limits_{x \to 0^+} \dfrac{x}{x} = 1$,根据极限存在定理知,$\lim\limits_{x \to 0} f(x)$ 不存在.

(4) $\lim\limits_{x \to 0^-} (x^3 + 1) = 1$, $\lim\limits_{x \to 0^+} (3^x + 1) = 2$,根据极限存在定理知,$\lim\limits_{x \to 0} f(x)$ 不存在.

例 12 选择题

(1) 当 $x \to ($ $\quad$) 时,函数 $f(x) = \ln(x + 2)$ 为无穷大量

(A) -2^+ 和 $+\infty$; $\quad$ (B) -2^- 和 $+\infty$; $\quad$ (C) -2; $\qquad$ (D) $+\infty$.

(2) $\lim\limits_{x \to 0} e^{\frac{1}{x}} = ($ $\quad$).

(A) 0; $\qquad$ (B) $+\infty$; $\qquad$ (C) -2; $\qquad$ (D) 不存在.

(3) $\lim\limits_{x \to \infty} e^{-\frac{1}{x}} = ($ $\quad$).

(A) 0; $\qquad$ (B) $+\infty$; $\qquad$ (C) 1; $\qquad$ (D) 不存在.

解 (1) 结合 $y = \ln x$ 曲线可知,当 $x \to 0^+$ 时,函数 $y = \ln x \to -\infty$,当 $x \to +\infty$ 时,函数 $y = \ln x \to +\infty$,将曲线 $y = \ln x$ 向左平移两个单位得到曲线 $y = \ln(x + 2)$,因此,当 $x \to -2^+$ 时,函数 $y = \ln(x + 2) \to -\infty$,当 $x \to +\infty$ 时,函数 $y = \ln(x + 2 \to +\infty)$,故选 (A).

(2) 当 $x \to 0^-$ 时,$\dfrac{1}{x} \to -\infty$,从而 $e^{\frac{1}{x}} \to 0$;当 $x \to 0^+$ 时,$\dfrac{1}{x} \to +\infty$,从而 $e^{\frac{1}{x}} \to +\infty$,根据极限存在定理知,函数的极限 $\lim\limits_{x \to 0} e^{\frac{1}{x}}$ 不存在,故应选 (D).

(3) 由于当 $x \to -\infty$ 或 $x \to +\infty$ 时,都有 $\left(-\dfrac{1}{x} \right) \to 0$,从而当 $x \to \infty$ 时,$e^{-\frac{1}{x}} \to 1$,故应选 (C).

三、函数的连续性

1. 分段函数的连续性

例 1 讨论函数 $f(x) = \begin{cases} \sin x, & -\pi \leqslant x \leqslant 0 \\ 0, & 0 < x < 1 \\ \dfrac{1}{x-1}, & 1 < x < 4 \end{cases}$ 的连续性.

解析 本题属于函数连续性问题,应讨论整个定义域上的连续性.

对于分段函数在分段点的连续性,有以下定理.

定理 函数 $f(x)$ 在点 x_0 处连续 $\Leftrightarrow$ 函数 $f(x)$ 在点 x_0 处既左连续且右连续,即有

$$\lim_{x \to x_0} f(x) = f(x_0) \Leftrightarrow \lim_{x \to x_0^-} f(x) = \lim_{x \to x_0^+} f(x) = \lim_{x \to x_0} f(x) = f(x_0)$$

对于区间端点的连续性要判断是否左端点右连续,右端点左连续;对于区间内的点的连续性根据初等函数在定义域内的连续性判定.

解 $f(x)$ 的定义域为 $[-\pi, 4]$,其分段点为 $x = 0$,$x = 1$.

$x = -\pi$ 为左端点,$\lim\limits_{x \to -\pi^+} f(x) = \lim\limits_{x \to -\pi^+} \sin x = \sin(-\pi) = 0$,所以函数在该点右连续;

当 $-\pi < x < 0$ 时,$f(x) = \sin x$ 为基本初等函数,在该区间连续;

当 $x = 0$ 时,$\lim\limits_{x \to 0^-} f(x) = \lim\limits_{x \to 0^-} \sin x = \sin 0 = 0$,$\lim\limits_{x \to 0^+} f(x) = \lim\limits_{x \to 0^+} 0 = 0$,所以有

$$\lim_{x \to 0^-} f(x) = \lim_{x \to 0^+} f(x) = \lim_{x \to 0} f(x) = f(0),$$

故 $x = 0$ 为连续点;

当 $x = 1$ 时,$\lim\limits_{x \to 1^-} f(x) = \lim\limits_{x \to 1^-} 0 = 0$,$\lim\limits_{x \to 1^+} f(x) = \lim\limits_{x \to 1^+} \dfrac{1}{x-1} = \infty$,所以有

$$\lim_{x \to 1^-} f(x) \neq \lim_{x \to 1^+} f(x),$$

故 $x = 1$ 为不连续点;

当 $1 < x < 4$ 时,$f(x) = \dfrac{1}{x-1}$ 为初等函数,是定义域内的区间,故 $f(x)$ 在该区间连续;

当 $0 < x < 1$ 时,$f(x) = 0$ 为常数函数,在该区间连续;

当 $x = 4$ 时,$\lim\limits_{x \to 4^-} f(x) = \lim\limits_{x \to 4^-} \dfrac{1}{x-1} = \dfrac{1}{3} = f(4)$,所以函数在该点左连续;

综上所述,函数 $f(x)$ 在 $[-\pi, 1) \cup (1, 4]$ 上为连续函数,而 $x = 1$ 为 $f(x)$ 不连续点.

例 2 设函数 $f(x) = \begin{cases} 2x + 4, & x < 2 \\ x^2 + 2a, & x \geqslant 2 \end{cases}$,在 $x = 2$ 处连续,问 a 应取何值.

解析 $x = 2$ 是分段函数 $f(x)$ 的分段点,在 $x = 2$ 的两侧,函数有不同的解析式,由于函数 $f(x)$ 在 $x = 2$ 处的函数值 $f(2)$ 是用 $x = 2$ 右侧的解析式给出,所以,只需要考察左极限,即考察等式 $\lim\limits_{x \to 2^-} f(x) = f(2)$ 即可. 如果函数是

$$f(x) = \begin{cases} 2x + 4, & x \leqslant 2 \\ x^2 + 2a, & x > 2 \end{cases}$$

应考察等式 $\lim\limits_{x \to 2^+} f(x) = f(2)$.

解 因为 $f(x)$ 在 $x = 2$ 处连续,所以应左连续,即

$$\lim\limits_{x \to 2^-} f(x) = f(2)$$

由于 $f(2) = 2^2 + 2a = 4 + 2a$,又有

$$\lim\limits_{x \to 2^-} f(x) = \lim\limits_{x \to 2^-}(2x + 4) = 8$$

所以有 $4 + 2a = 8$,解得 $a = 2$.

例3 设函数 $f(x) = \begin{cases} \dfrac{x}{\ln(1 + x)}, & x \neq 0 \\ a, & x = 0 \end{cases}$ 在 $x = 0$ 处连续,求 a 的值.

解析 本题的分段函数在分段点 $x = 0$ 处左右两侧的函数表达式相同,所以,讨论在分段点处的连续性问题时,不用求左右极限,只需考察等式

$$\lim\limits_{x \to x_0} f(x) = f(x_0)$$

解 $\lim\limits_{x \to 0} f(x) = \lim\limits_{x \to 0} \dfrac{x}{\ln(1 + x)} = \lim\limits_{x \to 0} \dfrac{1}{\ln(1 + x)^{\frac{1}{x}}} = \dfrac{1}{\ln e} = 1$, $f(0) = a$

由函数 $f(x)$ 在 $x = 0$ 处连续,有 $\lim\limits_{x \to 0} f(x) = f(0)$,即 $a = 1$

2. 函数的间断点及其分类

例4 指出下列函数的间断点及间断点的类型;如果是可去间断点,设法使其变为连续点.

$$(1) f(x) = \begin{cases} e^{-\frac{1}{x^2}}, & x \neq 0 \\ 1, & x = 0 \end{cases} ; \qquad (2) f(x) = \dfrac{x^2 - x}{|x|(x^2 - 1)}.$$

解析 根据函数在某点间断的三个条件来判断是否为间断点,以及是什么类型的间断点.首先观察函数在定义域内(主要是分段函数的分段点),是否是有定义的点,如果没有定义,那么这个点一定是间断点;其次求出该点的极限,看极限是否存在(对于分段函数的分段点,如果该点左右的函数表达式不同,则求出其左右极限,如果左右极限都存在且相等,则该点是第一类间断点的可去间断点;如果左右极限存在但是不相等,则是第一类间断点的跳跃型间断;如果左右极限中至少有一个不存在,则是第二类间断点),再次如果该点是可去间断点,看该点的极限值是否等于该点的函数值,如果不等于函数值,则改变原来的函数值令其等于极限值,则函数在该点连续;如果函数在该点没有定义,则补充极限值为该点的函数值,则函数在该点也连续.

解 (1)函数 $f(x)$ 在分段点 $x = 0$ 处有定义,且 $f(0) = 1$,而

$$\lim\limits_{x \to 0} f(x) = \lim\limits_{x \to 0} e^{-\frac{1}{x^2}} = 0 \neq f(0)$$

所以,$f(x)$ 在分段点 $x = 0$ 处间断,并且 $x = 0$ 是函数 $f(x)$ 的第一类间断点的可去间

断点,改变函数 $f(x)$ 在 $x=0$ 的函数值,使其等于极限值,即令 $f(x)=0$,有

$$f(x)=\begin{cases} e^{-\frac{1}{x^2}}, & x\neq 0 \\ 0, & x=0 \end{cases}$$

则函数 $f(x)$ 在 $x=0$ 处就变为连续了.

（2）函数 $f(x)$ 在 $x=0, x=1, x=-1$ 处没有定义,所以 $x=0, x=1, x=-1$ 都是函数 $f(x)$ 的间断点,由于

$$\lim_{x\to 0^-}f(x)=\lim_{x\to 0^-}\frac{x(x-1)}{-x(x-1)(x+1)}=\lim_{x\to 0^-}\frac{1}{-(x+1)}=-1.$$

同时

$$\lim_{x\to 0^+}f(x)=\lim_{x\to 0^+}\frac{x(x-1)}{x(x-1)(x+1)}=\lim_{x\to 0^+}\frac{1}{(x+1)}=1.$$

在 $x=0$ 处左右极限都存在但不相等,所以 $x=0$ 是函数 $f(x)$ 的第一类间断点的跳跃间断点.

由于

$$\lim_{x\to -1}f(x)=\lim_{x\to -1}\frac{x(x-1)}{-x(x-1)(x+1)}=\lim_{x\to -1}\frac{1}{-(x+1)}=\infty.$$

所以,$x=-1$ 是函数 $f(x)$ 的第二类间断点.

由于

$$\lim_{x\to 1}f(x)=\lim_{x\to 1}\frac{x(x-1)}{x(x-1)(x+1)}=\lim_{x\to 1}\frac{1}{(x+1)}=\frac{1}{2}.$$

所以,$x=1$ 是函数 $f(x)$ 的第一类间断点的可去间断点,此时,补充函数 $f(x)$ 在 $x=1$ 处的定义,令其函数值等于极限值即:$f(1)=\frac{1}{2}$,则有

$$f(x)=\begin{cases} \dfrac{x^2-x}{|x|(x^2-1)}, & x\neq 1 \\ \dfrac{1}{2}, & x=1 \end{cases}.$$

显然函数 $f(x)$ 在 $x=1$ 处就连续了.

3. 闭区间上连续函数的性质 – 零点定理的应用

解析 利用零点定理可以证明一个方程 $F(x)=0$ 在一个开区间内至少存在一个根（或者是证明一个函数在某个开区间内至少存在一个使函数 $F(x)$ 为零的点）,它的解法是:作一个辅助函数 $F(x)$（注意要把方程右端的表达式全部移到方程的左端,使右端为零,令方程左端的表达式为辅助函数 $F(x)$）,考察函数 $F(x)$ 在左右两个端点的函数值的符号,如果左右两端函数值异号,则符合零点定理条件,结论成立.

例5 证明方程

$$x^4-3x^2+7x-10=0$$

至少有一个根在 1 与 2 之间.

证明 作辅助函数,设

$$F(x)=x^4-3x^2+7x-10,$$

$F(x)$ 是初等函数,它在定义区间 $(-\infty, +\infty)$ 内连续,显然在闭区间 $[1,2]$ 上连续,又因为

$$F(1) = 1 - 3 + 7 - 10 = -5 < 0,$$

$$F(2) = 16 - 12 + 14 - 10 = 8 > 0,$$

由零点定理可知,在开区间 $(1,2)$ 内至少存在一点 ξ,使得 $F(\xi) = 0$,即

$$\xi^4 - 3\xi^2 + 7\xi - 10 = 0.$$

说明 $x = \xi$ 是所给方程在开区间 $(1,2)$ 内的根.

例 6 试证方程

$$x = a\sin x + b\, (a > 0, b > 0)$$

至少有一个不超过 $a + b$ 的正根.

证明 将已知方程改写成

$$x - a\sin x - b = 0,$$

作辅助函数设 $F(x) = x - a\sin x - b$,$F(x)$ 是初等函数,它在区间 $[0, a+b]$ 上连续,由于

$$F(0) = -b < 0 \quad (b > 0),$$

$$F(a+b) = a + b - a\sin(a+b) - b = a[1 - \sin(a+b)] \geqslant 0 \quad (a. > 0, \sin(a+b) \leqslant 1)$$

所以,如果 $F(a+b) = 0$,则 $a + b$ 为方程 $F(x) = 0$ 的根,即为方程

$$x = a\sin x + b$$

的一个正根,如果 $F(a+b) > 0$,则由零点定理知,至少存在一点 $\xi \in (0, a+b)$,使

$$F(x) = 0, 即 \xi = a\sin \xi + b$$

即 $x = \xi$ 是方程 $x - a\sin x - b = 0$ 的根,等式得证.

综合测试与参考解答

自 测 题

一、填空题

(1) 函数 $f(x) = \ln(2^x - 4) + \arccos \dfrac{2x-1}{7}$ 的定义域是 _____.

(2) 若 $f(\mathrm{e}^x) = x^2 - 2x$,则 $f(x) =$ _____.

(3) 函数 $y = \mathrm{e}^{\sqrt{x^2+1}}$ 是由 _____ 复合而成的复合函数.

(4) 设 $f(x) = \ln(x-3)$,当 $x \to$ _____ 和 _____ 时,函数 $f(x)$ 是无穷大量;当 $x \to$ _____ 时,函数 $f(x)$ 是无穷小量.

(5) $\lim\limits_{n \to \infty} \dfrac{1 + 3 + 5 + \cdots + (2n-1)}{(2n-1)(2n+1)} =$ _____.

(6) 设 $f(x-1) = \begin{cases} -\dfrac{\sin x}{x}, & x>0 \\ 2, & x=0 \\ x-1, & x<0 \end{cases}$,则 $\lim\limits_{x \to -1} f(x) = $ _____.

(7) $\lim\limits_{x \to 0} \dfrac{e^{7x} - e^{2x}}{x} = $ _____.

(8) $\lim\limits_{x \to \infty} \left(\dfrac{x-3}{x+3}\right)^x = $ _____.

(9) 设 $f(x) = \begin{cases} (1-x)^{\frac{1}{x}}, & x \neq 0 \\ a, & x=0 \end{cases}$,在 $x=0$ 处连续,则 $a = $ _____.

(10) 函数 $y = \dfrac{\sqrt{x-3}}{(x+1)(x+2)}$ 的连续区间是 _____.

二、选择题

(1) 若函数 $f(x)$ 的定义域是 $[0,1]$,则 $f(2x-1)$ 的定义域是(　　).

　　A. $\left[-\dfrac{1}{2}, \dfrac{1}{2}\right]$　　　B. $\left[\dfrac{1}{2}, 1\right]$　　　C. $[0,1]$　　　D. $\left[-\dfrac{1}{2}, 1\right]$

(2) 当 $x \to 0$ 时, $x^2 + \sin x$ 是 x 的(　　).

　　A. 高阶无穷小　　　B. 低阶无穷小　　C. 同阶无穷小　D. 等价无穷小

(3) 当 $x \to x_0$ 时, α 和 $\beta (\neq 0)$ 都是无穷小,则当 $x \to x_0$ 时,下列变量中可能不是无穷小的是(　　).

　　A. $\alpha + \beta$　　　　B. $\alpha - \beta$　　　C. $\alpha \cdot \beta$　　　D. $\dfrac{\alpha}{\beta}$

(4) 若 $\lim\limits_{x \to x_0^-} f(x) = A$, $\lim\limits_{x \to x_0^+} f(x) = A$,则 $f(x)$ 在点 x_0 处(　　).

　　A. 一定有定义　　　　　　　　B. 一定有 $f(x_0) = A$

　　C. 一定有极限　　　　　　　　D. 一定连续

(5) 下列极限中,正确的是(　　).

　　A. $\lim\limits_{x \to \infty} \dfrac{\sin x}{x} = 1$　　　　　　B. $\lim\limits_{x \to 0} \dfrac{\sin x}{2x} = 1$

　　C. $\lim\limits_{x \to \infty} x \cdot \sin \dfrac{1}{x} = 1$　　　　D. $\lim\limits_{x \to 0} \dfrac{\sin \dfrac{1}{x}}{\dfrac{1}{x}} = 1$

(6) 下列各等式中,正确的是(　　).

　　A. $\lim\limits_{x \to \infty} \left(1 - \dfrac{1}{x}\right)^x = e$　　　　　B. $\lim\limits_{x \to \infty} \left(1 + \dfrac{1}{x}\right)^{\frac{1}{x}} = e$

C. $\lim\limits_{x\to 0}(1+x)^{-\frac{1}{x}}=e$　　　　　D. $\lim\limits_{x\to 0}(1+x)^{\frac{1}{x}}=e$

(7) $\lim\limits_{x\to 2}\dfrac{\sin(x-2)}{x^2-4}=($ 　　　).

A. 0　　　　　　B. $\dfrac{1}{4}$　　　　C. $\dfrac{1}{2}$　　　　D. 1

(8) 点 $x=0$ 是 $f(x)=\begin{cases}x, & x<0\\ e^x-1, & x\geqslant 0\end{cases}$ 的 (　　　).

A. 连续点　　　　　　　　　　B. 可去间断点

C. 第二类间断点　　　　　　　D. 第一类间断点,但不是可去间断点

(9) 下列函数在 $x=0$ 处均无定义,能补充定义使其在 $x=0$ 处连续的是(　　　).

A. $f(x)=\begin{cases}e^{\frac{1}{x}}, & x<0\\ 1, & x>0\end{cases}$　　　　　B. $f(x)=x\sin\dfrac{1}{x}$

C. $f(x)=\sin\dfrac{1}{x}$　　　　　D. $f(x)=\dfrac{1}{x^2}$

(10) 设函数 $f(x)=\dfrac{1-x}{1-x^2}$,则下列结论正确的是(　　　).

A. $x=1$ 是第一类间断点,$x=-1$ 是第二类间断点;

B. $x=1$ 是第二类间断点,$x=-1$ 是第一类间断点;

C. $x=1$ 与 $x=-1$ 都是第一类间断点;

D. $x=1$ 与 $x=-1$ 都是第二类间断点.

三、计算题

1. 已知 $f(x)=\left(\dfrac{1}{x}-1\right)=\dfrac{x}{2x-1}$,求 $f(x)$.

2. 已知函数 $f(x)=\begin{cases}1+x, & -1<x\leqslant 0\\ x^2, & 0<x\leqslant 1\\ 2, & 1<x\leqslant 2\end{cases}$,求函数值 $f(f(-0.5)+f(1))$.

3. $\lim\limits_{n\to\infty}\sqrt{3\sqrt{3\sqrt{3\cdots\sqrt{3}}}}$ （共有 n 个根号）.

4. $\lim\limits_{n\to\infty}\left[\dfrac{1}{1\times6}+\dfrac{1}{6\times11}+\cdots+\dfrac{1}{(5n-4)\times(5n+1)}\right].$

5. $\lim\limits_{x\to4}\dfrac{\sqrt{2x+1}-3}{\sqrt{x-2}-\sqrt{2}}.$

6. $\lim\limits_{n\to\infty}\sqrt{n}\left(\sqrt{n+2}-\sqrt{n-3}\right)$

7. $\lim\limits_{x\to1}\dfrac{x+x^2+\cdots+x^n-n}{x-1}.$

8. $\lim\limits_{x \to 0} \dfrac{\sin x}{\sqrt{1 + x} - 1}$.

9. $\lim\limits_{x \to +\infty} \left(1 - \dfrac{1}{x}\right)^{\sqrt{x}}$

10. $\lim\limits_{x \to 0} \dfrac{\cos x \, (\mathrm{e}^{\sin x} - 1)^2}{\tan^2 x}$

11. 讨论函数 $f(x) = \begin{cases} \dfrac{1 + \mathrm{e}^{\frac{1}{x}}}{2 + 3\mathrm{e}^{\frac{1}{x}}}, & x \neq 0 \\[2mm] \dfrac{1}{2}, & x = 0 \end{cases}$ 的连续性,若有间断点,指出其类型.

四、解答题

1. 如果极限 $\lim\limits_{x \to \infty} f(x)$ 存在,且 $f(x) = \dfrac{3x^2 + 2}{x^2 - 1} - 2 \lim\limits_{x \to \infty} f(x)$,求函数 $f(x)$.

2. 设 $f(x) = \begin{cases} \dfrac{1}{x}\ln(1+x), & -1 < x < 0 \\ a, & x = 0 \\ x\sin\dfrac{1}{x} + b, & x > 0 \end{cases}$ ，当 a、b 为何值时，函数 $f(x)$ 在 $x = 0$ 处连续.

3. 证明方程 $x^3 - 2x^2 + x + 1 = 0$ 在区间 $(0,1)$ 内至少有一个实根.

自测题参考解答

一、填空题

(1) 填 $(2,4]$. 由 $\begin{cases} 2^x - 4 > 0 \\ \left|\dfrac{2x-1}{7}\right| \le 1 \end{cases}$ 可得 $\begin{cases} 2^x > 2^2 \\ -3 \le x \le 4 \end{cases}$，由此得 $2 < x \le 4$.

(2) 填 $\ln^2 x - 2\ln x$. 设 $e^x = t$，则 $x = \ln t$，将其代入已知式 $f(t) = \ln^2 t - 2\ln t$.

(3) 填 $y = e^u, u = \sqrt{v}, v = x^2 + 1$.

(4) 填 3^+，$+\infty$，4. 当 $x \to 3^+$ 时，$y = \ln(x-3) \to -\infty$，当 $x \to +\infty$ 时，$y = \ln(x-3) \to +\infty$，都是无穷大量；当 $x \to 4$ 时，$x - 3 \to 1$，$y = \ln(x-3) \to 0$，是无穷小量.

(5) 填 $\dfrac{1}{4}$. $\lim\limits_{n \to \infty} \dfrac{1 + 3 + 5 + \cdots + (2n-1)}{(2n-1)(2n+1)} = \lim\limits_{x \to \infty} \dfrac{n^2}{4n^2 - 1} = \dfrac{1}{4}$.

(6) 填 -1. 因为 $\lim\limits_{x \to -1} f(x) = \lim\limits_{x \to 0} f(x-1)$，而 $\lim\limits_{x \to 0^-} f(x-1) = \lim\limits_{x \to 0^-} (x-1) = -1$，

$\lim\limits_{x \to 0^+} f(x-1) = \lim\limits_{x \to 0^+} \left(-\dfrac{\sin x}{x}\right) = -1$，所以 $\lim\limits_{x \to -1} f(x) = \lim\limits_{x \to 0} f(x-1) = -1$.

(7) 填 5. $\lim\limits_{x \to 0} \dfrac{e^{7x} - e^{2x}}{x} = \lim\limits_{x \to 0} \dfrac{e^{2x}(e^{5x} - 1)}{5x} \cdot 5 = 5 \lim\limits_{x \to 0} e^{2x} \cdot \lim\limits_{x \to 0} \dfrac{e^{5x} - 1}{5x} = 5 \cdot 1 \cdot 1 = 5$.

(8) 填 e^{-6}. $\lim\limits_{x \to \infty} \left(\dfrac{x-3}{x+3}\right)^x = \lim\limits_{x \to \infty} \dfrac{\left(1 - \dfrac{3}{x}\right)^x}{\left(1 + \dfrac{3}{x}\right)^x} = \dfrac{\lim\limits_{x \to \infty}\left[\left(1 + \dfrac{-3}{x}\right)^{\frac{x}{-3}}\right]^{-3}}{\lim\limits_{x \to \infty}\left[\left(1 + \dfrac{3}{x}\right)^{\frac{x}{3}}\right]^3} = \dfrac{e^{-3}}{e^3} = e^{-6}$.

（9）填 e^{-1} . 因为 $\lim\limits_{x\to0}(1-x)^{\frac{1}{x}}=\lim\limits_{x\to0}[(1+(-x))^{-\frac{1}{x}}]^{-1}=e^{-1}=a$.

（10）填 $[3,+\infty)$. 该函数的定义域是 $x\geqslant3$.

二、选择题

（1）选 B. 由 $0\leqslant2x-1\leqslant1$ 得 $\dfrac{1}{2}\leqslant x\leqslant1$,则函数 $f(2x-1)$ 的定义域是 $\left[\dfrac{1}{2},1\right]$.

（2）选 D. 因为 $\lim\limits_{x\to0}\dfrac{x^2+\sin x}{x}=\lim\limits_{x\to0}(x+\dfrac{\sin x}{x})=1$,所以,当 $x\to0$ 时,无穷小量 $x^2+\sin x$

与 x 等价.

（3）选 D. 因为根据无穷小量的性质可知,两个无穷小量的和、差、积还是无穷小量,但两个无穷小量的商是未定式,极限有多种情况,可以是无穷小量,也可以是无穷大量,也可以是任何常数.

（4）选 C. 在 x_0 处,左、右极限都存在且相等是函数在该点处极限存在的充分必要条件.

（5）选 C. 因为 $\lim\limits_{x\to\infty}\dfrac{\sin x}{x}=\lim\limits_{x\to\infty}\dfrac{1}{x}\cdot\sin x=0$; $\lim\limits_{x\to0}\dfrac{\sin x}{2x}=\dfrac{1}{2}\lim\limits_{x\to0}\dfrac{\sin x}{x}=\dfrac{1}{2}$;

$$\lim\limits_{x\to\infty}x\cdot\sin\dfrac{1}{x}=\lim\limits_{x\to\infty}\dfrac{\sin\dfrac{1}{x}}{\dfrac{1}{x}}=1;\lim\limits_{x\to0}\dfrac{\sin\dfrac{1}{x}}{\dfrac{1}{x}}=\lim\limits_{x\to0}x\cdot\sin\dfrac{1}{x}=0.$$

（6）选 D. 因为 $\lim\limits_{x\to\infty}\left(1-\dfrac{1}{x}\right)^x=e^{-1}$; $\lim\limits_{x\to\infty}\left(1+\dfrac{1}{x}\right)^{\frac{1}{x}}=1$;

$$\lim\limits_{x\to0}(1+x)^{-\frac{1}{x}}=e^{-1};\lim\limits_{x\to0}(1+x)^{\frac{1}{x}}=e.$$

（7）选 B. 因为

$$\lim\limits_{x\to2}\dfrac{\sin(x-2)}{x^2-4}=\lim\limits_{x\to2}\dfrac{\sin(x-2)}{(x-2)(x+2)}=\lim\limits_{x\to2}\dfrac{1}{x+2}\cdot\lim\limits_{x\to2}\dfrac{\sin(x-2)}{(x-2)}=\dfrac{1}{4}\cdot1=\dfrac{1}{4}.$$

（8）选 A. 因为 $\lim\limits_{x\to0^-}f(x)=\lim\limits_{x\to0^-}x=0$, $\lim\limits_{x\to0^+}f(x)=\lim\limits_{x\to0^+}(e^x-1)=0$ 且 $f(0)=e^0-1=0$,

所以有 $\lim\limits_{x\to0^-}f(x)=\lim\limits_{x\to0^+}f(x)=f(0)=0$,故函数 $f(x)$ 在 $x=0$ 处连续.

（9）选 B. 补充定义使函数在 $x=0$ 处连续,必须要求 $\lim\limits_{x\to0}f(x)$ 存在. A 中的函数在 $x=0$ 处左右极限不相等,所以极限不存在,C、D 中的函数在 $x=0$ 处极限不存在,只有

B $\lim\limits_{x\to0}f(x)=\lim\limits_{x\to0}x\sin\dfrac{1}{x}=0$,如果补充定义 $f(0)=0$ 函数在 $x=0$ 处就连续了.

（10）选 A. 显然 $x=\pm1$ 时函数 $f(x)$ 无定义,所以 $x=\pm1$ 是函数 $f(x)$ 的间断点,而

$$\lim\limits_{x\to1}\dfrac{1-x}{1-x^2}=\lim\limits_{x\to1}\dfrac{1}{1+x}=\dfrac{1}{2},\lim\limits_{x\to-1}\dfrac{1-x}{1-x^2}=\lim\limits_{x\to-1}\dfrac{1}{1+x}=\infty,$$ 所以, $x=1$ 是第一类间断

点, $x=-1$ 是第二类间断点.

三、计算题

1. **解法** 1 用变量替换法.

设 $u = \frac{1}{x} - 1$,则 $x = \frac{1}{1+u}$,将 $f\left(\frac{1}{x} - 1\right)$ 中的 $\frac{1}{x} - 1$ 换为 u,而将 $\frac{x}{2x-1}$ 中的 x 换为

$\frac{1}{1+u}$ 得,$f(u) = \dfrac{\frac{1}{1+u}}{\frac{2}{1+u} - 1} = \dfrac{1}{1-u}$,故所求 $f(x) = \dfrac{1}{1-x}$.

解法 2 设法将 $f\left(\frac{1}{x} - 1\right) = \frac{x}{2x-1}$ 的右端表示成 $\frac{1}{x} - 1$ 的函数,由于

$$f\left(\frac{1}{x} - 1\right) = \frac{x}{2x-1} = \frac{1}{2 - \frac{1}{x}} = \frac{1}{1 - \left(\frac{1}{x} - 1\right)}$$

将上式两端的 $\frac{1}{x} - 1$ 换为 x,得 $f(x) = \dfrac{1}{1-x}$.

2. **解** 这是分段函数求值问题,先求 $f(-0.5)$ 和 $f(1)$,由分段函数的求值有

$f(-0.5) = 1 + (-0.5) = 0.5, f(1) = 1^2 = 1$,所以,

$$f(f(-0.5) + f(1)) = f(0.5 + 1) = f(1.5) = 2.$$

3. **解** 由于

$$\sqrt{3} = (3)^{\frac{1}{2}}, \sqrt{3\sqrt{3}} = (3)^{\frac{3}{4}}, \sqrt{3\sqrt{3\sqrt{3}}} = (3)^{\frac{7}{8}}, \cdots, \sqrt{3\sqrt{3\sqrt{3\cdots\sqrt{3}}}} = (3)^{\frac{2^n-1}{2^n}}$$

而 $\lim\limits_{n\to\infty} \sqrt{3\sqrt{3\sqrt{3\cdots\sqrt{3}}}} = \lim\limits_{n\to\infty}(3)^{\frac{2^n-1}{2^n}} = 3^{\lim\limits_{n\to\infty}\left(1 - \frac{1}{2^n}\right)}, \lim\limits_{n\to\infty}\left(1 - \frac{1}{2^n}\right) = 1.$

所以,$\lim\limits_{n\to\infty} \sqrt{3\sqrt{3\sqrt{3\cdots\sqrt{3}}}} = \lim\limits_{n\to\infty}(3)^{\frac{2^n-1}{2^n}} = 3^{\lim\limits_{n\to\infty}\left(1 - \frac{1}{2^n}\right)} = 3^1 = 3.$

4. **解** 注意到

$$\frac{1}{(5n-4)(5n+1)} = \frac{1}{5}\left(\frac{1}{5n-4} - \frac{1}{5n+1}\right)$$

用分项的方法求通项和的表达式. 有

$$\frac{1}{1.6} + \frac{1}{6.11} + \cdots + \frac{1}{(5n-4)(5n+1)}$$

$$= \frac{1}{5}\left(1 - \frac{1}{6}\right) + \frac{1}{5}\left(\frac{1}{6} - \frac{1}{11}\right) + \cdots + \frac{1}{5}\left(\frac{1}{5n-4} - \frac{1}{5n+1}\right)$$

$$= \frac{1}{5}\left(1 - \frac{1}{5n+1}\right).$$

故,$\lim\limits_{n\to\infty}\left[\dfrac{1}{1\times6} + \dfrac{1}{6\times11} + \cdots + \dfrac{1}{(5n-4)\times(5n+1)}\right] = \lim\limits_{n\to\infty}\dfrac{1}{5}\left(1 - \dfrac{1}{5n+1}\right) = \dfrac{1}{5}$

5. 解 对分子分母同时有理化,有

$$\lim_{x\to4}\frac{\sqrt{2x+1}-3}{\sqrt{x-2}-\sqrt{2}}=\lim_{x\to4}\frac{(\sqrt{2x+1}-3)(\sqrt{2x+1}+3)(\sqrt{x-2}+\sqrt{2})}{(\sqrt{x-2}-\sqrt{2})(\sqrt{x-2}+\sqrt{2})(\sqrt{2x+1}+3)}$$

$$=\lim_{x\to4}\frac{2(x-4)(\sqrt{x-2}+\sqrt{2})}{(x-4)(\sqrt{2x+1}+3)}=2\lim_{x\to4}\frac{\sqrt{x-2}+\sqrt{2}}{\sqrt{2x+1}+3}=\frac{2\sqrt{2}}{3}.$$

6. 解

$$\lim_{n\to\infty}\sqrt{n}(\sqrt{n+2}-\sqrt{n-3})=\lim_{n\to\infty}\sqrt{n}\cdot\frac{5}{\sqrt{n+2}+\sqrt{n-3}}$$

$$=\lim_{n\to\infty}\frac{5\sqrt{n}}{\sqrt{n}\left(\sqrt{1+\frac{2}{n}}+\sqrt{1-\frac{3}{n}}\right)}=\frac{5}{2}$$

7. 解 这是 $\frac{0}{0}$ 型未定式,由于

$$x+x^2+\cdots+x^n-n=(x-1)+(x^2-1)+\cdots+(x^n-1)$$

$$=(x-1)[1+(x+1)+\cdots+(x^{n-1}+x^{n-2}+\cdots+1)]$$

所以,原式 $=\lim_{x\to1}\dfrac{(x-1)[1+(x+1)+\cdots(x^{n-1}+x^{n-2}+\cdots+1)]}{x-1}$

$$=1+2+\cdots+n=\frac{(n+1)n}{2}.$$

8. 解

$$\lim_{x\to0}\frac{\sin x}{\sqrt{1+x}-1}=\lim_{x\to0}\frac{\sin x(\sqrt{1+x}+1)}{x}$$

$$=\lim_{x\to0}\frac{\sin x}{x}\cdot\lim_{x\to0}(\sqrt{1+x}+1)=1\cdot2=2$$

9. 解

$$\lim_{x\to\infty}\left(1-\frac{1}{x}\right)^{\sqrt{x}}=\lim_{x\to\infty}\left(1+\frac{1}{\sqrt{x}}\right)^{\sqrt{x}}\cdot\left(1-\frac{1}{\sqrt{x}}\right)^{\sqrt{x}}=e\cdot e^{-1}=1.$$

10. 解 当 $x\to0$ 时,$\sin x\sim x$,$e^x-1\sim x$,由此得 $e^{\sin x}-1\sim\sin x\sim x$,

所以,$\lim_{x\to0}\dfrac{\cos x(e^{\sin x}-1)^2}{\tan^2 x}=\lim_{x\to0}\cos x\cdot\lim_{x\to0}\dfrac{(\sin x)^2}{x^2}=1\cdot\lim_{x\to0}\dfrac{x^2}{x^2}=1.$

11. 解 这是分段函数,函数的定义域是 $(-\infty,+\infty)$. 当 $x\neq0$ 时,$f(x)$ 是初等函数,所以连续;当 $x=0$ 时,注意到,当 $x\to0^-$ 时,$e^{\frac{1}{x}}\to0$;而当 $x\to0^+$ 时,$e^{\frac{1}{x}}\to+\infty$,于是有

$$\lim_{x\to0^-}f(x)=\lim_{x\to0^-}\frac{1+e^{\frac{1}{x}}}{2+3e^{\frac{1}{x}}}=\frac{1}{2}=f(0)$$

$$\lim_{x\to0^+}f(x)=\lim_{x\to0^+}\frac{1+e^{\frac{1}{x}}}{2+3e^{\frac{1}{x}}}=\lim_{x\to0^+}\frac{\frac{1}{e^{\frac{1}{x}}}+1}{\frac{2}{e^{\frac{1}{x}}}+3}=\frac{1}{3}\neq f(0).$$

因此,函数 $f(x)$ 在 $x=0$ 处,左右极限都存在但是不相等,所以 $x=0$ 是第一类间断点的跳跃间断点.

四、解答题

1. **解** 由已知极限 $\lim_{x\to\infty}f(x)$ 存在,不妨设 $\lim_{x\to\infty}f(x)=A$,对于等式

$$f(x)=\frac{3x^2+2}{x^2-1}-2\lim_{x\to\infty}f(x)$$

两边同时取极限,得

$$\lim_{x\to\infty}f(x)=\lim_{x\to\infty}\frac{3x^2+2}{x^2-1}-\lim_{x\to\infty}\left(2\lim_{x\to\infty}f(x)\right)$$

即

$$A=\lim_{x\to\infty}\frac{3x^2+2}{x^2-1}-2A$$

所以

$$A=\frac{1}{3}\lim_{x\to\infty}\frac{3x^2+2}{x^2-1}=\frac{1}{3}\times3=1$$

于是

$$f(x)=\frac{3x^2+2}{x^2-1}-2=\frac{x^2+4}{x^2-1}.$$

2. **解** 依题意 $f(0)=a$,由于 $\lim_{x\to0^-}f(x)=\lim_{x\to0^-}\frac{\ln(1+x)}{x}=1$

故 $a=1$ 时,函数 $f(x)$ 在 $x=0$ 处左连续. 又有

$$\lim_{x\to0^+}f(x)=\lim_{x\to0^+}\left(x\sin\frac{1}{x}+b\right)=0+b=b$$

故 $b=a$ 时,函数 $f(x)$ 在 $x=0$ 处右连续.

由上述可知,仅 $b=1$,而 $a\to1$ 时,函数 $f(x)$ 在 $x=0$ 处的极限存在,即

$$\lim_{x\to0^-}f(x)=1=\lim_{x\to0^+}f(x)$$

但不能断定函数 $f(x)$ 在 $x=0$ 处连续,只有当 $a=b=1$ 时,才有

$$\lim_{x\to0}f(x)=f(0)=1$$

函数 $f(x)$ 在 $x=0$ 处连续.

3. **解** 作辅助函数,设

$$F(x)=x^3-2x^2+x+1$$

$F(x)$ 是初等函数,它在 $(-\infty,+\infty)$ 内连续,故在区间 $[-1,0]$ 上连续. 由于

$$F(-1)=-1-2-1+1=-3<0,F(0)=1>0$$

根据零点定理可知,至少存在一点 $\xi\in(0,1)$,使得 $F(\xi)=0$,即

$$\xi^3-2\xi^2+\xi+1=0$$

这就说明,ξ 就是方程 $x^3-2x^2+x+1=0$ 的一个根.

教材《作业与练习》参考答案

作业与练习 1.1

1. $(-\infty,-1)\cup(3,+\infty)$；2. $(\frac{10}{3},+\infty)$.

2. 略

3. $(1)f(-0.3)=-1,f(0.2)=0,f(-3.3)=-4,f(3.4)=3$.

$(2)f(0)=1,f(\frac{1}{2})=2,f(-1)=0$.

4. $(1)(-\infty,2]$；(2) 略.

作业与练习 1.2

1. 略

2. $(1)\frac{\pi}{2}$；$(2)\frac{\pi}{2}$；$(3)\frac{\pi}{3}$；$(4)\frac{\pi}{4}$；$(5)\frac{\pi}{4}$；$(6)-\frac{\pi}{4}$.

3. $(1)y=u^{\frac{2}{3}},u=1+x$；

$(2)y=\sin u,u=2x$；

$(3)y=u^2,u=\cos v,v=2x+3$；

$(4)y=\mathrm{e}^u,u=v^2,v=\sin x$；

$(5)y=\ln u,u=\cos v,v=\mathrm{e}^x$；

$(6)y=\arctan u,u=\ln v=1+4$.

作业与练习 1.3

略

习题 1

1. $(1)(-\infty,1)\cup(3,+\infty)$；$(2)(-\infty,1)\cup(1,2)\cup(2,+\infty)$；$(3)\left[0,\frac{2}{3}\right]$；$(4)$

$(-\infty,1)$.

2. (1)略；$(2)f(-3)=-1,f(4)=2,f(1)=-1,f(-1)=1$.

3. $(1)\frac{\pi}{6}$；$(2)\frac{\pi}{6}$；$(3)\frac{\pi}{2}$；$(4)\frac{\pi}{4}$；$(5)-\frac{\pi}{4}$.

4. $(1)y=\mathrm{e}^u,u=\arctan x$；$(2)y=\ln u,u=\sin v,v=x^3$；

$(3)y=u^2,u=\cos v,v=2x-3$；$(4)y=2\sin u,u=\sqrt{v},v=1-x^2$.

5. $u(t) = \begin{cases} \dfrac{3}{2}t, 0 < t < 10, \\ -\dfrac{3}{2}t + 30, 10 < t < 20. \end{cases}$

6. 略.

作业与练习 2.1

1. (1) B; (2) D; (3) A.

2. 不存在;

3. $\lim\limits_{x \to 1^{-}} f(x) = 5$, $\lim\limits_{x \to 1^{+}} f(x) = 1$, $\lim\limits_{x \to 1} f(x)$ 不存在.

4. $\lim\limits_{x \to \infty} \text{arccot}\, x = 0$, $\lim\limits_{x \to \infty} \text{arccot}\, x = \pi$, $\lim\limits_{x \to \infty} \text{arccot}\, x$ 不存在.

作业与练习 2.2

1. 需要改题

2. (1) 0; (2) 0.

作业与练习 2.3

1. (1) 20; (2) $\dfrac{5}{3}$; (3) 9; (4) $\dfrac{3}{2}$; (5) $\dfrac{3}{2}$; (6) -2; (7) $\dfrac{3}{10}$; (8) 0;

(9) -2; (10) $\dfrac{1}{2}$; (11) $\dfrac{1}{2}$; (12) $\dfrac{(2)^{30}(3)^{20}}{(5)^{50}}$; (13) $\dfrac{3}{2}$; (14) $\dfrac{1}{2}$.

2. $x^2 - x^3$ 是较高阶无穷小;

3. 等价无穷小;

4. (1) 1; (2) $\dfrac{1}{2}$; (3) 1; (4) 2.

5. (1) $\dfrac{5}{3}$; (2) k; (3) $\dfrac{1}{2}$; (4) 2; (5) e^2; (6) e^{-5}; (7) e^3; (8) e^{-6}; (9) $\dfrac{1}{3}$; (10) $\dfrac{1}{2}$;

(11) $\dfrac{1}{e}$; (12) 2.

作业与练习 2.4

1. 不连续;

2. 不连续;

3. $k = 2$.

4. (1) $x = -1$ 为第一类间断点的可去间断点, $x = 4$ 为第二类间断点的无穷型间断点.

(2) $x = 0$ 为第一类间断点的可去间断点;

(3) $x = 0$ 为第二类间断点的无穷型间断点;

(4) $x = -1$ 为第一类间断点的可去间断点.

5. $x=0$ 为连续点,$x=1$ 为第二类间断点的无穷型间断点.

连续区间为$(-\infty,1)\cup(1,+\infty)$.

6. $(1)\ln\dfrac{\pi}{6};(2)\dfrac{1}{6}$.

7. 略.

习题 2

1. $a=1,b=-2$.

（提示：$\lim\limits_{x\to\infty}\left(\dfrac{x^2+1}{x+1}-ax-b\right)=\lim\limits_{x\to\infty}\dfrac{(1-a)x^2-(a+b)x+1-b}{x+1}=1$,

应有 $\begin{cases}1-a=0\\a+b=-1\end{cases}$ 所以 $\begin{cases}a=1,\\b=-2.\end{cases}$ ）

2. $(1)\dfrac{2\sqrt{3}}{3};(2)\dfrac{m}{n};(3)\mathrm{e}^{-2};(4)2;(5)\mathrm{e}^{-3};(6)\dfrac{\pi}{4};(7)\dfrac{1}{6};(8)0;(9)\dfrac{1}{2};(10)\mathrm{e}^{6}$.

3. $a=1$.

4. $(1)x=-1$ 为第一类间断点的可去间断点,函数的连续区间为$(-\infty,-1)\cup(-1,+\infty)$；

$(2)x=0$ 为第一类间断点的可去间断点；

$(3)x=0$ 为第一类间断点的跳跃间断点；

$(4)x=0$ 为第一类间断点的跳跃间断点；

5. 证明　略

第4章 一元函数的微分及其应用

主要内容归纳

一、导数的概念

1. 函数在一点处的导数

设函数 $y = f(x)$ 在点 x_0 的某一邻域内有定义,当自变量 x 在点 x_0 处有增量 $\Delta x(\Delta x \neq 0)$,$x_0 + \Delta x$ 仍在该邻域内时,相应地,函数有增量 $\Delta y = f(x_0 + \Delta x) - f(x_0)$,若极限

$$\lim_{\Delta x \to 0} \frac{\Delta y}{\Delta x} = \lim_{\Delta x \to 0} \frac{f(x_0 + \Delta x) - f(x_0)}{\Delta x}$$

存在,则称 $f(x)$ 在点 x_0 处可导,并称此极限值为 $f(x)$ 在点 x_0 处的导数,记为 $f'(x_0)$,也可记为 $y'\big|_{x=x_0}$,$\dfrac{\mathrm{d}y}{\mathrm{d}x}\Big|_{x=x_0}$ 或 $\dfrac{\mathrm{d}f}{\mathrm{d}x}\Big|_{x=x_0}$,

即
$$f'(x_0) = \lim_{\Delta x \to 0} \frac{\Delta y}{\Delta x} = \lim_{\Delta x \to 0} \frac{f(x_0 + \Delta x) - f(x_0)}{\Delta x}.$$

若极限不存在,则称 $y = f(x)$ 在点 x_0 处不可导.

若固定 x_0,令 $x_0 + \Delta x = x$,则当 $\Delta x \to 0$ 时,有 $x \to x_0$,所以函数 $f(x)$ 在点 x_0 处的导数 $f'(x_0)$ 也可表示为

$$f'(x_0) = \lim_{x \to x_0} \frac{f(x) - f(x_0)}{x - x_0}.$$

2. 左导数与右导数

(1) 函数 $f(x)$ 在点 x_0 处的左导数

$$f'_-(x_0) = \lim_{\Delta x \to 0^-} \frac{\Delta y}{\Delta x} = \lim_{\Delta x \to 0^-} \frac{f(x_0 + \Delta x) - f(x_0)}{\Delta x}.$$

(2) 函数 $f(x)$ 在点 x_0 处的右导数

$$f'_+(x_0) = \lim_{\Delta x \to 0^+} \frac{\Delta y}{\Delta x} = \lim_{\Delta x \to 0^+} \frac{f(x_0 + \Delta x) - f(x_0)}{\Delta x}.$$

(3) 函数 $f(x)$ 在点 x_0 处可导的充分必要条件是 $f(x)$ 在点 x_0 处的左导数和右导数都存在且相等.

3. 导函数

如果函数 $f(x)$ 在开区间 (a, b) 内的每一点 x 都有导数,则称函数 $f(x)$ 在区间 (a, b)

内可导,这时函数$f(x)$在开区间(a,b)内任一点x都有导数值$f'(x)$,这显然就构成了一个定义在开区间(a,b)内的函数,称其为$f(x)$的导函数,记为$f'(x),y',\dfrac{\mathrm{d}y}{\mathrm{d}x}$或$\dfrac{\mathrm{d}f(x)}{\mathrm{d}x}$,即

$$f'(x) = \lim_{\Delta x \to 0}\frac{f(x+\Delta x)-f(x)}{\Delta x}.$$

今后在不致发生混淆的情况下,导函数也简称为导数.

显然,函数$y=f(x)$在点x_0处的导数$f'(x_0)$,就是导函数$f'(x)$在点$x=x_0$处的函数值,即

$$f'(x_0) = f'(x)\big|_{x=x_0}.$$

4. 导数的几何意义

函数$y=f(x)$在点x_0处的导数表示曲线$y=f(x)$在点$(x_0,f(x_0))$处的切线斜率.

关于导数的几何意义的三点说明:

(1)曲线$y=f(x)$上点(x_0,y_0)处的切线斜率是纵标变量y对横标变量x的导数. 这一点在考虑用参数方程表示的曲线上某点的切线斜率时尤为重要.

(2)如果函数$y=f(x)$在点x_0处的导数为无穷(即$\lim\limits_{\Delta x\to 0}\dfrac{\Delta y}{\Delta x}=\infty$,此时$f(x)$在$x_0$处不可导),则曲线$y=f(x)$上点$(x_0,y_0)$处的切线垂直于$x$轴.

(3)函数在某点可导几何上意味着函数曲线在该点处必存在不垂直于x轴的切线.

5. 可导与连续的关系

若函数$y=f(x)$在点x处可导,则$y=f(x)$在点x处一定连续. 但反过来不一定成立,即在点x处连续的函数未必在点x处可导.

6. 高阶导数

(1)二阶导数

函数$y=f(x)$的一阶导数$y'=f'(x)$仍然是x的函数,则一阶导数$f'(x)$的导数$(f'(x))'$称为函数$y=f(x)$的二阶导数,记为

$$f''(x)\text{或}y''\text{或}\frac{\mathrm{d}^2y}{\mathrm{d}x^2},$$

即 $$y''=(y')' \text{ 或 } \frac{\mathrm{d}^2y}{\mathrm{d}x^2}=\frac{\mathrm{d}}{\mathrm{d}x}\left(\frac{\mathrm{d}y}{\mathrm{d}x}\right).$$

(2)n阶导数

$(n-1)$阶导数的导数称为n阶导数$(n=3,4,\cdots,n-1,n)$分别记为

$$f'''(x)\quad,f^{(4)}(x)\ ,\ \cdots f^{(n-1)}(x),f^{(n)}(x),$$

或 $$y''',\quad y^{(4)},\cdots\ ,y^{(n-1)},y^{(n)},$$

或 $$\frac{\mathrm{d}^3y}{\mathrm{d}x^3},\frac{\mathrm{d}^4y}{\mathrm{d}x^4},\cdots\frac{\mathrm{d}^{n-1}y}{\mathrm{d}x^{n-1}},\frac{\mathrm{d}^ny}{\mathrm{d}x^n}.$$

二阶及二阶以上的导数称为高阶导数.

二、微分的概念

1. 微分的定义

如果函数 $y = f(x)$ 在点 x 处的改变量 $\Delta y = f(x + \Delta x) - f(x)$，可以表示成

$$\Delta y = A\Delta x + o(\Delta x),$$

其中 A 是不依赖于 Δx 的常数，而 $o(\Delta x)$ 是比 $\Delta x(\Delta x \to 0)$ 高阶的无穷小，则称函数 $y = f(x)$ 在点 x 处可微，称 $A\Delta x$ 为 Δy 的线性主部，又称 $A\Delta x$ 为函数 $y = f(x)$ 在点 x 处的微分，记为 dy 或 $df(x)$，即 $dy = A\Delta x$.

2. 微分的计算

$df(x) = f'(x)dx$，其中 $dx = \Delta x$，x 为自变量.

3. 一阶微分形式不变性

对于函数 $f(u)$，不论 u 是自变量还是因变量，总有 $df(u) = f'(u)du$ 成立.

三、导数、微分的计算

1. 求导公式　微分公式

表 1 给出了基本初等函数的求导公式及微分公式.

表 1　求导与微分公式

	求导公式		微分公式
基本初等函数求导公式	$c' = 0$（c 为常数）	基本初等函数微分公式	$dc = 0$（c 为常数）
	$(x^\mu)' = \mu x^{\mu-1}$（μ 为实数）		$d(x^\mu) = \mu x^{\mu-1}dx$（$\mu$ 为实数）
	$(a^x)' = a^x \ln a$（$a > 0, a \neq 1$）		$d(a^x) = a^x \ln a dx$（$a > 0, a \neq 1$）
	$(e^x)' = e^x$		$d(e^x) = e^x dx$
	$(\log_a x)' = \dfrac{1}{x\ln a}$（$a > 0, a \neq 1$）		$d(\log_a x) = \dfrac{1}{x\ln a}dx$（$a > 0, a \neq 1$）
	$(\ln x)' = \dfrac{1}{x}$		$d(\ln x) = \dfrac{1}{x}dx$
	$(\sin x)' = \cos x$		$d(\sin x) = \cos x dx$
	$(\cos x)' = -\sin x$		$d(\cos x) = -\sin x dx$
	$(\tan x)' = \sec^2 x$		$d(\tan x) = \sec^2 x dx$
	$(\cot x)' = -\csc^2 x$		$d(\cot x) = -\csc^2 x dx$
	$(\sec x)' = \sec x \tan x$		$d(\sec x) = \sec x \tan x dx$
	$(\csc x)' = -\csc x \cot x$		$d(\csc x) = -\csc x \cot x dx$
	$(\arcsin x)' = \dfrac{1}{\sqrt{1-x^2}}$		$d(\arcsin x) = \dfrac{1}{\sqrt{1-x^2}}dx$
	$(\arccos x)' = -\dfrac{1}{\sqrt{1-x^2}}$		$d(\arccos x) = -\dfrac{1}{\sqrt{1-x^2}}dx$
	$(\arctan x)' = \dfrac{1}{1+x^2}$		$d(\arctan x) = \dfrac{1}{1+x^2}dx$
	$(\text{arccot } x)' = -\dfrac{1}{1+x^2}$		$d(\text{arccot } x) = -\dfrac{1}{1+x^2}dx$

2. 函数四则运算求导法则 微分法则

函数四则运算求导法则,微分法则如下表 2 所示.

表 2　函数四则运算求导与微分法则表

求导法则		微分法则	
函数的四则运算求导法则	$[u(x) \pm v(x)]' = u'(x) \pm v'(x)$	函数的四则运算微分法则	$d[u(x) \pm v(x)] = du(x) \pm dv(x)$
	$[u(x)v(x)]' = u'(x)v(x) + u(x)v'(x)$ $[c \cdot u(x)]' = c \cdot u'(x)$（$c$ 为常数）		$d[u(x)v(x)] = v(x)du(x) + u(x)dv(x)$ $d[cu(x)] = cdu(x)$（c 为常数）
	$\left[\dfrac{u(x)}{v(x)}\right]' = \dfrac{u'(x)v(x) - u(x)v'(x)}{v^2(x)}$ （$v(x) \neq 0$） $\left[\dfrac{1}{v(x)}\right]' = -\dfrac{v'(x)}{v^2(x)}$（$v(x) \neq 0$）		$d\left[\dfrac{u(x)}{v(x)}\right] = \dfrac{v(x)du(x) - u(x)dv(x)}{v^2(x)}$ （$v(x) \neq 0$） $d\left[\dfrac{1}{v(x)}\right] = -\dfrac{dv(x)}{v^2(x)}$（$v(x) \neq 0$）

3. 复合函数求导法则

复合函数求导法则,微分法则如表 3

表 3　复合函数求导与微分法则表

求导法则		微分法则	
复合函数求导法则	设 $y = f(u)$,$u = \varphi(x)$,则复合函数 $y = f[\varphi(x)]$ 的导数为 $\dfrac{dy}{dx} = \dfrac{dy}{du} \cdot \dfrac{du}{dx}$	复合函数微分法则	设函数 $y = f(u)$,$u = \varphi(x)$,则函数 $y = f(u)$ 的微分为 $dy = f'(u)du$,此式又称为一阶微分形式不变性

4. 参数方程求导法则

若参数方程 $\begin{cases} x = \varphi(t) \\ y = \psi(t) \end{cases}$　确定了 y 是 x 的函数,则 $\dfrac{dy}{dx} = \dfrac{\frac{dy}{dt}}{\frac{dx}{dt}}$ 或 $\dfrac{dy}{dx} = \dfrac{\psi'(t)}{\varphi'(t)}$.

对参数式 $\begin{cases} x = \varphi(t) \\ y = \psi(t) \end{cases}$　表示的函数在求二阶导数时,正确的做法是:

$$\frac{d^2y}{d^2x} = \frac{d}{dx}\left(\frac{dy}{dx}\right) = \frac{\frac{d}{dt}\left(\frac{dy}{dx}\right)}{\frac{dx}{dt}} = \frac{\frac{\psi''(t)\varphi'(t) - \psi'(t)\varphi''(t)}{[\varphi'(t)]^2}}{\varphi'(t)} = \frac{\psi''(t)\varphi'(t) - \psi'(t)\varphi''(t)}{[\varphi'(t)]^3}.$$

5. 隐函数求导法

求由方程 $F(x,y) = 0$ 所表示的隐函数 $y = y(x)$ 的导数 $\dfrac{dy}{dx}$ 一般的方法是:视 y 为 x 的函数,用复合函数求导法则对方程两边关于 x 求导数,得一含 y' 的等式,然后解方程得 y'.

6. 对数求导法

它适用于由几个因子通过乘、除、乘方、开方所构成的比较复杂的函数及幂指函数 $y = u(x)^{v(x)}$ 的求导. 这个方法是先取自然对数,化乘、除、乘方、开方为加、减、乘、除,然后利用隐函数求导法,因此称为对数求导法.

7. 微分近似公式

(1)微分进行近似计算的理论依据

对于函数 $y = f(x)$,若在点 x_0 处可导且导数 $f'(x_0) \neq 0$,则当 $|\Delta x|$ 很小时,有函数的增量近似等于函数的微分, 即有近似公式 $\Delta y \approx \mathrm{d}y$.

(2) 微分进行近似计算的四个近似公式

设函数 $y = f(x)$ 在点 x_0 处可导且导数 $f'(x_0) \neq 0$,当 $|\Delta x|$ 很小时,有近似公式 $\Delta y \approx \mathrm{d}y$,即

$$f(x_0 + \Delta x) - f(x_0) \approx f'(x_0)\Delta x,$$

$$f(x_0 + \Delta x) \approx f(x_0) + f'(x_0)\Delta x,$$

令 $x_0 + \Delta x = x$,则

$$f(x) \approx f(x_0) + f'(x_0)(x - x_0),$$

特别地,当 $x_0 = 0$,$|x|$ 很小时,有

$$f(x) \approx f(0) + f'(0)x.$$

四、拉格朗日(Lagrange)中值定理

如果函数 $y = f(x)$ 满足下列两个条件:

(1)在闭区间 $[a, b]$ 上连续;(2)在开区间 (a, b) 内可导,则至少存在一点 $\xi \in (a, b)$,使得 $f'(\xi) = \dfrac{f(b) - f(a)}{b - a}$,或 $f(b) - f(a) = f'(\xi)(b - a)$.

五、洛必达法则

如果

(1) $\lim\limits_{x \to x_0} f(x) = 0$,$\lim\limits_{x \to x_0} g(x) = 0$;

(2)函数 $f(x)$ 与 $g(x)$ 在 x_0 某个邻域内(点 x_0 可除外)可导,且 $g'(x) \neq 0$;

(3) $\lim\limits_{x \to x_0} \dfrac{f'(x)}{g'(x)} = A$($A$ 为有限数,也可为 ∞ , $+\infty$ 或 $-\infty$),则

$$\lim_{x \to x_0} \frac{f(x)}{g(x)} = \lim_{x \to x_0} \frac{f'(x)}{g'(x)} = A.$$

注意   上述定理对于 $x \to \infty$ 时的 $\dfrac{0}{0}$ 型未定式同样适用,对于 $x \to x_0$ 或 $x \to \infty$ 时的 $\dfrac{\infty}{\infty}$ 型

未定式也有相应的法则.

六、函数的单调性定理

设函数 $f(x)$ 在闭区间 $[a,b]$ 上连续,在开区间 (a,b) 内可导,则有:

(1) 若在 (a,b) 内 $f'(x) > 0$,则函数 $f(x)$ 在 $[a,b]$ 上单调增加;

(2) 若在 (a,b) 内 $f'(x) < 0$,则函数 $f(x)$ 在 $[a,b]$ 上单调减少.

七、函数的极值、极值点与驻点

1. 极值的定义

设函数 $f(x)$ 在点 x_0 的某邻域内有定义,如果对于该邻域内任一点 $x(x \neq x_0)$,都有 $f(x) < f(x_0)$,则称 $f(x_0)$ 是函数 $f(x)$ 的极大值;如果对于该邻域内任一点 $x(x \neq x_0)$,都有 $f(x) > f(x_0)$,则称 $f(x_0)$ 是函数 $f(x)$ 的极小值.

函数的极大值与极小值统称为函数的极值,使函数取得极值的点 x_0 称为函数 $f(x)$ 的极值点.

2. 驻点

使 $f'(x) = 0$ 的点 x 称为函数 $f(x)$ 的驻点.

3. 极值的必要条件

设函数 $f(x)$ 在 x_0 处可导,且在点 x_0 处取得极值,那么 $f'(x_0) = 0$.

4. 极值第一充分条件

设函数 $f(x)$ 在点 x_0 连续,在点 x_0 的某一去心邻域内的任一点 x 处可导,当 x 在该邻域内由小增大经过 x_0 时,如果

(1) $f'(x)$ 由正变负,那么 x_0 是 $f(x)$ 的极大值点,$f(x_0)$ 是 $f(x)$ 的极大值;

(2) $f'(x)$ 由负变正,那么 x_0 是 $f(x)$ 的极小值点,$f(x_0)$ 是 $f(x)$ 的极小值;

(3) $f'(x)$ 不改变符号,那么 x_0 不是 $f(x)$ 的极值点.

5. 极值的第二充分条件

设函数 $f(x)$ 在点 x_0 处有二阶导数,且 $f'(x_0) = 0$,$f''(x_0) \neq 0$,则 x_0 是函数 $f(x)$ 的极值点,$f(x_0)$ 为函数 $f(x)$ 的极值,且有

(1) 如果 $f''(x_0) < 0$,则 $f(x)$ 在点 x_0 处取得极大值;

(2) 如果 $f''(x_0) > 0$,则 $f(x)$ 在点 x_0 处取得极小值.

八、函数的最大值与最小值

在闭区间上连续函数一定存在着最大值和最小值.连续函数在闭区间上的最大值和最小值只可能在区间内的驻点、不可导点或闭区间的端点处取得.

学 法 指 导

一、导数与微分的概念

1. 关于导数、微分的概念

导数与微分是微积分的两个重要概念,导数反映了自变量变化时函数变化的快慢程度,微分则是由计算函数增量而引进的概念,它是函数增量的线性主部,应注意导数和微分虽然是两个不同的概念,但却有密切的联系,即函数在某点可导与可微是等价的且 $dy = f'xdx$.

导数是一种固定形式的极限:函数改变量与自变量改变量之比,当自变量改变量趋于 0 的极限,即

$$f(x_0) = \lim_{\varphi(x) \to 0} \frac{f(x_0 + \varphi(x)) - f(x_0)}{\varphi(x)}, (\varphi(x) \text{表示} x \text{的某种改变形式}).$$

2. 关于可导与微分的关系

函数的连续性是函数可导的必要条件而非充分条件,即函数在某点可导时则必定在该点连续,但函数在该点连续时却不一定在该点可导. 由此可知,函数在某点不连续时在该点一定不可导也不可微.

3. 关于分段函数在分段点处的导数

讨论分段函数在衔接点处是否可导,一般是先判断函数在该点是否连续,若不连续则必不可导;若连续,则用导数定义或左右导数是否存在与相等进行判断.

二、导数与微分的计算

1. 关于基本初等函数的导数公式和函数四则运算求导法则

导数与微分的计算在微积分中占有极为重要的地位,一定要熟练掌握基本初等函数的求导公式,导数的四则运算法则和复合函数的求导法则,也应熟练掌握隐函数求导法和参数方程求导法则. 为简化计算,在对函数求导数之前,应先考虑能否将该函数进行适当变形,化为易于直接利用某个导数公式的形式后再求导. 如对 $y = \sqrt{x\sqrt{x\sqrt{x}}}$,可先化为 $y = x^{\frac{7}{8}}$,再用幂函数求导公式求导数.

2. 关于复合函数求导法则

复合函数求导法则是本章的重点和难点,在求导运算中起着重要的作用,正确分析函数的复合关系,可使运算准确快捷. 求复合函数的导数,关键在于分析复合步骤,正确选取中间变量,从外层向内层逐层求导,直到关于自变量求导,同时应注意不能遗漏复合步骤并及时化简计算结果,但中间变量不一定明显写出,只需默记在心.

3. 关于隐函数求导

求由方程 $F(x,y)=0$ 所表示的隐函数 $y=y(x)$ 的导数 $\dfrac{dy}{dx}$ 一般的方法是：视 y 为 x 的函数，用复合函数求导法则对方程两边关于 x 求导数，得一含 y' 的等式，然后解方程得 y'；

4. 关于对数求导法

它适用于由几个因子通过乘、除、乘方、开方所构成的比较复杂的函数及幂指函数 $y=u(x)^{v(x)}$ 的求导. 这个方法是先取自然对数，化乘、除、乘方、开方为加、减、乘、除，然后利用隐函数求导法.

5. 关于参数方程求导法

注意公式分子是 x 的参数方程的导数，分母是 y 的参数方程的导数，注意分子分母的参数方程要代错了.

6. 关于一阶微分形式不变性

一阶微分形式不变性是指对函数 $y=f(x)$ 而言，不论 x 是中间变量 $x=\varphi(t)$ 还是自变量，总有 $dy=f'(x)dx$ 成立，这一性质在求某些较复杂函数的导数时很有用. 如对某些复合函数求导数，可根据复合结构逐次微分，直至用自变量的微分表示，最后再用微商表示导数.

7. 关于高阶导数

求高阶导数的基本方法是逐阶求导，求 n 阶导数时，一般是先求若干个低阶导数，从中寻找规律并由此写出 n 阶导数的形式，必要时利用数学归纳法证明，但有时可将函数进行适当变形，再利用已知的高阶导数公式与运算法则，直接写出结果.

几个常用函数的 n 阶导数公式如下：

$(e^x)^{(n)}=e^x$；　$(a^x)^{(n)}=a^x(\ln a)^n$；

$(\sin x)^{(n)}=\sin(x+\dfrac{n}{2}\pi)$；　$(\cos x)^{(n)}=\cos(x+\dfrac{n}{2}\pi)$；

$\left(\dfrac{1}{ax+b}\right)^{(n)}=\dfrac{(-1)^n n!\,a^n}{(ax+b)^{n+1}}$；　$[\ln(1+x)]^{(n)}=\dfrac{(-1)^{n-1}(n-1)!}{(1+x)^n}$.

8. 关于导数与微分的简单应用

利用导数与微分可求解一些简单的应用问题. 如由曲线方程求切线斜率和切线方程，由路程函数求速度和加速度，由电量函数求电流强度，解相关变化率等.

近似公式 $f(x)\approx f(x_0)+f'(x_0)(x-x_0)$ 是由函数增量与微分的关系 $\Delta y\approx dy$（取 $\Delta x=x-x_0$ 得到的，注意当 $|x|$ 充分小时，利用 $f(x)\approx f(0)+f'(0)x$ 可得近似公式：$(1+x)^\alpha\approx 1+\alpha x$（$a$ 为常数）；$\sin x\approx x$（x 用弧度作单位）；$\tan x\approx x$（x 用弧度作单位）；$e^x\approx 1+x$；$\ln(1+x)\approx x$.

三、洛必达法则

洛必达法则主要解决 $\dfrac{0}{0}$，$\dfrac{\infty}{\infty}$ 型不定式极限，在应用洛必达法则时应注意以下几点：

1、在使用洛必达法则前，先要判断所求极限是否满足洛必达法则条件，即判断所求极限是否为 $\dfrac{0}{0}$，$\dfrac{\infty}{\infty}$ 型未定式，是这两种类型方可使用．

2、当应用一次洛必达法则之后仍为 $\dfrac{0}{0}$，$\dfrac{\infty}{\infty}$ 型未定式时，可以继续使用洛必达法则，直到求出极限值或得出不符合法则条件时为止，使用后所得极限不存在（不包括极限为 ∞）时，不能肯定原极限不存在，此时洛必达法则失效，应改用其他方法求极限．

3、使用洛必达法则求极限时，应及时对所求极限进行简化，表达式中有极限存在的因式可以暂时用极限运算法则将其分离出来，只要最终极限存在，这种处理方法就是可行的．

4、洛必达法则应尽量和其他求极限的方法（四则运算、无穷小性质、重要极限、连续性等）结合使用，才能更好的发挥其作用．

5、对于，型未定式，经过对极限表达式的适当变形可以化为 $\dfrac{0}{0}$ 或 $\dfrac{\infty}{\infty}$ 型未定式，

6、对于由 $f(x)^{g(x)}$ 产生的，，型未定式，可以通过对 $f(x)^{g(x)}$ 取对数化为型未定式，然后再转化为 $\dfrac{0}{0}$ 或 $\dfrac{\infty}{\infty}$ 型未定式计算．

四、函数的单调性与极值

求函数 $f(x)$ 在该区间内的单调区间与极值的一般步骤：

（1）确定 $f(x)$ 的定义区间；

（2）求出导数 $f'(x)$，令 $f'(x)=0$，求出 $f(x)$ 的所有驻点，指出 $f'(x)$ 的不可导点；

（3）列表判断（考察 $f'(x)$ 在每个小区间上的符号，以便确定该点是否是极值点（如果是极值点，确定对应的函数值是极大值还是极小值）；

（4）确定出函数的单调区间与极值．

六、利用函数的单调性证明不等式

单调性证明不等式的方法是：

（1）构造辅助函数 $f(x)$，即将不等式的右端（或左端）全部移到一端，再令左端（或右端）为函数 $f(x)$；

（2）在区间内讨论 $f(x)$ 的连续性及 $f'(x)$ 符号，得到 $f(x)$ 的单调性；

（3）利用单调性定义，将 $f(x)$ 与区间内一特定点函数值（通常为区间的端点）进行比

较构成所要证明的不等式.

七、函数的最值

1. 由公式给出的在闭区间上连续的函数的最大值最小值：

(1)求出 $f(x)$ 在 $[a,b]$ 上的所有驻点和不可导点；

(2)算出 $f(x)$ 在上述点及区间端点处的函数值,比较它们的大小,最大的就是最大值,最小的就是最小值.

2. 实际问题：

(1)列出目标函数,并确定其定义域；

(2)求出目标函数在其定义域内的驻点(一般仅有一个)；

(3)驻点处的函数值就是所求实际问题的最大值或最小值.

典型例题解析

一、导数概念

例 1 已知 $f'(3) = 2$,则 $\lim\limits_{h \to 0} \dfrac{f(3-h)-f(3)}{2h} = $ _____;

解 $\lim\limits_{h \to 0} \dfrac{f(3-h)-f(3)}{2h} = \lim\limits_{h \to 0} \dfrac{f[3+(-h)]-f(3)}{-h} \cdot \left(-\dfrac{1}{2}\right)$ （由导数定义）

$$= \left(-\dfrac{1}{2}\right) \cdot f'(3) = \left(-\dfrac{1}{2}\right) \cdot 2 = -1.$$

例 2 （江苏省 2010 年专转本试题）若 $f'(0) = 1$,则 $\lim\limits_{x \to 0} \dfrac{f(x)-f(-x)}{x} = $ _____;

解 $\lim\limits_{x \to 0} \dfrac{f(x)-f(-x)}{x} = \lim\limits_{x \to 0} \dfrac{f(x)-f(0)+f(0)-f(-x)}{x}$

$$= \lim\limits_{x \to 0} \dfrac{f(0+x)-f(0)}{x} + \dfrac{f(0-x)-f(0)}{-x}$$

$$= f'(0) + f'(0) = 2$$

例 3 曲线 $y = lnx$ 上点 $(1,0)$ 处的切线方程为 _____;

解 曲线在 $(1,0)$ 点的切线斜率为 $y'|_{x=1} = (lnx)'|_{x=1} = \dfrac{1}{x}\Big|_{x=1} = 1$,

所以曲线 $y = lnx$ 在 $(1,0)$ 点处的切线方程为 $y = x - 1$.

例 4 $y = |x-1|$ 在 $x = 1$ 处( )；

(A)连续；　　　(B)不连续；　　　(C)可导；　　　(D)可微.

解析 $y = |x-1| = \begin{cases} x-1, & x \geqslant 1, \\ 1-x, & x < 1, \end{cases}$

$$\lim_{x \to 1^-} f(x) = \lim_{x \to 1^-} (1-x) = 0, \lim_{x \to 1^+} f(x) = \lim_{x \to 1^+} (x-1) = 0, 所以 \lim_{x \to 1} f(x) = 0,$$

且 $f(1) = 0$，则 $\lim_{x \to 1} f(x) = f(1)$，所以函数 $y = |x-1|$ 在 $x=1$ 处连续；

另一方面，$f'_-(1) = \lim_{\Delta x \to 0^-} \dfrac{f(1+\Delta x) - f(1)}{\Delta x} = \lim_{\Delta x \to 0^-} \dfrac{-\Delta x - 0}{\Delta x} = -1,$

$f'_+(1) = \lim_{\Delta x \to 0^+} \dfrac{f(1+\Delta x) - f(1)}{\Delta x} = \lim_{\Delta x \to 0^+} \dfrac{\Delta x - 0}{\Delta x} = 1,$

左右导数存在但不相等，所以函数 $y = |x-1|$ 在 $x=1$ 处不可导，也不可微. 答案：A

例5 设 $f(x)$ 在点 $x=0$ 处连续，且 $\lim_{x \to 0} \dfrac{f(x)}{x} = A$（$A$ 为常数），证明 $f(x)$ 在点 $x=0$ 处可导.

证 $\lim_{x \to 0} \dfrac{f(x)}{x} = A$，则 $\lim_{x \to 0} f(x) = \lim_{x \to 0} \dfrac{f(x)}{x} \cdot x = A \cdot 0 = 0,$

又因为 $f(x)$ 在点 $x=0$ 处连续，所以 $\lim_{x \to 0} f(x) = f(0),$

则

$$f(0) = 0,$$

于是

$$f'(0) = \lim_{x \to 0} \dfrac{f(x) - f(0)}{x} = \lim_{x \to 0} \dfrac{f(x) - 0}{x} = \lim_{x \to 0} \dfrac{f(x)}{x} = A,$$

所以 $f(x)$ 在点 $x=0$ 处可导，且 $f'(0) = A.$

二、导数计算

例1 作变速直线运动物体的运动方程为 $s(t) = t^2 + 2t$，则其运动速度为 $v(t) = $ _____ ，加速度为 $a(t) = 2$ ；

解 已知变速直线运动的速度是位移的变化率，加速度是速度的变化率，则有

运动速度为 $v(t) = s'(t) = (t^2 + 2t)' = 2t + 2,$

加速度为 $a(t) = v'(t) = (2t + 2)' = 2.$

例2 （江苏省 2008 年高等数学竞赛题）已知 $f(x) = x(x-1)(x-2)\cdots(x-100)$，则 $f'(100) = $ _____

解 因为 $f'(x) = (x-1)(x-2)\cdots(x-100) + x(x-2)\cdots(x-100)$

$+ \cdots + x(x-1)(x-2)\cdots(x-98)(x-100)$

$+ x(x-1)(x-2)\cdots(x-99)$

所以 $f'(100) = 100 \cdot 99 \cdot 98 \cdots 1 = 100!$

例3 下列函数中（ ）的导数等于 $\left(\dfrac{1}{2}\right)\sin 2x$ ；

(A) $\left(\dfrac{1}{2}\right)\sin^2 x$ ； (B) $\left(\dfrac{1}{2}\right)\cos 2x$ ； (C) $\left(\dfrac{1}{2}\right)\sin 2x$ ； (D) $\left(\dfrac{1}{2}\right)\cos^2 x.$

解析 (A) $\left[\left(\dfrac{1}{2}\right)\sin^2 x\right]' = \dfrac{1}{2} \cdot 2\sin x \cdot (\sin x)' = \sin x \cdot \cos x = \dfrac{1}{2}\sin 2x,$

(B)$\left[\left(\dfrac{1}{2}\right)\cos2x\right]' = \dfrac{1}{2} \cdot (-\sin2x) \cdot (2x)' = -\sin2x,$

(C)$\left[\left(\dfrac{1}{2}\right)\sin2x\right]' = \dfrac{1}{2} \cdot \cos2x \cdot (2x)' = \cos2x,$

(D)$\left[\left(\dfrac{1}{2}\right)\cos^2x\right]' = \dfrac{1}{2} \cdot 2\cos x \cdot (\cos x)' = -\cos x \cdot \sin x = -\dfrac{1}{2}\sin2x.$

答案：A

例4　若$f(u)$可导，则$y = f(\sin\sqrt{x})$的导数为_____．

解　$y = f(\sin\sqrt{x})$由$y = f(u), u = \sin v, v = \sqrt{x}$复合而成，由复合函数求导法，有

$$y' = f'(u) \cdot u'(v) \cdot v'(x) = f'(u) \cdot \cos v \cdot \dfrac{1}{2\sqrt{x}} = f'(\sin\sqrt{x}) \cdot \cos\sqrt{x} \cdot \dfrac{1}{2\sqrt{x}}$$

例5　求由方程$x^2 - y^2 = xy$所确定的隐函数的导数$\dfrac{dy}{dx}$

解　方程两边同时对x求导

$$2x - 2y\dfrac{dy}{dx} = y + x\dfrac{dy}{dx}$$

得

$$(x + 2y)\dfrac{dy}{dx} = y - 2x$$

$$\dfrac{dy}{dx} = \dfrac{y - 2x}{x + 2y}$$

例6　$y = x^x (x > 0)$的导数为（　　）；

(A)xx^{x-1}；　　　　(B)$x^x \ln x$；　　　　(C)$xx^{x-1} + x^x \ln x$；　　(D)$x^x(\ln x + 1)$．

解析　$y = x^x = e^{x\ln x}$，由复合函数求导法

$$y' = e^{x\ln x}[(x)' \cdot \ln x + x(\ln x)'] = e^{x\ln x}(\ln x + 1) = x^x(\ln x + 1).$$

也可以利用对数求导法

两边去自然对数 $\ln y = x\ln x$

方程两边同时对x求导$\dfrac{1}{y}y' = \ln x + 1$

解　得$y' = y(\ln x + 1) = x^x(\ln x + 1)$

答案：D

例7　设$\begin{cases} x = t^2 + 2t, \\ y = t^3 - 3t - 9 \end{cases}$，求$\dfrac{d^2y}{d^2x}$；

解　首先$\dfrac{dy}{dx} = \dfrac{(t^3 - 3t - 9)'}{(t^2 + 2t)'} = \dfrac{3t^2 - 3}{2t + 2} = \dfrac{3}{2}(t - 1),$

其次　$\dfrac{d^2y}{d^2x} = \dfrac{\dfrac{d}{dt}\left(\dfrac{dy}{dx}\right)}{\dfrac{dx}{dt}} = \dfrac{\left[\dfrac{3}{2}(t - 1)\right]'}{(t^2 + 2t)'} = \dfrac{\dfrac{3}{2}}{2t + 2} = \dfrac{3}{4(t + 1)}$

例8 已知 $f(x) = \begin{cases} x^2 \sin\dfrac{1}{x}, & x \neq 0, \\ 0, & x = 0, \end{cases}$ 求 $f'(x)$;

解 $x \neq 0$ 时, $f'(x) = \left(x^2 \sin\dfrac{1}{x}\right)' = 2x \cdot \sin\dfrac{1}{x} + x^2 \cdot \cos\dfrac{1}{x}\left(-\dfrac{1}{x^2}\right) = 2x\sin\dfrac{1}{x} - \cos\dfrac{1}{x}$,

$x = 0$ 时, $f'(0) = \lim\limits_{\Delta x \to 0}\dfrac{f(0+\Delta x) - f(0)}{\Delta x} = \lim\limits_{\Delta x \to 0}\dfrac{(\Delta x)^2 \sin\dfrac{1}{\Delta x}}{\Delta x} = \lim\limits_{\Delta x \to 0}\Delta x \cdot \sin\dfrac{1}{\Delta x} = 0$,

所以 $f'(x) = \begin{cases} 2x\sin\dfrac{1}{x} - \cos\dfrac{1}{x}, & x \neq 0, \\ 0, & x = 0. \end{cases}$

三、微分计算

例1 $d(\quad) = \dfrac{1}{1+x}dx$;

解 $d[ln(1+x)] = [ln(1+x)]'dx = \dfrac{1}{1+x} \cdot (1+x)'dx = \dfrac{1}{1+x} \cdot dx$.

例2 若 $f(u)$ 可导, 且 $y = f(e^x)$, 则有(　　);

(A) $dy = f'(e^x)dx$; (B) $dy = f'(e^x)e^x dx$;

(C) $dy = f(e^x)e^x dx$; (D) $dy = [f(e^x)]'e^x dx$.

解析 $y = f(e^x)$ 可以看作由 $y = f(u)$ 和 $u = e^x$ 复合而成的复合函数

由复合函数求导法 $y' = f'(u)(e^x)' = f'(u) \cdot e^x$,

所以 $dy = y' \cdot dx = f'(e^x)e^x dx$.

答案: B

四、洛必达法则

例1 计算下列极限:

(1) $\lim\limits_{x \to 0}\dfrac{e^x - e^{-x}}{\sin x}$; (2) $\lim\limits_{x \to 0}\dfrac{x - \arctan x}{ln(1+x^3)}$;

(3) $\lim\limits_{x \to +\infty}\dfrac{lnx}{x^2}$; (4) $\lim\limits_{x \to 0}\dfrac{\tan x - x}{x - \sin x}$.

解 (1) $\lim\limits_{x \to 0}\dfrac{e^x - e^{-x}}{\sin x} = \lim\limits_{x \to 0}\dfrac{e^x + e^{-x}}{\cos x} = 2$;

(2) $\lim\limits_{x \to 0}\dfrac{x - \arctan x}{ln(1+x^3)} = \lim\limits_{x \to 0}\dfrac{1 - \dfrac{1}{1+x^2}}{\dfrac{1}{1+x^3} \cdot 3x^2} = \lim\limits_{x \to 0}\dfrac{x^2}{1+x^2} \cdot \dfrac{1+x^3}{3x^2} = \lim\limits_{x \to 0}\left(\dfrac{1}{3} \cdot \dfrac{1+x^3}{1+x^2}\right) = \dfrac{1}{3}$;

（3）$\lim\limits_{x\to+\infty}\dfrac{lnx}{x^2}=\lim\limits_{x\to+\infty}\dfrac{\frac{1}{x}}{2x}=\lim\limits_{x\to+\infty}\dfrac{1}{2x^2}=0$；

（4）$\lim\limits_{x\to0}\dfrac{\tan x-x}{x-\sin x}=\lim\limits_{x\to0}\dfrac{\sec^2x-1}{1-\cos x}=\lim\limits_{x\to0}\dfrac{\tan^2x}{\frac{1}{2}x^2}=2\lim\limits_{x\to0}\left(\dfrac{\tan x}{x}\right)^2=2.$

例2　计算下列极限

（1）$\lim\limits_{x\to+\infty}x^ne^{-ax}(a>0,n$ 为自然数$)$；（2）$\lim\limits_{x\to\frac{\pi}{2}}(\sec x-\tan x)$；（3）$\lim\limits_{x\to0^+}x^{\sin x}.$

解　（1）$\lim\limits_{x\to+\infty}x^ne^{-ax}=\lim\limits_{x\to+\infty}\dfrac{x^n}{e^{ax}}=\lim\limits_{x\to+\infty}\dfrac{nx^{n-1}}{ae^{ax}}=\lim\limits_{x\to+\infty}\dfrac{n(n-1)x^{n-2}}{a^2e^{ax}}=\cdots$

$$=\dfrac{n!}{a^n}\lim\limits_{x\to+\infty}\dfrac{1}{e^{ax}}=0\quad(a>0,n\text{ 为自然数}).$$

（2）$\lim\limits_{x\to\frac{\pi}{2}}(\sec x-\tan x)=\lim\limits_{x\to\frac{\pi}{2}}\left(\dfrac{1}{\cos x}-\dfrac{\sin x}{\cos x}\right)=\lim\limits_{x\to\frac{\pi}{2}}\dfrac{1-\sin x}{\cos x}=\lim\limits_{x\to\frac{\pi}{2}}\dfrac{-\cos x}{-\sin x}=0.$

（3）因为 $x^{\sin x}=e^{lnx^{\sin x}}$，而

$$\lim\limits_{x\to0^+}lnx^{\sin x}=\lim\limits_{x\to0^+}\sin x\cdot lnx=\lim\limits_{x\to0^+}\dfrac{lnx}{\csc x}=\lim\limits_{x\to0^+}\dfrac{x^{-1}}{-\csc x\cot x}=-\lim\limits_{x\to0^+}\dfrac{\sin^2x}{x\cos x}$$

$$=-\lim\limits_{x\to0^+}\dfrac{\sin x}{x}\cdot\lim\limits_{x\to0^+}\dfrac{\sin x}{\cos x}=-1\times0=0$$

所以 $\lim\limits_{x\to0^+}x^{\sin x}=e^{\lim\limits_{x\to0^+}lnx^{\sin x}}=e^0=1.$

例3　计算下列极限：

（1）$\lim\limits_{x\to0}\dfrac{1-\cos x^2}{x^2\sin^2x}$；　　　　　　（2）$\lim\limits_{x\to0}\dfrac{e^{-\frac{1}{x^2}}}{x}.$

解　（1）此题用洛必达法则求解，比较繁琐.利用等价无穷小量代换 $\sin x\sim x,1-\cos x^2\sim\dfrac{1}{2}(x^2)^2$.再用洛必达法则更为简便.

$$\lim\limits_{x\to0}\dfrac{1-\cos x^2}{x^2\sin^2x}=\lim\limits_{x\to0}\dfrac{\frac{1}{2}x^4}{x^4}=\dfrac{1}{2}.$$

（2）此题若按照 $\dfrac{0}{0}$ 型未定式，用洛必达法则计算会越算越复杂，不能解决问题.如果令 $\dfrac{1}{x}=t$，即 $x=\dfrac{1}{t}$，代入后将分式化为 $\dfrac{\infty}{\infty}$ 型，再用洛必达法则计算就简便得多.

$$\lim\limits_{x\to0}\dfrac{e^{-\frac{1}{x^2}}}{x}=\lim\limits_{t\to\infty}\dfrac{e^{-t^2}}{\frac{1}{t}}=\lim\limits_{t\to\infty}\dfrac{t}{e^{t^2}}=\lim\limits_{t\to\infty}\dfrac{1}{2te^{t^2}}=0.$$

五、函数的单调性与极值

例1　判别函数 $f(x)=x^{\frac{2}{3}}$ 的增减性.

解 函数 $f(x)$ 的定义域为 $(-\infty, +\infty)$,

$f'(x) = \dfrac{2}{3}x^{-\frac{1}{3}} = \dfrac{2}{3\sqrt[3]{x}}$,当 $x=0$ 时,$f'(x)$ 不存在.

点 $x=0$ 将定义域 $(-\infty, +\infty)$ 分成两个区间. 列表如下:

x	$(-\infty, 0)$	0	$(0, +\infty)$
$f'(x)$	−	不存在	+
$f(x)$	↘		↗

所以函数 $f(x)$ 在 $(-\infty, 0]$ 内单调减少,在 $[0, +\infty)$ 单调增加.

说明:使导数不存在的点往往也是增减区间的分界点.

例2 求函数 $f(x) = x^3 - 3x^2 + 3$ 的极值.

解 函数 $f(x)$ 的定义域为 $(-\infty, +\infty)$,$f'(x) = 3x^2 - 6x - 9 = 3(x+1)(x-3)$,

令 $f'(x) = 0$,解得驻点 $x_1 = -1, x_2 = 3$,

用驻点 x_1, x_2 将函数的定义域划分为 3 个部分区间,列表讨论

x	$(-\infty, -1)$	−1	$(-1, 3)$	3	$(3, +\infty)$
$f'(x)$	+	0	−	0	+
$f(x)$	↗	极大值	↘	极小值	↗

由上表可知,当 $x = -1$ 时,函数取得极大值 $f(-1) = -1$;当 $x = 3$ 时,函数取得极小值 $f(3) = 3$.

例3 当 a 为何值时,$f(x) = a\sin x + \dfrac{1}{3}\sin 3x$ 在 $x = \dfrac{\pi}{3}$ 处取得极值,并求此极值.

解 函数 $f(x)$ 在定义域内处处可导,且 $f'(x) = a\cos x + \cos 3x$,

由于 $f(x)$ 在 $x = \dfrac{\pi}{3}$ 处取得极值,所以有 $f'\left(\dfrac{\pi}{3}\right) = 0$,即

$f'\left(\dfrac{\pi}{3}\right) = a\cos\dfrac{\pi}{3} + \cos\left(3 \cdot \dfrac{\pi}{3}\right) = \dfrac{1}{2}a - 1 = 0$,得 $a = 2$,

且 $f\left(\dfrac{\pi}{3}\right) = 2\sin\dfrac{\pi}{3} + \dfrac{1}{3}\sin\left(3 \cdot \dfrac{\pi}{3}\right) = \sqrt{3}$.

六、利用函数的单调性证明不等式

例1 当 $x > 0$ 时,证明 $\dfrac{x}{1+x} < \ln(1+x)$.

证 令 $f(x) = \dfrac{x}{1+x} - \ln(1+x) \ (x > 0)$

显然 $f(x)$ 在 $(0, +\infty)$ 内连续,且 $f'(x) = \dfrac{1}{(1+x)^2} - \dfrac{1}{1+x} = \dfrac{-x}{(1+x)^2}$

当 $x>0$ 时,$f'(x)<0$,即 $f(x)$ 在$(0,+\infty)$内单调减少,

此时,$f(x)<f(0)=0$,即 $\frac{x}{1+x}-ln(1+x)<0$,故 $\frac{x}{1+x}<ln(1+x)$.

七、函数的最值

例1 求 $f(x)=(x-5)\cdot\sqrt[3]{x^2}$ 在区间$[-2,3]$上的最值.

解 函数 $f(x)$ 在闭区间$[-2,3]$上连续,因而 $f(x)$ 在$[-2,3]$上必有最大值和最小值.

$$f'(x)=\sqrt[3]{x^2}+\frac{2}{3}(x-5)\frac{1}{\sqrt[3]{x}}=\frac{5(x-2)}{3\cdot\sqrt[3]{x}},$$

令 $f'(x)=0$,得驻点 $x=2$,$f'(x)$ 不存在点为 $x=0$,比较函数值

$$f(-2)=-7\sqrt[3]{4},f(0)=0,f(2)=-3\sqrt[3]{4},f(3)=-2\sqrt[3]{9}$$

知函数 $f(x)$ 在$[-2,3]$上最大值为 $f(0)=0$,最小值为 $f(-2)=-7\sqrt[3]{4}$.

例2 有一块宽为 $2a$ 的长方形铁皮,将宽的两个边缘向上折起相同的高度,做成一个开口水槽,其横截面为矩形,高为 x,问高 x 取何值时水槽的流量最大(流量与横截面积成正比).

解 根据题意得该水槽的横截面积为

$$s(x)=2x(a-x)\quad(0<x<a),$$

由于 $s'(x)=2a-4x$,所以令 $s'(x)=0$,得 $s(x)$ 的唯一驻点 $x=\frac{a}{2}$.

又因为铁皮的两边折得过大或过小,都会使横截面积变小,这说明该问题一定存在着最大值,所以,$x=\frac{a}{2}$ 就是我们要求得使流量最大的高.

例3 已知某商品的成本函数为 $C(q)=100+\frac{q^2}{4}$,求出产量 $q=10$ 时的总成本、平均成本、边际成本并解释其经济意义.

解 $C(q)=100+\frac{q^2}{4}$,总成本 $C(10)=100+\frac{10^2}{4}=125$,

平均成本函数 $\bar{C}(q)=\frac{C(q)}{q}=\frac{100}{q}+\frac{q}{4}$,平均成本 $\bar{C}(10)=\frac{100}{10}+\frac{10}{4}=12.5$,

边际成本 $MC=C'(q)=\left(100+\frac{q^2}{4}\right)'=\frac{q}{2}$,当 $q=10$ 时,边际成本 $MC(10)=\frac{10}{2}=5$

即当产量为 10 个单位时,每多生产 1 个单位产品需要增加 5 个单位成本. 因为 $\bar{C}(10)>MC(10)$,应继续提高产量.

综合测试与参考解答

一、填空题

1. 设 $f(x_0) = A$, 试用 A 表示下列各极限:

$(a) \lim\limits_{h \to 0} \dfrac{f(x_0 + 2h) - f(x_0)}{h} = $ _____ ; $(b) \lim\limits_{h \to 0} \dfrac{f(x_0 + h) - f(x_0 - h)}{h} = $ _____ .

(2) 函数 $y = x^2 \sin x$, 则 $dy = $ _____ .

(3) 函数 $y = (\ln x)^3$ 的微分 $dy = $ _____ .

(4) 函数 $f(x)$ 的可能极值点有 _____ 和 _____ .

(5) $f(x) = x - \sin x$ 在闭区间 $[0, 1]$ 上的最大值为 _____ .

(6) $f(x) = x - \dfrac{3}{2} x^{\frac{2}{3}}$ 的极值点的个数是 2 个.

二、计算题

1. 求下列函数的导数:

$(1) y = \dfrac{1 - x^3}{\sqrt{x}}$.

$(2) y = \sqrt{x \sqrt{x \sqrt{x}}}$

$(3) y = \arctan \ln x$.

$(4) y = \sin^2(1 + \sqrt{x})$

2. 设 $y = y(x)$ 由方程 $\sin y = x^2 y$ 确定, 求 $y' \Big|_{\substack{x=0 \\ y=0}}$.

3. 利用对数求导法求 $y = \dfrac{\sqrt{2x+1}}{(x^2+1)^2}$ 的导数

4. (江苏省 2009 年专转本试题) 设函数 $y = y(x)$ 由参数方程 $\begin{cases} x = \ln(1+t) \\ y = t^2 + 2t - 3 \end{cases}$ 所确定,

求 $\dfrac{dy}{dx}$.

5. 求函数 $y = (x-1)(x+1)^3$ 的单调区间与极值.

三、证明题

证明: 当 $0 < x < \dfrac{\pi}{2}$ 时, $\sin x > x - \dfrac{x^3}{6}$;

四、解答题

1. 水管壁的正截面是一个圆环,设它的内径为 R_0,壁厚为 h,用微分计算这个圆环面积的近似值.

2. 过平面上的点 $P(1,1)$ 引一直线,使它在两坐标轴上的截距都为正数且乘积最小,求此直线方程.

自测题参考解答

一、填空题

(1)(a) $2A.$ $\lim\limits_{h \to 0} \dfrac{f(x_0 + 2h) - f(x_0)}{h} = \lim\limits_{h \to 0} \dfrac{f(x_0 + 2h) - f(x_0)}{2h} \cdot 2 = 2f'(x_0) = 2A$

(b)$2A.$ $\lim\limits_{h \to 0} \dfrac{f(x_0 + h) - f(x_0 - h)}{h} = \lim\limits_{h \to 0} \left[\dfrac{f(x_0 + h) - f(x_0)}{h} + \dfrac{f(x_0) - f(x_0 - h)}{h} \right]$

$\qquad = \lim\limits_{h \to 0} \dfrac{f(x_0 + h) - f(x_0)}{h} + \lim\limits_{h \to 0} \dfrac{f(x_0 - h) - f(x_0)}{-h} = 2f'(x_0) = 2A$

(2) $(2x\sin x + x^2\cos x)\mathrm{d}x.$ $\mathrm{d}y = \sin x\,\mathrm{d}(x^2) + x^2\,\mathrm{d}(\sin x)$

$\qquad = 2x\sin x\,\mathrm{d}x + x^2\cos x\,\mathrm{d}x = (2x\sin x + x^2\cos x)\mathrm{d}x$

(3) $\dfrac{3(\ln x)^2}{x}\mathrm{d}x.$ $\mathrm{d}y = 3(\ln x)^2\,\mathrm{d}(\ln x) = \dfrac{3(\ln x)^2}{x}\mathrm{d}x$

(4)驻点,不可导点

(5)$1 - \sin 1.$ 令 $f'(x) = 1 - \cos x > 0, x \in [0,1]$,所以 $f(x) = x - \sin x$ 在闭区间 $[0,1]$

$\qquad$ 上单调递增,故最大值为 $f(1) = 1 - \sin 1.$

(6)2 个. $f'(x) = 1 - x^{-\frac{1}{3}} = \dfrac{\sqrt[3]{x} - 1}{\sqrt[3]{x}}(x \neq 0)$,令 $f'(x) = 0$,得驻点 $x = 1, x = 0$ 为不可导点.

x	$(-\infty, 0)$	0	$(0,1)$	1	$(1, +\infty)$
$f'(x)$	$+$	不可导	$-$	0	$+$
$f(x)$	↗	极大值	↘	极小值	↗

$\qquad$ 所以 $f(x)$ 极值点的个数是 2 个

二、计算题

1. 求下列函数的导数

(1)解:$y' = \dfrac{(1-x^3)'\sqrt{x} - (1-x^3)(\sqrt{x})'}{x} = \dfrac{-3x^2\sqrt{x} - (1-x^3)\dfrac{1}{2\sqrt{x}}}{x}$

$\qquad = \dfrac{6x^3 + (1-x^3)}{-2x\sqrt{x}} = \dfrac{1 + 5x^3}{-2x\sqrt{x}}$

(2)解:$y = \sqrt{x\sqrt{x\sqrt{x}}} = x^{\frac{7}{8}}$,$y' = \dfrac{7}{8\sqrt[8]{x}}$

(3)解:$y' = \dfrac{1}{1 + \ln^2 x} \cdot \dfrac{1}{x} = \dfrac{1}{x(1 + \ln^2 x)}$

(4)解:$y' = 2\sin(1 + \sqrt{x})(\sin(1 + \sqrt{x}))' = 2\sin(1 + \sqrt{x})\cos(1 + \sqrt{x})(1 + \sqrt{x})'$

$$= \frac{1}{2\sqrt{x}} \sin 2(1 + \sqrt{x})$$

2. 解：方程两边同时对 x 求导 $(\cos y) \frac{\mathrm{d}y}{\mathrm{d}x} = 2xy + x^2 \frac{\mathrm{d}y}{\mathrm{d}x}, \frac{\mathrm{d}y}{\mathrm{d}x} = \frac{2xy}{\cos y - x^2}$

$$y' \mid_{\substack{x=0 \\ y=0}} = 0$$

3. 解：方程两边同时取自然对数 $\ln y = \frac{1}{2} \ln(2x + 1) - 2\ln(x^2 + 1)$

方程两边同时对 x 求导 $\frac{1}{y} \cdot \frac{\mathrm{d}y}{\mathrm{d}x} = \frac{1}{2} \frac{1}{2x+1} \cdot 2 - 2 \frac{1}{x^2+1} \cdot 2x$

$$y' = \frac{\sqrt{2x+1}}{(x^2+1)^2} \cdot \left(\frac{1}{2x+1} - \frac{4x}{x^2+1} \right).$$

4. 解：$\dfrac{\mathrm{d}y}{\mathrm{d}x} = \dfrac{2t+2}{\dfrac{1}{t+1}} = 2(t+1)^2$

5. 解：函数 $f(x)$ 的定义域为 $(-\infty, +\infty)$,

$$f'(x) = (x+1)^3 + (x-1) \cdot 3(x+1)^2 = 2(x+1)^2(2x-1),$$

令 $f'(x) = 0$,解得驻点 $x_1 = -1, x_2 = \dfrac{1}{2}$.

用驻点 x_1, x_2 将函数的定义域划分为 3 个部分区间,列表讨论.

x	$(-\infty, -1)$	-1	$\left(-1, \dfrac{1}{2}\right)$	$\dfrac{1}{2}$	$\left(\dfrac{1}{2}, +\infty\right)$
$f'(x)$	$-$	0	$-$	0	$+$
$f(x)$	↘	无极值	↘	极小值	↗

由上表可知,$f(x)$ 在 $\left(-\infty, \dfrac{1}{2}\right)$ 上单调减少,在 $\left(\dfrac{1}{2}, +\infty\right)$ 上单调增加. 当 $x = \dfrac{1}{2}$ 时,函数取得极小值 $f\left(\dfrac{1}{2}\right) = -\dfrac{27}{16}$,无极大值.

三、证明题

证：令 $f(x) = \sin x - x + \dfrac{x^3}{6}, f'(x) = \cos x - 1 + \dfrac{x^2}{2}, f''(x) = -\sin x + x,$

当 $0 < x < \dfrac{\pi}{2}$ 时,$f''(x) > 0$,所以 $f'(x)$ 在 $0 < x < \dfrac{\pi}{2}$ 上单调递增,得 $f'(x) > f'(0) = 0$,

又知 $f(x)$ 在 $0 < x < \dfrac{\pi}{2}$ 上单调递增,故 $f(x) > f(0) = 0$,即 $\sin x - x + \dfrac{x^3}{6} > 0$,因此当

$0 < x < \dfrac{\pi}{2}$ 时,$\sin x > x - \dfrac{x^3}{6}$.

四、解答题

1. **解**：设圆半径为 r，圆面积 $S = \pi r^2$，$r_0 = R_0$，$\Delta r = h$.

$$\Delta S \approx dS = 2\pi r_0 \Delta r = 2\pi R_0 h$$

所以圆环面积的近似值为 $2\pi R_0 h$.

2. **解**：设直线方程为 $y = kx + b$，代入点 $(1,1)$，得 $k = 1 - b$，则直线方程为 $y = (1-b)x + b$.

由题意知，直线在 y 轴上的截距为 $b > 0$，在 x 轴上的截距 $\dfrac{b}{b-1} > 0$. 它们的乘积为

$$t = \frac{b^2}{b-1}(b>1), \quad t' = \frac{2b(b-1)-b^2}{(b-1)^2} = \frac{b(b-2)}{(b-1)^2},$$

令 $t' = 0$，得驻点 $b = 2$ 为唯一驻点，根据问题的实际意义，t 的最小值一定存在，故当 $b = 2$ 时 t 取最小值，此时 $k = -1$. 所求直线方程为 $y = -x + 2$，即 $x + y = 2$.

教材《作业与练习》参考答案

作业与练习 3.1

1. （1）$\lim\limits_{\Delta x \to 0} \dfrac{f(x_0 + \Delta x) - f(x_0)}{\Delta x}$

（2）nx^{n-1}；$\dfrac{1}{2\sqrt{x}}$；$-\dfrac{1}{x^2}$；$\dfrac{7}{2}x^{\frac{5}{2}}$；$\dfrac{1}{x\ln a}$；$\dfrac{1}{x}$；$-\sin x$；$0$

2. （1）$\dfrac{7}{2}$　（2）切线方程 $y = x - 1$，法线方程 $y = -x + 1$；（3）45；（4）连续且可导

作业与练习 3.2

1. （1）$\dfrac{1}{x\ln 2}$　（2）$\sec x \tan x$　（3）$-\dfrac{1}{2}x^{-\frac{3}{2}} - 3^x \ln 3$　（4）$x^2(3\cot x - x\csc^2 x)$

（5）$\dfrac{1}{(1+x)^2}$

2. （1）$26x + 14$　（2）$(1+x)e^x$　（3）$\cos 2x$　（4）$\dfrac{2}{1+4x^2}$　（5）$-8\sin 8x$　（6）$e^x(\sin 2x + 2\cos 2x)$　（7）$\dfrac{1}{3}(1-\cos x)^{-\frac{2}{3}}\sin x$　（8）$\dfrac{-1}{2x\sqrt{x-1}}$　（9）$2xe^{x^2}$

（10）$\dfrac{1}{x(\ln x)(\ln\ln x)}$

3. （1）$36x^2 + 12x$　（2）$(x+2)e^x$　（3）$2\cos 2x$　（4）$x(1-x^2)^{-\frac{3}{2}}$

4. （1）$n!$　（2）$(-1)^{n-1}\dfrac{(n-1)!}{(1+x)^n}$　（3）$\cos\left(x + n \cdot \dfrac{\pi}{2}\right)$

作业与练习 3.3

1. $(1)y' = \dfrac{2e^{2x} - 1}{1 + e^y}$ $(2)y' = \dfrac{\cos 3x - x^2}{y^2 + 2}$

     $(3)y' = \dfrac{-\sin(x + y)}{1 + \sin(x + y)}$ $(4)y' = -\sqrt[3]{\dfrac{y}{x}}$

     $(5)y' = \dfrac{a^2 y - x^2}{y^2 - a^2 x}$

2. $(1)y' = x^{\sin x}\left(\cos x \cdot \ln x + \dfrac{\ln x}{x}\right)$

     $(2)y' = (\sin x)^{\cos x}(-\sin x \ln\sin x + \cos x\cot x)$

     $(3)y' = \sqrt{\dfrac{1 - x}{1 + x}} + \dfrac{1}{2}\left(\dfrac{1}{x - 1} - \dfrac{1}{1 + x}\right)x\sqrt{\dfrac{1 - x}{1 + x}}$

     $(4)y' = \left(\dfrac{2}{x} + \dfrac{1}{1 - x} + \dfrac{1}{3}\dfrac{1}{x - 3} - \dfrac{2}{3}\dfrac{1}{3 + x}\right)\dfrac{x^2}{1 - x}\sqrt[3]{\dfrac{3 - x}{(3 + x)^2}}$

3. $(1)y' = \dfrac{at + b}{a}$ $(2)y' = -1$.

4. (1)切线方程为 $x + 2y - 8 = 0$,法线方程为 $2x - y - 1 = 0$.

     (2)切线方程为 $2x + 4y - 3 = 0$,法线方程为 $4x - 2y - 1 = 0$.

作业与练习 3.4

1. $(1)\ -\cos x + C$ $(2)\ \arctan x + C$

     $(3)\dfrac{2}{3}x\sqrt{x} + C$ $(4)\ -\dfrac{1}{x} + C$

     $(5)-\dfrac{1}{3}e^{-3x} + C$ $(6)\dfrac{1}{2}e^{2x} + C$

     $(7)\ln(1 + x) + C$ $(8)\dfrac{1}{2}\ln^2 x + C$

2. $(1)\mathrm{d}y = (2x + \cos x)\mathrm{d}x,$ $(2)\ \mathrm{d}y = \sec^2 x\mathrm{d}x$

     $(3)\ \mathrm{d}y = \left(\dfrac{3}{8}x^{-\frac{7}{8}} + \dfrac{1}{x^2}\right)\mathrm{d}x$ $(4)\ \mathrm{d}y = \left(\arctan x + \dfrac{x}{1 + x^2}\right)\mathrm{d}x$

     $(5)\mathrm{d}y = e^x(1 + x)\mathrm{d}x,$ $(6)\ \mathrm{d}y = 300(3x - 1)^{99}\mathrm{d}x.$

     $(7)\mathrm{d}y = -3^{\ln\cos x}\tan x\ln 3\mathrm{d}x$ $(8)\ \mathrm{d}y = 4x\tan(1 + x^2)\sec^2(1 + x^2)\mathrm{d}x$

3. $(1)\mathrm{d}y = \dfrac{4x^3 y}{2y^2 + 1}\mathrm{d}x$ $(2)\mathrm{d}y = \dfrac{e^x - y}{x + e^y}\mathrm{d}x$

4. $20.106\mathrm{cm}^3$

5. $(1)1.01$ $(2)7.25$ $(3)1.01$ $(4)2.0052.$

作业与练习　3.5

1. （1）0　（2）$\dfrac{64}{\ln 9}$　（3）$(0,7),(1,5)$　（4）0　（5）$(-\infty,0),(2,+\infty)$

2. （1）在区间$(-3,1),(1,+\infty)$上单调增加，在区间$(-\infty,-3),(0,1)$上单调减少．

　　（2）在区间$(-\infty,0),\left(\dfrac{1}{5},+\infty\right)$上单调增加，在区间$\left(0,\dfrac{1}{5}\right)$上单调减少．

3. 证　令$f(x)=2\sqrt{x}-\left(3-\dfrac{1}{x}\right)$，则$f'(x)=\dfrac{1}{\sqrt{x}}-\dfrac{1}{x^{2}}=\dfrac{1}{x^{2}}(x\sqrt{x}-1)$

　　因为当$x>1$时，$f'(x)>0$，因此$f(x)$在$[1,+\infty)$上单调增加，从而当$x>1$时，

　　$f(x)>f(1)$，又由于$f(1)=0$，故$f(x)>f(1)=0$，即$2\sqrt{x}-\left(3-\dfrac{1}{x}\right)>0$，

　　于是$2\sqrt{x}>3-\dfrac{1}{x}\ (x>1)$．

作业与练习　3.6

（1）$x=0$时，有极大值$y=5$，$x=2$时，有极小值$y=1$．

（2）函数无极值．

（3）$x=\dfrac{1}{2}$时，有极小值$y=\dfrac{1}{2}+\ln 2$．

（4）$x=0$时，有极大值$y=8$，$x=\pm\sqrt{5}$时，有极小值$y=-17$．

（5）$x=-2$时，有极大值0，$x=-\dfrac{4}{5}$有极小值-8.4

（6）$x=-\dfrac{\sqrt{2}}{2},\dfrac{\sqrt{2}}{2}$时，有极大值$\sqrt[3]{4}$，$x=0$时，有极小值1

作业与练习　3.7

1. （1）最大值为13，最小值为4．

　　（2）最大值为$y=\dfrac{5}{4}$．

2. $AD=15(\text{km})$

3. d：$h:b=\sqrt{3}:\sqrt{2}:1$．

4. $s\left(\dfrac{16}{3}\right)=\dfrac{4096}{27}$为所有三角形中面积的最大者

5. 当产量$x=7$时，可使利润最大，最大利润为$L(7)=125(\text{元})$，这时商品的价格为
　　$P=72-4\times 7=44(\text{元})$．

6. 每批订购6000件（称为最佳批量）时，可使每月的订购费与库存费之和最少．这笔费
　　用是$y\big|_{x=6000}=\dfrac{86400000}{6000}+\dfrac{12}{5}\times 6000=28800$．

7. 边际成本$M_C=C'(x)=\dfrac{1}{\sqrt{x}}$，边际收入$M_R=R'(x)=\dfrac{5}{(x+1)^{2}}$，边际利润$L'(q)=M_R-$

　　$M_C=\dfrac{5}{(x+1)^{2}}-\dfrac{1}{\sqrt{x}}$．

作业与练习　3.8

$(1)2$　$(2)\dfrac{a}{b}$　$(3)3$　$(4)\ln\dfrac{a}{b}$　$(5)-1.$　$(6)0$　$(7)0$　$(8)0$　$(9)0$　$(10)1$

作业与练习　3.9

1. (1) 曲率 1,曲率半径 1　(2) 曲率 1,曲率半径 1

2. $\left(-\dfrac{\sqrt{2}}{2},-\dfrac{\ln2}{2}\right)$ 处的曲率半径有最小值 $\dfrac{3\sqrt{3}}{2}$

3. 直径不超过 2.50 单位长

习　题　3

一、1. $-2f'(x_0)$　2. $f'(0)$　3. 1　4. $(1,-2)$ 和 $(-1,2)$　5. $2\sqrt{x}+c$　6. $\left(3x^2+\dfrac{1}{1+x}\right)\mathrm{d}x$

7. 0.795;0.01;　8. $\dfrac{1}{\ln2}-1$;　9. $(-\infty,+\infty)$;10. $-8.$

二、1. $(1)\cos x-x\sin x+\dfrac{5}{2}x^{\frac{3}{2}}$　　　　$(2)-\dfrac{2}{(1+x)^2}$

$(3)\log_2 x+\dfrac{1}{\ln2}$　　　　$(4)\dfrac{1}{x^2}\sin\dfrac{1}{x}$;

$(5)\dfrac{1}{x-1}$　　　　$(6)\dfrac{2x\cos 2x-2\sin 2x}{x^3}$

2. $(2-x^2)\sin x+4x\cos x$

3. 2

4. $x^{\ln x}\dfrac{2\ln x}{x}$

5. $(1)\dfrac{2t-1}{2t}$　$(2)t\cos t$

6. $(1)\dfrac{1-\dfrac{\Delta}{4}}{\ln2}$　$(2)0$　$(3)-\dfrac{1}{2}$　$(4)\dfrac{1}{\mathrm{e}}$

三、1. 单调递增区间为 $\left(-\infty,-\dfrac{1}{3}\right),(1,+\infty)$;单调递减区间为 $\left(-\dfrac{1}{3},1\right)$;

极大值 $y|_{x=-\frac{1}{3}}=\dfrac{32}{27}$;极小值 $y|_{x=1}=0.$

2. $10\mathrm{cm}^2/\mathrm{s}.$

3. 曲率 $\dfrac{\sqrt{2}}{16}$,曲率半径 $8\sqrt{2}$,曲率中心 $(10,-4)$,曲率圆 $(x-10)^2+(y+4)^2=128.$

4. 长 16 分米,宽 8 分米

5. $(1)-8.$

(2)约等于 -0.54,说明若价格由 $p=4$ 上涨 1 %,则需求量减少 0.54 %.

$(3)p=5$ 时总收益最大,最大值为 $R|_{p=5}=250.$

第5章 一元函数积分及其应用

主要内容归纳

一、不定积分

1. 原函数

设函数 $f(x)$ 在某区间 I 上有定义,如果存在函数 $F(x)$,使得在 I 上有 $F'(x) = f(x)$ 或 $dF(x) = f(x)dx$,则称 $F(x)$ 为 $f(x)$ 在 I 上的一个原函数.

对于原函数有:

(1)(原函数存在定理)函数 $f(x)$ 在区间 I 上连续,则在该区间上它的原函数一定存在.

(2)若 $F(x)$ 是 $f(x)$ 的一个原函数,则 $f(x)$ 必有无穷多个原函数,且任意两个原函数之间必相差一个常数,则集合 $\{F(x) + C\}$(C 为常数)包含了 $f(x)$ 的所有原函数.

2. 不定积分的定义

设 $F(x)$ 是函数 $f(x)$ 的一个原函数,则 $f(x)$ 的全部原函数称为 $f(x)$ 的不定积分,记作 $\int f(x)dx$,即 $\int f(x)dx = F(x) + C$.

3. 不定积分的几何意义

函数 $f(x)$ 的不定积分 $\int f(x)dx = F(x) + C$ 在几何上表示一簇积分曲线.

4. 不定积分的性质

(1)微分运算与求不定积分的运算是互逆的,两者运算相互抵消,即

$$\left[\int f(x)dx\right]' = fx \text{ 或 } d\left[\int fxdx\right] = f(x)dx \text{ 或 } \int F'xdx = F(x) + C.$$

(2)运算性质:$\int [ux \pm vx]dx = \int uxdx \pm \int vxdx$;

$$\int kuxdx = k\int uxdx.$$

5. 基本积分公式

(1)$\int 0dx = C$;

(2)$\int x^\alpha dx = \dfrac{1}{\alpha + 1}x^{\alpha+1} + C(\alpha \neq -1)$;

(3)$\int \dfrac{1}{x}dx = \ln|x| + C(x \neq 0)$;

(4)$\int e^x dx = e^x + C$;

(5) $\int a^x dx = \dfrac{a^x}{\ln a} + C$;　　　　　　(6) $\int \cos x dx = \sin x + C$;

(7) $\int \sin x dx = -\cos x + C$;　　　　(8) $\int \dfrac{1}{\sin^2 x} dx = \int \csc^2 x dx = -\cot x + C$;

(9) $\int \dfrac{1}{\cos^2 x} dx = \int sec^2 x dx = \tan x + C$;　(10) $\int \sec x \cdot \tan x dx = \sec x + C$;

(11) $\int \csc x \cdot \cot x dx = -\csc x + C$;　　(12) $\int \dfrac{1}{1+x^2} dx = \arctan x + C$;

(13) $\int \dfrac{1}{\sqrt{1-x^2}} dx = \arcsin x + C.$

6. 不定积分的方法

(1)直接积分法;用不定积分的性质和基本积分公式求一些简单函数的不定积分.

(2)第一类换元积分法(凑微分法)

设 $F(u)$ 是 $f(u)$ 的原函数,$u = \varphi(x)$ 是 x 的可导函数,则有

$$\int f[\varphi(x)] \varphi'(x) dx \xrightarrow{\text{凑微分}} \int f[\varphi(x)] d[\varphi(x)] = \int f(u) du = F(u) + C$$
$$= F(\varphi(x)) + C.$$

(3)第二类换元积分法

设 $f(x)$ 连续,$x = \varphi(t)$ 具有连续导数 $\varphi'(t)$,且 $\varphi'(t) \neq 0$,其反函数为 $t = \psi(x)$,又函数 $F'(t) = f[\varphi(t)] \varphi'(t)$,则有

$$\int f(x) dx = \int f[\varphi(t)] \varphi'(t) dt = F(t) + C = F(\psi(x)) + C.$$

该方法主要适用于被积函数表达式含有根式的不定积分.

(4)分部积分法:利用分部积分公式求不定积分的方法

分部积分公式:$\int u dv = uv - \int v du$.

二、定积分

1. 曲边梯形

所谓曲边梯形是指由曲线 $y = f(x)$,直线 $x = a$,$x = b$ 和 x 轴所围成的平面图形.

2. 定积分的概念与定积分的几何意义

(1)定积分的概念

设函数 $y = f(x)$ 在区间 $[a,b]$ 上有定义,任取分点

$$a = x_0 < x_1 < x_2 < \cdots < x_{n-1} < x_n = b,$$

把区间 $[a,b]$ 分成 n 个小区间 $[x_{i-1}, x_i]$ $(i = 1, 2 \cdots, n)$,每个小区间的长度记为

$$\Delta x_i = x_i - x_{i-1} (i = 1, 2, \cdots, n), \lambda = \max_{1 \leqslant i \leqslant n} \{\Delta x_i\},$$

再在每个小区间 $[x_{i-1}, x_i]$ 上,任取一点 ξ_i,取乘积 $f(\xi_i) \Delta x_i$ 的和式,即

$$\sum_{i=1}^{n} f(\xi_i) \Delta x_i.$$

如果 $\lambda \to 0$ 时上述极限存在(即这个极限值与$[a,b]$的分割及点 ξ_i 的取法均无关),则称函数 $f(x)$ 在闭区间$[a,b]$上可积,并且称此极限值为函数 $f(x)$ 在$[a,b]$上的定积分,记做 $\int_a^b f(x)\mathrm{d}x$,即

$$\int_a^b f(x)\mathrm{d}x = \lim_{\lambda \to 0} \sum_{i=1}^{n} f(\xi_i) \Delta x_i,$$

其中 $f(x)$ 称为被积函数,$f(x)\mathrm{d}x$ 称为被积表达式,x 称为积分变量,$[a,b]$称为积分区间,a 与 b 分别称为积分下限与积分上限,符号 $\int_a^b f(x)\mathrm{d}x$ 读做函数 $f(x)$ 从 a 到 b 的定积分.

关于定积分定义的说明:

①定积分是特定和式的极限,它表示一个数. 它只取决于被积函数与积分下限、积分上限,而与积分变量采用什么字母无关,例如 $\int_0^{\Delta/2} \sin x\mathrm{d}x = \int_0^{\Delta/2} \sin t\mathrm{d}t$,一般地有

$$\int_a^b f(x)\mathrm{d}x = \int_a^b f(t)\mathrm{d}t.$$

②定积分的存在定理:如果 $f(x)$ 在闭区间$[a,b]$上连续或只有有限个第一类间断点,则 $f(x)$ 在$[a,b]$上可积.

(2)定积分的几何意义

设 $f(x)$ 在$[a,b]$上的定积分为 $\int_a^b f(x)\mathrm{d}x$,其积分值等于曲线 $y=f(x)$、直线 $x=a, x=b$ 和 $y=0$ 所围成的平面图形在 x 轴上方部分与下方部分面积的代数和.

3. 定积分的性质

(1)积分对函数的可加性,即

$$\int_a^b [f(x) \pm g(x)]\mathrm{d}x = \int_a^b f(x)\mathrm{d}x \pm \int_a^b g(x)\mathrm{d}x,$$

可推广到有限项的情况,即

$$\int_a^b [f_1(x) \pm f_2(x) \pm \cdots \pm f_n(x)]\mathrm{d}x = \int_a^b f_1(x)\mathrm{d}x \pm \cdots \pm \int_a^b f_n(x)\mathrm{d}x.$$

(2)积分对函数的齐次性,即

$$\int_a^b kf(x)\mathrm{d}x = k\int_a^b f(x)\mathrm{d}x \quad (k \text{ 为常数}).$$

(3)如果在区间$[a,b]$上 $f(x) \equiv 1$,则 $\int_a^b 1\mathrm{d}x = b-a.$

(4)(积分对区间的可加性)如果 $a < c < b$,则

$$\int_a^b f(x)\mathrm{d}x = \int_a^c f(x)\mathrm{d}x + \int_c^b f(x)\mathrm{d}x.$$

注意:对于 a, b, c 三点的任何其他相对位置,上述性质仍成立,仍有

$$\int_a^b f(x)\,\mathrm{d}x = \int_a^c f(x)\,\mathrm{d}x + \int_c^b f(x)\,\mathrm{d}x.$$

(5)(积分的比较性质)如果在区间 $[a,b]$ 上有 $f(x) \leqslant g(x)$,则

$$\int_a^b f(x)\,\mathrm{d}x \leqslant \int_a^b g(x)\,\mathrm{d}x.$$

(6)(积分的估值性质)设 M 与 m 分别是函数 $f(x)$ 在闭区间 $[a,b]$ 上的最大值与最小值,则

$$m(b-a) \leqslant \int_a^b f(x)\,\mathrm{d}x \leqslant M(b-a).$$

(7)(积分中值定理)如果函数 $f(x)$ 在闭区间 $[a,b]$ 上连续,则在区间 $[a,b]$ 上至少存在一点 ξ,使得

$\int_a^b f(x)\,\mathrm{d}x = f(\xi)(b-a)$,其中 $f(\xi)$ 也称为函数 $f(x)$ 在 $[a,b]$ 上的平均值.

4. 变上限的定积分

(1)变上限的定积分

当 x 在 $[a,b]$ 上变动时,对应于每一个 x 值,积分 $\int_a^x f(t)\,\mathrm{d}t$ 就有一个确定的值,$\int_a^x f(t)\,\mathrm{d}t$ 因此是变上限的一个函数,记作

$$\varPhi(x) = \int_a^x f(t)\,\mathrm{d}t \quad (a \leqslant x \leqslant b),$$

称函数 $\varPhi(x)$ 为变上限积分.

(2)变上限积分的导数

如果函数 $f(x)$ 在闭区间 $[a,b]$ 上连续,则变上限定积分 $\varPhi(x) = \int_a^x f(t)\,\mathrm{d}t$ 在闭区间 $[a,b]$ 上可导,并且它的导数等于被积函数,即

$$\frac{\mathrm{d}\varPhi}{\mathrm{d}x} = \varPhi'(x) = \frac{\mathrm{d}}{\mathrm{d}x}\int_a^x f(t)\,\mathrm{d}t = f(x) \quad (a \leqslant x \leqslant b).$$

5. 微积分基本定理(牛顿－莱布尼茨公式)

设函数 $f(x)$ 在闭区间 $[a,b]$ 上连续,如果 $F(x)$ 是 $f(x)$ 的任意一个原函数,则

$$\int_a^b f(x)\,\mathrm{d}x = [F(x)]_a^b = \mathrm{F}(b) - \mathrm{F}(a),$$

以上公式称为微积分基本定理,又称牛顿－莱布尼茨公式.

6. 定积分的计算

(1)定积分的换元法

设函数 $f(x)$ 在 $[a,b]$ 上连续,令 $x = \varphi(t)$,则有

$$\int_a^b f(x)\,\mathrm{d}x \xrightarrow{x=\varphi(t)} \int_\alpha^\beta f[\varphi(t)]\varphi'(t)\,\mathrm{d}t,$$

其中函数应满足以下三个条件:

①$\varphi(\alpha)=a,\varphi(\beta)=b$;

②$\varphi(t)$在$[\alpha,\beta]$上单值且有连续导数;

③当t在$[\alpha,\beta]$上变化时,对应$x=\varphi(t)$值在$[a,b]$上变化.

上述公式称为定积分换元公式.在应用换元$x=\varphi(t)$公式时要特别注意:用变换把原来的积分变量x换为新变量t时,原积分限也要相应换成新变量t的积分限,也就是说,换元的同时也要换限.原上限对应新上限,原下限对应新下限.

(2)定积分的分部积分公式

设函数$u(x),v(x)$在区间$[a,b]$上均有连续导数,则

$$\int_a^b u\mathrm{d}v=(uv)\Big|_a^b-\int_a^b v\mathrm{d}u.$$

以上公式称为定积分的分部积分公式,其方法与不定积分类似,但结果不同,定积分是一个数值,而不定积分是一类函数.

(3)偶函数与奇函数在对称区间上的定积分

设函数$f(x)$在关于原点对称区间$[-a,a]$上连续,则

①当$f(x)$为偶函数时,$\int_{-a}^a f(x)\mathrm{d}x=2\int_0^a f(x)\mathrm{d}x$,

②当$f(x)$为奇函数时,$\int_{-a}^a f(x)\mathrm{d}x=0$.

利用上述结论,对奇、偶函数在关于原点对称区间上的定积分计算带来方便.

7. 定积分的微元法

(1)在区间$[a,b]$上任取一个微小区间$[x,x+\mathrm{d}x]$,然后写出在这个小区间上的部分量ΔQ的近似值,记为$\mathrm{d}Q=f(x)\mathrm{d}x$(称为$Q$的微元);

(2)将微元$\mathrm{d}Q$在$[a,b]$上无限"累加",即在$[a,b]$上积分,得

$$Q=\int_a^b f(x)\mathrm{d}x$$

上述两步解决问题的方法称为微元法.

关于微元$\mathrm{d}Q=f(x)\mathrm{d}x$,我们有两点要说明:

①$f(x)\mathrm{d}x$作为ΔQ的近似表达式,应该足够准确,确切地说,就是要求其差是关于Δx的高阶无穷小,即$\Delta Q-f(x)\mathrm{d}x=o(\Delta x)$.称作微元的量$f(x)\mathrm{d}x$,实际上就是所求量的微分$\mathrm{d}Q$.

②具体怎样求微元呢?这是问题的关键,需要分析问题的实际意义及数量关系.一般按在局部$[x,x+\mathrm{d}x]$上以"常代变"、"直代曲"的思路(局部线性化),写出局部上所求量的近似值,即为微元$\mathrm{d}Q=f(x)\mathrm{d}x$.

8. 面积微元与体积微元

(1)面积微元

①由曲线$y=f(x)\geq 0,x=a,x=b$及x轴所围成的图形,其面积微元$\mathrm{d}A=f(x)\mathrm{d}x$,面

积 $A = \int_a^b f(x)\,\mathrm{d}x$.

②由上下两条曲线 $y = f_2(x)$，$y = f_1(x)$　　$(f_2(x) \geqslant f_1(x))$；及 $x = a, x = b$ 所围成的图形，其面积微元 $\mathrm{d}A = [f_2(x) - f_1(x)]\mathrm{d}x$，面积 $A = \int_a^b [f_2(x) - f_1(x)]\mathrm{d}x$.

③由左右两条曲线 $x = g_1(y)$，$x = g_2(y)$　　$(g_2(y) \geqslant g_1(y))$ 及 $y = c, y = \mathrm{d}$ 所围成的图形，其面积微元 $\mathrm{d}A = [g_2(y) - g_1(y)]\mathrm{d}y$，面积 $A = \int_c^d [g_2(y) - g_1(y)]\mathrm{d}y$（注意，这时应取横条矩形为 $\mathrm{d}A$，即取 y 为积分变量）.

（2）体积微元

不妨设直线为 x 轴，则在 x 处的截面面积 $A(x)$ 是 x 的已知连续函数，求该物体介于 $x = a$ 和 $x = b(a < b)$ 之间的体积.

用"微元法"．为求出体积微元 $\mathrm{d}V$，在微小区间 $[x, x + \mathrm{d}x]$ 上视 $A(x)$ 不变，即把 $[x, x + \mathrm{d}x]$ 上的立体薄片近似看作以 $A(x)$ 为底，$\mathrm{d}x$ 为高的柱片，于是其体积微元 $\mathrm{d}V = A(x)\mathrm{d}x$，再在 x 的变化区间 $[a, b]$ 上积分，则有 $V = \int_a^b A(x)\,\mathrm{d}x$.

学 法 指 导

1. 计算不定积分的步骤：

（1）首先考虑能否直接用积分基本公式和性质；

（2）其次考虑能否用凑微分法；

（3）再考虑能否用适当的变量代换即第二类换元法；

（4）对两类不同函数的乘积，能否用分部积分法；

（5）能否综合运用或反复使用上述方法.

2. 要深刻理解微积分基本定理：牛顿－莱布尼茨公式．微积分基本定理，一方面揭示了定积分与微分的互逆性质；另一方面它又是联系定积分与原函数（不定积分）之间的一条纽带.

3. 计算定积分的着眼点是算出数值，因此我们除了应用牛顿－莱布尼茨公式及积分方法（换元法、分部积分法）计算定积分以外，还要尽量利用定积分的几何意义、被积函数的奇偶性（对称区间上的定积分）来算出数值.

4. 深刻理解定积分的微元法，利用微元法求平面图形的面积和旋转体的体积．学好定积分应用的关键是如何应用微元法，解决一些实际问题，这也是本章的难点.

5. 首先要弄清楚哪种量可以用积分表达，即用微元法来求它，所求的量 F 必须满足（1）与分布区间有关，且具有可加性；（2）分布不均匀，而部分量可以表示出来.

6. 用微元法解决实际问题的关键是如何定出部分量的近似表达式，即微元. 如面积微元,功微元. 微元一般是部分量的线性主部,求它虽有一定规律,可以套用一些公式,但我们不希望死套公式,而应用所学知识学会自己去建立积分公式,这就需要多下工夫了.

7. 用微元法解决实际问题应注意:

(1)选好坐标系,这关系到计算简繁问题;

(2)取好微元 $f(x)dx$,经常应用"以匀代变""以直代曲"的思想决定 ΔA 的线性主部,这关系到结果正确与否的问题.

(3)核对 $f(x)dx$ 的量纲是否与所求总量的量纲一致.

三、典型习题解析

例1 下列函数中,哪些是 $\dfrac{1}{x}$ 的不定积分?

(1) $ln|x|$; (2) $ln|x| + C$; (3) $\dfrac{1}{2}lnx^2 + C$; (4) $\dfrac{1}{2}ln(Cx)^2$.

解 (1)虽然 $(ln|x|)' = \dfrac{1}{x}$,但由于缺少积分常数,所以 $ln|x|$ 只是 $\dfrac{1}{x}$ 的一个原函数,故此,$ln|x|$ 不是 $\dfrac{1}{x}$ 的不定积分;

(2)因为 $(ln|x| + C)' = \dfrac{1}{x}$,所以 $ln|x| + C$ 是 $\dfrac{1}{x}$ 的不定积分;

(3)因为 $\left(\dfrac{1}{2}lnx^2 + C\right)' = \dfrac{1}{x}$,所以 $\dfrac{1}{2}lnx^2 + C$ 是 $\dfrac{1}{x}$ 的不定积分;

(4)因为 $\dfrac{1}{2}ln(Cx)^2 = \dfrac{1}{2}lnx^2 + C_1 (C_1 = ln|C|)$,所以 $\dfrac{1}{2}ln(Cx)^2$ 是 $\dfrac{1}{x}$ 的不定积分.

例2 求下列不定积分:

(1) $\displaystyle\int \dfrac{ln(lnx)dx}{xlnx}$; (2) $\displaystyle\int \dfrac{xdx}{x^2+1}$; (3) $\displaystyle\int \dfrac{lnxdx}{\sqrt{1-x}}$;

(4) $\displaystyle\int \dfrac{x+2}{x^2+2x+3}dx$; (5) $\displaystyle\int \dfrac{x\arctan x}{\sqrt{1+x^2}}dx$.

解 (1) $\displaystyle\int \dfrac{ln(lnx)dx}{xlnx} = \int \dfrac{ln(lnx)d(lnx)}{lnx} = \int ln(lnx)d[ln(lnx)] = \dfrac{1}{2}[ln(lnx)]^2 + C$.

(2) $\displaystyle\int \dfrac{xdx}{x^2+1} = \dfrac{1}{2}\int \dfrac{d(x^2+1)}{x^2+1} = \dfrac{1}{2}ln(x^2+1) + C$.

(3)方法1 令 $\sqrt{1-x} = t$,$x = 1 - t^2$,$dx = -2tdt$,所以

$$\int \dfrac{lnxdx}{\sqrt{1-x}} = -2\int ln(1-t^2)dt = -2tln(1-t^2) - 4\int \dfrac{t^2}{1-t^2}dt$$

$$= -2tln(1-t^2) + 4\int \left(1 + \dfrac{1}{t^2-1}\right)dt$$

$$= -2t\ln(1 - t^2) + 4t + 2\ln\left|\frac{t-1}{t+1}\right| + C$$

$$= -2\sqrt{1-x}\ln x + 4\sqrt{1-x} + 2\ln\left|\frac{\sqrt{1-x}-1}{\sqrt{1-x}+1}\right| + C;$$

方法 2 $\displaystyle\int\frac{\ln x dx}{\sqrt{1-x}} = -2\int\ln x d\sqrt{1-x} = -2\sqrt{x-1}\ln x + 2\int\frac{\sqrt{1-x}}{x}dx;$

令 $\sqrt{1-x} = t, x = 1 - t^2, dx = -2tdt$，则

$$\int\frac{\sqrt{1-x}}{x}dx = -2\int\frac{t^2}{1-t^2}dt = 2t - \ln\left|\frac{t-1}{t+1}\right| + C_1 = 2\sqrt{1-x} + \ln\left|\frac{\sqrt{1-x}-1}{\sqrt{1-x}+1}\right| + C_1$$

从而 $\displaystyle\int\frac{\ln x dx}{\sqrt{1-x}} = -2\sqrt{1-x}\ln x + 4\sqrt{1-x} + 2\ln\left|\frac{\sqrt{1-x}-1}{\sqrt{1-x}+1}\right| + C,$（其中 $C = 2C_1$）.

(4) $\displaystyle\int\frac{x+2}{x^2+2x+3}dx = \frac{1}{2}\int\frac{(2x+2)+2}{x^2+2x+3}dx = \frac{1}{2}\int\frac{d(x^2+2x+3)}{x^2+2x+3} + \int\frac{d(x+1)}{(x+1)^2+2}$

$$= \frac{1}{2}\ln(x^2+2x+3) + \frac{\sqrt{2}}{2}\arctan\frac{x+1}{\sqrt{2}} + C.$$

(5) $\displaystyle\int\frac{x\arctan x}{\sqrt{1+x^2}}dx = \int\arctan x d(\sqrt{1+x^2}) = \sqrt{1+x^2}\arctan x - \int\frac{\sqrt{1+x^2}}{1+x^2}dx$

$$= \sqrt{1+x^2}\arctan x - \int\frac{1}{\sqrt{1+x^2}}dx$$

$$= \sqrt{1+x^2}\arctan x - \ln\left|x + \sqrt{1+x^2}\right| + C.$$

例 3 (1) 设 $f(x)$ 的一个原函数为 xe^{-x}，求 $\displaystyle\int f(x)dx$；

(2) 设 $f(x)$ 的一个原函数为 xe^{-x}，求 $\displaystyle\int xf'(x)dx$；

(3) 设 $f(x)$ 的一个原函数为 xe^{-x}，求 $\displaystyle\int xf(x)dx$.

解 (1) 由不定积分定义知 $\displaystyle\int f(x)dx = xe^{-x} + C$；

(2) $\displaystyle\int xf'(x)dx = \int xdfx = xfx - \int fxdx = x(xe^{-x})' - xe^{-x} + C = -x^2e^{-x} + C$；

(3) 由题意得 $fx = (xe^{-x})' = e^{-x}(1-x)$，代入被积函数得

$$\int xf(x)dx = \int x(1-x)e^{-x}dx = \int xe^{-x}dx - \int x^2e^{-x}dx,$$

对最后两个不定积分分别应用分部积分得

$$\int xe^{-x}dx = -xe^{-x} + \int e^{-x}dx = -e^{-x}(x+1) + C_1;$$

$$\int x^2 e^{-x}dx = -\int x^2 d(e^{-x}) = -x^2 e^{-x} + 2\int xe^{-x}dx = -x^2 e^{-x} - 2e^{-x}(x+1) + C_2 2.$$

所以 $\int xf(x)dx = (x^2 + x + 1)e^{-x} + C, (C = C_1 - C_2).$

例4 已知 $F(x) = \int_{x^2}^{\sin x} \sqrt{1+t}\, dt$，求 $F'(x)$.

解 $F(x) = \int_{x^2}^{\sin x} \sqrt{1+t}\, dt = \int_{x^2}^{c} \sqrt{1+t}\, dt + \int_{c}^{\sin x} \sqrt{1+t}\, dt$

$$= -\int_{c}^{x^2} \sqrt{1+t}\, dt + \int_{c}^{\sin x} \sqrt{1+t}\, dt,$$

$$F'(x) = -\sqrt{1+x^2}(2x) + \sqrt{1+\sin x} \cdot \cos x$$

$$= -2x\sqrt{1+x^2} + \sqrt{1+\sin x} \cdot \cos x.$$

小结 如果定积分上限是 x 的函数，那么利用复合函数求导公式对上限求导；如果定积分的下限是 x 的函数，那么将定积分的下限变为变上限的定积分，利用复合函数求导公式对上限求导；如果复合函数的上限、下限都是 x 的函数，那么利用区间可加性将定积分写成两个定积分的和，其中一个定积分的上限是 x 的函数，另一个定积分的下限也是 x 的函数，都可以化为变上限的定积分来求导.

例5 计算 (1) $\int_0^4 \dfrac{1-\sqrt{x}}{1+\sqrt{x}}dx$, (2) $\int_0^{\frac{\pi}{4}} \sec^4 x\tan x\, dx$.

解 (1) 利用换元积分法，注意在换元时必须同时换限.

令 $t = \sqrt{x}, x = t^2, dx = 2t\, dt,$

当 $x=0$ 时，$t=0$，当 $x=4$ 时，$t=2$，于是

$$\int_0^4 \frac{1-\sqrt{x}}{1+\sqrt{x}}dx = \int_0^2 \frac{1-t}{1+t}2t\, dt = \int_0^2 \left[4 - 2t - \frac{4}{1+t}\right]dt$$

$$= \left[4t - t^2 - 4\ln|1+t|\right]_0^2 = 4 - 4\ln 3.$$

(2) $\int_0^{\frac{\pi}{4}} \sec^4 x\tan x\, dx = \int_0^{\frac{\pi}{4}} \sec^3 x\, d(\sec x)$

$$= \frac{1}{4}\sec^4 x \Big|_0^{\frac{\pi}{4}} = 1 - \frac{1}{4} = \frac{3}{4}.$$

小结 用换元积分法计算定积分，如果引入新的变量，那么求得关于新变量的原函数后，不必回代，直接将新的积分上下限代入计算就可以了. 如果不引入新的变量，那么也就不需要换积分限，直接计算就可以得出结果.

例6 计算 (1) $\int_0^1 \arctan x\, dx$, (2) $\int_{\frac{1}{e}}^{e^2} x|\ln x|\, dx$.

解 (1) $\int_0^1 \arctan x\, dx = x\arctan x \Big|_0^1 - \int_0^1 \frac{x}{1+x^2}dx$

$$= \frac{\pi}{4} - \frac{1}{2}\ln(1+x^2) \Big|_0^1$$

$$= \frac{\pi}{4} - \frac{1}{2}ln2.$$

(2)由于在 $\left[\frac{1}{e}, 1\right]$ 上 $lnx \leqslant 0$；在 $[1, e^2]$ 上 $lnx \geqslant 0$，所以

$$\int_{\frac{1}{e}}^{e^2} x|lnx|dx = \int_{\frac{1}{e}}^{1} (-xlnx)dx + \int_{1}^{e^2} xlnxdx$$

$$= -\int_{\frac{1}{e}}^{1} lnxd\left(\frac{x^2}{2}\right) + \int_{1}^{e^2} lnxd\left(\frac{x^2}{2}\right)$$

$$= \left[-\frac{x^2}{2}lnx + \frac{x^2}{4}\right]_{\frac{1}{e}}^{1} + \left[\frac{x^2}{2}lnx - \frac{x^2}{4}\right]\Big|_{1}^{e^2}$$

$$= \frac{1}{4} - \left(\frac{1}{4}\frac{1}{e^2} + \frac{1}{2}\frac{1}{e^2}\right) + \left(e^4 - \frac{1}{4}e^4 + \frac{1}{4}\right)$$

$$= \frac{1}{2} - \frac{3}{4}\frac{1}{e^2} + \frac{3}{4}e^4.$$

小结 被积函数中出现绝对值时必须去掉绝对值符号,这就要注意正负号,有时需要分段进行积分.

例7 求下列曲线所围成的图形的面积

(1)抛物线 $y^2 = \frac{x}{2}$ 与直线 $x - 2y = 4$,

(2)圆 $x^2 + y^2 = 2ax$.

解 (1)先画图,如图所示,

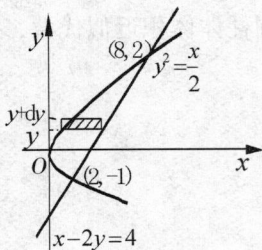

并由方程 $\begin{cases} y^2 = \dfrac{x}{2} \\ x - 2y = 4 \end{cases}$,求出交点为 $(2, -1), (8, 2)$.

解一 取 y 为积分变量,y 的变化区间为 $[-1, 2]$,在区间 $[-1, 2]$ 上任取一子区间 $[y, y+dy]$,则面积微元 $dA = (2y + 4 - 2y^2)dy$,则所求面积为

$$A = \int_{-1}^{2} (2y + 4 - 2y^2)dy = \left(y^2 + 4y - \frac{2}{3}y^3\right)\Big|_{-1}^{2} = 9.$$

解二 取 x 为积分变量,x 的变化区间为 $[0, 8]$,由图知,若在此区间上任取子区间,需分成 $[0, 2], [2, 8]$ 两部分完成. 在区间 $[0, 2]$ 上任取一子区间 $[x, x+dx]$,则面积微元 $dA_1 = \left[2\sqrt{\frac{x}{2}}\right]dx$,在区间 $[2, 8]$ 上任取一子区间 $[x, x+dx]$,则面积微元 $dA_2 =$

$$\left[\sqrt{\frac{x}{2}}-\frac{1}{2}(x-4)\right]dx,$$

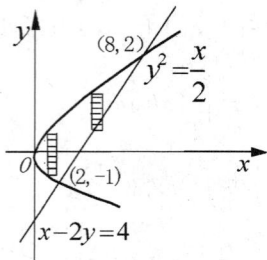

于是得

$$A=A_1+A_2$$

$$A=\int_0^2 2\sqrt{\frac{x}{2}}dx+A\int_2^8\left(\sqrt{\frac{x}{2}}-\frac{x}{2}+2\right)dx$$

$$=\frac{2\sqrt{2}}{3}x^{\frac{3}{2}}\Big|_0^2+\left[\frac{2\sqrt{2}}{3}x^{\frac{3}{2}}-\frac{x^2}{4}+2x\right]\Big|_2^8=9.$$

显然,解法一优于解法二. 因此作题时,要先画图,然后根据图形选择适当的积分变量,尽量使计算方便.

例8 求由曲线 $xy=4$,直线 $x=1,x=4,y=0$ 绕 x 轴旋转一周而形成的立体体积.

解 先画图形,因为图形绕 x 轴旋转,所以取 x 为积分变量,x 的变化区间为 $[1,4]$,相应于 $[1,4]$ 上任取一子区间 $[x,x+dx]$ 的小窄条,绕 x 轴旋转而形成的小旋转体体积,可用高为 dx,底面积为 πy^2 的小圆柱体体积近似代替,

即体积微元为

$$dV=\pi y^2 dx=\pi\left(\frac{4}{x}\right)^2 dx,$$

于是,体积

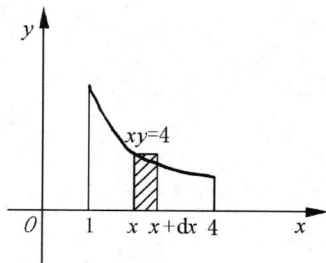

$$V=\pi\int_1^4\left(\frac{4}{x}\right)^2 dx$$

$$=16\pi\int_1^4\frac{1}{x^2}dx$$

$$=-16\pi\frac{1}{x}\Big|_1^4=12\pi.$$

小结 求旋转体体积时,第一要明确形成旋转的平面图形是由哪些曲线围成,这些曲线的方程是什么;第二要明确图形绕哪一条坐标轴或平行于坐标轴的直线旋转,正确选择积分变量,写出定积分的表达式及积分上下限.

例9 设有一弹簧,假定被压缩 $0.5\,\mathrm{cm}$ 时需用力 $1N$(牛顿),现弹簧在外力的作用下被压缩 $3\,\mathrm{cm}$,求外力所做的功.

解 根据胡克定理,在一定的弹性范围内,将弹簧拉伸(或压缩)所需的力 F 与伸长

量(压缩量)x 成正比,即

$$F = kx(k > 0 \text{ 为弹性系数})$$

按假设当 $x = 0.005$ m 时,$F = 1$ N,代入上式得 $k = 2$ N/m,即有

$$F = 200x,$$

所以取 x 为积分变量,x 的变化区间为 $[0, 0.03]$,

功微元为 $dW = F(x)dx = 200xdx$,

于是弹簧被压缩了 $3cm$ 时,外力所做的功为

$$W = \int_0^{0.03} 200xdx = (100x^2)\Big|_0^{0.03} = 0.09(J).$$

例 10 一梯形闸门倒置于水中,两底边的长度分别为 $2a, 2b(a < b)$,高为 h,水面与闸门顶齐平,试求闸门上所受的压力 F.

解 取坐标系如图所示,则 AB 的方程为 $y = \dfrac{a-b}{h}x + b$,取水深 x 为积分变量,x 的变化区间为 $[0, h]$,在 $[0, h]$ 上任取一子区间 $[x, x+dx]$,与这个小区间相对应的小梯形上各点处的压强 $P = \gamma x$(γ 为水的比重),小梯形上所受的水压力

$$dP = (2ydx)\gamma x = 2\gamma x\left(\frac{a-b}{h}x + b\right)dx$$

小梯形上所受的总压力为

$$
\begin{aligned}
P &= \int_0^h 2\gamma x\left(\frac{a-b}{h}x + b\right)dx \\
&= 2\gamma\int_0^h \left(\frac{a-b}{h}x^2 + bx\right)dx \\
&= 2\gamma\left(\frac{a-b}{h}\frac{x^3}{3} + b\frac{x^2}{2}\right)\Big|_0^h = 2\gamma\left(\frac{a-b}{3} + \frac{b}{2}\right)h^2 = \frac{1}{3}(2a+b)\gamma h^2.
\end{aligned}
$$

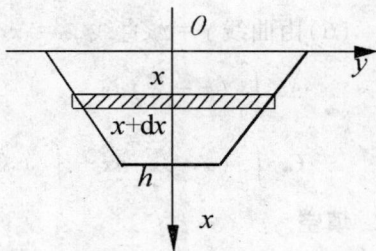

综合测试与参考解答

1. 单项选择

(1) 在积分曲线族 $\int x\sqrt{x}\,dx$ 中,过点 $(0, 1)$ 的曲线方程是(　　).

  A. $2x^{\frac{1}{2}} + 1$ B. $\dfrac{5}{2}x^{\frac{2}{5}} + c$

  C. $2x^{\frac{1}{2}}$ D. $\dfrac{2}{5}x^{\frac{5}{2}} + 1$

(2) 设 $P = \displaystyle\int_0^{\frac{\pi}{2}} \sin^2 x dx$,$Q = \displaystyle\int_0^{\frac{\pi}{2}} \cos^2 x dx$,$R = \dfrac{1}{2}\displaystyle\int_{-\frac{\pi}{2}}^{\frac{\pi}{2}} \sin^2 x dx$,则(　　).

  A. $P = Q = R$ B. $P = Q < R$

C. $P < Q < R$ D. $P > Q > R$

（3）$\dfrac{\mathrm{d}}{\mathrm{d}x}\displaystyle\int_{a}^{b}\arctan x\,\mathrm{d}x = ($).

     A. $\arctan x$ B. $\dfrac{1}{1+x^{2}}$

     C. $\arctan b - \arctan a$ D. 0

（4）$\displaystyle\int_{-a}^{a} a(x^{2} + x\sqrt{a^{2}+x^{2}})\,\mathrm{d}x = ($).

     A. a^{3} B. $\dfrac{2}{3}a^{3}$

     C. $\dfrac{3}{2}a^{3}$ D. 0

（5）下列式子正确的是（   ）.

     A. $\displaystyle\int_{0}^{1} x\,\mathrm{d}x < \int_{0}^{1} x^{2}\,\mathrm{d}x$ B. $\displaystyle\int_{0}^{1} x\,\mathrm{d}x = \int_{0}^{1} x^{2}\,\mathrm{d}x$

     C. $\displaystyle\int_{0}^{1} x\,\mathrm{d}x > \int_{0}^{1} x^{2}\,\mathrm{d}x$ D. 以上均不正确

（6）由曲线 $y = \sqrt{x}$ 直线 $y = x$ 和 $x = 2$ 所围图形的面积（   ）.

     A. $\displaystyle\int_{0}^{2} (x - \sqrt{x})\,dx$ B. $\displaystyle\int_{0}^{2} (\sqrt{x} - x)\,dx$

     C. $\displaystyle\int_{0}^{1} (x - \sqrt{x})\,dx + \int_{1}^{2} (\sqrt{x} - x)\,dx$ D. $\displaystyle\int_{0}^{1} (\sqrt{x} - x)\,dx + \int_{1}^{2} (x - \sqrt{x})\,dx$

2. 填空

（1）$\left(\displaystyle\int f(x)\,\mathrm{d}x\right)' = $ _____ ， $\displaystyle\int f'(x)\,\mathrm{d}x = $ _____ ；

（2）不定积分 $\displaystyle\int (x^{2} + \mathrm{e}^{-x})\,\mathrm{d}x = $ _____ ；

（3）若 $f(x) = \mathrm{e}^{-x}$，则 $\displaystyle\int \dfrac{f'(\ln x)}{x}\,\mathrm{d}x = $ _____ ；

（4）设 $f(x)$ 在 $[a,b]$ 上连续，则 $f(x)$ 在 $[a,b]$ 上的平均值为 _____ ；

（5）已知 $f(0) = 1$，$f(2) = 3$，$f'(2) = 5$，则 $\displaystyle\int_{0}^{2} xf''(x)\,\mathrm{d}x = $ _____ ；

（6）设 $\varPhi(x) = \displaystyle\int_{0}^{x} \cos(t^{2})\,\mathrm{d}t$，则 $\varPhi'(x) = $ _____ ；

（7）$\displaystyle\int f'(ax + b)\,\mathrm{d}x = $ _____ ；

（8）设 $\displaystyle\int_{0}^{1} (3x^{2} + ax)\,\mathrm{d}x = 3$，则 $a = $ _____ ；

（9）$\displaystyle\lim_{x \to 0} \dfrac{\displaystyle\int_{0}^{x} \ln(+t)\,\mathrm{d}t}{x\sin x} = $ _____ ；

(10)通过点 $\left(1, \dfrac{\pi}{4}\right)$ 且斜率为 $\dfrac{1}{1+x^2}$ 的曲线方程为 _____ .

3. 计算下列积分

(1) $\displaystyle\int x^2 \mathrm{e}^{-x^3}\mathrm{d}x$　　(2) $\displaystyle\int \mathrm{e}^{\sqrt[3]{x}}\mathrm{d}x$　　(3) $\displaystyle\int \dfrac{\sqrt{x-1}}{x}\mathrm{d}x$　　(4) $\displaystyle\int x^2\sin x\mathrm{d}x$

(5) $\displaystyle\int_0^1 \dfrac{x}{1+x^4}\mathrm{d}x$　　(6) $\displaystyle\int_2^3 \dfrac{1}{x^2+x-2}$　(7) $\displaystyle\int_1^2 x\ln x\mathrm{d}x$　(8) $\displaystyle\int_{-1}^1 (2x+|x|+1)\mathrm{d}x$

4. 综合应用

(1)求函数 $f(x)=\displaystyle\int_1^x\left(2-\dfrac{1}{\sqrt{t}}\right)\mathrm{d}t\,(t>0)$ 的单调区间 .

(2)求由曲线 $y=\mathrm{e}^x, y=\mathrm{e}^{-x}$ 以及直线 $x=1$ 所围成图形的面积 .

(3)求由曲线 $y=1-x^2$ 与 $y=0$ 所围图形绕 x 轴旋转所形成的旋转体的体积 .

(4)求由曲线 $y=x^2$ 与 $y^2=x$ 围成的平面绕 y 轴旋转一周生成的立体的体积 .

(5)有一圆柱形水池，深 15 m，口径 20 m，盛满水，把水抽尽要做多少功？

参考答案

1. 选择题

(1) D; (2) A; (3) D; (4) B; (5) C; (6) D.

2. 填空题

(1) $f(x)$, $f(x) + C$; (2) $\dfrac{1}{3}x^3 - e^{-x} + C$; (3) $\dfrac{1}{x} + C$; (4) 提示: 积分中值定理的几何意义,

$f(x)$ 在 $[a, b]$ 上的平均值为 $\dfrac{1}{b-a}\displaystyle\int_a^b f(x)\,\mathrm{d}x$; (5) 8; (6) $\cos x^2$; (7) $\dfrac{1}{a}f(ax+b) + c$; (8) $a = 4$;

(9) $\dfrac{1}{2}$; (10) $f(x) = \arctan x$.

3. 计算下列积分:

(1) $-\dfrac{1}{3}e^{-x^3} + C$; (2) $3t^2 e^t - 6te^t + 6e^t + C$; (3) $2\left(\sqrt{x-1} - \arctan\sqrt{x-1}\right) + C$;

(4) $-x^2\cos x + 2x\sin x + 2\cos x + C$; (5) $\dfrac{\pi}{8}$; (6) $\ln 2 - \dfrac{1}{3}\ln 5$; (7) $2\ln 2 - \dfrac{3}{4}$; (8) 3.

4. 综合应用

(1) $f'(x) = 2 - \dfrac{1}{\sqrt{x}}$, 令 $f'(x) = 0$, $x = \dfrac{1}{4}$. 当 $x \in \left(0, \dfrac{1}{4}\right)$ 时, $f'(x) < 0$

当 $x \in \left(\dfrac{1}{4}, +\infty\right)$ 时, $f'(x) > 0$. 单调减少区间 $\left(0, \dfrac{1}{4}\right)$, 单调增加区间 $\left(\dfrac{1}{4}, +\infty\right)$.

(2) $A = \displaystyle\int_0^1 (e^x - e^{-x})\,\mathrm{d}x = (e^x + e^{-x})\Big|_0^1 = e + \dfrac{1}{e} - 2.$

(3) $\pi\displaystyle\int_{-1}^1 y^2\,\mathrm{d}x = \pi\displaystyle\int_{-1}^1 (1-x^2)^2\,\mathrm{d}x = 2\pi\displaystyle\int_0^1 (1 - 2x^2 + x^4)\,\mathrm{d}x = \dfrac{16}{15}\pi.$

(4) $\displaystyle\int_0^1 \pi(\sqrt{y})^2\,\mathrm{d}y - \displaystyle\int_0^1 \pi(y^2)^2\,\mathrm{d}y = \dfrac{3}{10}\pi.$

(5) $\displaystyle\int_0^{15} \rho g\pi 10^2 x\,\mathrm{d}x = 9.8\times10^5\pi\left(\dfrac{x^2}{2}\right)\Big|_0^{15} = 3.51\times10^7\,\mathrm{J}.$

教材《作业与练习》参考答案

作业与练习 4.1

1. 四等式均成立.

2. 写出下列各式结果

(1) $\dfrac{1}{2}\sin 2x + C$; (2) $\dfrac{1}{\sin x}\mathrm{d}x$; (3) $\sqrt{a^2 + x^2}$; (4) $e^x(\sin x + \cos x)$.

3. 求下列不定积分

$(1) x - \arctan x + C ; (2) 2x^{\frac{1}{2}} - \frac{4}{3}x^{\frac{3}{2}} + \frac{2}{5}x^{\frac{5}{2}} + C ; (3) \frac{1}{2}(x + \sin x) + C ;$

$(4) - \cot x - \tan x + C ; (5) - \frac{4}{x} + 4x + \frac{1}{3}x^3 + C ; (6) \frac{1}{\ln 3e}(3e)^x + C ;$

$(7) \arctan x - 3\arcsin x + C ; (8) - 2\cos x + C ; (9) \tan x - \sec x + C ; (10) e^x - \ln|x| + C.$

4. $y = \ln x + 1.$

5. $s = \frac{3}{2}t^2 - 2t + 5.$

作业与练习 4.2

1. 填空题

$(1) \frac{1}{2a} ; (2) \frac{1}{2} ; (3) \frac{1}{3} ; (4) - 1 ; (5) \arcsin x ; (6) 2e^{2x}.$

2. 求下列不定积分

$(1) \frac{(2x-5)^5}{10} + C ; (2) \frac{2}{9}(3x+1)^{\frac{3}{2}} + C ; (3) \frac{1}{4}\ln(4x^2+1) + C ; (4) \frac{1}{4}e^{4x} + C ;$

$(5) - 2\cos\sqrt{x} + C ; (6) \frac{\sin^2 x}{2} + C ; (7) - e^{-x} + C ; (8) \ln|\ln x| + C.$

$(9) \arctan(e^x) + C ; (10) \frac{10^{\arcsin x}}{\ln 10} + C ; (11) e^{\arctan x} + C ; (12) \ln\frac{\sqrt{e^x+1}-1}{\sqrt{e^x+1}+1} + C.$

3. 求下列不定积分

$(1) \frac{1}{3}\arcsin 3x + C ; (2) 2(\sqrt{x} - \ln(1+\sqrt{x})) + C ; (3) \frac{\arcsin x}{2} + \frac{1}{2}x\sqrt{1-x^2} + C ;$

$(4) \sqrt{x^2-4} - 2\arccos\frac{2}{x} + C ; (5) \sqrt{x^2+a^2} + C.$

作业与练习 4.3

1. ① $xfx - Fx + C$; ② $xf'x - fx + C.$

2. 求下列不定积分

$(1) - xe^{-x} - e^{-x} + C ; (2) \frac{1}{3}x^3\ln x + \ln xx - \frac{1}{9}x^3 - x + C ; (3) x\arccos x - \sqrt{1-x^2} + C ;$

$(4) - \frac{1}{2}x^2 + \ln|\cos x| + x\tan x + C ; (5) 2(\sqrt{x}\arcsin\sqrt{x} - \sqrt{1-x}) + C ;$

$(6) \frac{a\sin bxe^{ax} - \cos bxe^{ax}}{a^2+b^2} + C.$

作业与练习 4.4

1. 利用定积分的几何意义,求下列定积分

$(1)4;(2)0;(3)\pi;(4)0.$

2. 不计算积分,比较下列定积分的大小:

$(1)>;(2)>.$

3. 估计下列定积分:

$(1)\pi\leqslant\int_{\frac{\pi}{4}}^{\frac{5\pi}{4}}(1+\sin^2x)dx\leqslant2\pi;(2)\frac{\pi}{9}\leqslant\int_{\frac{1}{\sqrt{3}}}^{\sqrt{3}}x\arctan xdx\leqslant\frac{2}{3}\pi.$

4. $\xi=\sqrt{21},f(\xi)=10.5.$

作业与练习 4.5

1. 计算下列各导数

$(1)\sqrt{1+x};(2)\cos xe^x;(3)-\sqrt{x}\cos x;(4)-\frac{4x^3}{1+x^2}.$

2. 求下列极限

$(1)1;(2)2.$

3. 计算下列各定积分

$(1)2e-2;(2)-8;(3)\frac{1}{6}\ln\frac{5}{2};(4)1-\frac{\sqrt{3}}{3}-\frac{\pi}{12};(5)1-\ln(1+e)-\ln2;(6)1-\frac{\pi}{4};$

$(7)-\frac{\pi}{2}-\frac{1}{3};(8)\frac{\pi}{3}a.$

作业与练习 4.6

1. 计算下列定积分

$(1)\frac{e^2-1}{4e};(2)\frac{1}{2}\ln5;(3)\frac{1}{4}\ln3;(4)\frac{16-4\sqrt{3}}{3};(5)\ln\frac{3}{2};(6)\frac{\pi}{4};(7)\frac{2}{3};(8)\frac{\pi^2}{2}+\frac{4}{3};$

$(9)\frac{4}{3};(10)\ln\frac{4}{3}.$

2. 计算下列定积分

$(1)\frac{1}{6};(2)\frac{\pi}{6};(3)\frac{\pi}{2};(4)\ln(1+\sqrt{2}).$

3. 计算下列定积分

$(1)\pi+2;(2)8\ln2-4;(3)\frac{\pi}{2}-1;(4)\frac{1}{5}(e^\pi-2);(5)\frac{22}{3};(6)\sqrt{2}\pi.$

4. 利用函数得奇偶性,求下列定积分

$(1)0;(2)0;(3)0;(4)\dfrac{1}{16}.$

作业与练习 4.7

1. 计算下列曲线所围成的平面图形的面积:

$(1)\dfrac{32}{3};(2)17;(3)\dfrac{9}{2};(4)e+\dfrac{1}{e}-2;(5)e^2-e;(6)\dfrac{14}{3}.$

2. $\dfrac{128\pi}{7},\dfrac{64\pi}{5}.$

3. 求下列已知曲线所围成的图形,绕指定的轴旋转所得的旋转体的体积

$(1)2\pi ax_0^2;(2)\dfrac{3}{10}\pi;(3)160\pi^2.$

4. $\dfrac{\pi}{4}+1.$

5. $\dfrac{8}{9}\left(\left(\dfrac{5}{2}\right)^{\frac{3}{2}}-1\right).$

作业与练习 4.8

1. $\int_a^b Fx\cos\alpha\,dx.$

2. $\dfrac{2}{3}a^2 b.$

3. (1)生产量为 66 件时,总利润最大.

(2)总利润减少了 150.

4. (1)总产品函数 $Q(t)=100t+5t^2-0.15t^3$;(2)572 吨.

作业与练习 4.9

1. 计算下列广义积分

$(1)1;(2)\dfrac{\pi}{2}.$

2. 当 $k>1$ 时,广义积分 $\displaystyle\int_3^{+\infty}\dfrac{1}{x(lnx)^k}dx$ 收敛;当 $k\leqslant 1$ 时,广义积分 $\displaystyle\int_3^{+\infty}\dfrac{1}{x(lnx)^k}dx$ 发散.

习 题 四

1. 填空

$(1) xf(x^2)dx$；$(2) ln|x| + \dfrac{1}{3}x^3 + C$；$(3) \dfrac{1}{a}F(ax+b) + C$；$(4) \lim\limits_{\lambda \to 0} \sum\limits_{i=1}^{n} f(\xi_i)\Delta x_i$；被积

函数,积分区间；$(5) [0, 2\sqrt{2}\pi]$；$(6) sin2x$；$(7) \dfrac{2}{\pi}$；$(8) 0$；$(9) 2sin\sqrt{x} + C$；$(10) k \leqslant 1$.

2. 求下列不定积分

$(1) 2x^{\frac{3}{2}} - 4\sqrt{x} + \dfrac{2}{\sqrt{x}} + C$；$(2) \dfrac{1}{ln3}3^x + 2cosx + C$；$(3) ln|x| + arctanx + C$；

$(4) 2tanx + 2secx - x + C$；$(5) -\sqrt{3-2x} + C$；$(6) \dfrac{1}{3}(x^2+4x)^{\frac{3}{2}} + C$；$(7) -4cot\dfrac{x}{2} + C$；

$(8) x - ln(1+e^x) + C$；$(9) \dfrac{1}{4}ln\dfrac{2+x}{2-x} + C$；$(10) (x+1)arctan\sqrt{x} - \sqrt{x+C}$；

$(11) ln\left(\dfrac{\sqrt{1+x^2}-1}{x}\right) + C$；$(12) \dfrac{9}{2}arcsin\dfrac{x}{3} + \dfrac{x}{2}\sqrt{9-x^2} + C$；

$(13) xln(1+x^2) - 2(x - arctanx) + C$；$(14) \dfrac{1}{3}x^2 e^{3x} - \dfrac{2}{9}xe^{3x} + \dfrac{2}{27}e^{3x} + C$.

3. 计算下列定积分

$(1) ln\dfrac{4}{3}$；$(2) \dfrac{5}{2}$；$(3) \dfrac{22}{3}$；$(4) \dfrac{\pi}{6} - \dfrac{\sqrt{3}}{2} + 1$；$(5) \dfrac{(sin1 - cos1)e + 1}{2}$；$(6) 1$.

4. 解答题

$(1) \dfrac{2}{3}$；

$(2) \dfrac{-xsinx - 2cosx}{x} + C$；

$(3) fx = 2x - \dfrac{3}{2}x^2$；

$(4) \dfrac{1}{4}x^3 - \dfrac{3}{4}x + \dfrac{3}{2}$；

$(5) \dfrac{dy}{dx} = \dfrac{e^{-y}cosx}{4y\sqrt{x}}$.

5. 应用题

(1) ① $y = 2x - 1$；② $\dfrac{\pi}{30}$.

$(2) 1004.8$.

第 6 章　常微分方程

主要内容归纳

一、微分方程的基本概念

1. *微分方程*－－若在一个方程中涉及的函数是未知的,自变量仅有一个,且在方程中含有未知函数的导数(或微分),则称这样的方程为常微分方程,简称微分方程.

2. *微分方程的阶*－－微分方程中的未知函数的导数的最高阶数.

3. *微分方程的通解*－－如果微分方程的解中含有相互独立的任意常数,且个数与方程的阶数相同,则称为微分方程的通解.

4. *微分方程的初始条件*－－微分方程中对未知函数的附加条件,若以限定未知函数及其各阶导数在某一个特定点的值的形式表示,则称这种的条件为微分方程的定解条件或初始条件.

5. *微分方程的特解*－－微分方程初始条件的作用是用来确定通解中任意常数. 不含任意常数的解称为特解.

二、一阶微分方程

1. 可分离变量的一阶微分方程

若一阶线性微分方程可以写成

$$g(y)dy = f(x)dx,$$

则称其为变量分离的方程;若(1)的形式为

$$M(x)N(y)dy = M_1(x)N_1(y)dx,$$

则很容易把它变为变量分离的方程,因此可以称为可分离变量的微分方程.

可分离变量的一阶微分方程的解法如下:

对原方程分离变量,成为变量分离的方程. 若函数 $f(x)$ 和 $g(y)$ 连续,在两边同时求不定积分,即

$$\int g(y)dy = \int f(x)dx,$$

依次记 $G(y)$, $F(x)$ 为 $g(y)$, $f(x)$ 的一个原函数,则

$$G(y) = F(x) + C.$$

2. 一阶线性微分方程

如果一阶微分方程可化为

$$y' + P(x)y = Q(x)$$

的形式,即方程关于未知函数及其导数是线性的,而 $P(x)$ 和 $Q(x)$ 是已知连续函数,则称此方程为一阶线性微分方程. 当不含未知函数的项 $Q(x) \neq 0$ 时,称方程为关于未知函数 y, y' 的一阶非齐次线性微分方程;反之,当 $Q(x) \equiv 0$ 时称为一阶齐次线性微分方程.

一阶线性微分方程的求解公式为:

$$y = e^{-\int P(x)dx} \left[\int Q(x)e^{\int P(x)dx} dx + C \right], (C \text{ 为任意常数}).$$

3. 一阶线性微分方程的应用

自然界和工程技术中,许多问题的研究往往归结为求解微分方程的问题,以下通过实例来介绍微分方程在实际生活中的应用.

应用微分方程解决实际问题的步骤:

(1)建立模型:分析实际问题,建立微分方程,确定初始条件;

(2)求解方程:求出所列微分方程的通解,并根据初始条件确定出符合实际情况的特解;

(3)解释问题:从微分方程的解,解释、分析实际问题,预计变化趋势.

三、二阶常系数线性微分方程

1. 二阶常系数齐次线性微分方程的解法

二阶常系数齐次线性微分方程的一般形式为 $y'' + py' + qy = 0$.

求二阶常系数齐次线性微分方程(2)通解的步骤如下:

第一步 写出微分方程所对应的特征方程 $r^2 + pr + q = 0$;

第二步 求出特征方程的两个根 r_1, r_2;

第三步 根据特征根的不同情况,按下表写出(2)的通解:

特征根的情况	方程 $y'' + py' + qy = 0$ 的通解形式
两个不等实根 $r_1 \neq r_2$	$y = C_1 e^{r_1 x} + C_2 e^{r_2 x}$
两个相等实根 $r_1 = r_2$	$y = (C_1 + C_2 x)e^{r_1 x}$
一对共轭复根 $r_{1,2} = \alpha \pm \beta i, (\beta > 0)$	$y = e^{\alpha x}(C_1 \cos \beta x + C_2 \sin \beta x)$

2. 自由项 $f(x)$ 为 $P(x)e^{\alpha x}$ 形式的二阶常系数非齐次线性微分方程的解法

这类方程的类型为 $y'' + py' + qy = P(x)e^{\alpha x}$

其中 $P(x)$ 是多项式,α 是常数,则方程具有形如 $y^* = x^k Q(x)e^{\alpha x}$ 的特解,其中 $Q(x)$ 是与 $P(x)$ 同次的待定多项式,而 k 的值如下确定:

(1)若 α 与两个特征根都不等,取 $k = 0$

（2）若 α 与一个特征根相等，取 $k=1$；

（3）若 α 与两个特征根都相等，取 $k=2$。

设 $Y(x)$ 是 $y'' + py' + qy = P(x)e^{\alpha x}$ 对应的齐次方程 $y'' + py' + qy = 0$ 的通解，y^* 是非齐次方程 $y'' + py' + qy = P(x)e^{\alpha x}$ 的一个不含任意常数的特解，二阶常系数非齐次线性微分方程的通解是对应的齐次方程的通解 $y = Y(x)$ 与非齐次方程本身的一个特解 $y = y^*$ 之和 $y = Y(x) + y^*$。

学 法 指 导

一、关于微分方程的应用

许多科学及技术问题的研究都归结到解微分方程，例如：研究最简单的机械振动就有微分方程：$\dfrac{d^2 s}{dt^2} = \omega^2 s = 0$，为二阶微分方程。

二、关于一阶微分方程的解

首先要掌握微分方程的阶、解、初始条件、通解、特解这四个基本概念。一阶微分方程的解法有两种：分离变量法，常数变易法。常数变易法主要适用于线性一阶微分方程，从而可以直接应用公式法。先将方程化成标准形式：$y' + P(x)y = Q(x)$，直接利用公式：$y = e^{-\int P(x)dx}\left[\int Q(x)e^{\int P(x)dx}dx + C\right]$，（$C$ 为任意常数）去求解。

三、关于二阶常系数线性微分方程

若方程为二阶常系数齐次线性微分方程，特征方程有复根，要将复根写成 $\alpha \pm \beta i$ 的形式，其中 β 取正数。则对应于这两个根的线性无关的特解为 $e^{\alpha x}\cos\beta x$ 和 $e^{\alpha x}\sin\beta x$，此时通解的形式为 $y = e^{\alpha x}(C_1\cos\beta x + C_2\sin\beta x)$；若方程为非齐次线性微分方程，要注意这里只介绍自由项 $f(x)$ 为 $P(x)e^{\alpha x}$ 形式，根据总结对照通解和特解的形式。

典型例题解析

一、一阶微分方程

1. 可分离变量的方程

例 1　求方程 $y(1 + x^2)dy - (1 + y^2)dx = 0$ 的通解。

解　将方程分离变量，得 $\dfrac{y}{1 + y^2}dy = \dfrac{dx}{1 + x^2}$，两边积分，得

原方程的通解为

$$ln(1 + y^2) = 2\arctan x + C \ (C \text{ 为任意常数}).$$

2. 一阶线性微分方程

例2 求微分方程 $y' + \dfrac{1}{x}y = \dfrac{\sin x}{x}$ 的通解.

解 此方程为一阶线性非齐次微分方程,其中 $P(x) = \dfrac{1}{x}$, $Q(x) = \dfrac{\sin x}{x}$,由公式得所

求通解为

$$y = e^{-\int P(x)dx}\left[\int Q(x)e^{\int P(x)dx}dx + C\right]$$

$$= e^{-\int \frac{1}{x}dx}\left[\int \frac{\sin x}{x}e^{\int \frac{1}{x}dx}dx + C\right]$$

$$= e^{-\ln x}\left[\int \frac{\sin x}{x}e^{\ln x}dx + C\right]$$

$$= \frac{1}{x}\left[\int \sin x dx + C\right]$$

$$= \frac{1}{x}(-\cos x + C)$$

例3 求微分方程 $y' = \dfrac{1}{e^{-y} - x}$ 的通解.

解 方程变形为 $\dfrac{dy}{dx} = \dfrac{1}{e^{-y} - x}$,把 y 看成自变量,于是可得 $\dfrac{dx}{dy} = e^{-y} - x$

$\dfrac{dx}{dy} + x = e^{-y}$,求解可得

$$x = e^{-\int P(y)dy}\left(\int Q(y)e^{\int P(y)dy}dy + C\right)$$

$$x = e^{-\int 1dy}\left(\int e^{-y}e^{\int 1dy}dy + C\right) = e^{-y}\left(\int dy + C\right)$$

$$= e^{-y}(y + C)$$

即

$$x = e^{-y}(y + C)$$

二、二阶常系数线性微分方程

例4 求微分方程 $y'' + 4y' - 5y = 0$ 的通解.

解 特征方程为 $r^2 + 4r - 5 = 0$,特征根为 $r_1 = -5$, $r_2 = 4$.

微分方程的通解为 $y = C_1 e^{-5x} + C_2 e^{4x}$.

例5 求微分方程 $y'' + 4y' + 4y = 0$ 的通解.

解 特征方程为 $r^2 + 4r + 4 = 0$,特征根为 $r_1 = r_2 = -2$.

微分方程的通解为 $y = (C_1 + C_2 x)e^{-2x}$.

例6 求微分方程 $y'' + 4y' + 4y = f(x)$ 的通解,其中 ① $f(x) = (x^2 + 1)e^{-2x}$;② $f(x)$

$$= xe^x.$$

解　①特征根 $r_1 = r_2 = -2$，对应齐次方程的通解 $Y(x) = (C_1 + C_2 x)e^{-2x}$.

$\alpha = -2$，方程有形如 $y^* = x^k Q(x)e^{\alpha x}$，$r_1 = r_2 = \alpha$ 而可知，$k = 2$ 取所以可设非齐次方程的一个特解为 $y^* = x^2 Q(x)e^{-2x}$

$$y^* = x^2(Ax^2 + Bx + C)e^{-2x} = (Ax^4 + Bx^3 + Cx^2)e^{-2x},$$

$$(y^*)' = [-2Ax^4 + (4A - 2B)x^3 + (3B - 2C)x^2 + 2Cx]e^{-2x},$$

$$(y^*)'' = [4Ax^4 + (-16A + 4B)x^3 + (12A - 12B + 4C)x^2 + (6B - 8C)x + 2C]e^{-2x},$$

代入方程得

$$(12Ax^2 + 6Bx + 2C)e^{-2x} = (x^2 + 1)e^{-2x},$$

比较 x 同次幂系数，得 $A = \dfrac{1}{12}, B = 0, C = \dfrac{1}{2}$. 所以通解 $y^* = \dfrac{1}{2}x^2\left(\dfrac{1}{6}x^2 + 1\right)e^{-2x}$. 通解为

$$y = (C_1 + C_2 x)e^{-2x} + \frac{1}{2}x^2\left(\frac{1}{6}x^2 + 1\right)e^{-2x}$$

②对照公式，$\alpha = 1$，方程有形如 $y^* = x^k Q(x)e^{\alpha x}$，$r_1 = r_2 \neq \alpha$ 而可知，$k = 0$，所以可设非齐次方程的一个特解为 $y^* = (Ax + B)e^x$，

$(y^*)' = [Ax + (2A + B)]e^x$，$(y^*)'' = [Ax + (2A + B)]e^x$，比较 x 同次幂系数，得

$$A = \frac{1}{9}, B = -\frac{2}{27}.$$

所以

$$y^* = \frac{1}{9}\left(x - \frac{2}{3}\right)e^x.$$

通解为

$$y = (C_1 + C_2 x)e^{-2x} + \frac{1}{9}\left(x - \frac{2}{3}\right)e^x.$$

自测题参考解答

自测题

1. 验证函数 $x = C_1 \cos kt + C_2 \sin kt$（$C_1, C_2$ 为常数）是微分方程 $\dfrac{d^2 x}{dt^2} + k^2 x = 0$ 的解，

并求满足初始条件 $x\big|_{t=0} = A$，$\dfrac{dx}{dt}\Big|_{t=0} = 0$ 的特解.

2. 求下列微分方程的解

$(1)\dfrac{dy}{dx} = 3x^2 y$;

（2）$(x+xy^2)\mathrm{d}x-(x^2y+y)\mathrm{d}y=0$；

（3）$xy\mathrm{d}x+(x^2+1)\mathrm{d}y=0, y(0)=1$；

（4）$(x^2+1)y'+2xy=4x^2$；

（5）$y''+ay=0$；

（6）$y''-y'-2y=\mathrm{e}^x$.

3. 已知放射性元素铀的衰变速度与当时未衰变原子的含量 M 成正比，已知 t=0 时铀的含量为 M_0，求在衰变过程中铀含量 $M(t)$ 随时间 t 的变化规律.

4. 设降落伞从跳伞塔下落后所受空气阻力与速度成正比，并设降落伞离开跳伞塔时(t=0)速度为 0，求降落伞下落速度与时间的函数关系.

自测题参考解答

1. $x=A\cos kt$

2. （1）分离变量得 $\dfrac{\mathrm{d}y}{y}=3x^2\mathrm{d}x$，两边积分，得 $\displaystyle\int\dfrac{\mathrm{d}y}{y}=\int 3x^2\mathrm{d}x$，

即 $\ln|y|=x^3+C_1$ 或 $y=\pm\mathrm{e}^{x^3+c_1}=\pm\mathrm{e}^{c_1}\cdot\mathrm{e}^{x^3}$.

因为 C_1 为任意常数，所以 $\pm\mathrm{e}^{c_1}$ 也是任意常数，把它记作 C.

代入后得方程的通解 $y=C\mathrm{e}^{x^3}$；

（2）分离变量得 $\dfrac{y\mathrm{d}y}{1+y^2}=\dfrac{x\mathrm{d}x}{1+x^2}$，

两边积分，得 $\displaystyle\int\dfrac{y\mathrm{d}y}{1+y^2}=\int\dfrac{x\mathrm{d}x}{1+x^2}$，

即 $\dfrac{1}{2}\ln(1+y^2)=\dfrac{1}{2}\ln(1+x^2)+\ln C$.

故方程的通积分为 $(1+y^2)=(1+x^2)C^2$；

（3）分离变量得 $\dfrac{\mathrm{d}y}{y}=-\dfrac{x\mathrm{d}x}{1+x^2}$，

两边积分，得 $\displaystyle\int\dfrac{\mathrm{d}y}{y}=-\int\dfrac{x\mathrm{d}x}{1+x^2}$，

即 $\ln y=-\dfrac{1}{2}\ln(1+x^2)+\ln C$.

故方程的通积分为 $y\sqrt{1+x^2}=C$.

将 $y|_{x=0}=1$ 代入通解表达式，得 $C=1$.

因此，微分方程的特解为 $y\sqrt{x^2+1}=1$；

（4）原方程可化为 $y'+\dfrac{2x}{1+x^2}y=\dfrac{4x^2}{1+x^2}$，

所以原方程是一阶线性非齐次方程，且

$$P(x) = \frac{2x}{1+x^2}, Q(x) = \frac{4x^2}{1+x^2}.$$

用公式法，原方程的通解

$$y = e^{-\int \frac{2x}{1+x^2}dx} \left[\int \left(\frac{4x^2}{1+x^2} \right) e^{\int \frac{2x}{1+x^2}dx} dx + C \right]$$

$$= e^{-\ln(1+x^2)} \left[\int 4x^2 dx + C \right] = \frac{1}{x^2+1} \left(\frac{4}{3}x^3 + C \right);$$

（5）特征方程为 $r^2 + a = 0$.

当 $a = 0$：特征根为 $r_1 = r_2 = 0$，通解为 $y = C_1 + C_2 x$，

当 $a > 0$：特征根为 $r_{1,2} = \pm\sqrt{a}i$，通解为 $y = C_1 \cos\sqrt{a}x + C_2 \sin\sqrt{a}x$，

当 $a < 0$：特征根为 $r_1 = \sqrt{-a}, r_2 = -\sqrt{-a}$，通解为 $y = C_1 e^{\sqrt{-a}x} + C_2 e^{-\sqrt{-a}x}$；

（6）特征根 $r_1 = 2, r_2 = -1$，对应齐次方程的通解为 $Y = C_1 e^{2x} + C_2 e^{-x}$.

方程具有形如 $y^* = x^k Q(x) e^{\alpha x}$ 的特解，这里由于 $\alpha = 1$，与 r_1, r_2 都不等，故取 $k = 0$，设原方程的特解为

$$y^* = x^0 Q(x) e^{\alpha x} = a e^x,$$

将 y^* 代入到原方程中得 $-2a = 1, a = -\frac{1}{2}$，

于是方程所求通解为所求通解为 $\quad y = Y + y^* = C_1 e^{2x} + C_2 e^{-x} - \frac{1}{2} e^x.$

3. 根据题意，有 $\frac{dM}{dt} = -\lambda M(\lambda > 0), M\big|_{t=0} = M_0$，对方程分离变量，然后积分：

$$\int \frac{dM}{M} = -\int \lambda dt, 得 \ln M = -\lambda t + \ln C, 即 M = Ce^{-\lambda t}, 利用初始条件，得 C = M_0,$$

故所求铀的变化规律为 $M = M_0 e^{-\lambda t}$，如图 6-1 所示.

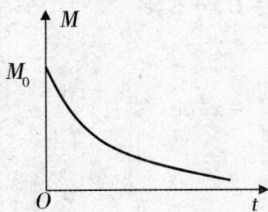

图 6-1

4. 根据牛顿第二定律列方程 $m\frac{dv}{dt} = -kv$，初始条件为 $v\big|_{t=0} = 0$ 对方程分离变量，然后积分：

$$\int \frac{dv}{mg - kv} = \int \frac{dt}{m},$$

得

$$-\frac{1}{k}\ln(mg - kv) = \frac{t}{m} + C, (mg - kv > 0),$$

利用初始条件，得

$$C = -\frac{1}{k} \cdot \ln(mg),$$

上式化简后可得函数关系式为 $v = \frac{mg}{k}(1 - e^{-\frac{k}{m}t})$,

求解初值问题 $\frac{d^2 s}{dt^2} + 2\frac{ds}{dt} + s = 0, s\big|_{t=0} = 4, \frac{ds}{dt}\Big|_{t=0} = -2, s = (4 + 2t)e^{-t}$.

教材《作业与练习》参考答案

作业与练习 5.2

1. (1)可分离变量;(2)线性方程;(3)线性方程;(4)线性方程.

2. (1) $e^y + e^{-x} = C$;   (2) $(x - C)^2 + y^2 = 1$;   (3) $y = e^{cx}$;   (4) $y = \frac{1}{1+x}$

   (5) $y = (x+1)^2\left[\frac{2}{3}(x+1)^{\frac{3}{2}} + C\right]$;   (6) $y = \frac{1}{x}(e^x + ab - e^a)$

   (7) $y = \frac{\sin x - x\cos x}{x^2}$;   (8) $x = y^2 + Cy$.

3. (1) $N = 694 e^{0.366t}$;   (2)694.

4. 60 分钟.

作业与练习 5.3

1. (1) $y = C_1 e^{5x} + C_2 e^{-2x}$;   (2) $y = C_1 e^{-\sqrt{5}x} + C_2 e^{\sqrt{5}x}$;

   (3) $y = (C_1 + C_2 x)e^{3x}$;   (4) $y = C_1 + C_2 e^{-5x}$.

2. $y = e^{-x}(4\cos x + 2\sin x)$.

3. (1) $y^* = x(ax + b)e^{-x}$;   (2) $y^* = x^2 a e^{-x}$.

4. $y* = -x + \frac{1}{3}$.

5. $y = C_1 e^{2x} + C_2 e^{3x} - \frac{1}{2}(x^2 + 2x)e^{2x}$.

习题五

1. (1) $e^y = \frac{1}{2}(e^{2x} + 1)$;   (2) $y = 0, y = -\frac{1}{\sin x + C}$;

   (3) $y = e^x - 2\sin x$;   (4) $y = C_1 e^{4x} + C_2$.

2. (1) $y = e^{cx}$;   (2) $\arctan y - x - \frac{1}{2}x^2 = c$;   (3) $y = e^{-x}(x + C)$;

$(4) y = \dfrac{\sin x - x\cos x}{x^2}$；　$(5) x = y(y + C)$；　$(6) y = C_1 e^{-2x} + C_2 e^{2x}$；

$(7) y = e^{-2x}(C_1 \cos 3x + C_2 \sin 3x)$；　$(8) y = C_1 e^{-x} + C_2 e^{3x} - \dfrac{1}{3}x^2 - \dfrac{2}{9}x - \dfrac{11}{27}$.

3. $y = x - x\ln x$.

4. 特征根 $r_1 = r_2 = 1$，对应齐次方程的通解为 $Y = (C_1 + C_2 x)e^x$.

所求方程为 $y'' - 2y' + y = (x - 1)e^x$ 当 $\alpha = 1$ 的情况.

由于 $\alpha = 1$，与 r_1, r_2 相等，故取 $k = 2$，设原方程的特解为
$$y^* = x^2(ax + b)e^x,$$

则
$$(y^*)' = [ax^3 + (3a + b)x^2 + 2bx]e^x,$$
$$(y^*)'' = [ax^3 + (6a + b)x^2 + (6a + 4b)x + 2b]e^x,$$

将 $y^*,(y^*)',(y^*)''$ 代入到原方程中得，$a = \dfrac{1}{6}$，　$b = -\dfrac{1}{2}$，

于是方程所求通解为所求特解为　　　　$y^* = \dfrac{x^3}{6}e^x - \dfrac{x^2}{2}e^x$，

故原方程的通解为　　　　　$y = (C_1 + C_2 x)e^x + \dfrac{x^3}{6}e^x - \dfrac{x^2}{2}e^x$，

由 $y(1) = 1$，得 $\left(C_1 + C_2 - \dfrac{1}{3}\right)e = 1$，

而　　　　　　$y' = \left[(C_1 + C_2) + (C_2 - 1)x + \dfrac{x^3}{6}\right]e^x, y'(1) = 1$，

得　　　　　　　$\left(C_1 + 2C_2 - \dfrac{5}{6}\right)e = 1$，

解得
$$\begin{cases} C_1 = \dfrac{2}{e} - \dfrac{1}{6}, \\ C_2 = \dfrac{1}{2} - \dfrac{1}{e}, \end{cases}$$

原方程的特解为　　　$y = \left[\dfrac{2}{e} - \dfrac{1}{6} + \left(\dfrac{1}{2} - \dfrac{1}{e}\right)x\right]e^x + \dfrac{x^3}{6}e^x - \dfrac{x^2}{2}e^x$.

第7章 向量代数与空间解析几何

7.1 主要内容归纳

一、空间直角坐标系向量

1. 空间直角坐标系

过空间一定点 O,按右手法则作三条互相垂直的数轴:x 轴(横轴),y 轴(纵轴),z 轴(竖轴),这样就构成了一个空间直角坐标系,点 O 称为坐标原点. 在空间直角坐标系中,空间中的任意一点都与一个三元有序组 (x,y,z)(即点的坐标)建立了一一对应关系,这是用代数方法研究空间几何图形的基础.

2. 空间两点间的距离公式

设 $M_1(x_1,y_1,z_1)$,$M_2(x_2,y_2,z_2)$ 为空间两点,则 M_1 与 M_2 之间的距离为

$$d = |M_1M_2| = \sqrt{(x_2-x_1)^2 + (y_2-y_1)^2 + (z_2-z_1)^2}.$$

3. 向量的有关概念

向量的定义:

既有大小又有方向的量称为**向量**,也称为**矢量**. 向量的方向性代表向量的几何特征;向量的大小代表向量的代数特征. 向量常用 $\vec{a}$、$\vec{b}$、$\vec{c}$ 来表示,也可以用空间中的起始点表示,如向量 $\overrightarrow{AB}$,起点为 A,终点为 B;几何上用一条有向线段来表示.

向量的模:

向量的大小称为向量的**模**,用 $|\overrightarrow{AB}|$ 或 $|\vec{a}|$ 来表示,向量的模又叫做向量的长度,也就是空间中 A 点到 B 点的距离,向量的模是非负数,即 $|\overrightarrow{AB}| \geq 0$.

零向量 单位向量 负向量(反向量)

长度为零的向量叫做**零向量**,记作 $\vec{0}$,零向量的模为零,方向可以是任意方向;

长度为 1 的向量叫做**单位向量**,即如果 $|\vec{a}| = 1$,那么 $\vec{a}$ 称为单位向量.

如果两个向量长度相等,方向相反,那么这两个向量互为负**向量(反向量)**,向量 $\vec{a}$ 的**负向量**记为 $-\vec{a}$.

向量相等 自由向量

如果两个向量长度相等,方向相同,那么这两个向量叫做**相等向量**. 方向相同是指两个向量所在的直线重合或平行,且指向一致,记作 $\vec{a} = \vec{b}$.

空间中的任何一个向量都可以在空间中自由地平行移动,所以向量叫做**自由向量**.

所以空间中的自由向量的起点可以在空间中的任何一点.

4. 向量的线性运算

向量的线性运算主要包括向量的**加法减法和数与向量的乘积**.

向量的加法:平行四边形法则和三角形法则.

将两个向量$\vec{a}$和$\vec{b}$的起点移放在一起,并以$\vec{a}$和$\vec{b}$为邻边作平行四边形,则从起点到对角顶点的向量称为向量$\vec{a}$与$\vec{b}$的**和向量**,记为$\vec{a}+\vec{b}$,这是向量加法的**平行四边形法则**;以向量$\vec{a}$的起点为始点,向量$\vec{b}$的终点为终点的向量,就是向量$\vec{a}$与$\vec{b}$的和向量. 这种求向量和的方法称为向量加法的**三角形法则**.

向量的减法:差向量$\vec{a}-\vec{b}$是以$\vec{a}$和$\vec{b}$为邻边作平行四边形的反对角线向量(平行四边形法则);从减向量终点连向被减向量终点的向量也是差向量,这是差向量的三角形法则.

实质上两个向量的差向量$\vec{a}-\vec{b}$(即向量的减法)就是向量$\vec{a}$与$\vec{b}$的负向量$-\vec{b}$的和向量.

即$\vec{a}-\vec{b}=\vec{a}+(-\vec{b})$.

数与向量的乘积:

设λ为一实数,向量$\vec{a}$与实数λ的乘积记作$\lambda\vec{a}$,规定它为满足下列条件的一个向量:(1)$|\lambda\vec{a}|=|\lambda|\cdot|\vec{a}|$;(2)当$\lambda>0$时,$\lambda\vec{a}$与$\vec{a}$方向相同;当$\lambda<0$时,$\lambda\vec{a}$与$\vec{a}$方向相反;当$\lambda=0$或$\vec{a}=\vec{0}$时,则$\lambda\vec{a}=\vec{0}$.

当$\vec{a}\neq0$时,(1)$(-1)\cdot\vec{a}=-\vec{a}$,即$a$的负向量是原向量数乘$-1$的结果;(2)与向量$\vec{a}$同方向的单位向量记为$\vec{e_a}$,即$\vec{e_a}=\frac{1}{|\vec{a}|}\vec{a}$.

满足以下运算律:设λ,μ为实数

(1)结合律$\lambda(\mu\vec{a})=(\lambda\mu)\vec{a}=\mu(\lambda\vec{a})$;

(2)分配律$(\lambda+\mu)\vec{a}=\lambda\vec{a}+\mu\vec{a},\lambda(\vec{a}+\vec{b})=\lambda\vec{a}+\lambda\vec{b}$.

定理:设$\vec{a}$为非零向量,那么,向量$\vec{b}$平行与向量$\vec{a}$的充分必要条件是存在唯一的实数λ,使得$\vec{b}=\lambda\vec{a}$.

5. 向量的坐标表示

空间上任意一点M在三条坐标轴上的投影P、Q、R在各自轴上的坐标记为x,y,z,则点与有序数组(x,y,z)建立了一一对应关系,称(x,y,z)为点M的坐标,点M称为以(x,y,z)为坐标的点.

向量$\vec{a}$的坐标分解式为:$\vec{a}=a_x\boldsymbol{i}+a_y\boldsymbol{j}+a_z\boldsymbol{k}$

其中, i, j, k 分别是与 x 轴, y 轴, z 轴的正方向同方向的单位向量.

向量 $\vec{a}$ 的坐标表达式为: $\vec{a} = \{a_x, a_y, a_z\}$.

6. 向量的线性运算的坐标表达式

设 $\vec{a} = \{a_x, a_y, a_z\}$, $\vec{b} = \{b_x, b_y, b_z\}$, 则向量的线性运算的坐标表达式为:

$$\vec{a} \pm \vec{b} = (a_x \pm b_x)i + (\vec{a}_y \pm \vec{b}_y)j + (a_z \pm b_z)k$$

$$\lambda \vec{a} = (\lambda a_x)i + (\lambda a_y)j + (\lambda a_z)k.$$

7. 向量的模、方向余弦的坐标表达式

设向量 $\vec{a} = \{a_x, a_y, a_z\}$, 则它的模为: $|\vec{a}| = \sqrt{a_x^2 + a_y^2 + a_z^2}$.

当 $|\vec{a}| \neq 0$ 时, 向量 $\vec{a}$ 与三条坐标轴的正方向之间的夹角 α、β、γ 称为向量 $\vec{a}$ 的**方向角**, 并规定方向角的范围: $0 \leq \alpha \leq \pi, 0 \leq \beta \leq \pi, 0 \leq \gamma \leq \pi$. 方向角的余弦 $\cos\alpha$、$\cos\beta$、$\cos\gamma$ 称为向量 $\vec{a}$ 的**方向余弦**. 方向余弦的坐标表达式为:

$$\cos\alpha = \frac{a_x}{\sqrt{a_x^2 + a_y^2 + a_z^2}}, \quad \cos\beta = \frac{a_y}{\sqrt{a_x^2 + a_y^2 + a_z^2}}, \quad \cos\gamma = \frac{a_z}{\sqrt{a_x^2 + a_y^2 + a_z^2}}.$$

并且有

$$\cos^2\alpha + \cos^2\beta + \cos^2\gamma = 1$$

以 $M_1(x_1, y_1, z_1)$ 为起点以 $M_2(x_2, y_2, z_2)$ 为终点的向量 $\overrightarrow{M_1M_2}$ 的方向余弦为

$$\cos\alpha = \frac{x_2 - x_1}{\sqrt{(x_2 - x_1)^2 + (y_2 - y_1)^2 + (z_2 - z_1)^2}},$$

$$\cos\beta = \frac{y_2 - y_1}{\sqrt{(x_2 - x_1)^2 + (y_2 - y_1)^2 + (z_2 - z_1)^2}},$$

$$\cos\gamma = \frac{z_2 - z_1}{\sqrt{(x_2 - x_1)^2 + (y_2 - y_1)^2 + (z_2 - z_1)^2}}.$$

与 $\vec{a}$ 同方向的单位向量 $\vec{e}$ 的坐标表示为

$$\vec{e}_a = \frac{\vec{a}}{|\vec{a}|} = \frac{1}{|\vec{a}|}\{a_x, a_y, a_z\} = \{\cos\alpha, \cos\beta, \cos\gamma\}$$

显然, 方向余弦就是与向量 $\vec{a}$ 同方向的单位向量 $\vec{e}_a$ 的三个坐标.

8. 向量的数量积

称 $\vec{a} \cdot \vec{b} = |\vec{a}||\vec{b}|\cos(\vec{a}, \vec{b})$ 为向量 $\vec{a}$ 与 $\vec{b}$ 的**数量积**.

数量积的坐标表达式为:

$$\vec{a} \cdot \vec{b} = a_x b_x + a_y b_y + a_z b_z$$

两个非零向量 $\vec{a}$, $\vec{b}$ 夹角的余弦的坐标表达式为

$$\cos\theta = \frac{\vec{a}\cdot\vec{b}}{|\vec{a}||\vec{b}|} = \frac{a_xb_x + a_yb_y + a_zb_z}{\sqrt{a_x^2+a_y^2+a_z^2}\sqrt{b_x^2+b_y^2+b_z^2}}$$

数量积的性质：

(1) $|\vec{a}| = \sqrt{\vec{a}\cdot\vec{a}} = \sqrt{a_x^2+a_y^2+a_z^2}$ ；

(2) 两个非零向量 $\vec{a}$、$\vec{b}$，$\vec{a}\perp\vec{b}$ 的充要条件为 $\vec{a}\cdot\vec{b}=0$，即

$$\vec{a}\perp\vec{b} \Leftrightarrow a_xb_x + a_yb_y + a_zb_z = 0.$$

9. 向量的向量积

两个向量 $\vec{a}$ 与 $\vec{b}$ 的**向量积**是一个向量 $\vec{c}$，记为 $\vec{c}=\vec{a}\times\vec{b}$. 向量 $\vec{c}$ 由以下条件确定：

(1) $|\vec{c}| = |\vec{a}||\vec{b}|\sin\theta, 0\leq\theta\leq\pi$ 为两个向量之间的夹角；

(2) $\vec{c}\perp\vec{a}$ 且 $\vec{c}\perp\vec{b}$；

(3) $\vec{c}$ 的方向按右手法则从 $\vec{a}$ 转向 $\vec{b}$ 来确定.

向量积又称为**叉积或外积**.

向量积的性质：

(1) 两个向量的向量积 $\vec{c}=\vec{a}\times\vec{b}$ 仍然是一个向量，它的模

$$|\vec{c}| = |\vec{a}\times\vec{b}| = |\vec{a}||\vec{b}|\sin(\vec{a},\vec{b})$$

在几何上表示以向量 $\vec{a}$，$\vec{b}$ 为邻边的平行四边形的面积.

(2) $\vec{a}\times\vec{a} = \vec{0}$.

(3) 两个非零向量 $\vec{a}$ 与 $\vec{b}$ 平行的充要条件是 $\vec{a}\times\vec{b}=\vec{0}$，即 $\vec{a}//\vec{b} \Leftrightarrow \frac{a_x}{b_x}=\frac{a_y}{b_y}=\frac{a_z}{b_z}$.

$\vec{a}$ 与 $\vec{b}$ 平行它们的对应坐标成比例.

向量积的坐标表达式：

$$\vec{a}\times\vec{b} = \begin{vmatrix} \boldsymbol{i} & \boldsymbol{j} & \boldsymbol{k} \\ a_x & a_y & a_z \\ b_x & b_y & b_z \end{vmatrix} = \begin{vmatrix} a_y & a_z \\ b_y & b_z \end{vmatrix}\boldsymbol{i} - \begin{vmatrix} a_x & a_z \\ b_x & b_z \end{vmatrix}\boldsymbol{j} + \begin{vmatrix} a_x & a_y \\ b_x & b_y \end{vmatrix}\boldsymbol{k}$$

二、空间平面

1. 空间的平面方程的各种形式：

点法式方程：设 $M_0(x_0,y_0,z_0)$ 是平面 α 上一点，$\vec{n}=\{A,B,C\}$ 是平面 α 的一个法向量，平面的点法式为

$$A(x-x_0) + B(y-y_0) + c(z-z_0) = 0$$

一般式方程： $\qquad\qquad Ax + By + Cz + D = 0.$

其中 x,y,z 的系数就是该平面的一个法向量,即 $\vec{n}=\{A,B,C\}$.

截距式方程:
$$\frac{x}{a}+\frac{y}{b}+\frac{z}{c}=1$$

其中 a、b、c 依次叫做平面在 x 轴、y 轴、z 轴上的截距. 平面是不过原点且不平行于坐标轴,是经过坐标轴上的三个点 $P(a,0,0)$、$Q(0,b,0)$、$R(0,0,c)$ 的平面方程.

2. 两平面的位置关系

设有两个平面 $\pi_1:A_1x+B_1y+C_1z+D_1=0$,法向量 $\vec{n_1}=\{A_1,B_1,C_1\}$;

$\pi_2:A_2x+B_2y+C_2z+D_2=0$,法向量 $\vec{n_2}=\{A_2,B_2,C_2\}$.

两平面相交: 如果两个平面的法向量满足 $\vec{n_1}$ 不平行于 $\vec{n_2}$,即
$$A_1:B_1:C_1\neq A_2:B_2:C_2$$

那么两平面相交. 它们的交角由两个向量的法向量确定,有

$$\cos(\pi_1,\pi_2)=|\cos(n_1,n_2)|=\frac{|\vec{n_1}|\cdot|\vec{n_2}|}{\vec{n_1}\,\vec{n_2}}=\frac{A_1A_2+B_1B_2+C_1C_2}{\sqrt{A_1^2+B_1^2+C_1^2}\cdot\sqrt{A_2^2+B_2^2+C_2^2}}.$$

两平面垂直: 两平面垂直的充分必要条件是 $A_1A_2+B_1B_2+C_1C_2=0$
即
$$\pi_1\perp\pi_2(\vec{n_1}\perp\vec{n_2})\Leftrightarrow A_1A_2+B_1B_2+C_1C_2=0$$

两平面平行: 两平面平行的充分必要条件是 $\dfrac{A_1}{A_2}=\dfrac{B_1}{B_2}=\dfrac{C_1}{C_2}\neq\dfrac{D_1}{D_2}$

即
$$\pi_1/\!/\pi_2(\vec{n_1}/\!/\vec{n_2})\Leftrightarrow\frac{A_1}{A_2}=\frac{B_1}{B_2}=\frac{C_1}{C_2}\neq\frac{D_1}{D_2}$$

两平面重合: 两平面平行的充分必要条件是 $\dfrac{A_1}{A_2}=\dfrac{B_1}{B_2}=\dfrac{C_1}{C_2}\neq\dfrac{D_1}{D_2}$

即
$$\pi_1\text{ 与 }\pi_2\text{ 重合}(\vec{n_1}/\!/\vec{n_2})\Leftrightarrow\frac{A_1}{A_2}=\frac{B_1}{B_2}=\frac{C_1}{C_2}=\frac{D_1}{D_2}.$$

3. 点到平面的距离公式

设 $P_0(x_0,y_0,z_0)$ 是平面 $Ax+By+Cz+D=0$ 外的一点,则点到平面的距离公式为:

$$d=\frac{|Ax_0+By_0+Cz_0+D|}{\sqrt{A^2+B^2+C^2}}$$

三、空间直线方程

1. 空间直线方程各种形式:

一般式方程

$$\begin{cases}A_1x+B_1y+C_1z+D_1=0,\\A_2x+B_2y+C_2z+D_2=0.\end{cases}$$

空间直线看作空间两平面的交线,该空间直线的方向向量由两平面的法向量的叉积确定,即

$$\vec{s} = \{m,n,p\} = \vec{n}_1 \times \vec{n}_2$$

$$= \begin{vmatrix} i & j & k \\ A_1 & B_1 & C_1 \\ A_2 & B_2 & C_2 \end{vmatrix}.$$

点向式方程　设 $M_0(x_0,y_0,z_0)$ 是空间直线 L 上的已知点，$M(x,y,z)$ 是直线 L 上的任一点，以向量 $\overrightarrow{M_0M} = \{x-x_0,y-y_0,z-z_0\}$ 为直线的方向向量 $\vec{s} = \{m,n,p\}$，则空间直线 L 的点向式方程为：

$$\frac{x-x_0}{m} = \frac{y-y_0}{n} = \frac{z-z_0}{p}$$

其中 m,n,p 不能全为零.

参数式方程　设 $M_0(x_0,y_0,z_0)$ 是空间直线 L 上的已知点，$M(x,y,z)$ 是直线 L 上的任一点，以向量 $\overrightarrow{M_0M} = \{x-x_0,-y0,z-z_0\}$ 为直线的方向向量 $\vec{s} = \{m,n,p\}$，则空间直线 L 的参数式方程为：

$$\begin{cases} x = x_0 + mt, \\ y = y_0 + nt, \quad (t \text{ 为参数}). \\ z = z_0 + pt. \end{cases}$$

2. 空间两直线的位置关系

设空间两直线 L_1 与 L_2 的方向向量分别为 $\vec{s}_1 = \{m_1,n_1,p_1\}$，$\vec{s}_2 = \{m_2,n_2,p_2\}$. 则

(1)两直线 L_1 和 L_2 互相垂直的充要条件是 $m_1m_2 + n_1n_2 + p_1p_2 = 0$；

(2)两直线 L_1 和 L_2 互相平行的充要条件是 $\dfrac{m_1}{m_2} = \dfrac{n_1}{n_2} = \dfrac{p_1}{p_2}$.

(3)直线 L_1 和 L_2 相交，其夹角为 φ，则

$$\cos\varphi = \frac{\vec{s}_1 \cdot \vec{s}_2}{|\vec{s}_1||\vec{s}_2|} = \frac{m_1m_2 + |n_1n_2| + p_1p_2}{\sqrt{m_1^2+n_1^2+p_1^2}\sqrt{m_2^2+n_2^2+p_2^2}}.$$

四、空间直线与平面的位置关系

设空间直线 L 的方向向量为 $\vec{s} = \{m,n,p\}$，平面 π 的法向量为 $\vec{n} = \{A,B,C\}$，则有

(1)直线 L 与平面 π 相交，夹角为 θ，则有

$$\sin\theta = |\cos(\vec{s},\vec{n})| = \frac{\vec{n} \cdot \vec{s}}{|\vec{n}||\vec{s}|} = \frac{Am + Bn + |Cp|}{\sqrt{A^2+B^2+C^2} \cdot \sqrt{m^2+n^2+p^2}}.$$

(2) $L /\!/ \pi \Leftrightarrow \vec{s} \perp \vec{n} \Leftrightarrow Am + Bn + Cp = 0$；

(3) $L \perp \pi \Leftrightarrow \vec{s} /\!/ \vec{n} \Leftrightarrow \dfrac{A}{m} = \dfrac{B}{n} = \dfrac{C}{p}$

五、曲面和空间曲线的有关概念

1. 曲面及其方程

曲面方程的概念：如果曲面 S 与方程 $F(x,y,z)=0$ 满足

（1）曲面 S 上任一点的坐标都满足方程；

（2）不在曲面 S 上的点的坐标都不满足方程，

那么方程就叫做**曲面 S 的方程**，曲面 S 叫做**方程的图形**.

2. 二次曲面

如果 $F(x,y,z)=0$ 是一个关于 x,y,z 的二次方程，那么 $F(x,y,z)=0$ 对应的曲面叫做**二次曲面**.

（1）**球面**：方程

$$(x-x_0)^2+(y-y_0)^2+(z-z_0)^2=R^2$$

表示以点 $M_0(x_0,y_0,z_0)$ 为球心，半径为 R 的球面.

方程

$$x^2+y^2+z^2+Dx+Ey+Fz+G=0$$

表示以点 $M_0\left(-\dfrac{D}{2},-\dfrac{E}{2},-\dfrac{F}{2}\right)$ 为球心，$\dfrac{1}{2}\sqrt{D^2+E^2+F^2-4G}$ 为半径的球面.

（2）**椭球面**：方程

$$\frac{x^2}{a^2}+\frac{y^2}{b^2}+\frac{z^2}{c^2}=1$$

表示的曲面叫做**椭球面**，a,b,c 叫做椭球面的半轴. 椭球面在三个坐标面上的投影分别为椭圆.

（3）**柱面**：由平行于定直线且沿定曲线 C 移动的直线 L 运动所形成的曲面叫做柱面. 定曲线叫做柱面的**准线**，动直线 L 叫做柱面的**母线**.

母线平行于 z 轴，准线为 $\begin{cases}F(x,y)=0\\z=0\end{cases}$ 的柱面方程为 $F(x,y)=0$；

母线平行于 x 轴，准线为 $\begin{cases}F(y,z)=0\\x=0\end{cases}$ 的柱面方程为 $F(y,z)=0$

母线平行于 y 轴，准线为 $\begin{cases}F(x,z)=0\\y=0\end{cases}$ 的柱面方程为 $F(x,z)=0$.

常见的柱面方程有：

圆柱面：$x^2+y^2=R^2$；

椭圆柱面：$\dfrac{x^2}{a^2}+\dfrac{y^2}{b^2}=1$；

双曲柱面：$\dfrac{y^2}{b^2}-\dfrac{x^2}{a^2}=1$；

抛物柱面:$x^2 - 2py = 0(p > 0)$

（4）**旋转曲面**:一条平面曲线绕其所在平面上的一条定直线旋转一周所生成的曲面叫做**旋转曲面**,旋转曲线称为旋转曲面的**母线**,定直线称为旋转曲面的**旋转轴**.

3. 空间曲线的概念

空间曲线 Γ 一般是由两张空间曲面 $F(x,y,z) = 0$ 和 $G(x,y,z) = 0$ 相交而成的,它的一般方程可表示为

$$\begin{cases} F(x,y,z) = 0, \\ G(x,y,z) = 0. \end{cases}$$

7.2　学 法 指 导

一、关于向量

1. 向量是一个既有大小又有方向的量,向量的大小就是向量的模,它是个非负实数,向量不可以比较大小,但向量的模可以比较大小. 模为 1 的向量称为单位向量,模为零的向量是零向量.

2. 向量的方向由向量的起点和向量的终点决定的,它是向量的起点指向终点的有向线段来表示. 允许自由移动的向量称为自由向量.

3. 要注意两个向量相等、两个向量平行和两个向量共线等概念的异同. 两个向量相等必须满足这两个向量模相等且方向相同;两个向量平行只要求这两个向量的方向相同或相反;两个向量共线要求当两个向量的起点平移到同一点时,它们的终点和公共起点在同一条直线上.

4. 向径是特殊的向量,它的起点必须是坐标原点. 要注意向径的坐标与点的坐标的区别,如有点 M 的坐标为 (x,y,z),但向径 $\overrightarrow{OM}$ 的坐标为 $\{x,y,z\}$

5. 向量坐标的定义表明,若 $\vec{a} = x\mathbf{i} + y\mathbf{j} + z\mathbf{k}$ 为向量 $\vec{a}$ 的坐标分解式,则 x、y、z 称为向量 $\vec{a}$ 在三个坐标轴上的分量,而向量 $x\mathbf{i}$、$y\mathbf{j}$、$z\mathbf{k}$ 称为在三个坐标轴上的分向量. $\mathbf{i}$、$\mathbf{j}$、$\mathbf{k}$ 是与三个坐标正方向同向的单位向量,称为**基本单位向量**.

6. 向量在坐标轴上的分向量与向量在坐标轴上的投影有本质的区别,向量 $\vec{a}$ 在坐标轴上的投影是三个数 x、y、z,而向量在三个坐标轴上的分向量是三个向量 $x\mathbf{i}$、$y\mathbf{j}$、$z\mathbf{k}$.

7. 非零向量 $\vec{a}$ 与三条坐标轴的正方向之间的夹角 α、β、γ 称为向量 $\vec{a}$ 的方向角,对于一个向量而言,如果方向角确定了,那么这个向量的方向也就确定了. 方向角的余弦称为这个向量的方向余弦,一个向量的方向余弦应满足 $\cos^2\alpha + \cos^2\beta + \cos^2\gamma = 1$,同时以向量的方向余弦为坐标的向量就是与该向量同方向的单位向量,即

$$\vec{e_a}^0 = \frac{\vec{a}}{|\vec{a}|} = \{\cos\alpha, \cos\beta, \cos\gamma\}$$

8. 关于两个向量的数量积 $\vec{a} \cdot \vec{b}$,它运算的结果是一个实数. 用坐标表示就是两个向量的对应坐标乘积之和,即 $\vec{a} \cdot \vec{b} = a_x b_x + a_y b_y + a_z b_z$.

两个向量的数量积在几何上的主要用途:

(1)计算向量的模,即 $|\vec{a}|^2 = \vec{a} \cdot \vec{a}$.

(2)判断两个非零向量是否垂直,因为

$$\vec{a} \perp \vec{b} \Leftrightarrow \vec{a} \cdot \vec{b} = a_x b_x + a_y b_y + a_z b_z = 0$$

(3)求两个非零向量的夹角:

$$\cos(\vec{a}, \vec{b}) = \frac{\vec{a} \cdot \vec{b}}{|\vec{a}||\vec{b}|} = \frac{a_x b_x + a_y b_y + a_z b_z}{\sqrt{a_x^2 + a_y^2 + a_z^2}\sqrt{b_x^2 + b_y^2 + b_z^2}}$$

(4)求一个向量在另一个向量上的投影. 因为

$$Prj_{\vec{b}}\vec{a} = \frac{\vec{a} \cdot \vec{b}}{|\vec{b}|},$$

$$Prj_{\vec{a}}\vec{b} = \frac{\vec{a} \cdot \vec{b}}{|\vec{a}|}$$

9. 关于两个向量的向量积 $\vec{a} \times \vec{b}$,它的运算结果是一个向量,而不是一个数,所以应该有大小和方向两个要素决定. 它的模是

$$|\vec{a} \times \vec{b}| = |\vec{a}||\vec{b}|\sin(\vec{a}, \vec{b})$$

它的方向是既垂直于向量 $\vec{a}$,又垂直于向量 $\vec{b}$,也就是垂直于向量 $\vec{a}, \vec{b}$ 所决定的平面. 同时向量积的方向还要满足三个向量 $\vec{a}, \vec{b}$ 和 $\vec{a} \times \vec{b}$ 符合右手法则.

两个向量的向量积在几何上的主要用途:

(1)求面积:向量积的模在数值上表示以向量 $\vec{a}, \vec{b}$ 为邻边的平行四边形的面积,

$$S = |\vec{a} \times \vec{b}|$$

从而可得出以向量 $\vec{a}, \vec{b}$ 为邻边的三角形的面积为

$$S_\Delta = \frac{1}{2}S = \frac{1}{2}|\vec{a} \times \vec{b}|$$

(2)求与两个非共线向量 $\vec{a}$、$\vec{b}$ 同时垂直的向量 $\vec{S}$,可取

$$\vec{S} = \vec{a} \times \vec{b} \text{ 或 } \vec{S} = -\vec{a} \times \vec{b}$$

(3)求由两个非共线向量 $\vec{a}$、$\vec{b}$ 所确定平面的法向量 $\vec{n}$,可取

$$\vec{n} = \vec{a} \times \vec{b}$$

（4）给定不共线的三点 A、B、C，则点 C 到直线 AB 的距离为

$$d = \frac{|\overrightarrow{AB} \times \overrightarrow{AC}|}{|\overrightarrow{AB}|}$$

（5）判断两个非零向量是否平行（共线）：对于两个非零向量 $\overrightarrow{a}$，$\overrightarrow{b}$，这两个向量平行的充要条件是：

$$\overrightarrow{a} \times \overrightarrow{b} = \overrightarrow{0}$$

或者，它们的对应坐标成比例，即

$$\frac{a_x}{b_x} = \frac{a_y}{b_y} = \frac{a_z}{b_z}$$

另外，需要注意的是：在利用行列式计算向量积的时候要注意符号，特别是 j 前应取负号.

$$\overrightarrow{a} \times \overrightarrow{b} = \begin{vmatrix} i & j & k \\ a_x & a_y & a_z \\ b_x & b_y & b_z \end{vmatrix}$$

二、关于平面

1. 平面的法向量：任何垂直于平面的一个非零向量都可以作为平面的法向量. 法向量是求平面方程的最关键的条件.

2. 平面的方程

任何一个关于 x，y，z 的三元一次方程在空间直角坐标系中都表示平面. 它的方程的主要形式有：

点法式方程：法向量为 $\overrightarrow{n} = \{A, B, C\}$ 和平面上的一点 $M_0(x_0, y_0, z_0)$

$$A(x - x_0) + B(y - y_0) + C(z - z_0) = 0$$

一般式方程： $\qquad Ax + By + Cz + D = 0$

从平面的一般式方程中可知平面的法向量为 x，y，z 前的系数，即 $\overrightarrow{n} = \{A, B, C\}$，从 A，B，C，D 的取值可判断平面的特点，如 $D = 0$ 是过坐标原点的平面等等.

截距式方程： $\qquad \dfrac{x}{a} + \dfrac{y}{b} + \dfrac{z}{c} = 1$

平面过坐标轴上的三个点 $P(a, 0, 0)$，$Q(0, b, 0)$，$R(0, 0, c)$，其中 a、b、c 为平面在 x 轴、y 轴、z 轴上的截距.

3. 在平面方程的几种形式中，点法式方程为最基本的方程，其他的方程均可由点法式方程推出，要注意掌握每种方程的特点.

4. 两平面的位置关系

（1）两平面垂直的充要条件：$\overrightarrow{n}_1 \cdot \overrightarrow{n}_2 = 0 \Leftrightarrow A_1 A_2 + B_1 B_2 + C_1 C_2 = 0$.

（2）两平面平行的充要条件：$\vec{n}_1 \times \vec{n}_2 = \vec{0} \Leftrightarrow \dfrac{A_1}{A_2} = \dfrac{B_1}{B_2} = \dfrac{C_1}{C_2}$.

（3）两平面相交，它们的夹角是两个平面的法向量之间不超过 $\dfrac{\pi}{2}$ 的角. 它的计算公式为：

$$\cos\theta = \frac{\vec{n}_1 \cdot \vec{n}_2}{|\vec{n}_1||\vec{n}_2|} = \frac{|A_1A_2 + B_1B_2 + C_1C_2|}{\sqrt{A_1^2+B_1^2+C_1^2}\sqrt{A_2^2+B_2^2+C_2^2}}$$

5. 求两个平行平面 $Ax + By + Cz + D_1 = 0$ 和 $Ax + By + Cz + D_2 = 0$ 之间的距离

可在平面 $Ax + By + Cz + D_1 = 0$ 上任取一点 $P(x_0, y_0, z_0)$，则两平行平面之间的距离就是点 $P(x_0, y_0, z_0)$ 到平面 $Ax + By + Cz + D_2 = 0$ 的距离，即

$$d = \frac{|Ax_0 + By_0 + Cz_0 + D_2|}{\sqrt{A^2+B^2+C^2}} = \frac{|Ax_0 + By_0 + Cz_0 + D_1 + D_2 - D_1|}{\sqrt{A^2+B^2+C^2}} = \frac{|D_2 - D_1|}{\sqrt{A^2+B^2+C^2}}$$

三、关于直线

1. 直线的方向向量：平行于直线 L 的任一非零向量 $\vec{S} = \{m, n, p\}$ 都可以作为一条直线的方向向量，直线的方向向量是确定直线方程的关键，在求直线方程的时候，要尽可能地把所给的几何条件归结到直线的方向向量上面.

2. 直线方程的几种形式：

一般式方程：把空间的一条直线看成是两个平面的交线，得到直线的一般式方程为

$$\begin{cases} A_1x + B_1y + C_1z + D_1 = 0 \\ A_2x + B_2y + C_2z + D_2 = 0 \end{cases}$$

对于直线的一般式方程，没有直接给出直线的方向向量，可取两个平面的法向量的向量积作为直线的方向向量，即

$$\vec{s} = \vec{n}_1 \times \vec{n}_2 = \begin{vmatrix} \boldsymbol{i} & \boldsymbol{j} & \boldsymbol{k} \\ A_1 & B_1 & C_1 \\ A_2 & B_2 & C_2 \end{vmatrix}$$

点向式（对称式）方程：直线上一点 $M_0(x_0, y_0, z_0)$ 和直线的方向向量 $\vec{s} = \{m, n, p\}$，则点向式方程为

$$\frac{x - x_0}{m} = \frac{y - y_0}{n} = \frac{z - z_0}{p}$$

注意：其中 m、n、p 不能同时为零，如果有一个或两个为零，则它们对应的分子也必须同时为零.

参数式方程：由直线的点向式方程，设 $\dfrac{x - x_0}{m} = \dfrac{y - y_0}{n} = \dfrac{z - z_0}{p} = t$，得到直线的参数式

方程为

$$\begin{cases} x = x_0 + mt \\ y = y_0 + nt \\ z = z_0 + pt \end{cases}$$

3. 对于直线方程的三种形式,要掌握它们之间的转化. 一般式转化为点向式的时候,关键是求出直线的方向向量,直线上的点的坐标,可令一个变量为零,然后解方程组得到直线上的点的坐标.

4. 两直线的位置关系:两条直线的垂直、平行和相交的条件,都是由两直线的方向向量的垂直平行和相交条件推导出来的.

(1)两直线垂直的充要条件是:$L_1 \perp L_2 \Leftrightarrow m_1 m_2 + n_1 n_2 + + p_1 p_2 = 0$;

(2)两直线平行的充要条件是:$L_1 // L_2 \Leftrightarrow \dfrac{m_1}{m_2} = \dfrac{n_1}{n_2} = \dfrac{p_1}{p_2}$

(3)两直线相交:它们的夹角是两条直线的方向向量之间不超过 $\dfrac{\pi}{2}$ 的角. 它的计算公式为:

$$\cos\varphi = \frac{|\vec{s}_1 \cdot \vec{s}_2|}{|\vec{S}_1||\vec{S}_2|} = \frac{|m_1 m_2 + n_1 n_2 + p_1 p_2|}{\sqrt{m_1^2 + n_1^2 + p_1^2}\sqrt{m_2^2 + n_2^2 + p_2^2}}$$

5. 直线与平面的位置关系

直线与平面之间有平行和相交两种位置关系. 直线与平面平行包括直线在平面外与平面平行和直线在平面内与平面平行;

直线与平面相交包括直线与平面垂直和直线与平面垂直.

(1)直线与平面平行的充要条件是:$L // \pi \Leftrightarrow \vec{s} \perp \vec{n} \Leftrightarrow Am + Bn + Cp = 0$.

(2)直线与平面垂直的充要条件是:$L \perp \pi \Leftrightarrow \dfrac{A}{m} = \dfrac{B}{n} = \dfrac{C}{p}$

(3)直线与平面相交:当直线与平面不垂直相交时,直线和它在平面上的投影直线之间不超过夹角 $\dfrac{\pi}{2}$ 的夹角称为直线与平面的夹角,设其夹角为 φ,则它的计算公式为:

$$\sin\varphi = |\cos(\vec{s}, \vec{n})| = \frac{|\vec{n} \cdot \vec{s}|}{|\vec{n}||\vec{S}|} = \frac{|Am + Bn + Cp|}{\sqrt{A^2 + B^2 + C^2}\sqrt{m^2 + n^2 + p^2}}.$$

7.3　典型例题解析

一、向量

例 1　判断

(1)若$\vec{a}\neq\vec{0}$,且$\vec{a}\cdot\vec{b}=\vec{a}\cdot\vec{c}$,能不能由此推出$\vec{b}=\vec{c}$,为什么?

(2)若$\vec{a}\neq\vec{0}$,且$\vec{a}\times\vec{b}=\vec{a}\times\vec{c}$,能不能由此推出$\vec{b}=\vec{c}$,为什么?

解 (1)不能推出$\vec{b}=\vec{c}$,因为等式$\vec{a}\cdot(\vec{b}-\vec{c})=0$成立,并不要求其中至少有一个为零,而只要求$\vec{a}\perp(\vec{b}-\vec{c})$,即$\vec{a}\cdot(\vec{b}-\vec{c})=0$的充要条件是$\vec{a}\perp(\vec{b}-\vec{c})$.因此,当$\vec{b}$,$\vec{c}$平移到同一起点时,就有$\vec{a}\perp(\vec{b}-\vec{c})$,即$\vec{a}\cdot(\vec{b}-\vec{c})=0$,但$\vec{b}\neq\vec{c}$.

只有当$\vec{a}\neq\vec{0}$,$\vec{b}$,$\vec{c}$平行且不垂直于$\vec{a}$时,才能由$\vec{a}\cdot\vec{b}=\vec{a}\cdot\vec{c}$推出$\vec{b}=\vec{c}$.

(2)不能推出$\vec{b}=\vec{c}$.因为将$\vec{b}$,$\vec{c}$平移到同一起点,而它们的终点只要在与$\vec{a}$平行的任一直线上,就有$\vec{a}//(\vec{b}-\vec{c})$,即$\vec{a}//(\vec{b}-\vec{c})$,所以$\vec{a}\times\vec{b}=\vec{a}\times\vec{c}$,但$\vec{b}\neq\vec{c}$.

只有当$\vec{a}\neq\vec{0}$且$\vec{b}//\vec{c}$都不平行于$\vec{a}$时,才能由$\vec{a}\times\vec{b}=\vec{a}\times\vec{c}$,推出$\vec{b}=\vec{c}$.

注意:向量的点积叉积运算不同于数的运算,不满足消去律.

例2 已知向量$\vec{a}$,$\vec{b}$的夹角为$\frac{\pi}{3}$,且$|\vec{a}|=3$,$|\vec{b}|=4$,求$|\vec{a}+\vec{b}|$和$|\vec{a}-\vec{b}|$.

解
$$\begin{aligned}|\vec{a}+\vec{b}|^2&=(\vec{a}+\vec{b})\cdot(\vec{a}+\vec{b})\\&=\vec{a}\cdot\vec{a}+\vec{a}\cdot\vec{b}+\vec{b}\cdot\vec{a}+\vec{b}\cdot\vec{b}\\&=|\vec{a}|^2+|\vec{b}|^2+2\vec{a}\cdot\vec{b}\\&=|\vec{a}|^2+|\vec{b}|^2+2|\vec{a}||\vec{b}|\cos(\vec{a},\vec{b})\\&=3^2+4^2+2\times3\times4\times\cos\frac{\pi}{3}=37.\end{aligned}$$

所以 $|\vec{a}+\vec{b}|=\sqrt{37}$.

同理
$$\begin{aligned}|\vec{a}-\vec{b}|^2&=(\vec{a}-\vec{b})\cdot(\vec{a}-\vec{b})\\&=|\vec{a}|^2+|\vec{b}|^2-2\vec{a}\cdot\vec{b}\\&=|\vec{a}|^2+|\vec{b}|^2-2|\vec{a}||\vec{b}|\cos(\vec{a},\vec{b})\\&=3^2+4^2-2\times3\times4\times\cos\frac{\pi}{3}=13.\end{aligned}$$

所以 $|\vec{a}-\vec{b}|=\sqrt{13}$.

例3 已知$\vec{a}=\{1,2,3\}$,求向量$\vec{a}$在各个坐标轴上的投影.

解 由向量坐标的定义,可知$\vec{a}$在各个坐标轴上的投影等于它的各个坐标,即$\vec{a}$在x,y,z轴上的投影为1,2,3.

例4 已知$\vec{a}=\{-1,1,0\}$,$\vec{b}=\{2,-1,2\}$,求$\vec{a}\cdot\vec{b}$和$\vec{a}$在$\vec{b}$上的投影及$\vec{b}$在$\vec{a}$上的投影.

分析：由向量的投影的定义可知：向量 $\vec{a}$ 在向量 $\vec{b}$ 上的投影记为：$Prj_{\vec{b}}\,\vec{a}$，且有

$Prj_{\vec{b}}\,\vec{a} = |\vec{a}|\cos\varphi$，$\varphi$ 为 $\vec{a}$ 与 $\vec{b}$ 的夹角.

根据点积的定义,有

$$Prj_{\vec{b}}\,\vec{a} = |\vec{a}|\cos\varphi = |\vec{a}|\frac{\vec{a}\cdot\vec{b}}{|\vec{a}||\vec{b}|} = \frac{\vec{a}\cdot\vec{b}}{|\vec{b}|} = \vec{a}\cdot\vec{b}^{\,0}.$$

其中, $\vec{b}^{\,0} = \dfrac{\vec{b}}{|\vec{b}|}$ 表示与 $\vec{b}$ 同方向的单位向量.

也可以得出： $\vec{a}\cdot\vec{b} = |\vec{a}|Prj_{\vec{a}}\,\vec{b} = |\vec{b}|Prj_{\vec{b}}\,\vec{a}$.

解　$\vec{a}\cdot\vec{b} = -1\times 2 + 1\times(-1) + 0\times 2 = -3$;

而 $|\vec{a}| = \dfrac{1}{\sqrt{2}}$, $|\vec{b}| = \dfrac{1}{3}$.

所以, $Prj_{\vec{b}}\,\vec{a} = \vec{a}\cdot\vec{b}^{\,0} = \{-1,1,0\}\cdot\dfrac{1}{3}\{2,-1,2\} = \dfrac{1}{3}\times(-3) = -1$;

同理, $Prj_{\vec{a}}\,\vec{b} = \vec{b}\cdot\vec{a}^{\,0} = \dfrac{1}{\sqrt{2}}\{-1,1,0\}\cdot\{2,-1,2\} = -\dfrac{3}{\sqrt{2}} = -\dfrac{3}{2}\sqrt{2}$.

例5　设 $\vec{a} = \{0,1,-1\}$, $\vec{b} = \{1,-1,4\}$,求 m,使得 $\vec{a} + m\vec{b}$ 在 $\vec{b}$ 上的投影为零.

解　向量 $\vec{a} + m\vec{b}$ 在 $\vec{b}$ 上的投影为

$Prj_{\vec{b}}(\vec{a} + m\vec{b}) = (\vec{a} + m\vec{b})\cdot\vec{b}^{\,0} = \vec{a}\cdot\vec{b}^{\,0} + m\vec{b}\cdot\vec{b}^{\,0}$

而一个向量在另一个向量上的投影为零,也就是这两个向量垂直,所以,

$$Prj_{\vec{b}}(\vec{a} + m\vec{b}) = 0 \Leftrightarrow (\vec{a} + m\vec{b})\cdot\vec{b}^{\,0} = 0$$

则有　$m = -\dfrac{\vec{a}\cdot\vec{b}^{\,0}}{\vec{b}\cdot\vec{b}^{\,0}} = -\dfrac{\vec{a}\cdot\vec{b}}{b^2} = -\dfrac{0\times 1 + 1\times(-1) + (-1)\times 4}{1^2 + (-1)^2 + 4^2} = \dfrac{5}{18}$

所以,当 $m = \dfrac{5}{18}$ 时, $\vec{a} + m\vec{b}$ 在 $\vec{b}$ 上的投影为零

例6　向量 $\vec{c}$ 垂直于向量 $\vec{a} = \{2,3,-1\}$ 和 $\vec{b} = \{1,-2,3\}$,并满足 $\vec{c}\cdot(2\boldsymbol{i} - \boldsymbol{j} + \boldsymbol{k}) = -6$,求向量 $\vec{c}$

解　**方法** 1 设 $\vec{c} = x\boldsymbol{i} + y\boldsymbol{j} + z\boldsymbol{k}$,由两个向量垂直的充要条件 $\vec{a}\perp\vec{b} \Leftrightarrow \vec{a}\cdot\vec{b} = 0$ 可得

$$\begin{cases} \vec{c}\cdot\vec{a} = 0, \\ \vec{c}\cdot\vec{b} = 0, \\ \vec{c}\cdot(2\boldsymbol{i} - \boldsymbol{j} + \boldsymbol{k}) = -6 \end{cases}$$

即

$$\begin{cases} 2x + 3y - z = 0, \\ x - 2y + 3z = 0, \\ 2x - y + z = -6. \end{cases}$$

解得

$$x = -3, y = z = 3$$

所以向量 $\vec{c} = \{-3, 3, 3\}$.

方法 2　设 $\vec{c} = x\boldsymbol{i} + y\boldsymbol{j} + z\boldsymbol{k}$, 由题意有 $\vec{c} // (\vec{a} \times \vec{b})$, 而

$$\vec{a} \times \vec{b} = \begin{vmatrix} \boldsymbol{i} & \boldsymbol{j} & \boldsymbol{k} \\ 2 & 3 & -1 \\ 1 & -2 & 3 \end{vmatrix} = 7\boldsymbol{i} - 7\boldsymbol{j} - 7\boldsymbol{k},$$

则, 根据两个向量平行的充要条件, 可得

$$\frac{x}{7} = \frac{y}{-7} = \frac{z}{-7},$$

又已知满足 $\vec{c} \cdot (2\boldsymbol{i} - \boldsymbol{j} + \boldsymbol{k}) = -6$, 即 $2x - y + z = -6$,

解得　$x = -3, y = z = 3$, 所以, 所求向量为 $\vec{c} = \{-3, 3, 3\}$.

例 7　设 $\vec{a} = 3\boldsymbol{i} + 4\boldsymbol{k}, \vec{b} = -\boldsymbol{i} + 2\boldsymbol{j} - 2\boldsymbol{k}$, 求与两个向量均垂直的单位向量.

分析: 由向量的向量积定义可知 $\vec{a} \times \vec{b}$ 既垂直于 $\vec{a}$ 又垂直于 $\vec{b}$, 所以与 $\vec{a}, \vec{b}$ 均垂直的

单位向量是 $\pm \dfrac{\vec{a} \times \vec{b}}{|\vec{a} \times \vec{b}|}$.

解　$\vec{a} \times \vec{b} = \begin{vmatrix} \boldsymbol{i} & \boldsymbol{j} & \boldsymbol{k} \\ 3 & 0 & 4 \\ -1 & 2 & -2 \end{vmatrix} = -8\boldsymbol{i} + 2\boldsymbol{j} + 6\boldsymbol{k}$

$$|\vec{a} \times \vec{b}| = \sqrt{(-8)^2 + 2^2 + 6^2} = 2\sqrt{26}.$$

所以, 与 $\vec{a}, \vec{b}$ 均垂直的单位向量是 $\pm \dfrac{1}{\sqrt{26}} \{-4, 1, 3\}$.

例 8　设 $A(1, 0, 1), B(1, -1, 2), C(0, 1, -2)$ 为空间中三点, 求 $\triangle ABC$ 的面积.

解　由向量的向量积的模的几何意义可知, 以 $\overrightarrow{AB}$ 和 $\overrightarrow{AC}$ 为邻边的平行四边形的面积为

$$S = |\overrightarrow{AB} \times \overrightarrow{AC}|$$

因此, $S_{\triangle ABC} = \dfrac{1}{2} S = \dfrac{1}{2} |\overrightarrow{AB} \times \overrightarrow{AC}|$

而　$\overrightarrow{AB} = \{1-1, -1-0, 2-1\} = \{0, -1, 1\}, \overrightarrow{AC} = \{0-1, 1-0, -2-1\} = \{-1, 1, -3\}$

所以

$$\overrightarrow{AB} \times \overrightarrow{AC} = \begin{vmatrix} \boldsymbol{i} & \boldsymbol{j} & \boldsymbol{k} \\ 0 & -1 & 1 \\ -1 & 1 & 3 \end{vmatrix} = 2\boldsymbol{i} - \boldsymbol{j} - \boldsymbol{k}$$

$$|\overrightarrow{AB} \times \overrightarrow{AC}| = \sqrt{2^2 + (1)^2 + (-1)^2} = \sqrt{6}$$

所以，$S_{\triangle ABC} = \dfrac{1}{2}|\overrightarrow{AB} \times \overrightarrow{AC}| = \dfrac{\sqrt{6}}{2}$.

例 9　设 $|\vec{a}| = 4$，$|\vec{b}| = 3$，$(\widehat{\vec{a},\vec{b}}) = \dfrac{\pi}{6}$，求以向量 $\vec{a} + 2\vec{b}$ 和 $\vec{a} - 3\vec{b}$ 为边的平行四边形的面积.

解　设 S 为所求平行四边形的面积，由叉积的性质 $\vec{a} \times \vec{a} = \vec{0}$，$\vec{b} \times \vec{b} = \vec{0}$，则有

$$S = |(\vec{a} + 2\vec{b}) \times (\vec{a} - 3\vec{b})| = 5|\vec{b} \times \vec{a}| = 5|\vec{a}||\vec{b}|\sin\frac{\pi}{6} = 30.$$

例 10　已知 $\vec{a} \times \vec{b} = \vec{c} \times \vec{d}$，$\vec{a} \times \vec{c} = \vec{b} \times \vec{d}$，证明 $\vec{a} - \vec{d}$ 与 $\vec{b} - \vec{c}$ 共线.

证　要证明 $\vec{a} - \vec{d}$ 与 $\vec{b} - \vec{c}$ 共线. ，只需证明

$$(\vec{a} - \vec{d}) \times (\vec{b} - \vec{c}) = 0$$

而　$(\vec{a} - \vec{d}) \times (\vec{b} - \vec{c}) = \vec{a} \times \vec{b} - \vec{d} \times \vec{b} - \vec{a} \times \vec{c} + \vec{d} \times \vec{c}$

$$(\vec{a} \times \vec{b} - \vec{c} \times \vec{d}) + (\vec{b} \times \vec{d} - \vec{a} \times \vec{c}) = 0 + 0 = 0$$

所以，$\vec{a} - \vec{d}$ 与 $\vec{b} - \vec{c}$ 共线.

例 11　（选择题）以下四个选项中，有且只有一个符合题意，请选出合题意的选项：

(1) 设向量 $\vec{a}$ 的方向角为 α, β, γ，方向余弦为 $\cos\alpha, \cos\beta, \cos\gamma$，则（　　　）

A. 由方向角 α, β, γ 中的任一项可确定向量 $\vec{a}$ 方向；

B. 由方向角 α, β, γ 中的任两项可确定的向量 $\vec{a}$ 方向；

C. 由方向余弦 $\cos\alpha, \cos\beta, \cos\gamma$ 可确定向量 $\vec{a}$ 方向；

D. 以上选项都不对.

(2) 下列说法正确的是（　　　）

A. 向量的数量积 $\vec{a} \cdot \vec{b}$ 等于 $\vec{a}$ 在 $\vec{b}$ 上的投影；

B. 向量的数量积 $\vec{a} \cdot \vec{b}$ 等于 $\vec{b}$ 在 $\vec{a}$ 上的投影；

C. 向量 $\vec{a}$ 与 $\vec{b}$ 平行的充要条件是 $\vec{a} \times \vec{b}$ 等于零；

D. 非零向量 $\vec{a}$ 与 $\vec{b}$ 垂直的充要条件是 $\vec{b}$ 在 $\vec{a}$ 上的投影等于零.

解　(1) 向量 $\vec{a}$ 的方向角是 $\vec{a}$ 与坐标轴 x, y, z 正方向的夹角，满足 $0 \leqslant \alpha, \beta, \gamma \leqslant \pi$，且

$\cos^2\alpha + \cos^2\beta + \cos^2\gamma = 1$，$\vec{a}^0 = \{\cos\alpha, \cos\beta, \cos\gamma\}$，

所以,A,B,D 均不正确,因为 $\vec{a}^0 // \vec{a}$,且与 $\vec{a}$ 的方向一致,所以 C 正确,应选 C 项.

(2) $\vec{a} \cdot \vec{b} = |\vec{a}||\vec{b}|\cos\varphi = |\vec{b}|Prj_{\vec{b}}\vec{a} = |\vec{a}|Prj_{\vec{a}}\vec{b}$,所以 A,B 不正确.

$\vec{a} // \vec{b} \Leftrightarrow \vec{a} \times \vec{b} = \vec{0}$,$\vec{a} \times \vec{b}$ 是向量,而 0 是数量,所以 C 也不正确.

由于 $|\vec{a}| \neq 0$,又 $\vec{a} \perp \vec{b} \Leftrightarrow \vec{a} \cdot \vec{b} = 0 \Leftrightarrow |\vec{a}|Prj_{\vec{a}}\vec{b} = 0 \Leftrightarrow Prj_{\vec{a}}\vec{b} = 0$,所以 D 正确. 应该选择 D

二、空间平面与直线

例 1 求通过点 $M_1(-1,2,0)$ 和 $M_2(1,2,-1)$ 且平行于向量 $\vec{a} = \{0,2,-3\}$ 的平面方程.

解 由题意,已知平面上的两个点,所缺少的是平面的法向量,设所求平面的法向量为 $\vec{n} = \{A,B,C\}$,

又向量 $\vec{a}$ 平行于平面,所以

$$\vec{n} \cdot \vec{a} = 0 \quad \text{即} \quad 2B - 3C = 0 \quad (1)$$

又由于 $\overrightarrow{M_1M_2} = \{1-(-1),2-2,-1-0\} = \{2,0,-1\}$ 在平面上,所以有

$$\vec{n} \cdot \overrightarrow{M_1M_2} = 0 \quad \text{即} \quad 2A - C = 0 \quad (2)$$

由(1)(2)联立方程组,解得 $A:B:C = 1:3:2$

所以可取平面的法向量为 $\vec{n} = \{1,3,2\}$,由点法式得到平面的方程为:

$$(x+1) + 3(y-2) + 2(z-0) = 0$$

化为一般式有: $x + 3y + 2z - 5 = 0.$

说明:我们也可以设平面的一般式方程为:

$$Ax + By + Cz + D = 0,$$

由于点 M_1,M_2 在平面上,所以它们的坐标满足方程,得到

$$-A + 2B + D = 0 \quad (1)$$
$$A + 2B - C + D = 0 \quad (2)$$

又已知向量 $\vec{a}$ 平行于平面,则

$$\vec{n} \cdot \vec{a} = 0 \quad \text{即} 2B - 3C = 0 \quad (3)$$

由(1)(2)(3)联立得到

$$A:B:C:D = 1:3:2:(-5)$$

因此,所求的平面方程为

$$x + 3y + 2z - 5 = 0$$

注意:在一般式 $Ax + By + Cz + D = 0$ 中,A,B,C,D 四个参数只有三个是独立参数,因

而只需要求出 $A:B:C:D$ 即可.

例 2　求平面 $x-2y-z-4=0$ 与三个坐标轴的交点.

解　将平面的一般式方程化为截距式方程有

$$\frac{x}{4}+\frac{y}{-\frac{1}{2}}+\frac{z}{-4}=1$$

则与坐标轴的三个交点的坐标为 $(4,0,0)$、$(0,-\frac{1}{2},0)$、$(0,0,-4)$

说明：也可用求直线与平面的交点的方法来解，事实上，x 轴为 $\begin{cases}y=0\\z=0\end{cases}$，代入方程得到

$x=4,y=0,z=0$，交点坐标为 $(4,0,0)$. 其他同理可求.

例 3　求到平面 $2x-3y+6z-4=0$ 和平面 $12x-15y+16z-1=0$ 距离相等的点的轨迹方程.

解　设所求点的坐标为 (x,y,z)，由点到平面的距离公式，有

$$\left|\frac{2x-3y+6z-4}{\sqrt{2^2+(-3)^2+6^2}}\right|=\left|\frac{12x-15y+16z-1}{\sqrt{12^2+(-15)^2+16^2}}\right|$$

两边去绝对值符号，化简得

$$\begin{cases}34x-30y-38z+93=0\\134x-180y+262z-107=0\end{cases}$$

这是两个平面的方程.

例 4　判断下列每组平面间的位置关系

(1) $3x-2y+4z=0$ 和 $2x+y-z+5=0$；

(2) $x-y+z-\sqrt{2}=0$ 和 $4x-4y+4z+5\sqrt{2}=0$；

(3) $2x+y-3z=0$ 和 $x+3y=0$.

解　(1) $\vec{n}_1=\{3,-2,4\}$，$\vec{n}_2=\{2,1,-1\}$，

由 $\vec{n}_1\cdot\vec{n}_2=3\times2-2\times1-4=0$ 可知，两平面垂直.

(2) $\vec{n}_1=\{1,-1,1\}$，$\vec{n}_2=\{4,-4,4\}$，

所以 $\vec{n}_1/\!/\vec{n}_2$，而 $\frac{1}{4}=\frac{-1}{-4}=\frac{1}{4}\neq\frac{-\sqrt{2}}{5\sqrt{2}}$，所以两个平面平行但不重合.

(3) $2:1:(-3)\neq1:3:0$，所以两平面相交，它们的夹角 φ 满足

$$\cos\varphi=\frac{|\vec{n}_1|\cdot|\vec{n}_2|}{|\vec{n}_1||\vec{n}_2|}=\frac{|2\times1+1\times3+(-3)\times0|}{\sqrt{2^2+1^2+(-3)^2}\sqrt{1^2+3^2+0^2}}=\frac{\sqrt{35}}{14}$$

所以，$\varphi=\arccos\frac{\sqrt{35}}{14}$ 为两平面的夹角.

例5 求通过两点 $A(0,1,1)$ 和 $B(1,2,1)$ 且垂直于平面 $x-2y+z-\sqrt{3}=0$ 的平面方程.

解 设所求平面的法向量为 $\vec{n}=\{A,B,C\}$,则 $\vec{n}$ 垂直于平面 $x-2y+z-\sqrt{3}=0$ 的法向量,即

$$\vec{n}\cdot\{1,-2,1\}=0,\ \text{即}\ A-2B+C=0\quad(1)$$

又因为 $\vec{AB}=\{1-0,2-1,1-1\}=\{1,1,0\}$,而 $\vec{AB}\perp\vec{n}$,所以

$$\vec{n}\cdot\vec{AB}=0\quad\text{即}\ A+B=0\qquad(2)$$

由(1)(2)联立的方程组得

$$A:B:C=-1:1:3$$

即平面的法向量可取 $\vec{n}=\{-1,1,3\}$,则所求的平面方程为

$$-(x-0)+(y-1)+3(z-1)=0$$

化简,得

$$x-y-3z+4=0$$

例6 求通过点 $P(0,1,-2)$ 且与平面 $2x-3y+4z-6=0$ 平行的平面方程.

解 设所求平面的法向量为 $\vec{n}=\{A,B,C\}$,由两平面平行的充要条件可知

$$\frac{A}{2}=\frac{B}{-3}=\frac{C}{4}$$

即 $A:B:C=2:(-3):4$

所以,所求的平面方程为

$$2(x-0)-3(y-1)+4(z+2)=0$$

即

$$2x-3y+4z+11=0.$$

例7 求通过点 $P(2,-1,1)$ 且垂直于平面 $x-y=0$ 和 yoz 面的平面方程.

解 由于所求平面垂直于平面 $x-y=0$ 和 yoz 面,那么它的法向量就可以取这两个平面的法向量的向量积,有

$$\vec{n}=\vec{n}_1\times\vec{n}_2=\begin{vmatrix}\boldsymbol{i}&\boldsymbol{j}&\boldsymbol{k}\\1&-1&0\\1&0&0\end{vmatrix}=-\vec{k}=\{0,0,-1\}$$

所以所求平面的方程为

$$0(x-2)+0(y+1)-(z-1)=0$$

即 $z=1$ 为所求平面的方程.

例8 求通过点 $P(1,1,1)$,且与直线 $\dfrac{x-1}{2}=\dfrac{y-2}{-1}=\dfrac{z}{0}$ 垂直的平面方程.

解 平面与直线垂直,则平面的法向量与直线的方向向量平行,即已知直线的方向向量 $\vec{s}$ 可作为平面的法向量 $\vec{n}$,即

$$\vec{n} = \vec{s} = \{2, -1, 0\}$$

所以,所求平面方程为

$$2(x-1) - (y-1) + 0(z-1) = 0$$

化简得

$$2x - y - 1 = 0.$$

例 9　化平面 $\pi: 3x - 4y + 6z - 13 = 0$ 为点法式和截距式.

解　平面的法向量为 $\vec{n} = \{3, -4, 6\}$,只要在平面上再找到一点即可,令 $z = 0, y = 0$,则 $x = \dfrac{13}{3}$,所以平面的点法式方程为

$$3\left(x - \frac{13}{3}\right) - 4(y-0) + 6(z-0) = 0$$

把平面方程 $3x - 4y + 6z - 13 = 0$ 变形为

$$\frac{x}{\frac{13}{3}} + \frac{y}{\left(\frac{13}{-4}\right)} + \frac{z}{\frac{13}{6}} = 1$$

则得到平面的截距式方程,它在三个坐标轴上的截距分别为 $\dfrac{13}{3}, -\dfrac{13}{4}, \dfrac{13}{6}$.

例 10　求直线 $L: x = 3 + 5t, y = -2 + t, z = -1 + 4t$ 与平面 $\pi: x - y + z - 6 = 0$ 的交点坐标.

解　将直线的参数式 $x = 3 + 5t, y = -2 + t, z = -1 + 4t$ 代入平面 π 的方程

$$x - y + z - 6 = 0$$

得

$$(3 + 5t) - (-2 + t) + (-1 + 4t) - 6 = 0$$

解得

$$t = \frac{1}{2}$$

则得到直线与平面的交点坐标为: $x = \dfrac{11}{2}, y = -\dfrac{3}{2}, z = 1$.

例 11　把下列直线的点向式方程化为一般式,把一般式化为点向式

$$(1)\ \frac{x-1}{1} = \frac{y+2}{-5} = \frac{z-4}{0}; \qquad (2)\ \begin{cases} x - 2y + z - 6 = 0 \\ 2x - y + 4z = 0 \end{cases}.$$

解　(1) 由 $\dfrac{x-1}{1} = \dfrac{y+2}{-5} = \dfrac{z-4}{0}$ 得到

$$\begin{cases} \dfrac{x-1}{1} = \dfrac{y+2}{-5}, \\ \dfrac{x-1}{1} = \dfrac{z-4}{0}. \end{cases}$$

化简,有

$$\begin{cases} 5x + y - 3 = 0, \\ z - 4 = 0. \end{cases}$$

上式为直线的一般式方程.

（2）把一般式转化为点向式，要解决两个问题：一是找到直线上一点的坐标；二是求出直线的方向向量的坐标.

在直线的一般式方程 $\begin{cases} x - 2y + z - 6 = 0 \\ 2x - y + 4z = 0 \end{cases}$ 中，令 $z = 0$，得到 $x = -2, y = -4$. 则直线上的

点的坐标为 $\left(-(2, -4, 0), -\dfrac{16}{3}, 0 \right)$.

直线的方向向量 $\vec{S}$ 由确定该直线的两个平面的法向量 $\vec{n}_1 = \{1, -2, 1\}$ 和 $\vec{n}_2 = \{2, -1, 4\}$ 的向量积确定，即

$$\vec{S} = \vec{n}_1 \times \vec{n}_2 = \begin{vmatrix} \boldsymbol{i} & \boldsymbol{j} & \boldsymbol{k} \\ 1 & -2 & 1 \\ 2 & -1 & 4 \end{vmatrix} = -7\boldsymbol{i} - 2\boldsymbol{j} + 3\boldsymbol{k}$$

所以，直线的点向式方程为

$$\frac{x+2}{7} = \frac{y+4}{-2} = \frac{z}{3}.$$

例 12 判断下列直线间的平行或垂直关系：

(1) $L_1 : \begin{cases} x - 2y + z - 4 = 0 \\ 2x + y + z - 6 = 0 \end{cases}$, $\qquad L_2 : \begin{cases} 4x + 7y + z + 10 = 0 \\ 3x - y + 2z - 6 = 0 \end{cases}$;

(2) $L_1 : \begin{cases} x + y + z - 4 = 0 \\ x - y - z - 2 = 0 \end{cases}$, $\qquad L_2 : \begin{cases} x - 2y - z - 1 = 0 \\ x - y - 2z = 0 \end{cases}$.

解 （1）直线 L_1 的方向向量

$$\vec{s}_1 = \{1, -2, 1\} \times \{2, 1, 1\} = \begin{vmatrix} \boldsymbol{i} & \boldsymbol{j} & \boldsymbol{k} \\ 1 & -2 & 1 \\ 2 & 1 & 1 \end{vmatrix} = -3\boldsymbol{i} + \boldsymbol{j} + 5\boldsymbol{k} = \{-3, 1, 5\}.$$

直线 L_2 的方向向量

$$\vec{s}_2 = \{4, 7, 1\} \times \{3, -1, 2\} = \begin{vmatrix} \boldsymbol{i} & \boldsymbol{j} & \boldsymbol{k} \\ 4 & 7 & 1 \\ 3 & -1 & 2 \end{vmatrix} = 15\boldsymbol{i} - 5\boldsymbol{j} - 25\boldsymbol{k} = \{15, -5, -25\}$$

所以 $\vec{S}_2 = -5\vec{S}_1$，即 $L_1 // L_2$.

（2）直线 L_1 的方向向量

$$\vec{s}_1 = \{1, 1, 1\} \times \{1, -1, -1\} = \begin{vmatrix} \boldsymbol{i} & \boldsymbol{j} & \boldsymbol{k} \\ 1 & 1 & 1 \\ 1 & -1 & -1 \end{vmatrix} = 2\boldsymbol{j} - 2\boldsymbol{k} = \{0, 2, -2\}$$

直线 L_2 的方向向量

$$\vec{s}_2 = \{1, -2, -1\} \times \{1, -1, -2\} = \begin{vmatrix} i & j & k \\ 1 & -2 & -1 \\ 1 & -1 & -2 \end{vmatrix} = 3i + j + k = \{3, 1, 1\}$$

则有，$\vec{s}_1 \cdot \vec{S}_2 = 0 \times 3 + 2 \times 1 + (-2) \times 1 = 0$，所以，两直线垂直.

例13 确定下列直线与平面的垂直、平行和直线在平面上的位置关系.

$(1) L: \begin{cases} x - y + 2z - 3 = 0 \\ x = y \end{cases}, \qquad \pi: x + y - 6 = 0;$

$(2) L: \begin{cases} x + 2y - 3z - 4 = 0 \\ -2x + 6y - 3 = 0 \end{cases}, \qquad \pi: 2x - y - 3z + 7 = 0;$

$(3)) L: \dfrac{x-1}{-1} = \dfrac{y-1}{0} = \dfrac{z+2}{2}, \qquad \pi: 2x - y + z + 1 = 0.$

解 （1）直线 L 的方向向量为

$$\vec{s} = \{1, -1, 2\} \times \{1, -1, 0\} = \begin{vmatrix} i & j & k \\ 1 & -1 & 2 \\ 1 & -1 & 0 \end{vmatrix} = -2i + 2j = \{2, 2, 0\}$$

平面 π 的法向量 $\vec{n} = \{1, 1, 0\}$，所以 $\vec{s} = 2\vec{n} \Rightarrow \vec{S} // \vec{n}$

因此，直线 L 与平面 π 垂直.

（2）直线 L 的方向向量为

$$\vec{s} = \{1, 2, -3\} \times \{-2, 6, 0\} = \begin{vmatrix} i & j & k \\ 1 & 2 & -3 \\ -2 & 6 & 0 \end{vmatrix} = 18i + 6j + 10k = \{18, 6, 10\}$$

平面 π 的法向量 $\vec{n} = \{2, -1, -3\}$

所以，$\vec{s} \cdot \vec{n} = 18 \times 2 + 6 \times (-1) + 10 \times (-3) = 0 \Rightarrow \vec{s} \perp \vec{n}$

因此，直线 $L //$ 平面 π.

取直线上一点，令 $z = 0$，则 $x = \dfrac{9}{5}, y = \dfrac{11}{10}$，代入平面方程中，得到

$$2 \times \left(\frac{9}{5}\right) - \frac{11}{10} - 3 \times 0 + 7 \neq 0$$

因此，直线 $L //$ 平面 π，但不在平面上.

（3）直线 L 的方向向量为 $\vec{s} = \{-1, 0, 2\}$，平面 π 的法向量 $\vec{n} = \{2, -1, 1\}$

所以，$\vec{s} \cdot \vec{n} = -1 \times 2 + 0 \times (-1) + 2 \times 1 = 0 \Rightarrow \vec{s} \perp \vec{n}$

因此，直线 $L //$ 平面 π，而直线上一点 $(1, 1, -2)$ 代入平面方程 $2x - y + z + 1 = 0$，有

$$2 \times 1 - 1 + (-2) + 1 = 0$$

所以,直线不仅与平面平行,而且重合,即直线在平面上.

例14 求过两点 $A(0,1,0),B(-1,2,1)$,且与直线 $x=-2+t,y=1-4t,z=2+3t$ 平行的平面方程.

解 设所求平面的法向量 $\vec{n}=\{A,B,C\}$,而已知直线的方向向量 $\vec{s}=\{1,-4,3\}$

AB 两点连线的向量 $\overrightarrow{AB}=\{-1,1,1\}$

有 $\quad\vec{n}\cdot\vec{s}=0$,即 $\qquad\qquad A-4B+3C=0\quad(1)$

$\vec{n}\cdot\overrightarrow{AB}=0$,即 $\qquad\qquad -A+B+C=0\quad(2)$

由(1)(2)联立方程组得 $A:B:C=7:4:3$,所以可取平面的法向量 $\vec{n}=\{7,4,3\}$,由点法式得到平面方程为

$$7(x-0)+4(y-1)+3(z-0)=0$$

即 $\qquad\qquad 7x+4y+3z-4=0.$

例15 求过点 $A(1,-2,1)$ 且垂直于直线 $\begin{cases} x-y+2z-3=0 \\ 4x+y-z+6=0 \end{cases}$ 的平面方程.

解 由于所求平面与已知直线垂直,故直线的方向向量 $\vec{s}$ 与平面的法向量 $\vec{n}$ 是平行的,所以可取

$$\vec{n}=\vec{s}=\{1,-1,2\}\times\{4,1,-1\}=\begin{vmatrix} \boldsymbol{i} & \boldsymbol{j} & \boldsymbol{k} \\ 1 & -1 & 2 \\ 4 & 1 & -1 \end{vmatrix}=-\boldsymbol{i}+9\boldsymbol{j}+5\boldsymbol{k}=\{-1,9,5\}$$

所以,平面方程为

$$-(x-1)+9(y+2)+5(z-1)=0$$

化简为 $\qquad\qquad x-9y-5z-14=0.$

例16 过一点 $P(1,1,1)$ 且平行于平面 $\pi_1:2x-3y+z-4=0$ 与 $\pi_2:x+y-z-6=0$ 的直线方程.

解 设所求直线的方向向量 $\vec{s}=\{l,m,n\}$,由直线与平面平行知

$\vec{n}_1\cdot\vec{s}=0,\vec{n}_2\cdot\vec{s}=0$,其中 $\vec{n}_1,\vec{n}_2$ 是平面 π_1,π_2 的法向量

所以 $\begin{cases} 2l-3m+n=0 \\ l+m-n=0 \end{cases}\Rightarrow l:m:n=2:3:5$

所以,直线方程为

$$\frac{x-1}{2}=\frac{y-1}{3}=\frac{z-1}{5}$$

另一种方法:因为直线平行于平面 π_1,π_2,那么所求直线必然平行于 π_1 与 π_2 的交线,即 $\vec{s}//(\vec{n}_1\times\vec{n}_2)$,所以可取所求直线的方向向量为

$$\vec{S} = \vec{n}_1 \times \vec{n}_2 = \begin{vmatrix} i & j & k \\ 2 & -3 & 1 \\ 1 & 1 & -1 \end{vmatrix} = 2i + 3j + 5k = \{2,3,5\}$$

故所求直线的方程为

$$\frac{x-1}{2} = \frac{y-1}{3} = \frac{z-1}{5}.$$

例 17　求过点 $P(1,-2,3)$，且与直线 $x = 1 - 2t, y = 3t, z = 2 + 4t$ 平行的直线方程.

解　由于所求直线与已知直线平行，故可取已知直线的方向向量 $\{-2,3,4\}$ 为它的方向向量，所以，所求直线的方程为

$$\frac{x-1}{-2} = \frac{y+2}{3} = \frac{z-3}{4}$$

或　$x = 1 - 2t, y = -2 + 3t, z = 3 + 4t, t$ 为参数.

例 18　求过点 $P(0,2,-1)$，且与平面 $\pi : x - y + 3z - 4 = 0$ 垂直的直线方程.

解　设所求直线的方向向量 $\vec{s}$，由于直线 L 垂直于平面 π，所以 $\vec{s} // \vec{n}$，而 $\vec{n} = \{1,-1,3\}$，故直线 L 的方程为

$$\frac{x-0}{1} = \frac{y-2}{-1} = \frac{z+1}{3}$$

例 19　求通过点 $A(3,0,0)$，$B(0,0,1)$，且与 xoy 平面成 $\frac{\pi}{3}$ 角的平面方程.

解　设所求平面的法向量为 $\vec{n} = \{A,B,C\}$，向量 $\vec{BA} = \{3,0,-1\}$，又 xoy 平面的法向量为 $\{0,0,1\}$，由题意解得 $B = \pm\sqrt{26}A, C = 3A$，则所求的平面方程为

$$x \pm \sqrt{26}y + 3z - 3 = 0.$$

例 20　（选择题）以下选项中只有一个正确，请选出符合题意的选项.

（1）平面 $x + 2y - z - 6 = 0$ 与直线 $\frac{x-1}{2} = \frac{y+2}{-1} = \frac{z}{0}$ 的位置关系是（　　　）

A. 平行；　　B. 垂直；　　C. 既不平行也不垂直；　　D. 直线在平面上.

（2）下列表述中正确的是（　　　）

A. x 轴的方程为 $x = 0$；　　　　　　　　B. x 轴的方程为 $\begin{cases} y = 0 \\ z = 0 \end{cases}$；

C. 坐标面 xoy 的方程为 $x = 0, y = 0$；　　　D. 以上答案都不对.

解　（1）分析平面的法向量 $\vec{n} = \{1,2,-1\}$ 与直线的方向向量 $\vec{s} = \{2,-1,0\}$ 之间的关系，因为

$$\vec{n} \cdot \vec{S} = 1 \times 2 + 2 \times (-1) + (-1) \times 0 = 0$$

所以，$\vec{n} \perp \vec{s}$，因此，直线与平面平行，但直线上的一点 $P(1,-2,0)$ 代入平面方程有

$-1+2\times(-2)-0-6\neq0$，因此，直线只是与平面平行并不在平面上，所以应选 A.

(2)坐标轴 x 轴可以看成是 xoy 面与 zox 面的交线，因此，其方程为 $\begin{cases} y=0 \\ z=0 \end{cases}$. 所以应选

B 项；A 项错，因为 $x=0$ 是平面方程，是 yoz 面的方程；C 项错，xoy 面的方程是 $z=0$，而 $x=0,y=0$ 是直线方程，是 z 轴的方程.

三、曲面及其方程

例1 已知球面经过三点 $A(1,1,1),B(1,0,1),C(0,1,1)$，求过这三点的单位球面的球面方程.

解 设球面方程为
$$(x-a)^2+(y-b)^2+(z-c)^2=R^2$$
化简后得
$$x^2+y^2+z^2-(2ax+2by+2cz)+(a^2+b^2+c^2-R^2)=0$$
令 $D=a^2+b^2+c^2-R^2$，则有
$$x^2+y^2+z^2-2(ax+by+cz)+D=0$$
把 A,B,C 三点的坐标代入上式，得
$$\begin{cases} 3-2(a+b+c)+D=0 \\ 2-2(a+c)+D=0 \\ 2-2(b+c)+D=0 \\ D=a^2+b^2+c^2-1 \end{cases}$$

$$解得 \quad \begin{cases} a=b=\dfrac{1}{2} \\ c=1\pm\dfrac{\sqrt{2}}{2} \\ D=1\pm\sqrt{2} \end{cases}$$

所以，所求的球面方程为
$$\left(x-\frac{1}{2}\right)^2+\left(y-\frac{1}{2}\right)^2+\left[z-\left(1\pm\frac{\sqrt{2}}{2}\right)\right]^2=1.$$

例2 指出下列方程所表示的曲面

(1)$\left(x+\dfrac{1}{2}\right)^2+\left(y-\dfrac{1}{3}\right)^2=4$；　　　　(2)$\dfrac{x^2}{4}+\dfrac{y^2}{3}=1$；

(3)$z^2=2x$；　　　　(4)$\dfrac{z^2}{4}-\dfrac{y^2}{3}=1$.

解 (1)是圆柱面：准线为 $\begin{cases} \left(x+\dfrac{1}{2}\right)^2+\left(y-\dfrac{1}{3}\right)^2=4 \\ z=0 \end{cases}$，母线平行于 z 轴；

（2）是椭圆柱面：准线为 $\begin{cases} \dfrac{x^2}{4} + \dfrac{y^2}{3} = 1 \\ z = 0 \end{cases}$，母线平行于 z 轴；

（3）是抛物柱面：准线为 $\begin{cases} z^2 = 2x \\ y = 0 \end{cases}$，母线平行于 y 轴；

（4）是双曲柱面：准线为 $\begin{cases} \dfrac{z^2}{4} - \dfrac{y^2}{3} = 1 \\ x = 0 \end{cases}$，母线平行于 x 轴.

7.4 综合测试及参考答案

自 测 题

一、填空题

1. 设向量 $\vec{a} = \{1, -4, 5\}$，则它在 x、y、z 轴上的投影为_____，在向量 $\vec{b} = \{1,2,3\}$ 上的投影为_____.

2. 设有点 $M(-1,2,3)$，则它关于坐标面 xoy 的对称点为_____，关于 x 轴的对称点为_____，关于坐标原点的对称点为_____.

3. 已知向量 $\vec{a} = \dfrac{2}{3}i + \dfrac{1}{3}j - \dfrac{2}{3}k$，则它的模为_____，与 $\vec{a}$ 同方向的单位向量 $\vec{a}^0$ 为_____，它的方向余弦为 $\cos\alpha = $_____，$\cos\beta = $_____，$\cos\gamma = $_____.

4. 已知向量 $\vec{a}$ 与 $\vec{c} = \{4,7,-4\}$ 平行且方向相反，若 $|\vec{a}| = 27$，则 $\vec{a} = $_____.

5. 非零向量 $\vec{a}$，$\vec{b}$ 满足 $|\vec{a} \times \vec{b}| = 0$，则必有_____，若满足 $\vec{a} \cdot \vec{b} = 0$，则必有_____.

6. 方程 $Ax + By + Cz = 0$ 表示_____平面；$x = D$ 表示_____平面；$By + Cz + D = 0$ 表示_____平面.

7. 设 $\vec{n}$ 是平面 π 的法向量，$\vec{s}$ 是直线 L 的方向向量，如果 $\vec{n} = 2\vec{s}$，那么平面 π _____直线 L.

8. 过点 $M(1,2,-1)$ 且与直线 $\begin{cases} x = -t+2 \\ y = 3t-4 \\ z = t-1 \end{cases}$ 垂直的平面方程是_____.

9. 已知两条直线的方程分别是 $L_1 : \dfrac{x-1}{1} = \dfrac{y-2}{0} = \dfrac{z-3}{-1}$，$L_2 : \dfrac{x+2}{2} = \dfrac{y-1}{1} = \dfrac{z}{1}$，则过 L_1 且平行于 L_2 的平面方程是_____.

10. 点$(1,2,1)$到平面$x+2y+2z-10=0$的距离是_____.

二、选择题

1. 已知向量$\vec{a}=-2i+3j+4k,\vec{b}=i-2j-2k$,则它们的数量积和向量积分别为(　　).

　　A. 1 和$-8i-8j+4k$;　　　　B. -1 和$-8i+8j+4k$;

　　C. 3 和$-8i-8j+4k$;　　　　D. 3 和$-8i+8j+4k$.

2. 已知$\cos\alpha=\dfrac{1}{2},\cos\beta=\dfrac{1}{3},\cos\gamma=\dfrac{1}{4}$,则以下哪个说法正确(　　).

　　A. 它们可以是向量坐标和方向余弦;

　　B. 它们不能是向量的坐标,但可以是方向余弦;

　　C. 它们可以是向量的坐标,但不能是向量的方向余弦;

　　D. 它们不能是向量的坐标,也不能是向量方向余弦;

3. m 为何时值,向量$\vec{a}=\{2,3,-2\}$与$\vec{b}=\left\{1,\dfrac{3}{2},m\right\}$平行和垂直.

　　A. $m=2$ 时平行,$m=-1$ 时垂直;

　　B. $m=1$ 时平行,$m=-2$ 时垂直;

　　C. $m=-1$ 时平行,$m=-\dfrac{13}{4}$时垂直;

　　D. $m=-1$ 时平行,$m=\dfrac{13}{4}$时垂直.

4. 平面$x-3y+4z-7=0$ 与$x+3y-4z+7=0$ 的位置关系是(　　).

　　A. 平行;　　B. 垂直;　　C. 重合;　　D. 既不平行也不垂直.

5. 直线L与x轴平行,且与曲线$y=x-e^{x}$相切,那么切点坐标是(　　).

　　A. $(0,0)$;　　　　B. $(1,0)$;　　　　C. $(0,1)$;　　　　D. $(0,-1)$.

6. 设空间直线的点向式方程为$\dfrac{x}{0}=\dfrac{y}{1}=\dfrac{z}{2}$,则该直线必(　　).

　　A. 过原点且垂直于x轴;　　　　　　B. 过原点且垂直于y轴;

　　C. 过原点且垂直于z轴;　　　　　　D. 过原点且平行于x轴.

三、计算题

1. 已知向量$\vec{a}=2i+j-4k,\vec{b}=\{0,-1,2\},\vec{c}=i-2k$,求下列各式:

　　$(1)(\vec{a}-2\vec{b}+\vec{c})\cdot(\vec{b}+\vec{c})$;$(2)(\vec{a}\times\vec{b})\times\vec{c}$.

2. 已知 $\vec{a} = \{1,2,-1\}, \vec{b} = \{-4,2,3\}$，求 (1) $\vec{a}$ 与 $\vec{b}$ 的夹角；(2) $Prj_{\vec{a}}\vec{b}$ 和 $Prj_{\vec{b}}\vec{a}$.

3. 已知 $|\vec{a}| = 2, |\vec{b}| = 3$，试问：$m$ 为何值时，$m\vec{a} + \vec{b}$ 与 $m\vec{a} - \vec{b}$ 垂直.

4. 已知 $|\vec{p}| = 2\sqrt{2}, |\vec{q}| = 3, \vec{p}, \vec{q}$ 的夹角为 $\dfrac{\pi}{4}$，试求以向量 $\vec{a} = 5\vec{p} + 2\vec{q}$ 和 $\vec{b} = 3\vec{p} - 2\vec{q}$ 为邻边的平行四边形的面积.

5. 试问：$\lambda_1, m_1, \lambda_2, m_2$ 满足什么条件，向量 $\lambda_1\vec{a} + m_1\vec{b}$ 和 $\lambda_2\vec{a} + m_2\vec{b}$ 平行，其中向量 $\vec{a}, \vec{b}$ 之间不平行.

6. 如果向量 $\vec{a}$ 在三个坐标轴上的投影相同，那么 $\vec{a}$ 的三个方向余弦分别是多少？

7. 已知 $\vec{a} = \{-1, 2, 1\}, \vec{b} = \{2, 3, -1\}$,求与 $\vec{a} + 2\vec{b}$ 平行的单位向量.

8. 如果 $\vec{a}$ 是一个与 z 轴垂直的单位向量,且与 x 轴的夹角为 $\dfrac{\pi}{3}$,求 $\vec{a}$ 向量的分解式.

9. 已知 $A(4, 3, 2), B(2, 1, 2)$,且向量 $\overrightarrow{AC}$ 垂直于 $\overrightarrow{BC}$,求 C 点的轨迹方程.

10. 化直线方程 $\begin{cases} 3x - y + 2z + 6 = 0 \\ x + 2y - z + 5 = 0 \end{cases}$ 为直线的点向式和参数式方程.

11. 已知 $P_1(-2, 1, 3), P_2(0, 4, 3)$,求过 P_1, P_2 的中点,且与向量 $\overrightarrow{P_1P_2}$ 垂直的平面方程.

12. 求出下列平面的方程

(1)过原点且与直线 $x = y = z$ 垂直的平面;

(2)过 ox 轴且与平面 $x + y + z - 1 = 0$ 垂直的平面;

(3)与 oz 轴平行,且过点 $P_1(1,2,1)$,$P_2(-4,0,3)$.

13. 求出下列直线的方程

(1)过点 $M(-1,2,1)$ 且与平面 $x-y+2z=0$ 垂直的直线方程;

(2)过原点且平行于 xoy 面和 yoz 面的直线方程;

(3)过点 $A(1,1,1)$ 且与 x 轴和 $\dfrac{x-1}{1}=\dfrac{y+1}{-1}=\dfrac{z+2}{2}$ 垂直的直线方程.

14. 求通过直线 $\begin{cases} x+y-2z+7=0 \\ 4x-2y+6=0 \end{cases}$ 与原点的平面.

15. 求通过两直线 $L_1:\dfrac{x+6}{1}=\dfrac{y-7}{-2}=\dfrac{z-3}{0}$ 与 $L_2:\dfrac{x+5}{1}=\dfrac{y+2}{-9}=\dfrac{z-6}{3}$ 的平面方程.

16. 求过平面 $\pi;2x-y-z+3=0$ 与直线 $L:\dfrac{x+2}{-2}=\dfrac{y-3}{0}=\dfrac{z+1}{1}$ 的交点,且垂直于 xoy 面的直线方程.

17. 求平面 $4x + 6y - 7z - 16 = 0$ 与三个坐标面的交线.

18. 在平面 $2x + 3y + 4z - 7 = 0$ 上求动点到平面 $x - y + 2z = 0$ 的距离为 4 的点的轨迹.

19. 指出下列曲面哪些是旋转曲面？哪些是柱面？是如何产生的？

$(1) \dfrac{x^2}{4} - y^2 - z^2 = 1$；　　　　　$(2) 2z = x^2 + y^2$；

$(3) 4x^2 - 3z = 0$：　　　　　　　$(4) x^2 + 3y^2 + z^2 = 2$；

$(5) \dfrac{x^2}{4} - \dfrac{y^2}{6} = 1$；　　　　　　$(6) \dfrac{z^2}{3} + y^2 = 2$.

自测题参考答案

一、填空题

1. 向量 $\vec{a} = \{1, -4, 5\}$ 在 x、y、z 轴上的投影就是该向量的坐标,即为 ___1, -4, 5___. 在

向量 $\vec{b} = \{1, 2, 3\}$ 上的投影为 $\dfrac{4}{7}\sqrt{14}$,因为

$Prj_{\vec{b}}\vec{a} = \vec{a} \cdot \vec{b}^{0}$

$= \{1, -4, 5\} \cdot \dfrac{1}{\sqrt{1^2 + 2^2 + 3^2}}\{1, 2, 3\} = \dfrac{1}{\sqrt{14}}(1 \times 1 + (-4) \times 2 + 5 \times 3)$

$= \dfrac{8}{\sqrt{14}} = \dfrac{4}{7}\sqrt{14}$.

2. 点 $M((-1, 2, 3)$,则它关于坐标面 xoy 的对称点为 $(-1, 2, -3)$,关于 x 轴的对称

点为 ___$(-1, -2, -3)$___ ,关于坐标原点的对称点为 ___$(-1, -2, -3)$___ .

3. 向量 $\vec{a} = \dfrac{2}{3}\boldsymbol{i} + \dfrac{1}{3}\boldsymbol{j} - \dfrac{2}{3}\boldsymbol{k}$,则它的模为 ___1___,与 $\vec{a}$ 同方向的单位向量 $\vec{a}^{0}$ 为 $\vec{a}^{0} = \dfrac{2}{3}$

$i + \dfrac{1}{3}j - \dfrac{2}{3}k$，它的方向余弦为 $\cos\alpha = \dfrac{2}{3}$，$\cos\beta = \dfrac{1}{3}$，$\cos\gamma = -\dfrac{2}{3}$.

因为向量 $\vec{a} = \dfrac{2}{3}i + \dfrac{1}{3}j - \dfrac{2}{3}k$ 的模为 $|\vec{a}| = \sqrt{\left(\dfrac{2}{3}\right)^2 + \left(\dfrac{1}{3}\right)^2 + \left(-\dfrac{2}{3}\right)^2} = 1$，它本身就是单位向量. 方向余弦就是与它同方向的单位向量的三个坐标.

4. 与向量 $\vec{c}$ 平行但方向相反的单位向量为

$$\vec{a}^0 = -\dfrac{\vec{c}}{|\vec{c}|} = -\dfrac{1}{\sqrt{4^2 + 7^2 + (-4)^2}}\{4,7,-4\} = \left\{-\dfrac{4}{9}, -\dfrac{7}{9}, \dfrac{4}{9}\right\}$$

所以向量 $\vec{a} = |\vec{a}|\vec{a}^0 = 27 \times \left\{-\dfrac{4}{9}, -\dfrac{7}{9}, \dfrac{4}{9}\right\} = \{-12, -21, 12\}$.

5. 非零向量 $\vec{a}$，$\vec{b}$ 满足 $|\vec{a} \times \vec{b}| = 0$，则必有 $\underline{\vec{a}//\vec{b}}$，若满足 $\vec{a} \cdot \vec{b} = 0$，则必有 $\underline{\vec{a} \perp \vec{b}}$.

6. 方程 $Ax + By + Cz = 0$ 表示 过坐标原点的 平面. $x = D$ 表示与 yoz 坐标面平行 的平面(或垂直于 x 轴的平面)；$By + Cz + D = 0$ 表示 与 x 轴平行 平面.

7. $\vec{n}$ 是平面 π 的法向量，$\vec{s}$ 是直线 L 的方向向量，如果 $\vec{n} = 2\vec{s}$，那么 $\vec{n}//\vec{s}$，所以平面 π 垂直于直线 L.

8. 过点 $M(1,2,-1)$ 且与直线 $\begin{cases} x = -t + 2 \\ y = 3t - 4 \\ z = t - 1 \end{cases}$ 垂直的平面方程是 $\underline{x - 3y - z + 4 = 0}$.

因所求平面与直线 $\begin{cases} x = -t + 2 \\ y = 3t - 4 \\ z = t - 1 \end{cases}$ 垂直,所以可取已知直线的方向向量为平面的法向

量,即 $\vec{n} = \vec{s} = \{-1, 3, 1\}$，又平面过点 $M(1, 2, -1)$，由点法式方程有

$(-1)(x - 1) + 3(y - 2) + (z + 1) = 0$ 即 $x - 3y - z + 4 = 0$ 为所求平面.

9. 已知两条直线的方程分别是 $L_1: \dfrac{x-1}{1} = \dfrac{y-2}{0} = \dfrac{z-3}{-1}$，$L_2: \dfrac{x+2}{2} = \dfrac{y-1}{1} = \dfrac{z}{1}$，则过 L_1

且平行于 L_2 的平面方程是 $\underline{x - 3y + z + 2 = 0}$. 因所求平面过直线 L_1，所以直线上的已知点 $(1, 2, 3)$ 在平面上，又由所求平面过直线 L_1 且平行于直线 L_2，所以可取两条直线的方向向量的向量积为平面的法向量，即 $\vec{n} = \vec{s}_1 \times \vec{S}_2$，

$$\vec{n} = \vec{s}_1 \times \vec{S}_2 = \begin{vmatrix} i & j & k \\ 1 & 0 & -1 \\ 2 & 1 & 1 \end{vmatrix} = i - 3j + k = \{1, -3, 1\}$$

由点法式方程得

$(x-1)-3(x-2)+(z-3)=0$ 化简得 $x-3y+z+2=0$ 为所求平面方程.

10. 点 $(1,2,1)$ 到平面 $x+2y+2z-10=0$ 的距离是 ___1___

由点到平面的距离公式有

$$d=\left|\frac{Ax_0+By_0+Cz_0+D}{\sqrt{A^2+B^2+C^2}}\right|=\left|\frac{1\times1+2\times2+2\times1-10}{\sqrt{1^2+2^2+2^2}}\right|=\left|\frac{-3}{3}\right|=1.$$

二、选择题

1. 选择 B. 因为

$$\vec{a}\cdot\vec{b}=4\times0+3\times1+2\times(-2)=-1;\vec{a}\times\vec{b}=\begin{vmatrix}i&j&k\\4&3&2\\0&1&-2\end{vmatrix}=-8i+8j+4k.$$

2. 选择 C.

可以是向量的坐标,但不能是向量的方向余弦. 因为

$\left(\frac{1}{2}\right)^2+\left(\frac{1}{3}\right)^2+\left(\frac{1}{4}\right)^2\neq1$,所以不存在以 $\frac{1}{2},\frac{1}{3},\frac{1}{4}$ 为方向余弦的向量.

3. 选择 D,$m=-1,m=\frac{13}{4}$.

因为 $\vec{a}//\vec{b}\Leftrightarrow\frac{2}{1}=\frac{3}{\frac{3}{2}}=\frac{-2}{m}\Rightarrow m=-1,\vec{a}\perp\vec{b}\Leftrightarrow\vec{a}\cdot\vec{b}=0\Rightarrow2\times1+3\times\frac{3}{2}+(-2)\times$

$m=0\Rightarrow m=\frac{13}{4}$.

4. 选择 D,既不平行也不垂直.

因为两个平面的法向量 $\vec{n}_1,\vec{n}_2$ 既不满足 $\vec{n}_1\times\vec{n}_2=\vec{0}$,也不满足 $\vec{n}_1\cdot\vec{n}_2=0$.

5. 选择 D,切点坐标是 $(0,-1)$

因为:曲线 $y=x-e^x$ 的切线的斜率是 $k_1=\frac{dy}{dx}=1-e^x$,要使得直线 L 与 x 轴平行,

且与曲线 $y=x-e^x$ 相切,那么曲线切成的斜率必须与 x. 轴的斜率 $k_2=0$ 相同,即

$1-e^x=0$,从而 $y=0-e^0=-1$,所以 D 正确.

6. 选择 A,过原点且垂直于 x 轴.

由直线的点向式方程 $\frac{x}{0}=\frac{y}{1}=\frac{z}{2}$ 可知该直线必过坐标原点 $(0,0,0)$,且直线的方

向向量为 $\vec{s}=\{0,1,2\}$,且方向向量与 x 轴的单位向量 $\vec{e}_x=\{1,0,0\}$ 的点积为零,即

$\vec{e}_x\cdot\vec{s}=1\times0+1\times0+2\times0=0$

所以,$\vec{e}_x\perp\vec{s}$,从而直线过原点且垂直于 x 轴.

三、计算题

1. 已知向量 $\vec{a}=2i+j-4k, \vec{b}=\{0,-1,2\}, \vec{c}=i-2k$，求下列各式：

(1) $(\vec{a}-2\vec{b}+\vec{c})\cdot(\vec{b}+\vec{c})$；(2) $(\vec{a}\times\vec{b})\times\vec{c}$.

解　(1) $(\vec{a}-2\vec{b}+\vec{c})=\{2,1,-4\}-2\{0,-1,2\}+\{1,0,-2\}=\{3,3,-10\}$

$(\vec{b}+\vec{c})=\{0,-1,2\}+\{1,0,-2\}=\{1,-1,0\}$

$(\vec{a}-2\vec{b}+\vec{c})\cdot(\vec{b}+\vec{c})=3\times1+3\times(-1)+(-10)\times0=0.$

(2) $(\vec{a}\times\vec{b})\times\vec{c}=\begin{vmatrix} i & j & k \\ 2 & 1 & -4 \\ 0 & -1 & 2 \end{vmatrix}\times(i-2k)=(-2i-4j-2k)\times(i-2k)$

$=\begin{vmatrix} i & j & k \\ -2 & -4 & -2 \\ 1 & 0 & -2 \end{vmatrix}=8i-6j+4k.$

2. 已知 $\vec{a}=\{1,2,-1\}, \vec{b}=\{-4,2,3\}$，求(1) $\vec{a}$ 与 $\vec{b}$ 的夹角；(2) $Prj_{\vec{a}}\vec{b}$ 和 $Prj_{\vec{b}}\vec{a}$.

解　(1) $\cos\theta=\dfrac{\vec{a}\cdot\vec{b}}{|\vec{a}||\vec{b}|}=\dfrac{1\times(-4)+2\times2+(-1)\times3}{\sqrt{1^2+2^2+(-1)^2}\cdot\sqrt{(-4)^2+2^2+3^2}}=\dfrac{-3}{\sqrt{174}}$,

所以 $\vec{a}$ 与 $\vec{b}$ 的夹角为 $\pi-\arccos\dfrac{3}{\sqrt{174}}$.

(2) $Prj_{\vec{a}}\vec{b}=\vec{b}\cdot\vec{a}^0=\{-4,2,3\}\cdot\dfrac{1}{\sqrt{6}}\{1,2,-1\}=-\dfrac{\sqrt{6}}{2}$,

同哩，$Prj_{\vec{b}}\vec{a}=\vec{a}\cdot\vec{b}^0=\{1,2,-1\}\cdot\dfrac{1}{\sqrt{29}}\{-4,2,3\}=-\dfrac{3}{\sqrt{29}}$.

3. 已知 $|\vec{a}|=2, |\vec{b}|=3$，试问：m 为何值时，$m\vec{a}+\vec{b}$ 与 $m\vec{a}-\vec{b}$ 垂直.

解　由题意，$m\vec{a}+\vec{b}$ 与 $m\vec{a}-\vec{b}$ 垂直，则有

$(m\vec{a}+\vec{b})\cdot(m\vec{a}-\vec{b})=m^2\vec{a}\cdot\vec{a}-\vec{b}\cdot\vec{b}$

$=m^2|\vec{a}|^2-|\vec{b}|^2=4m^2-9=0$

所以，$m=\pm\dfrac{3}{2}$.

4. 已知 $|\vec{p}|=2\sqrt{2}, |\vec{q}|=3, \vec{p}, \vec{q}$ 的夹角为 $\dfrac{\pi}{4}$，试求以向量 $\vec{a}=5\vec{p}+2\vec{q}$ 和 $\vec{b}=3\vec{p}-2\vec{q}$ 为邻边的平行四边形的面积.

解　由两个向量向量积的几何意义可知，以 $\vec{a}, \vec{b}$ 为邻边的平行四边形的面积为

$$S = |\vec{a} \times \vec{b}|$$

而 $\quad \vec{a} \times \vec{b} = (5\vec{p} + 2\vec{q}) \times (3\vec{p} - 2\vec{q})$

$$= 15\vec{p} \times \vec{p} - 10\vec{p} \times \vec{q} + 6\vec{q} \times \vec{p} - 4\vec{q} \times \vec{q}$$

$$= 16\vec{q} \times \vec{p} \quad (\vec{p} \times \vec{p} = \vec{q} \times \vec{q} = 0, \vec{p} \times \vec{q} = -\vec{q} \times \vec{p}).$$

所以,$S = |\vec{a} \times \vec{b}| = |16\vec{q} \times \vec{p}| = 16|\vec{q}||\vec{p}|\sin\frac{\pi}{4} = 16 \times 3 \times 2\sqrt{2} \times \frac{\sqrt{2}}{2} = 96.$

5. 试问:$\lambda_1, m_1, \lambda_2, m_2$ 满足什么条件,向量 $\lambda_1\vec{a} + m_1\vec{b}$ 和 $\lambda_2\vec{a} + m_2\vec{b}$ 平行,其中向量 $\vec{a}, \vec{b}$ 之间不平行.

解 向量 $\lambda_1\vec{a} + m_1\vec{b}$ 和 $\lambda_2\vec{a} + m_2\vec{b}$ 平行,则有

$(\lambda_1\vec{a} + m_1\vec{b}) \times (\lambda_2\vec{a} + m_2\vec{b})$

$= \lambda_1\lambda_2\vec{a} \times \vec{a} + \lambda_1 m_2 \vec{a} \times \vec{b} + m_1\lambda_2\vec{b} \times \vec{a} + m_1 m_2\vec{b} \times \vec{b}$

$= \lambda_1 m_2\vec{a} \times \vec{b} + m_1\lambda_2\vec{b} \times \vec{a}$

$= \lambda_1 m_2\vec{a} \times \vec{b} - m_1\lambda_2\vec{a} \times \vec{b} = 0$

即 $\lambda_1 m_2\vec{a} \times \vec{b} = m_1\lambda_2\vec{a} \times \vec{b}$,而 $\vec{a}, \vec{b}$ 不平行,所以 $\vec{a} \times \vec{b} \neq 0$,

因此,向量 $\lambda_1\vec{a} + m_1\vec{b}$ 和 $\lambda_2\vec{a} + m_2\vec{b}$ 平行应满足 $\lambda_1 m_2 = m_1\lambda_2$.

6. 如果向量 $\vec{a}$ 在三个坐标轴上的投影相同,那么 $\vec{a}$ 的三个方向余弦分别是多少?

解 设 $\vec{a} = \{x, y, z\}$,则由 $\vec{a}$ 在三个坐标轴上的投影相同,可得 $x = y = z$,$\vec{a}$ 的三个方向余弦分别是

$$\cos\alpha = \frac{x}{\sqrt{x^2 + y^2 + z^2}} = \frac{x}{\sqrt{3x^2}} = \frac{x}{\sqrt{3}|x|} = \pm\frac{\sqrt{3}}{3},$$

$$\cos\beta = \frac{y}{\sqrt{x^2 + y^2 + z^2}} = \frac{y}{\sqrt{3y^2}} = \frac{y}{\sqrt{3}|y|} = \pm\frac{\sqrt{3}}{3},$$

$$\cos\gamma = \frac{z}{\sqrt{x^2 + y^2 + z^2}} = \frac{z}{\sqrt{3z^2}} = \frac{z}{\sqrt{3}|z|} = \pm\frac{\sqrt{3}}{3}.$$

7. 已知 $\vec{a} = \{-1, 2, 1\}, \vec{b} = \{2, 3, -1\}$,求与 $\vec{a} + 2\vec{b}$ 平行的单位向量.

解 设 $\vec{a} + 2\vec{b} = \vec{c}$,则

$\vec{c} = \vec{a} + 2\vec{b} = \{-1, 2, 1\} + 2\{2, 3, -1\} = \{3, 8, -1\},$

所以,与 $\vec{a} + 2\vec{b}$ 平行的单位向量是

$$\vec{c}^0 = \pm\frac{\vec{c}}{|\vec{c}|} = \pm\frac{1}{\sqrt{3^2 + 8^2 + (-1)^2}}\{3, 8, -1\} = \pm\left\{\frac{3}{\sqrt{74}}, \frac{8}{\sqrt{74}}, -\frac{1}{\sqrt{74}}\right\}.$$

8. 如果 $\vec{a}$ 是一个与 z 轴垂直的单位向量,且与 x 轴的夹角为 $\dfrac{\pi}{3}$,求 $\vec{a}$ 向量的分解式.

解　设 $\vec{a} = xi + yj + zk$,则由题意,有

$\vec{a} \cdot k = 0$,　即有方程　　　　　　　 $z = 0$　　(1)

$\vec{a} \cdot i = |\vec{a}| \cos \dfrac{\pi}{3}$,即有方程 $x = \dfrac{1}{2}\sqrt{x^2 + y^2 + z^2}$　(2)

同时,$\vec{a}$ 是单位向量,即有方程 $\sqrt{x^2 + y^2 + z^2} = 1$(3)

由(1)(2)(3)联立方程组,并解得

$$x = \dfrac{1}{2}, y = \dfrac{\sqrt{3}}{2}, z = 0$$

故,所求的向量 $\vec{a}$ 的分解式为

$$\vec{a} = \dfrac{1}{2}i + \dfrac{\sqrt{3}}{2}j.$$

9. 已知 $A(4,3,2)$,$B(2,1,2)$,且向量 $\overrightarrow{AC}$ 垂直于 $\overrightarrow{BC}$,求 C 点的轨迹方程.

解　设 C 点的坐标为 (x,y,z),则由题意 $\overrightarrow{AC} \perp \overrightarrow{BC}$,有 $\overrightarrow{AC} \cdot \overrightarrow{BC} = 0$

即　　　　　　　 $(x-4)(x-2) + (y-3)(y-1) + (z-2)(z-2) = 0$

化简,得　　　　　　　 $x^2 + y^2 + z^2 - 6x - 4y - 4z = 0$

配方,化为标准方程

$$(x-3)^2 + (y-2)^2 + (z-2)^2 = 2$$

C 点的轨迹是球心在点 $(3,2,2)$,半径为 $\sqrt{2}$ 的球面.

10. 化直线方程 $\begin{cases} 3x - y + 2z + 6 = 0 \\ x + 2y - z + 5 = 0 \end{cases}$ 为直线的点向式和参数式方程.

解　由直线的一般式方程,可得直线的方向向量为

$$\vec{s} = \vec{n}_1 \times \vec{n}_2 = \begin{vmatrix} i & j & k \\ 3 & -1 & 2 \\ 1 & 2 & -1 \end{vmatrix} = -3i + 5j + 7k = \{-3, 5, 7\}$$

又在一般式方程中,令 $y = 0$,解得直线上的一点的坐标为 $\left(-\dfrac{16}{5}, 0, \dfrac{9}{5} \right)$,

所以,直线的点向式方程为

$$\dfrac{x + \dfrac{16}{5}}{-3} = \dfrac{y}{5} = \dfrac{z - \dfrac{9}{5}}{7}$$

直线的参数式方程为

$$\begin{cases} x = -\dfrac{16}{5} - 3t \\ y = 5t \\ z = \dfrac{9}{5} + 7y \end{cases}, t \text{ 为参数}$$

11. 已知点 $P_1(-2,1,3)$，$P_2(0,4,3)$，求过 P_1，P_2 的中点，且与向量 $\overrightarrow{P_1P_2}$ 垂直的平面方程.

解 P_1，P_2 的中点为 $\left(-1, \dfrac{5}{2}, 3\right)$，又已知所求平面与 $\overrightarrow{P_1P_2}$ 垂直，故可取直线 $\overrightarrow{P_1P_2}$ 为平面的法向量，即 $\vec{n} = \{0-(-2), 4-1, 3-3\} = \{2,3,0\}$，由平面的点法式方程有

$$2(x+1) + 3\left(y - \dfrac{5}{2}\right) + 0(z-3) = 0$$

化简，整理得平面方程为

$$4x + 6y - 11 = 0$$

12. 求出下列平面的方程

(1) 过原点且与直线 $x = y = z$ 垂直的平面；

(2) 过 ox 轴且与平面 $x + y + z - 1 = 0$ 垂直的平面；

(3) 与 oz 轴平行，且过点 $P_1(1,2,1)$，$P_2(-4,0,3)$.

解 (1) 由题意平面过点 $(0,0,0)$，且与直线 $x = y = z$ 垂直，则平面的法向量可取直线的方向向量，即 $\vec{n} = \{1,1,1\}$，由点法式方程有

$$(x-0) + (y-0) + (z-0) = 0$$

即所求平面为 $x = y = z = 0$.

(2) 平面过 ox 轴，可设该平面为 $By + Cz = 0$，又与平面 $x + y + z - 1 = 0$ 垂直，所以有两个平面的法向量互相垂直，则由

$$\vec{n}_1 \cdot \vec{n}_2 = 0 \times 1 + B \times 1 + C \times 1 = B + C = 0, \text{可得 } B = -C,$$

代入所求平面方程有

$$y - z = 0$$

(3) 设平面一般方程为：$Ax + By + CZ + D = 0$，由已知平面与 oz 轴平行，可得 $C = 0$，所以方程为 $Ax + By + D = 0$，把点 $P_1(1,2,1)$，$P_2(-4,0,3)$ 代入方程，可得

$$A + 2B + D = 0, \quad -4A + D = 0.$$

解得

$$A = \dfrac{1}{4}D, \quad B = -\dfrac{5}{8}D.$$

代入平面方程 $Ax + By + D = 0 (D \neq 0)$ 中得所求的平面方程为

$$2x - 5y + 8 = 0.$$

13. 求出下列直线的方程

(1)过点 $M(-1,2,1)$ 且与平面 $x-y+2z=0$ 垂直的直线方程;

(2)过原点且平行于 xoy 面和 yoz 面的直线方程;

(3)过点 $A(1,1,1)$ 且与 x 轴和 $\dfrac{x-1}{1}=\dfrac{y+1}{-1}=\dfrac{z+2}{2}$ 垂直的直线方程.

解　(1)由题意,可取已知平面的法向量为所求直线的方向向量,即

$$\vec{s}=\vec{n}=\{1,-1,2\}$$

又直线过点 $M(-1,2,1)$,所以由点向式方程,得

$$\frac{x+1}{1}=\frac{y-2}{-1}=\frac{z-1}{2}.$$

(2)因为所求直线平行于 xoy 面和 yoz 面,所以直线的方向向量为

$$\vec{s}=\boldsymbol{k}\times\boldsymbol{i}=\boldsymbol{j}=\{0,1,0\}$$

所以,所求的直线方程为

$$\frac{x}{0}=\frac{y}{1}=\frac{z}{0}$$

即 y 轴.

(3)可取 x 轴和直线 $\dfrac{x-1}{1}=\dfrac{y+1}{-1}=\dfrac{z+2}{2}$ 的方向向量的向量积作为所求直线的方向向量,即

$$\vec{s}=\{1,0,0\}\times\{1,-1,2\}=\begin{vmatrix} \boldsymbol{i} & \boldsymbol{j} & \boldsymbol{k} \\ 1 & 0 & 0 \\ 1 & -1 & 2 \end{vmatrix}=-2\boldsymbol{j}-\boldsymbol{k}=\{0,-2,-1\}$$

又直线过点 $A(1,1,1)$,所以,所求直线的方程为

$$\frac{x-1}{0}=\frac{y-1}{-2}=\frac{z-1}{1}.$$

14. 求通过直线 $\begin{cases} x+y-2z+7=0 \\ 4x-2y+6=0 \end{cases}$ 与原点的平面.

解　在直线 $\begin{cases} x+y-2z+7=0 \\ 4x-2y+6=0 \end{cases}$ 上找到两点,$P_1(0,3,5)$,$P_2\left(-\dfrac{3}{2},0,\dfrac{11}{4}\right)$,又平面过

原点,从而得到两个向量 $\overrightarrow{OP_1}=\{0,3,5\}$,$\overrightarrow{OP_2}=\left\{-\dfrac{3}{2},0,\dfrac{11}{4}\right\}$,则平面的法向量为

$$\vec{n}=\overrightarrow{OP_1}\times\overrightarrow{OP_2}=\{0,3,5\}\times\left\{-\frac{3}{2},0,\frac{11}{4}\right\}=\frac{1}{8}\{44,-54,24\}=\left\{\frac{11}{2},-\frac{27}{4},3\right\}$$

所以,所求的平面方程为

$$22x-27y+12z=0$$

15. 求通过两直线 $L_1: \dfrac{x+6}{1} = \dfrac{y-7}{-2} = \dfrac{z-3}{0}$ 与 $L_2: \dfrac{x+5}{1} = \dfrac{y+2}{-9} = \dfrac{z-6}{3}$ 的平面方程.

解 根据题意,可取两条直线的方向向量的向量积作为所求平面的法向量,则有

$$\vec{n} = \vec{s}_1 \times \vec{s}_2 = \begin{vmatrix} \boldsymbol{i} & \boldsymbol{j} & \boldsymbol{k} \\ 1 & -2 & 0 \\ 1 & -9 & 3 \end{vmatrix} = -6\boldsymbol{i} - 3\boldsymbol{j} - 7\boldsymbol{k} = \{-6, -3, -7\}$$

又平面过点 $\{-6, 7, 3\}$,由平面的点法式方程有

$$-6(x+6) - 3(y-7) - 7(z-3) = 0$$

化简,得

$$6x + 3y + 7z - 6 = 0.$$

16. 求过平面 $\pi: 2x - y - z + 3 = 0$ 与直线 $L: \dfrac{x+2}{-2} = \dfrac{y-3}{0} = \dfrac{z+1}{1}$ 的交点,且垂直于 xoy 面的直线方程.

解 首先求出直线与平面的交点,由直线的点向式方程可得直线的参数式方程为

$$\frac{x+2}{-2} = \frac{y-3}{0} = \frac{z+1}{1} = t$$

$$\text{则有} \begin{cases} x = -2 - 2t, \\ y = 3, \\ z = -1 + t. \end{cases} \quad t \text{ 为参数}$$

代入平面方程中,有

$$2(-2-2t) - 3 + 1 - t + 3 = 0$$

解得 $t = -\dfrac{3}{5}$,代入参数方程有 $x = -\dfrac{4}{5}, y = 3, z = -\dfrac{8}{5}$,所以,直线与平面的交点坐标为 $\left(-\dfrac{4}{5}, 3, -\dfrac{8}{5}\right)$.

且直线垂直于 xoy 面,所以直线的方向向量可取 z 轴的基本单位向量,即 $\vec{s} = \{0, 0, 1\}$,

由直线的点向式方程可得所求直线的方程为

$$\frac{x + \dfrac{4}{5}}{0} = \frac{y-3}{0} = \frac{z + \dfrac{8}{5}}{1}.$$

17. 求平面 $4x + 6y - 7z - 16 = 0$ 与三个坐标面的交线.

解 平面与 xoy 面的交线为

$$\begin{cases} 4x + 6y - 16 = 0 \\ z = 0 \end{cases}$$

平面与 xoz 面的交线为

$$\begin{cases} 4x - 7z - 16 = 0 \\ y = 0 \end{cases}$$

平面与 yoz 面的交线为

$$\begin{cases} 6y - 7z - 16 = 0 \\ x = 0 \end{cases}.$$

18. 在平面 $2x + 3y + 4z - 7 = 0$ 上求动点到平面 $x - y + 2z = 0$ 的距离为 4 的点的轨迹.

解　设动点坐标为 $P(x, y, z)$，则由题意可知动点的坐标应满足以下以条件：

$$\begin{cases} 2x + 3y + 4z - 7 = 0 \\ \left| \dfrac{x - y + 2z}{\sqrt{1^2 + (-1)^2 + 2^2}} \right| = 4 \end{cases}$$

整理得动点的轨迹是两条平行直线，方程为

$$L_1 : \begin{cases} 2x - y - z + 3 = 0 \\ x - y + 2z - 4\sqrt{6} = 0 \end{cases} \quad 和 \quad L_2 : \begin{cases} 2x - y - z + 3 = 0 \\ x - y + 2z + 4\sqrt{6} = 0 \end{cases}.$$

19. 指出下列曲面哪些是旋转曲面？哪些是柱面？是如何产生的？

$(1) \dfrac{x^2}{4} - y^2 - z^2 = 1$；　　　　$(2) 2z = x^2 + y^2$；

$(3) 4x^2 - 3z = 0$；　　　　$(4) x^2 + 3y^2 + z^2 = 2$；

$(5) \dfrac{x^2}{4} - \dfrac{y^2}{6} = 1$；　　　　$(6) \dfrac{z^2}{3} + y^2 = 2$.

解　(1) 是旋转双曲面，以 $\begin{cases} \dfrac{x^2}{4} - y^2 = 1 \\ z = 0 \end{cases}$ 为母线，绕 x 轴旋转一周产生；

(2) 是旋转抛物面，以 $\begin{cases} 2z = y^2 \\ x = 0 \end{cases}$ 为母线，绕 z 轴旋转一周产生；

(3) 是抛物柱面，以 $\begin{cases} 4x^2 - 3z = 0 \\ y = 0 \end{cases}$ 为母线，母线平行于 y 轴；

(4) 是旋转椭球面，以 $\begin{cases} x^2 + 3y^2 = 2 \\ z = 0 \end{cases}$ 为母线，绕 y 轴旋转一周产生；

(5) 是双曲柱面，以 $\begin{cases} \dfrac{x^2}{4} - \dfrac{y^2}{6} = 1 \\ z = 0 \end{cases}$ 为准线，母线平行于 z 轴；

(6) 是椭圆柱面，以 $\begin{cases} \dfrac{y^2}{2} + \dfrac{z^2}{6} = 1 \\ x = 0 \end{cases}$ 为准线，母线平行于 x 轴.

7.5 教材《作业与练习》参考答案

作业与练习 6.1

1. $(1)(0,0,0)$；$(2)(x,0,0)$；$(3)(0,y,0)$；$(4)(0,0,z)$；$(5)(x,y,0)$；$(6)(0,y,z)$；$(7)(x,0,z)$.

2. $(a,b,-c)$，$(-a,b,c)$，$(a,-b,c)$，$(a,-b,-c)$. ，$(-a,b,-c)$. ，$(-a,-b,c)$. ，$(-a,-b,-c)$.

3. $|c|$、$|a|$、$|b|$、$\sqrt{b^2+c^2}$、$\sqrt{a^2+c^2}$、$\sqrt{a^2+b^2}$.

4. $|AB|=3$

5. $z=7$ 或 $z=-5$.

6. 略

作业与练习 6.2

1. $\{2,1,3\}$、$\{4,9,1\}$、$\{11,30,-1\}$.

2. $\{-9,3,-6\}$，$\{12,4,1\}$.

3. $\{-2,3,0\}$.

4. $x=0,y=\dfrac{2}{3}$.

5. $|\overrightarrow{AB}|=\sqrt{6}$，$\cos\alpha=-\dfrac{\sqrt{6}}{6}$，$\cos\beta=\dfrac{\sqrt{6}}{3}$，$\cos\gamma=-\dfrac{\sqrt{6}}{6}$，$\overrightarrow{a}^0=\left\{-\dfrac{\sqrt{6}}{6},\dfrac{\sqrt{6}}{3},-\dfrac{\sqrt{6}}{6}\right\}$.

6. $\overrightarrow{c}=-\dfrac{20}{\sqrt{53}}\boldsymbol{j}-\dfrac{70}{\sqrt{53}}\boldsymbol{k}$.

7. $\overrightarrow{a}=\{2,2,-2\sqrt{2}\}$.

作业与练习 6.3

1. $(1)(-2\overrightarrow{a})\cdot 3\overrightarrow{b}=-18$，$\overrightarrow{a}\times\overrightarrow{b}=5\boldsymbol{i}+\boldsymbol{j}+7\boldsymbol{k}$；$\cos(\overrightarrow{a},\overrightarrow{b})=\dfrac{3\sqrt{21}}{2}$.

2. $(1)z=6$；$(2)z=-6$

3. -19.

4. $\pm\dfrac{\sqrt{37}}{3}\{-11,4,14\}$.

5. $(1)\overrightarrow{a}\cdot\overrightarrow{b}-(\overrightarrow{a}-\overrightarrow{c})\cdot\overrightarrow{b}=3$；

   $(2)(\overrightarrow{a}+\overrightarrow{b})\times(\overrightarrow{b}+\overrightarrow{c})=-\boldsymbol{j}-\boldsymbol{k}$；

   $(3)(\overrightarrow{a}\times\overrightarrow{b})\cdot\overrightarrow{c}=2$.

6. $S_{\triangle OAB}=\dfrac{\sqrt{74}}{2}$.

7. $3\sqrt{10}$.

作业与练习 6.4

1. $x - y - 2z - 2 = 0$.

2. （1）平行于 z 轴；（2）过原点；（3）过 x 轴；（4）平行于 yoz 平面；（5）xoz 平面.

3. $y - 3z = 0$.

4. $\dfrac{x}{2} - \dfrac{y}{3} + \dfrac{z}{5} = 1$.

5. $3x + 2y + 6z - 12 = 0$.

6. $\theta = \dfrac{\pi}{3}$.

7. $d = \sqrt{3}$.

作业与练习 6.5

1. $\dfrac{x-4}{2} = y + 1 = \dfrac{z-3}{5}$.

2. $\dfrac{x}{-2} = \dfrac{y}{-1} = \dfrac{z}{-2}$.

3. $\dfrac{x+1}{3} = \dfrac{y-2}{-7} = \dfrac{z-5}{2}$.

4. $\dfrac{x-2}{0} = \dfrac{y}{1} = \dfrac{z+1}{0}$.

5. $\dfrac{x+2}{1} = \dfrac{y-3}{5} = \dfrac{z-1}{13}$.

6. $\dfrac{x-3}{-4} = \dfrac{y+2}{2} = \dfrac{z-1}{1}$.

7. $\dfrac{x}{-2} = \dfrac{y-2}{3} = \dfrac{z-4}{1}$.

8. $(1, 2, 2)$.

9. $\cos\varphi = 0$，即两直线垂直.

10. （1）直线与平面平行；

　　（2）直线与平面垂直；

　　（3）直线在平面上.

作业与练习 6.6

1. $(x-1)^2 + (y-3)^2 + (z+2)^2 = 14$.

2. $2x + 2y + 5z - 11 = 0$.

3. （1）表示以点 $(0, 0, 0)$ 为球心 R 为半径的球面；

(2)表示准线为 xoy 面上的双曲线 $\begin{cases} \dfrac{x^2}{2^2} - \dfrac{y^2}{3^2} = 1 \\ z = 0 \end{cases}$,母线平行于 z 轴的双曲柱面;

(3)表示母线平行于 z 轴,准线为 xoy 面上的抛物线 $y^2 = 2x$ 的抛物柱面.

4. 表示以点 $C(1,2,0)$ 为球心,半径 $r = 3$ 的球面;图像略.

5. (1)表示两平面的交线;

(2)表示椭圆柱面 $\dfrac{x^2}{4} + \dfrac{y^2}{9} = 1$ 与其切平面 $y = 3$ 的交线.

习　题　6

一、填空题

1. $-11\boldsymbol{k}$;

2. $(-1,2,-3)$;$(-1,-2,-3)$;$(1,-2,-3)$;

3. $\vec{a} / / \vec{b}$,$\vec{a} \perp \vec{b}$;

4. 2;

5. $\vec{a} = \{-12, -21, 12\}$;

6. $\theta = \dfrac{\pi}{3}$.

二、选择题

1. C　2. A　3. C　4. C　5. C　6. A　7. D　8. A

三、计算题

1. $\dfrac{x+3}{4} = \dfrac{y-2}{3} = \dfrac{z-5}{1}$.

2. $x + y - 3z - 4 = 0$.

3. $7x - 2y - 5z = 0$.

4. $x - y + z = 0$.

5. $(5, -4, -6)$;$\arcsin \dfrac{9}{14}$.

6. $\dfrac{x+8}{3} = \dfrac{y}{1} = \dfrac{z+15}{5}$;

$\begin{cases} x = -8 + 3t, \\ y = t, \\ z = -15 + 5t. \end{cases}$

7. $\dfrac{x}{-6} = \dfrac{y-1}{3} = \dfrac{z-2}{1}$.

8. $k = 0$ 或 $k = -3$.

第8章　多元函数微积分

8.1　主要内容归纳

一、平面点集

1. 邻域：

设 $P_0(x_0,y_0)$ 是 xoy 平面上的一个点，δ 是某一正数，与点 $P_0(x_0,y_0)$ 距离小于 δ 的点 $P(x,y)$ 的全体，称为点 P_0 的 δ 邻域，记为 $U(P_0,\delta)$，

$$U(P_0,\delta)=\{P\mid |PP_0|<\delta\}=\{(x,y)\mid \sqrt{(x-x_0)^2+(y-y_0)^2}<\delta\}.$$

2. 点与点集之间的关系：

任意一点 $P\in R^2$ 与任意一个点集 $E\subset R^2$ 之间必有以下三种关系中的一种：

(1)内点：如果存在点 P 的某一邻域 $U(P)$，(使得 $U(P)\subset E$，则称 P 为 E 的内点；

(2)外点：如果存在点 P 的某个邻域 $U(P)$，(使得 $U(P)\cap E=\varphi$，则称 P 为 E 的外点；

(3)边界点：如果点 P 的任一邻域内既有属于 E 的点，也有不属于 E 的点，则称 P 点为 E 的边点.

E 的边界点的全体，称为 E 的边界，记作 ∂E.

E 的内点必属于 E；E 的外点必定不属于 E；而 E 的边界点可能属于 E，也可能不属于 E.

开集：如果点集 E 的点都是内点，则称 E 为开集.

闭集：如果点集的余集 E^c 为开集，则称 E 为闭集.

连通性：如果点集 E 内任何两点，都可用折线连结起来，且该折线上的点都属于 E，则称 E 为连通集.

区域(或开区域)：连通的开集称为区域或开区域.

闭区域：开区域连同它的边界一起所构成的点集称为闭区域.

有界集：对于平面点集 E，如果存在某一正数 r(使得 $E\subset U(O,r)$，其中 O 是坐标原点，则称 E 为有界点集.

无界集：一个集合如果不是有界集，就称这集合为无界集.

二、二元函数的定义与性质

1. 二元函数定义

设 D 是平面上的一个点集,如果对于每个点 $P(x,y) \in D$,变量 z 按照一定的法则总有确定的值和它对应,则称 z 是变量 x,y 的二元函数,记为 $z = f(x,y)$ (或记为 $z = f(P)$).

类似地可定义三元及三元以上函数.

当 $n \geq 2$ 时,n 元函数统称为多元函数.

说明:

(1)定义中 $P \to P_0$ 的方式是任意的;

(2)二元函数的极限也叫二重极限 $\lim\limits_{\substack{x \to x_0 \\ y \to y_0}} f(x,y)$;

(3)二元函数的极限运算法则与一元函数类似.

2. 极限的运算

定义:设二元函数 $z = f(x,y)$ 在点 $P_0(x_0,y_0)$ 的某一领域内有定义(在点 $P_0(x_0,y_0)$ 处可以没有定义),当点 (x,y) 以任何路径趋近于 (x_0,y_0) 时,对应的函数值 $f(x,y)$ 都无限趋近于同一个确定的常数 A,则称当 (x,y) 趋于 (x_0,y_0) 时,函数 $z = f(x,y)$ 以 A 为极限,记作

$$\lim_{(x,y) \to (x_0,y_0)} f(x,y) = A (或 f(x,y) \to A(x,y) \to (x_0,y_0),$$

也记作

$$\lim_{P \to P_0} f(P) = A 或 f(P) \to A(P \to P_0).$$

上述定义的极限也称为二重极限.

必须注意:

(1)二重极限存在,是指 P 以任何路径趋于 P_0 时,函数都无限接近于 A.

(2)如果当 P 以两种不同方式趋于 P_0 时,函数趋于不同的值,则函数的极限不存在.

3. 二元函数的连续性

定义设函数 $z = f(x,y)$ 在点 $P_0(x_0,y_0)$ 的某邻域内有定义,若 $\lim\limits_{\substack{x \to x_0 \\ y \to y_0}} f(x,y) = f(x_0,y_0)$,

则称函数 $f(x,y)$ 在点 $P_0(x_0,y_0)$ 处连续. 而点 P_0 叫做函数 $z = f(x,y)$ 的连续点. 如果函数 $z = f(x,y)$ 在平面区域 D 内每一点都连续,则称 $z = f(x,y)$ 在区域 D 内连续.

4. 二元连续函数的性质

(1)最大值和最小值定理

在有界闭区域 D 上的多元连续函数,在 D 上至少取得它的最大值和最小值各一次.

(2)介值定理

在有界闭区域 D 上的多元连续函数,如果在 D 上取得两个不同的函数值,则它在 D

上取得介于这两值之间的任何值至少一次.

5. 偏导数概念

定义　设函数 $z = f(x, y)$ 在点 (x_0, y_0) 的某一邻域内有定义,当 y 固定在 y_0 而 x 在 x_0 处有增量 Δx 时,相应地函数有增量

$$f(x_0 + \Delta x, y_0) - f(x_0, y_0),$$

如果 $\lim\limits_{\Delta x \to 0} \dfrac{f(x_0 + \Delta x, y_0) - f(x_0, y_0)}{\Delta x}$ 存在,则称此极限为函数 $z = f(x, y)$ 在点 (x_0, y_0) 处对 x 的偏导数,记为

$$\left.\frac{\partial z}{\partial x}\right|_{\substack{x = x_0 \\ y = y_0}}, \left.\frac{\partial f}{\partial x}\right|_{\substack{x = x_0 \\ y = y_0}}, z_x\left.\right|_{\substack{x = x_0 \\ y = y_0}} 或 f_x(x_0, y_0).$$

同理可定义函数 $z = f(x, y)$ 在点 (x_0, y_0) 处对 y 的偏导数,为

$$\lim\limits_{\Delta y \to 0} \frac{f(x_0, y_0 + \Delta y) - f(x_0, y_0)}{\Delta y}$$

记为 $\left.\dfrac{\partial z}{\partial y}\right|_{\substack{x = x_0 \\ y = y_0}}, \left.\dfrac{\partial f}{\partial y}\right|_{\substack{x = x_0 \\ y = y_0}}, z_y\left.\right|_{\substack{x = x_0 \\ y = y_0}} 或 f_y(x_0, y_0).$

如果函数 $z = f(x, y)$ 在区域 D 内任一点 (x, y) 处对 x 的偏导数都存在,那么这个偏导数就是 x、y 的函数,它就称为函数 $z = f(x, y)$ 对自变量 x 的偏导数,

记作 $\dfrac{\partial z}{\partial x}, \dfrac{\partial f}{\partial x}, z_x$ 或 $f_x(x, y)$.

同理可以定义函数 $z = f(x, y)$ 对自变量 y 的偏导数,记作 $\dfrac{\partial z}{\partial y}, \dfrac{\partial f}{\partial y}, z_y$ 或 $f_y(x, y)$.

6. 高阶偏导数

函数 $z = f(x, y)$ 的二阶偏导数为

$$\frac{\partial}{\partial x}\left(\frac{\partial z}{\partial x}\right) = \frac{\partial^2 z}{\partial x^2} = f_{xx}(x, y), \frac{\partial}{\partial y}\left(\frac{\partial z}{\partial y}\right) = \frac{\partial^2 z}{\partial y^2} = f_{yy}(x, y), \quad 纯偏导$$

$$\frac{\partial}{\partial y}\left(\frac{\partial z}{\partial x}\right) = \frac{\partial^2 z}{\partial x \partial y} = f_{xy}(x, y), \frac{\partial}{\partial x}\left(\frac{\partial z}{\partial y}\right) = \frac{\partial^2 z}{\partial y \partial x} = f_{yx}(x, y), \quad 混合偏导$$

定义:二阶及二阶以上的偏导数统称为高阶偏导数.

7. 全微分概念

如果函数 $z = f(x, y)$ 在点 (x, y) 的全增量 $\Delta z = f(x + \Delta x, y + \Delta y) - f(x, y)$ 可以表示为 $\Delta z = A\Delta x + B\Delta y + o(\rho)$,其中 A, B 不依赖于 $\Delta x, \Delta y$ 而仅与 x, y 有关,$\rho = \sqrt{(\Delta x)^2 + (\Delta y)^2}$,则称函数 $z = f(x, y)$ 在点 (x, y) 可微分,$A\Delta x + B\Delta y$ 称为函数 $z = f(x, y)$ 在点 (x, y) 的全微分,记为 dz,即 $dz = A\Delta x + B\Delta y$.

8. 全微分的应用

主要方面:近似计算与误差估计.

当 $|\Delta x|$, $|\Delta y|$ 很小时,有 $\Delta Z \approx dz = f_x(x,y)\Delta x + f_y(x,y)\Delta y$,

$f(x+\Delta x, y+\Delta y) \approx f(x,y) + f_x(x,y)\Delta x + f_y(x,y)\Delta y$

9. 复合函数求导法则

(1)二元复合函数求导法则

定理　设函数 $z=f(u,v)$ 是中间变量 u,v 的函数,中间变量 u,v 是变量 x,y 的函数: $u=\varphi(x,y)$, $v=\psi(x,y)$. 若 $\varphi(x,y)$, $\psi(x,y)$ 在点 (x,y) 处偏导数都存在, $f(u,v)$ 在对应点 (u,v) 处可微,则复合函数 $z=f[\varphi(x,y),\psi(x,y)]$ 在点 (x,y) 处关于 x,y 的两个偏导数都存在,且

$$\frac{\partial z}{\partial x} = \frac{\partial z}{\partial u} \cdot \frac{\partial u}{\partial x} + \frac{\partial z}{\partial v} \cdot \frac{\partial v}{\partial x},$$

$$\frac{\partial z}{\partial y} = \frac{\partial z}{\partial u} \cdot \frac{\partial u}{\partial y} + \frac{\partial z}{\partial v} \cdot \frac{\partial v}{\partial y}$$

(2)二元复合函数求导法则的推广和变形

①中间变量个数少于最终变量个数

例如 $z=f(u,y)$, $u=u(x,y)$,是二元函数复合成为 x,y 的二元函数,但中间变量只有一个. 则

$$\frac{\partial z}{\partial x} = \frac{\partial z}{\partial u} \cdot \frac{\partial u}{\partial x}, \frac{\partial z}{\partial y} = \frac{\partial z}{\partial u} \cdot \frac{\partial u}{\partial y} + \frac{\partial f}{\partial y}$$

例如 $z=f(x,y)$, $x=x(u,v,w)$, $y=y(u,v,w)$,是二元函数复合成为 u,v,w 的三元函数

$$\frac{\partial z}{\partial u} = \frac{\partial z}{\partial x} \cdot \frac{\partial x}{\partial u} + \frac{\partial z}{\partial y} \cdot \frac{\partial y}{\partial u},$$

$$\frac{\partial z}{\partial v} = \frac{\partial z}{\partial x} \cdot \frac{\partial x}{\partial v} + \frac{\partial z}{\partial y} \cdot \frac{\partial y}{\partial v},$$

$$\frac{\partial z}{\partial w} = \frac{\partial z}{\partial x} \cdot \frac{\partial x}{\partial w} + \frac{\partial z}{\partial y} \cdot \frac{\partial y}{\partial w}.$$

②中间变量个数多于最终变量个数

例如 $z=f(u,v,w)$, $u=u(x,y)$, $v=v(x,y)$, $w=w(x,y)$ 是三元函数复合成为 x,y 的二元函数

$$\frac{\partial z}{\partial x} = \frac{\partial z}{\partial u} \cdot \frac{\partial u}{\partial x} + \frac{\partial z}{\partial v} \cdot \frac{\partial v}{\partial x} + \frac{\partial z}{\partial w} \cdot \frac{\partial w}{\partial x},$$

$$\frac{\partial z}{\partial y} = \frac{\partial z}{\partial u} \cdot \frac{\partial u}{\partial y} + \frac{\partial z}{\partial v} \cdot \frac{\partial v}{\partial y} + \frac{\partial z}{\partial w} \cdot \frac{\partial w}{\partial y}.$$

例如 $z=f(u,v)$, $u=u(x)$, $v=v(x)$,是二元函数复合成为 x 的一元函数.

$$\frac{dz}{dx} = \frac{\partial z}{\partial u} \cdot \frac{du}{dx} + \frac{\partial z}{\partial v} \cdot \frac{dv}{dx}$$

因为复合结果和中间变量都是 x 的一元函数,应该使用一元函数的导数记号;为了

与一元函数的导数相区别,有人把复合后一元函数的导数$\dfrac{dz}{dx}$称为全导数.

10. 二元函数的极值

定义:设函数$z=f(x,y)$在点(x_0,y_0)的某邻域内有定义,对于该邻域内异于(x_0,y_0)的点(x,y):若满足不等式$f(x,y)<f(x_0,y_0)$,则称函数在(x_0,y_0)有极大值;若满足不等式$f(x,y)>f(x_0,y_0)$,则称函数在(x_0,y_0)有极小值;极大值、极小值统称为极值.

使函数取得极值的点称为极值点.

定理(充分条件)

设函数$z=f(x,y)$在点(x_0,y_0)的某邻域内连续,有一阶及二阶连续偏导数,又$f_x(x_0,y_0)=0,f_y(x_0,y_0)=0$,令$f_{xx}(x_0,y_0)=A,f_{xy}(x_0,y_0)=B,f_{yy}(x_0,y_0)=C$,

则$f(x,y)$在点(x_0,y_0)处是否取得极值的条件如下:

(1)$B^2-AC<0$时有极值,

当$A<0$时有极大值,当$A>0$时有极小值;

(2)$B^2-AC>0$时没有极值;

(3)$B^2-AC=0$时可能有极值.

求函数$z=f(x,y)$极值的一般步骤:

第一步　解方程组$f_x(x,y)=0,f_y(x,y)=0$求出实数解,得驻点.

第二步　对于每一个驻点(x_0,y_0),求出二阶偏导数的值A、B、C.

第三步　定出B^2-AC的符号,再判定是否是极值.

条件极值:对自变量有附加条件的极值.

拉格朗日乘数法

要找函数$z=f(x,y)$在条件$\varphi(x,y)=0$下的可能极值点,

先构造函数$F(x,y)=f(x,y)+\lambda\varphi(x,y)$,

其中λ为某一常数,可由

$$\begin{cases} f_x(x,y)+\lambda\varphi_x(x,y)=0, \\ f_y(x,y)+\lambda\varphi_y(x,y)=0, \\ \varphi(x,y)=0. \end{cases}$$

解　出x,y,λ,其中x,y就是可能的极值点的坐标.

三、二重积分

1. 定义:

$$\iint\limits_{D}f(x,y)dxdy=\lim_{\lambda\to0}\sum_{i=1}^{n}f(\xi_i,\eta_i)\cdot\Delta\sigma_i(其中\lambda为区域分划的最大直径).$$

2. 几何意义：

当 $f(x,y) \geqslant 0$，$(x,y) \in D$，$\iint\limits_{D} f(x,y)dxdy$ 表示以 D 为底、曲面 $z = f(x,y)$ 为顶的 z 向曲顶柱体的体积，$\iint\limits_{D} dxdy$ 在数值上表示 D 的面积 S_D.

3. 性质：

(1)线性性质：$\iint\limits_{D} [af(x,y) + bg(x,y)]dxdy = a\iint\limits_{D} f(x,y)dxdy + \iint\limits_{D} g(x,y)dxdy$，$(a,b \in R)$；

(2)区域可加性：若把 D 划分为 D_1，D_2，则 $\iint\limits_{D} f(x,y)dxdy = (\iint\limits_{D_1} + \iint\limits_{D_2})f(x,y)dxdy$；

(3)估值定理：$M = \max\limits_{(x,y) \in D} f(x,y)$，$m = \min\limits_{(x,y) \in D} f(x,y)$，则 $mS_D \leqslant \iint\limits_{D} f(x,y)dxdy \leqslant MS_D$；

(4)中值定理：若 $f(x,y)$ 在 D 上连续，则存在 $(\xi,\eta) \in D$，使 $\iint\limits_{D} f(x,y)dxdy = f(\xi,\eta)S_D$.

4. 计算：

二重积分计算，是把二重积分的计算转化成求两次定积分的问题，这中间的关键问题是正确定出累次积分中内、外积分的上下积分限. 可以以下述流程来考虑这个问题：

作出积分区域的草图⇒区域以直角坐标还是以极坐标表示方便（如果区域表示成直角坐标形式，看作 X 型区域方便还是看作 Y 型区域 S 方便）⇒把积分区域准确地表示成不等式关系⇒正确使用二重积分计算法则，选好积分次序，表示二重积分成累次积分.

换成累次积分后原先次序的累次积分不便于计算或者无法计算，于是尝试以另一种次序的累次积分去计算就要采用交换累次积分的积分次序，所谓交换累次积分的积分次序问题，是指把先 x 后 y（或先 y 后 x）次序的累次积分，变成与之相等的先 y 后 x（或先 x 后 y）次序的累次积分. 引发这个问题的原因，是因为.

根据积分区域 D 的特点，化为累次积分，即连续两次计算定积分，计算内积分时，暂时视外积分变量为常数.

(1) $D = ((x,y) | \varphi_1(x) \leqslant y \leqslant \varphi_2(x)$，$a \leqslant b)$（$X$ 型双曲边梯形）

$$\iint\limits_{D} f(x,y)dxdy = \int_a^b dx \int_{\varphi_1(x)}^{\varphi_2(x)} f(x,y)dy ;$$

(2) $D = ((x,y) | \psi_1(y) \leqslant x \leqslant \psi_2(y)$，$c \leqslant d)$（$X$ 型双曲边梯形）

$$\iint\limits_{D} f(x,y)dxdy = \int_c^d dy \int_{\psi_1(y)}^{\psi_2(y)} f(x,y)dx ;$$

8.2　学法指导

一、关于多元函数的概念

1. 掌握多元函数的定义,简单的说,多元函数就是自变量多于一个的函数. 要求掌握二元函数的定义域,并会用平面图形表示;会画常见的二元函数的图形;了解二元函数的几何意义.

2. 多元函数的定义域的求法与一元函数的定义域的求法完全相同. 即先考虑三种情况:分母不为零;偶次根式的被开方式不小于零;要使对数函数,某些三角函数与反三角函数有意义,再建立不等式组,求出其公共部分就是多元函数的定义域. 如果多元函数是几个函数的代数和或几个函数的乘积,其定义域就是这些函数定义域的公共部分.

3. 二元函数的极限与连续性,要求了解二元函数极限和连续性的定义,知道"一切多元初等函数在其定义域内均连续"的结论,会求简单二元函数的极限,这里要类比一元函数极限问题,注意两个变量和一个变量的区别.

二、关于偏导数与全微分

1. 了解一阶偏导数的定义与计算方法,能够熟练、准确计算出多元函数(主要是二元函数)的一阶和二阶偏导数. 求多元函数对某个自变量的偏导数时,只需把其余变量都看做常量,然后用一元函数的求导方法即可. 值得注意的是,在一元函数中,若函数在某点的导数存在,则其在该点比连续;但在多元函数中,即使对每个自变量的偏导数都存在,函数也不一定连续.

2. 理解全微分的定义;了解偏导数和全微分的关系;并能熟练掌握多元函数(主要是二元函数)全微的计算. 掌握全微分在近似计算中的简单应用.

3. 要熟练掌握多元复合函数微分法与隐函数微分法,求二元复合函数偏导数,对于函数关系具体给出时,一般将一个变量看成常量,可直接对另一个变量求导数,但求带有抽象函数符号的复合函数偏导数时,必须使用复合函数的求导公式,其关键在于正确识别复合函数的中间变量与自变量的关系;用公式法求隐函数的偏导数时,将 $F(x,y,z)$ 看成是三个变量 x,y,z 的函数,即 x,y,z 处于同等地位,方程两边对 x 求偏导数时,x,y 是自变量,z 是 x,y 的函数,它们的地位是不同的.

4. 理解多元函数的极值与最值的概念,求条件极值式,可以化为无条件极值去解决,或用拉格朗日乘数法. 条件极值一般都是解决某些最大、最小值问题. 在实际问题中,往往根据问题本身就可以判定最大(最小)值是否存在,并不需要比较复杂的条件(充分条件)去判断.

三、关于二重积分

1. 基础的二重积分计算的基本途径就是将其转化为累次积分再求解,主要掌握直角坐标系下二重积分的基本步骤:(1)画出积分区域草图;(2)确定积分区域是否为 $X-$型区域或者 $Y-$型区域,若既不是 $X-$型区域也不是 $Y-$型区域,则要将积分区域化成几个 $X-$型区域和 $Y-$型区域,并用不等式组表示每个区域;(3)根据第(2)步不等式组所表示的取值范围(积分限)就可以将二重积分化为累次积分;(4)计算累次积分的值,即求两次定积分.

2. 交换积分次序,若给定的积分为二次积分,但是不能用初等函数形式表示,或者积分计算量较大,这次可以考虑交换积分次序,步骤为:(1)根据给定的二次积分限,写出积分区域的不等式表达式,并作出积分区域图形;(2)根据区域的图形,重新选择积分限,化为另一种类型的二重积分.

8.3 典型例题解析

例1 计算下列函数的极限:

$$(1)\lim_{\substack{x\to 0 \\ y\to 0}}\frac{x^3+y^3}{\sqrt{x+y+1}-1};(2)\lim_{\substack{x\to +\infty \\ y\to 1}}\left(1+\frac{1}{x}\right)^{\frac{x^2}{x+y}}.$$

解 (1)原式 $=\lim\limits_{\substack{x\to 0 \\ y\to 0}}\dfrac{(x^3+y^3)(\sqrt{x+y+1}+1)}{x+y}=\lim\limits_{\substack{x\to 0 \\ y\to 0}}(x^2-xy+y^2)(\sqrt{x+y+1}+1)$

$=0$;

(2)原式 $=\lim\limits_{\substack{x\to +\infty \\ y\to 1}}\left[\left(1+\dfrac{1}{x}\right)^x\right]^{\frac{x}{x+y}}=\lim\limits_{\substack{x\to +\infty \\ y\to 1}}\left[\left(1+\dfrac{1}{x}\right)^x\right]^{\frac{1}{1+\frac{y}{x}}}=e^1=e.$

例2 求 $z=(x+y)^{(2x+y)}$ 的偏导数.

解 两边同取对数可得 $lnz=ln(x+y)^{(2x+y)}$

即 $lnz=(2x+y)ln(x+y)$,

方程两边同时对 x 求导,可得 $\dfrac{1}{z}\dfrac{\partial z}{\partial x}=2ln(x+y)+\dfrac{2x+y}{x+y}$,

即 $\dfrac{\partial z}{\partial x}=(x+y)^{(2x+y)}\left[2ln(x+y)+\dfrac{2x+y}{x+y}\right]$

同理可知 $\dfrac{\partial z}{\partial y}=(x+y)^{(2x+y)}\left[ln(x+y)+\dfrac{2x+y}{x+y}\right].$

例3 证明当 $|x|,|y|$ 很小时,成立近似公式 $e^{x+y}\approx 1+(x+y)$.

证明 记 $f(x,y)=e^{x+y}$,取 $x_0=y_0=0$,

$$\Delta f = e^{x+y} - e^{0+0} \approx (e^{x+y})_x \big|_{\substack{x=0 \\ y=0}} x + (e^{x+y})_y \big|_{\substack{x=0 \\ y=0}} y = x + y$$

即　$e^{x+y} \approx 1 + (x+y)$.

例 4　证明函数 $u = \dfrac{1}{r}$ 满足方程 $\dfrac{\partial^2 u}{\partial x^2} + \dfrac{\partial^2 u}{\partial y^2} + \dfrac{\partial^2 u}{\partial z^2} = 0$（其中 $r = \sqrt{x^2 + y^2 + z^2}$.

证明　$\dfrac{\partial u}{\partial x} = -\dfrac{1}{r^2} \cdot \dfrac{\partial r}{\partial x} = -\dfrac{1}{r^2} \cdot \dfrac{x}{r} = -\dfrac{x}{r^3}$.

$$\dfrac{\partial^2 u}{\partial x^2} = \dfrac{\partial}{\partial x}\left(-\dfrac{x}{r^3}\right) = -\dfrac{r^3 - x \cdot \dfrac{\partial}{\partial x}(r^3)}{r^6} = -\dfrac{r^3 - x \cdot 3r^2 \dfrac{\partial r}{\partial x}}{r^6} = -\dfrac{1}{r^3} + \dfrac{3x^2}{r^5}.$$

同理　$\dfrac{\partial^2 u}{\partial y^2} = -\dfrac{1}{r^3} + \dfrac{3y^2}{r^5}, \dfrac{\partial^2 u}{\partial z^2} = -\dfrac{1}{r^3} + \dfrac{3z^2}{r^5}.$

因此　$\dfrac{\partial^2 u}{\partial x^2} + \dfrac{\partial^2 u}{\partial y^2} + \dfrac{\partial^2 u}{\partial z^2} = \left(-\dfrac{1}{r^3} + \dfrac{3x^2}{r^5}\right) + \left(-\dfrac{1}{r^3} + \dfrac{3y^2}{r^5}\right) + \left(-\dfrac{1}{r^3} + \dfrac{3z^2}{r^5}\right)$

$$= -\dfrac{3}{r^3} + \dfrac{3(x^2 + y^2 + z^2)}{r^5} = -\dfrac{3}{r^3} + \dfrac{3r^2}{r^5} = 0.$$

例 5　讨论 $f(x,y) = x^3 - 4x^2 + 2xy - y^2$ 在矩形 $D = ((x,y)\,|\,|x| < 6, |y| < 1)$ 内的极值.

解　由 $\begin{cases} f_x(x,y) = 3x^2 - 8x + 2y = 0, \\ f_y(x,y) = 2x - 2y = 0 \end{cases}$ 解得有唯一驻点 $(0,0)$ 在 D 中.

$A = f_{xx}(0,0) = 8 < 0, B = f_{xy}(0,0) = 2, C = f_{xy}(0,0) = -2, \Delta = B^2 - AC = -12 < 0$

所以 $(0,0)$ 为极大值点, 极大值 $f(0,0) = 0$.

例 6　用二重积分求曲线 $y = \sin x, y = \cos x$ 及 y 轴在第一象限所围成的区域 D 之面积 S.

解　$D = \left\{(x,y)\,\Big|\,\sin x \leqslant y \leqslant \cos x, 0 \leqslant x \leqslant \dfrac{\pi}{4}\right\}$,

$$A = \iint_D dx\,dy = \int_0^{\frac{\pi}{4}} dx \int_{\sin x}^{\cos x} dy = \int_0^{\frac{\pi}{4}} (\cos x - \sin x)\,dx = (\sin x + \cos x)\Big|_0^{\frac{\pi}{4}} = \sqrt{2} - 1.$$

例 6　求两个底圆半径都等于 R 的直交圆柱面所围成的立体的体积 V.

解　据对称性, V 是立体在第一卦限中的体积的 8 倍. 视立体在第一卦限部分为以曲面 $z = \sqrt{R^2 - x^2}$ 为 $D = \{(x,y)\,|\,0 \leqslant y \leqslant \sqrt{R^2 - x^2}, 0 \leqslant x \leqslant R\}$ 为底的曲顶柱体. 于是

$$V = 8 \iint_D \sqrt{R^2 - x^2}\,dx\,dy$$

$$= \int_0^R dx \int_0^{\sqrt{R^2 - x^2}} \sqrt{R^2 - x^2}\,dy = 8 \int_0^R (R^2 - x^2)\,dx = \dfrac{16}{3} R^3.$$

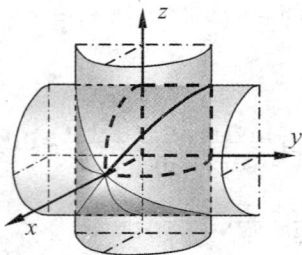

例 7 计算二重积分 $I = \iint\limits_{D} |\cos(x+y)| \, dxdy$，$D$ 是由直线 $y = x$，$y = 0$，$x = \dfrac{\pi}{2}$ 所围成的区域.

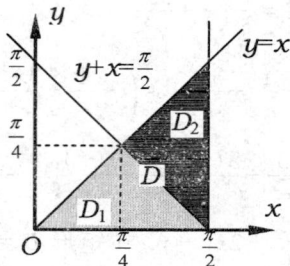

解 作出积分区域草图如图. 令 $\cos(x+y) = 0$，得 $x + y = \dfrac{\pi}{2}$；直线 $x + y = \dfrac{\pi}{2}$ 将积分区域分为 D_1，D_2 两部份：$D = D_1 \cup D_2$，在 D_1 中 $x + y \leqslant \dfrac{\pi}{2}$，$\cos(x+y) \geqslant 0$，在 D_2 中 $x + y \geqslant \dfrac{\pi}{2}$，$\cos(x+y) \leqslant 0$.

$$I = \iint\limits_{D_1} \cos(x+y) \, dxdy - \int\limits_{D_2} \cos(x+y) \, dxdy.$$

视 D_1 为 Y 型双曲边梯形：$D_1 = \left\{ (x,y) \,\middle|\, 0 \leqslant y \leqslant \dfrac{\pi}{4}, y \leqslant x \leqslant \dfrac{\pi}{2} - y \right\}$；

视 D_2 为 X 型双曲边梯形：$D_2 = \left\{ (x,y) \,\middle|\, \dfrac{\pi}{4} \leqslant x \leqslant \dfrac{\pi}{2}, \dfrac{\pi}{2} - x \leqslant y \leqslant x \right\}$. 于是

$$I = \int_0^{\frac{\pi}{4}} dy \int_y^{\frac{\pi}{2}-y} \cos(x+y) \, dx - \int_{\frac{\pi}{4}}^{\frac{\pi}{2}} dx \int_{\frac{\pi}{2}-x}^{x} \cos(x+y) \, dy$$

$$= \int_0^{\frac{\pi}{4}} \left[\sin(x+y) \right]_y^{\frac{\pi}{2}-y} dy - \int_{\frac{\pi}{4}}^{\frac{\pi}{2}} \left[\sin(x+y) \right]_{\frac{\pi}{2}-x}^{x} dx$$

$$= \int_0^{\frac{\pi}{4}} (1 - \sin 2y) \, dy - \int_{\frac{\pi}{4}}^{\frac{\pi}{2}} (\sin 2x - 1) \, dx = \frac{\pi}{2} - 1.$$

例 8 计算累次积分 $I = \int_0^1 x^2 \, dx \int_x^1 e^{y^2} \, dy$.

分析 内积分里的被积函数 e^{y^2} 不存在有限形式的原函数，因此无法求出内积分为外积分变量的函数. 尝试换成先 y 后 x 的积分次序.

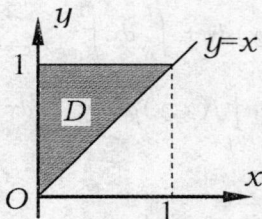

解　设 $I = \int_0^1 x^2 dx \int_x^1 e^{y^2} dy = \iint\limits_D x^2 e^{y^2} dx dy$，则 $D = \{(x,y) \mid 0 \leqslant x \leqslant 1, x \leqslant y \leqslant 1\}$，作出

D 的图象，原累次积分是视 D 为 X 型区域的结果.

现视 D 为 Y 型区域：$D = \{(x,y) \mid 0 \leqslant y \leqslant 1, 0 \leqslant x \leqslant y\}$，则

$$I = \int_0^1 e^{y^2} dy \int_0^y x^2 dx = \frac{1}{3} \int_0^1 y^3 e^{y^2} dy (\diamondsuit\, u = y^2, du = 2y dy)$$

$$= \frac{1}{6} \int_0^1 u e^u du = \frac{1}{6} e^u (u - 1) \Big|_0^1 = \frac{1}{6}.$$

例 9　交换累次积分 $\int_0^1 dx \int_{-x}^{x^2} f(x,y) dy$ 的积分次序.

解　设 $\int_0^1 dx \int_{-x}^{x^2} f(x,y) dy = \int_D f(x,y) dx dy$，则原视 D 为 X 型区域.

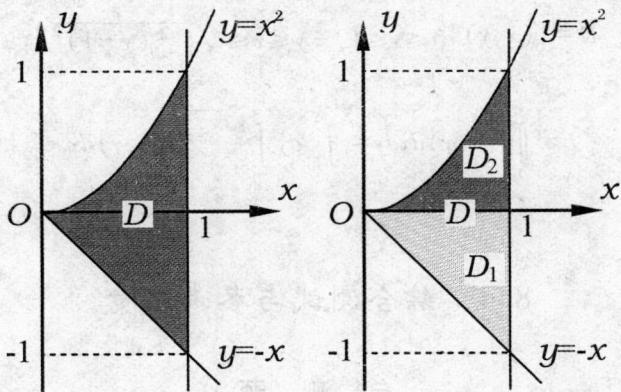

$D = \{(x,y) \mid 0 \leqslant x \leqslant 1, -x \leqslant y \leqslant x^2\}$，

视 D 为 Y 型区域，则

$D = D_1 \cup D_2$，

$D_1 = \{(x,y) \mid -1 \leqslant y \leqslant 0, -y \leqslant x \leqslant 1\}$，

$D_2 = \{(x,y) \mid 0 \leqslant y \leqslant 1, \sqrt{y} \leqslant x \leqslant 1\}$.

所以

$$\int_0^1 dx \int_{-x}^{x^2} f(x,y) dy$$

$$= \int_{-1}^0 dy \int_{-y}^1 f(x,y) dx + \int_0^1 dy \int_{\sqrt{y}}^1 f(x,y) dx.$$

例 10 设 $I = \int_{-1}^{0} dx \int_{-x}^{1} f(x,y) dy + \int_{0}^{1} dx \int_{1-\sqrt{1-x^2}}^{1} f(x,y) dy$，试交换积分次序.

解 设 $\int_{-1}^{0} dx \iint_{-x}^{1} f(x,y) dy = \iint_{D_1} f(x,y) dxdy$，$\int_{0}^{1} dx \int_{1-\sqrt{1-x^2}}^{1} f(x,y) dy = \iint_{D_2} f(x,y) dx$-$dy$，则

$$D_1 = \{(x,y) \mid -1 \leqslant x \leqslant 0, -x \leqslant y \leqslant 1\}, D_2 = \{(x,y) \mid 0 \leqslant x \leqslant 1, 1-\sqrt{1-x^2} \leqslant y \leqslant 1\},$$

且视 D_1, D_2 为 X 型区域，把二重积分化为累次积分.

记 $D = D_1 \cup D_2$，则

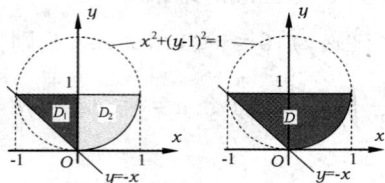

$$I = \iint_{D_1} f(x,y) dxdy + \iint_{D_2} f(x,y) dxdy$$

$$= \iint_{D} f(x,y) dxdy,$$

在最后一个二重积分中，视积分区域 D 为 Y 型区域，则

$$D = \{(x,y) \mid 0 \leqslant y \leqslant 1, -y \leqslant x \leqslant \sqrt{1-(y-1)^2}\}$$

于是

$$I = \iint_{D} f(x,y) dxdy = \int_{0}^{1} dy \int_{-y}^{\sqrt{2y-y^2}} f(x,y) dx.$$

8.4 综合测试与参考答案

自 测 题

1.填空

(1)二元函数 $z = \sqrt{\ln \dfrac{4}{x^2+y^2}} + \arcsin \dfrac{1}{x^2+y^2}$ 的定义域是（　　　）.

(A)$1 \leqslant x^2 + y^2 \leqslant 4$;　　　　　　　　(B)$1 < x^2 + y^2 \leqslant 4$;

(C)$1 \leqslant x^2 + y^2 < 4$;　　　　　　　　(D)$1 < x^2 + y^2 < 4$.

(2)$\lim\limits_{\substack{x \to 0 \\ y \to 0}} (x^2 + y^2)^{x^2y^2} = （　　　）$.

(A)0;　　　　　(B)1;　　　　　(C)2;　　　　　(D)e.

(3). 设 $z = f(x,v)$，$v = v(x,y)$ 其中 f,v 具有二阶连续偏导数. 则 $\dfrac{\partial^2 z}{\partial y^2} = （　　　）$.

(A) $\dfrac{\partial^2 f}{\partial v \partial y} \cdot \dfrac{\partial v}{\partial y} + \dfrac{\partial f}{\partial v} \cdot \dfrac{\partial^2 v}{\partial y^2}$;

(B) $\dfrac{\partial f}{\partial v} \cdot \dfrac{\partial^2 v}{\partial y^2}$;

(C) $\dfrac{\partial^2 f}{\partial v^2}\left(\dfrac{\partial v}{\partial y}\right)^2 + \dfrac{\partial f}{\partial v} \cdot \dfrac{\partial^2 v}{\partial y^2}$;

(D) $\dfrac{\partial^2 f}{\partial v^2} \cdot \dfrac{\partial v}{\partial y} + \dfrac{\partial f}{\partial v} \cdot \dfrac{\partial^2 v}{\partial y^2}$.

(4) $\displaystyle\int_0^1 dx \int_0^{1-x} f(x,y) dy = ($　　　$)$

(A) $\displaystyle\int_0^{1-x} dy \int_0^1 f(x,y) dx$;

(B) $\displaystyle\int_0^1 dy \int_0^{1-x} f(x,y) dx$;

(C) $\displaystyle\int_0^1 dy \int_0^1 f(x,y) dx$;

(D) $\displaystyle\int_0^1 dy \int_0^{1-y} f(x,y) dx$.

2、填空题

(1) 若 $f\left(\dfrac{y}{x}\right) = \dfrac{\sqrt{x^2+y^2}}{y}(y>0)$,则 $f(x) = $ _____.

(2) 设 $z = \arctan \dfrac{y}{x}$,则 $\dfrac{\partial^2 z}{\partial x^2} = $ _____; $\dfrac{\partial^2 z}{\partial y^2} = $ _____; $\dfrac{\partial^2 z}{\partial x \partial y} = $ _____.

(3) 二元函数 $z = 3(x+y) - x^3 - y^3$ 的极值点是 _____.

(4) 比较大小,$\displaystyle\int_D (x^2+y^2) d\sigma$ _____ $\displaystyle\int_D (x+y)^3 d\sigma$,其中 D 是由圆 $(x-2)^2 + (y-1)^2 = 2$ 所围成

(5) 二重积分 $\displaystyle\iint_D f(x,y) d\sigma$ 的几何意义是 _____.

3、求下列函数的一阶偏导数:

(1) $z = x^{\ln y}$;

(2) $u = f(x, xy, xyz), z = \varphi(x,y)$;

(3) $f(x,y) = \begin{cases} \dfrac{x^2 y}{x^2+y^2} & x^2+y^2 \neq 0 \\ 0 & x^2+y^2 = 0 \end{cases}$

4、设 $z = f(u, x, y), u = xe^y$,其中 f 具有连续的二阶偏导数,求 $\dfrac{\partial^2 z}{\partial x \partial y}$.

5、求内接于半径为 a 的球且有最大体积的长方体.

6、计算二重积分 $\iint\limits_{D} (x^2 - y^2) d\sigma$，其中 D 是闭区域 $:0 \le y \le \sin x, 0 \le x \le \pi$.

7、作出积分区域图形并交换下列二次积分的次序：

(1) $\int_0^1 dy \int_0^{2y} f(x,y) dx + \int_1^3 dy \int_0^{3-y} f(x,y) dx$;

(2) $\int_0^1 dx \int_{\sqrt{x}}^{1+\sqrt{1-x^2}} f(x,y) dy$;

自测题参考解答

1、(1)、A；　(2)、B；　(3)、A；　(4)、D.

2、(1) $\dfrac{\sqrt{1+x^2}}{x}$；　(2) $\dfrac{2xy}{(x^2+y^2)^2}$，$-\dfrac{2xy}{(x^2+y^2)^2}$，$\dfrac{y^2-x^2}{(x^2+y^2)^2}$；　(3) $(-1,2)$　(4) $\int\limits_{D} (x$

$+y)^2 d\sigma \le \int\limits_{D} (x+y)^3 d\sigma$　(5) 以 $z = f(x,y)$ 为曲顶，以 D 为底的曲顶柱体体积的代

数和

3、(1) $z_x = (\ln y) x^{\ln y - 1}$, $z_y = \dfrac{\ln x}{y} x^{\ln y}$；　(2) $u_x = f_1 + y f_2 + (yz + xyz_x) f_3$, $u_y = x f_2 + (xz +$

$xyz_y) f_3$.　(3) $f_x(x,y) = \begin{cases} \dfrac{2xy^3}{(x^2+y^2)^2}, x^2+y^2 \ne 0 \\ 0, x^2+y^2 = 0 \end{cases}$, $f_y(x,y) = \begin{cases} \dfrac{x^2(x^2-y^2)}{(x^2+y^2)^2}, x^2+y^2 \ne 0 \\ o, x^2+y^2 = 0 \end{cases}$.

4、$xe^{2y} f_{uv} e^y f_{uy} + xe^y f_{xu} + f_{xy} + e^y f_u$.

5、当长，宽，高都是 $\dfrac{2a}{\sqrt{3}}$ 时，可得最大的体积.

6、$\pi^2 - \dfrac{40}{9}$

7、(1) $\int_0^2 dx \int_{\frac{x}{2}}^{3-x} f(x,y) dy$；　(2) $\int_0^1 dy \int_0^{y^2} f(x,y) dx + \int_1^2 dy \int_0^{\sqrt{2y-y^2}} f(x,y) dx$；

8.5　教材《作业与练习》参考答案

作业与练习　7.1

1. (1)1　(2)$t^2 f(x,y)$

2. (1) $\{(x,y) \,|\, x^2+y^2 \ne 16$ 且 $x^2+y^2 \ne 4\}$　(2) $\{(x,y) \,|\, x \ge 0, y \ge 0, x^2 \ge y\}$　(3)
   $\{(x,y) \,|\, 0 < x^2+y^2 < 1, y^2 \le 4x\}$　(　　　　4　　　　)
   $\{(x,y) \,|\, x > 0, -x \le y \le x\} \cup \{(x,y) \,|\, x < 0, x \le y \le -x\}$

3. (1)1　(2)0　(3)$-\dfrac{1}{4}$　(4)0；　(5)$+\infty$.

4. $(1)\{(x,y)\,|\,y\neq\pm x\}$ $(2)\{(x,y)\,|\,(x,y)\neq(0,0)\}$

作业与练习7.2

1. $(1)\dfrac{\partial z}{\partial x}=2x+3y,\dfrac{\partial z}{\partial y}=3x+2y.\dfrac{\partial z}{\partial x}\Big|_{\substack{x=1\\y=2}}=2\cdot1+3\cdot2=8,\dfrac{\partial z}{\partial y}\Big|_{\substack{x=1\\y=2}}=3\cdot1+2\cdot2=7$

$(2)f_x(1,0)=\left[\dfrac{d}{dx}f(x,0)\right]_{x=1}=\dfrac{1}{x}\Big|_{x=1}=1,f_y(1,0)=\left[\dfrac{d}{dy}f(1,y)\right]_{y=0}=\dfrac{1}{2+y}\Big|_{y=0}$

$=\dfrac{1}{2}$

2. $(1)\dfrac{\partial z}{\partial x}=2x\sin2y\left(\dfrac{\partial z}{\partial y}=2x^2\cos2y.\right.$ $(2)\dfrac{\partial z}{\partial x}=e^{x^2+y^2}\cdot(x^2+y^2)'_x=2xe^{x^2+y^2},\dfrac{\partial z}{\partial y}=e^{x^2+y^2}\cdot$

$(x^2+y^2)'_y=2ye^{x^2+y^2}.$ $(3)\dfrac{\partial z}{\partial x}=\dfrac{y(y^2-x^2)}{(x^2+y^2)^2},\dfrac{\partial z}{\partial y}=\dfrac{x(x^2-y^2)}{(x^2+y^2)^2},$ $(4)\dfrac{\partial z}{\partial x}=\dfrac{1}{\sqrt{x^2+y^2}},\dfrac{\partial z}{\partial y}$

$=\dfrac{y}{\sqrt{x^2+y^2}(x+\sqrt{x^2+y^2})},$ $(5)\dfrac{\partial z}{\partial x}=y^2(1+xy)^{y-1},\dfrac{\partial z}{\partial y}=(1+xy)^y$

$\left[\ln(1+xy)+\dfrac{xy}{1+xy}\right]$ $(6)\dfrac{\partial u}{\partial x}=\dfrac{y}{xz}x^{\frac{y}{z}},\dfrac{\partial u}{\partial y}=\dfrac{1}{z}x^{\frac{y}{z}}\ln x,\dfrac{\partial u}{\partial z}=\dfrac{-y}{z^2}x^{\frac{y}{z}}\ln x$

3. $\dfrac{\partial z}{\partial x}=yx^{y-1}\left(\dfrac{\partial z}{\partial y}=x^y\ln x.\right.$

$\dfrac{x}{y}\dfrac{\partial z}{\partial x}+\dfrac{1}{\ln x}\dfrac{\partial z}{\partial y}=\dfrac{x}{y}yx^{y-1}+\dfrac{1}{\ln x}x^y\ln x=x^y+x^y=2z$

4. $(1)\dfrac{\partial z}{\partial x}=\ln(xy)+1,\dfrac{\partial z}{\partial y}=\dfrac{x}{y},\dfrac{\partial^2 z}{\partial x^2}=\dfrac{1}{x},\dfrac{\partial^2 z}{\partial x\partial y}=\dfrac{1}{y},\dfrac{\partial^2 z}{\partial y\partial x}=\dfrac{1}{y}$

$(2)\dfrac{\partial z}{\partial x}=3x^2y-6xy^3,\dfrac{\partial z}{\partial y}=x^3-9x^2y^2,\dfrac{\partial^2 z}{\partial x^2}=6xy-6y^3,\dfrac{\partial^2 z}{\partial x\partial y}=3x^2-18xy^2,\dfrac{\partial^2 z}{\partial y^2}=-$

$18x^2y,\dfrac{\partial^2 z}{\partial y\partial x}=3x^2-18xy^2.$

5. $(1)-\dfrac{y}{x^2}e^{\frac{y}{x}},\dfrac{1}{x}e^{\frac{y}{x}},-\dfrac{1}{x}e^{\frac{y}{x}}\left(\dfrac{y}{x}dx-dy\right);$

$(2)\dfrac{\partial u}{\partial x}=1,\dfrac{\partial u}{\partial y}=\dfrac{1}{2}\cos\dfrac{y}{2}+ze^{yz},\dfrac{\partial u}{\partial z}=ye^{yz},du=dx+\left(\dfrac{1}{2}\cos\dfrac{y}{2}+ze^{yz}\right)dy+ye^{yz}dz.$

$(3)-0.119,-0.125;$

$(4)\left(y+\dfrac{1}{y}\right)\Delta x,y+\dfrac{1}{y}.$

6. $(1)\dfrac{1}{3}dx+\dfrac{2}{3}dy.$ $(2)0$

7. $(1)2.95$ $(2)108.9$ $(3)0.5023$

8. $55.3\text{ cm}^3.$

作业与练习 7.3

1. （1）$\dfrac{dz}{dx} = \dfrac{e^x(1+x)}{1+x^2 e^{2x}}$

   （2）$\dfrac{dz}{dt} = \dfrac{\partial z}{\partial u} \cdot \dfrac{du}{dt} + \dfrac{\partial z}{\partial v} \cdot \dfrac{dv}{dt} + \dfrac{\partial z}{\partial t}$

   $\qquad = ve^t - u\sin t + \cos t$

   $\qquad = e^t \cos t - e^t \sin t + \cos t = e^t(\cos t - \sin t) + \cos t.$

   （3）$\dfrac{dz}{dt} = \dfrac{\partial z}{\partial x} \cdot \dfrac{dx}{dt} + \dfrac{\partial z}{\partial y} \cdot \dfrac{dy}{dt} = yx^{y-1} \cdot 2e^{2t} + x^y \ln x \cdot \dfrac{1}{t}$

   $\qquad = 2yx^y + 2x^y$

   $\qquad = 2x^y(y+1)$

   $\qquad = 2t^{2t}(\ln t + 1).$

2. （1）$\dfrac{\partial z}{\partial x} = \dfrac{\cos y(\cos x + x\sin x)}{y\cos^2 x}, \dfrac{\partial z}{\partial y} = -\dfrac{x\cos x(y\sin y + \cos y)}{y^2 \cos^2 x};$

   （2）$\dfrac{\partial z}{\partial x} = \dfrac{2x}{y^2}\ln(3x-2y) + \dfrac{3x^2}{(3x-2y)y^2}, \dfrac{\partial z}{\partial y} = -\dfrac{2x^2}{y^3}\ln(3x-2y) - \dfrac{2x^2}{(3x-2y)y^2};$

   （3）$\dfrac{\partial z}{\partial x} = \dfrac{\partial f}{\partial x} + \dfrac{\partial f}{\partial v} \cdot \dfrac{\partial v}{\partial x} = (\sin v + 4x) + (x\cos v + e^v) \cdot 2x$

   $\qquad = [\sin(x^2+y^2) + 4x] + [x\cos(x^2+y^2) + e^{x^2+y^2}] \cdot 2x.$

   $\qquad \dfrac{\partial f}{\partial x} = \sin v + 4x = \sin(x^2+y^2) + 4x.$

   （4）$\dfrac{\partial z}{\partial x} = \left[2x + y - \dfrac{2x^2 y}{(x^2+y^2)y^2}\right]e^{\frac{xy}{x^2+y^2}},$

   $\qquad \dfrac{\partial z}{\partial y} = \left[2y + x - \dfrac{2y^2 x}{(x^2+y^2)}\right]e^{\frac{xy}{(x^2+y^2)}}.$

   （5）令 $u = x^2 - y^2, v = xy,$ 可得

   $\dfrac{\partial z}{\partial x} = \dfrac{\partial z}{\partial u} \cdot \dfrac{\partial u}{\partial x} + \dfrac{\partial z}{\partial v} \cdot \dfrac{\partial v}{\partial x} = 2x\dfrac{\partial z}{\partial u} + y\dfrac{\partial z}{\partial v}, \dfrac{\partial z}{\partial y} = \dfrac{\partial z}{\partial u} \cdot \dfrac{\partial u}{\partial y} + \dfrac{\partial z}{\partial v} \cdot \dfrac{\partial v}{\partial y}$

   $\qquad\qquad\qquad\qquad\qquad\qquad\qquad\qquad\qquad = -2y\dfrac{\partial z}{\partial u} + x\dfrac{\partial z}{\partial v},$

   （6）令 $v = x\cos y,$ 得

   $\qquad \dfrac{\partial z}{\partial x} = \dfrac{\partial f}{\partial x} + \dfrac{\partial f}{\partial v} \cdot \dfrac{\partial v}{\partial x} = \dfrac{\partial f}{\partial x} + \cos y\dfrac{\partial f}{\partial v}.$

   $\qquad \dfrac{\partial z}{\partial y} = \dfrac{\partial f}{\partial v} \cdot \dfrac{\partial v}{\partial y} = -x\sin y \cdot \dfrac{\partial f}{\partial v}.$

   （7）令 $u = x^2, v = xy, t = xyz.$ 可得

$$\frac{\partial w}{\partial x} = \frac{\partial w}{\partial u} \cdot \frac{du}{dx} + \frac{\partial w}{\partial v} \cdot \frac{\partial v}{\partial x} + \frac{\partial w}{\partial t} \cdot \frac{\partial t}{\partial x}$$

$$= 2x\frac{\partial w}{\partial u} + y\frac{\partial w}{\partial v} + yz\frac{\partial w}{\partial t},$$

$$\frac{\partial w}{\partial y} = \frac{\partial w}{\partial v} \cdot \frac{\partial v}{\partial y} + \frac{\partial w}{\partial t} \cdot \frac{\partial t}{\partial y} = x\frac{\partial w}{\partial v} + xz\frac{\partial w}{\partial t}.$$

$$\frac{\partial w}{\partial z} = \frac{\partial w}{\partial t}\frac{\partial t}{\partial z} = xy\frac{\partial w}{\partial t}.$$

作业与练习 7.4

1. 求方程组 $\begin{cases} z_x = 2x - y - 2 = 0, \\ z_y = -x + 2y + 1 = 0 \end{cases}$ 的一切实数解,得驻点 $(1,0)$.

求函数的二阶偏导数 $z_{xx} = 2$, $z_{xy} = -1$, $z_{yy} = 2$. 在 $(1,0)$ 点处,有 $A = 2, B = -1, C = 2$.

$B^2 - AC = -3 < 0$,且 $A > 0$,

由极值的充分条件,得 $f(1,0) = -1$ 为极小值.

2. 由 $z_x = \frac{(x^2 + y^2 + 1) - 2x(x + y)}{(x^2 + y^2 + 1)^2} = 0$, $z_y = \frac{(x^2 + y^2 + 1) - 2y(x + y)}{(x^2 + y^2 + 1)^2} = 0$,

得驻点 $\left(\frac{1}{\sqrt{2}}, \frac{1}{\sqrt{2}}\right)$ 和 $\left(-\frac{1}{\sqrt{2}}, -\frac{1}{\sqrt{2}}\right)$,因为 $\lim\limits_{\substack{x \to \infty \\ y \to \infty}} \frac{x + y}{x^2 + y^2 + 1} = 0$

即边界上的值为零. $z\left(\frac{1}{\sqrt{2}}, \frac{1}{\sqrt{2}}\right) = \frac{1}{\sqrt{2}}$, $z\left(-\frac{1}{\sqrt{2}}, -\frac{1}{\sqrt{2}}\right) = -\frac{1}{\sqrt{2}}$,

所以最大值为 $\frac{1}{\sqrt{2}}$,最小值为 $-\frac{1}{\sqrt{2}}$.

3. 设矩形的边长分别为 x 和 y,且绕边长为 y 的边旋转,得到旋转圆柱体的体积为

$V = \pi x^2 y$, $x > 0$, $y > 0$,其中矩形边长 x, y 满足的约束条件是

$2x + 2y = 2p$,即 $x + y = p$

现在求函数 $V = f(x,y) = \pi x^2 y$ 在条件 $x + y - p = 0$ 下的最大值.

构造辅助函数: $F(x,y,\lambda) = \pi x^2 y + \lambda(x + y - p)$,

求 $F(x,y)$ 的偏导数,并建立方程组

$\begin{cases} F_x(x,y,\lambda) = 2\pi xy + \lambda = 0, \\ F_y(x,y,\lambda) = \pi x^2 + \lambda = 0, \\ F_\lambda(x,y,\lambda) = x + y - p = 0. \end{cases}$ 由方程组中的第一、二两个方程消去 λ,得 $2y = x$,代入第

三个方程,得 $y = \frac{p}{3}$, $x = \frac{2}{3}p$. 根据实际问题,最大值一定存在,且只求得唯一的可能极

值点,所以函数的最大点必在 $\left(\dfrac{2}{3}p,\dfrac{1}{3}p\right)$ 处取到. 即,当矩形边长 $x=\dfrac{2}{3}p$,$y=\dfrac{1}{3}p$ 时,绕

y 边旋转所得的圆柱体的体积最大,$V_{max}=\dfrac{4}{27}\pi p^3$.

<h2 style="text-align:center">作业与练习7.5</h2>

2. $V=\displaystyle\iint\limits_{D}\left[1-(x^2+y^2)\right]d\sigma$,$D:0\leq x^2+y^2\leq 1$

3. 在 D 上,$f(x,y)=e^{x^2+y^2}$ 的最小值 $m=e$,最大值 $M=e^4$,而 D 的面积 $S(D)=4\pi-\pi=$

3π. 由估值公式(3)得 $3\pi e\leq\displaystyle\iint\limits_{D}e^{x^2+y^2}d\sigma\leq 3\pi e^4$.

4. $\because f(x,y)=\dfrac{1}{\sqrt{(x+y)^2+16}}$,区域面积 $\sigma=2$,在 D 上 $f(x,y)$ 的最大值 $M=\dfrac{1}{4}$ $\quad(x=y$

$=0)$

$f(x,y)$ 的最小值 $m=\dfrac{1}{\sqrt{3^2+4^2}}=\dfrac{1}{5}$,$(x=1,y=2)$

故 $\dfrac{2}{5}\leq I\leq\dfrac{2}{4}\Rightarrow 0.4\leq I\leq 0.5$.

5. $\displaystyle\iint\limits_{D}\dfrac{y}{x^2}dxdy=\int_{1}^{2}dx\int_{0}^{1}\dfrac{y}{x^2}dy=\int_{1}^{2}\dfrac{1}{2x^2}y^2\Big|_{0}^{1}dx=\dfrac{1}{2}\int_{1}^{2}\dfrac{dx}{x^2}=\dfrac{1}{4}$.

6. 先对 y 积分,

　　作平行于 y 轴的直线与区域 D 相交,沿着 y 轴正方向看,入口曲线 $y=0$;出口曲线

为 $y=\sqrt{1-x^2}$,因此 $0\leq y\leq\sqrt{1-x^2}$

$\displaystyle\iint\limits_{D}ydxdy=\int_{-1}^{1}dx\int_{0}^{\sqrt{1-x^2}}ydy=\int_{-1}^{1}\dfrac{1}{2}y^2\Big|_{0}^{\sqrt{1-x^2}}dx=\dfrac{1}{2}\int_{-1}^{1}(1-x^2)dx=\dfrac{2}{3}$

7. $\dfrac{1}{2}(1-e^4)$

8. $\displaystyle\iint\limits_{D}xy\cos(xy^2)dxdy=\int_{0}^{\frac{\pi}{2}}dx\int_{0}^{2}xy\cos(xy^2)dy=\dfrac{1}{2}\int_{0}^{\frac{\pi}{2}}\left[\sin(xy^2)\right]\Big|_{0}^{2}dx=\dfrac{1}{2}\int_{0}^{\frac{\pi}{2}}\sin4xdx$

$=0$

9. **解法1**　先对 y 积分.　作平行于 y 轴的直线与积分区域 D 相交,沿着 y 的正方向看,

　　入口曲线为 $y=0$,出口曲线为 $y=x$,D 在 x 轴上的投影区间为 $\left[0,\dfrac{\pi}{2}\right]$.

$\displaystyle\iint\limits_{D}\sin x\cos ydxdy=\int_{0}^{\frac{\pi}{2}}dx\int_{0}^{x}\sin x\cos ydy=\int_{0}^{\frac{\pi}{2}}\sin x\sin y\Big|_{0}^{x}dy=\int_{0}^{\frac{\pi}{2}}\sin^2xdx=\dfrac{\pi}{4}$

　　解法2　先对 x 积分.

　　作平行于 x 轴的直线与积分区域 D 相交,沿 x 轴的正方向看,入口曲线为 $x=y$,出

口曲线为 $x = \dfrac{\pi}{2}$. D 在 y 轴上的投影区间为 $\left[0, \dfrac{\pi}{2}\right]$. 故

$$\iint\limits_{D} \sin x \cos y \, dx \, dy = \int_0^{\frac{\pi}{2}} dy \int_0^x \sin x \cos y \, dx = \int_0^{\frac{\pi}{2}} \cos y \left[-\cos x\right] \Big|_y^{\frac{\pi}{2}} dy = \int_0^{\frac{\pi}{2}} \cos^2 y \, dy = \frac{\pi}{4}$$

习题 7

1. $(1) A$　$(2) B$　$(3) B$

2. (1) $-\dfrac{13}{12}, f(x, y)$;

　　(2) $e^{xy}(xy + y^2 + 1), e^{xy}(xy + x^2 + 1)$;

　　(3) $\dfrac{3(1 - 4t^2)}{\sqrt{1 - (3t - 4t^3)^2}}$.

　　(4) $>$, $<$

　　(5) $\leqslant$.

3. 设中间变量 $u = x + y$, $v = x - y$, 则 $z = f(y, u, v) = 2yu^v$.

　　$\dfrac{\partial z}{\partial y} = \dfrac{\partial f}{\partial y} + \dfrac{\partial f}{\partial u} \cdot \dfrac{\partial u}{\partial y} + \dfrac{\partial f}{\partial v} \cdot \dfrac{\partial v}{\partial y} = 2\left[u^v + yvu^{v-1} \cdot 1 + yu^v \ln u \cdot (-1)\right]$

　　　　$= 2(x + y)^{xy} + y(x - y)(x + y)^{x-y-1} - y(x + y)^{xy} \ln(x + y)$

　　　　$= 2(x + y)^{xy-1} \left[(x + y) + y(x - y) - y(x + y)n(x + y)\right]$

4. $\dfrac{\partial z}{\partial x} = \dfrac{1}{x^2 + y^2} \cdot 2x \cdot \sin(x^2 + 2y) + \ln(x^2 + y^2) \cos(x^2 + 2y) \cdot 2x$

　　　$= \left[2 \dfrac{x\sin(x^2 + 2y)}{x^2 + y^2} + x\ln(x^2 + y^2) \cos(x^2 + 2y)\right]$;

　　$\dfrac{\partial z}{\partial y} = \dfrac{1}{x^2 + y^2} \cdot 2y \cdot \sin(x^2 + 2y) + \ln(x^2 + y^2) \cos(x^2 + 2y) \cdot 2$

　　　$= 2\left[\dfrac{y\sin(x^2 + 2y)}{x^2 + y^2} + \ln(x^2 + y^2) \cos(x^2 + 2y)\right]$.

5. $\dfrac{\partial^2 z}{\partial x^2} = y^x \ln^2 y$, $\dfrac{\partial^2 z}{\partial y^2} = x(x - 1)y^{x-2}$, $\dfrac{\partial^2 z}{\partial x \partial y} = y^{x-1}(x\ln y + 1)$

6. 思路:把 z 看成 x, y 的函数对 x 求偏导数得 $\dfrac{\partial z}{\partial x}$,

　　把 x 看成 z, y 的函数对 y 求偏导数得 $\dfrac{\partial x}{\partial y}$,

　　把 y 看成 x, z 的函数对 z 求偏导数得 $\dfrac{\partial y}{\partial z}$.

　　令 $u = x + y + z$, $v = xyz$, 则 $z = f(u, v)$, 把 z 看成 x, y 的函数对 x 求偏导数得

　　　$= f_u \cdot \left(1 + \dfrac{\partial z}{\partial x}\right)$ 整理得 $\dfrac{\partial z}{\partial x} = \dfrac{f_u + yzf_v}{1 - f_u - xyf_v}$,

把 x 看成 z,y 的函数对 y 求偏导数得

$$0 = f_u \cdot \left(\frac{\partial x}{\partial y} + 1 \right) + f_v \cdot \left(xz + yz \frac{\partial x}{\partial y} \right), 整理得 \frac{\partial x}{\partial y} = -\frac{f_u + xzf_v}{f_u + yzf_v},$$

把 y 看成 x,z 的函数对 z 求偏导数得

$$1 = f_u \cdot \left(\frac{\partial y}{\partial z} + 1 \right) + f_v \cdot \left(xy + xz \frac{\partial y}{\partial z} \right),$$

整理得 $\dfrac{\partial y}{\partial z} = \dfrac{1 - f_u - xyf_v}{f_u + xzf_v} . \dfrac{\partial z}{\partial y} = -\dfrac{F_y}{F_z} = \dfrac{-z\varphi'\left(\dfrac{y}{z} \right)}{x - y\varphi'\left(\dfrac{y}{z} \right)},$

7. 因为 $\dfrac{\partial u}{\partial x} = 1, \dfrac{\partial u}{\partial y} = \dfrac{1}{2}\cos\dfrac{y}{2} + ze^{yz}, \dfrac{\partial u}{\partial z} = ye^{yz},$

所以 $du = dx + \left(\dfrac{1}{2}\cos\dfrac{y}{2} + ze^{yz} \right)dy + ye^{yz}dz$

8. $f_x(x,y) = 3y - 3x^2, f_y(x,y) = 3x - 3y^2,$ 解方程组

$$\begin{cases} y - x^2 = 0, \\ x - y^2 = 0 \end{cases}.$$

得两个驻点 $P_1(0,0), P_2(1,1)$.

$f_{xx}(x,y) = -6x, f_{xy}(x,y) = 3, f_{yy}(x,y) = -6y,$.

检验驻点 $P_1 : A = f_{xx}(0,0) = 0, B = f_{xy}(0,0) = 3, C = f_{yy}(0,0) = 0, \Delta = B^2 - AC = 9 > 0,$
所以 P_1 不是极值点;

检验驻点 $P_2 : A = f_{xx}(1,1) = -6, B = f_{xy}(1,1) = 3, C = f_{yy}(1,1) = -6, \Delta = B^2 - AC = -27 < 0,$ 所以 P_2 是极值点;因为 $A < 0$,所以 P_2 是极大值点,极大值 $f(1,1) = 1$.

9. $\iint\limits_{D} ln(x + y)d\sigma < \iint\limits_{D} \left[ln(x + y) \right]^2 d\sigma$

10. 当 $r \leqslant |x| + |y| \leqslant 1$ 时, $0 < x^2 + y^2 \leqslant (|x| + |y|)^2 \leqslant 1$, 故 $ln(x^2 + y^2) \leqslant 0$;

又当 $|x| + |y| < 1$ 时, $ln(x^2 + y^2) < 0$, 于是 $\iint\limits_{r \leqslant |x| + |y| \leqslant 1} ln(x^2 + y^2)dxdy < 0$

11. 先去掉绝对值符号,

$$\iint\limits_{D} |y - x^2|d = \iint\limits_{D_1 + D_2} (x^2 - y)d\sigma + \iint\limits_{D_3} (y - x^2)d$$

$$= \int_{-1}^{1} dx \int_0^{x^2} (x^2 - y)dy + \int_{-1}^{1} dx \int_{x^2}^{1} (y - x^2)dy = \frac{11}{15}.$$

12. 解法 1　化为先对 y 积分后对 x 积分的二次积分.

作平行于 y 轴的直线与区域 D 相交,沿 y 轴正方向看,入口曲线为 $y = \dfrac{1}{x}$,出口曲线为

$y = x$，因此 $\dfrac{1}{x} \leqslant y \leqslant x$ 由 $\begin{cases} y = x, \\ xy = 1, \end{cases}$ 得 $\begin{cases} x = 1, \\ y = 1. \end{cases}$ 由 $\begin{cases} xy = 1, \\ x = 2, \end{cases}$ 得 $\begin{cases} x = 2, \\ y = \dfrac{1}{2}. \end{cases}$

x 轴上的积分区间为 $[1,2]$.

$$\therefore \iint_D \dfrac{x^2}{y^2} dxdy = \int_1^2 x^2 dx \int_{\frac{1}{x}}^x \dfrac{1}{y^2} dy = \int_1^2 x^2 \left[-\dfrac{1}{y} \right]_{\frac{1}{x}}^x dx = \int_1^2 x^2 \left[x - \dfrac{1}{x} \right] dx = \dfrac{1}{4}$$

$(x^4 - 2x^2) \Big|_1^2 = \dfrac{9}{4}$.

解法 2　化为先对 x 积分后对 y 积分的二次积分

作平行于 x 轴的直线与积分区域 D 相交,可知入口曲线不唯一,这需要将积分区域分为两个子区域.

由 $\begin{cases} y = x, \\ x = 2, \end{cases}$ 得 $\begin{cases} x = 2, \\ y = 2. \end{cases}$ 在 y 轴上的积分区间为 $\left[\dfrac{1}{2}, 2 \right]$

当 $\dfrac{1}{2} \leqslant y \leqslant 1$ 时,平行于 x 轴的直线与区域 D 相交时,沿 x 轴正方向看,入口曲线为 $x = \dfrac{1}{y}$,出口曲线为 $x = 2$.

当 $1 \leqslant y \leqslant 2$ 时,平行于 x 轴的直线与区域 D 相交时,沿 x 轴正方向看,入口曲线为 $x = y$,出口曲线为 $x = 2$.

$$\therefore \iint_D \dfrac{x^2}{y^2} dxdy = \int_{\frac{1}{2}}^1 dy \int_{\frac{1}{y}}^2 \dfrac{x^2}{y^2} dx + \int_1^2 dy \int_y^2 \dfrac{x^2}{y^2} dx = \int_{\frac{1}{2}}^1 \dfrac{1}{3} \left(\dfrac{8}{y^2} - \dfrac{1}{y^5} \right) dy + \int_1^2 \dfrac{1}{3} \left(\dfrac{8}{y^2} - y \right) dy$$

$$= \dfrac{1}{3} \left[\dfrac{1}{4y^4} - \dfrac{8}{y} \right]_{\frac{1}{2}}^1 + \dfrac{1}{3} \left[-\dfrac{8}{y} - \dfrac{y^2}{2} \right]_1^2$$

$$= \dfrac{17}{12} + \dfrac{5}{6} = \dfrac{9}{4}.$$

第9章 级数

9.1 主要内容归纳

一、数项级数 $\sum\limits_{n=1}^{\infty} u_n$

1. 数项级数的基本概念

数项级数：设给定一个数列 $\{u_n\}: u_1, u_2, u_3, \cdots, u_n, \cdots$ 以加法符号"＋"顺次连接数列的各项得到式子 $u_1 + u_2 + u_3 + \cdots + u_n + \cdots$，称为常数项无穷级数，简称（数项）级数.

记作 $\sum\limits_{n=1}^{\infty} u_n$，即 $\sum\limits_{n=1}^{\infty} u_n = u_1 + u_2 + u_3 + \cdots + u_n + \cdots$，其中第 n 项 u_n 称为级数的一般项或通项.

2. 数项级数敛散性的基本定义

取级数 $\sum\limits_{n=1}^{\infty} u_n$ 的前 n 项相加，记其和为 S_n，即 $S_n = \sum\limits_{i=1}^{n} u_i = u_1 + u_2 + u_3 + \cdots + u_n$ 称 S_n 为级数 $\sum\limits_{n=1}^{\infty} u_n$ 的前 n 项部分和. 当 n 依次取 $1, 2, 3, \cdots$ 时，得到一个新的数列

$$S_1 = u_1, S_2 = u_1 + u_2, S_n = u_1 + u_2 + u_3 + \cdots + u_n, \cdots$$

称数列 $\{S_n\}$ 为级数的部分和数列. 级数与其部分和数列一一对应，$u_n = S_n - S_{n-1}$

如果级数 $\sum\limits_{n=1}^{\infty} u_n$ 的部分和数列 $\{S_n\}$ 极限存在为 S，即 $S = \lim\limits_{n\to\infty} S_n$，则称级数 $\sum\limits_{n=1}^{\infty} u_n$ 收敛，并称极限值 S 为级数 $\sum\limits_{n=1}^{\infty} u_n$ 的和，记作

$$S = \sum\limits_{n=1}^{\infty} u_i = u_1 + u_2 + u_3 + \cdots + u_n + \cdots$$

如果部分和数列 $\{S_n\}$ 极限不存在，则称级数 $\sum\limits_{n=1}^{\infty} u_n$ 发散. 注：发散级数不存在和，此时的 $\sum\limits_{n=1}^{\infty} u_n$ 仅是一个式，没有任何意义.

当级数收敛时，称 $r_n = u_{n+1} + u_{n+2} + \cdots = \sum\limits_{i=n+1}^{\infty} u_i$ 级数的余项. 余项表示用 S_n 代替 S 所产生的误差. 显然，级数收敛的充分必要条件是 $\lim\limits_{n\to\infty} r_n = 0.$

2. 数项级数敛散性的基本性质：

性质1 若级数 $\sum\limits_{n=1}^{\infty} u_n$ 收敛，k 为任意常数，则级数 $\sum\limits_{n=1}^{\infty} ku_n$ 也收敛，且 $\sum\limits_{n=1}^{\infty} ku_n = k \sum\limits_{n=1}^{\infty} u_n.$

性质2 若级数 $\sum\limits_{n=1}^{\infty} u_n$ 和 $\sum\limits_{n=1}^{\infty} v_n$ 都收敛，则级数 $\sum\limits_{n=1}^{\infty} (u_n \pm v_n)$ 也收敛，且

$$\sum_{n=1}^{\infty} (u_n \pm v_n) = \sum_{n=1}^{\infty} u_n \pm \sum_{n=1}^{\infty} v_n.$$

性质3 若加上、去掉或改变级数的 $\sum\limits_{n=1}^{\infty} u_n$ 有限项，不改变级数的敛散性.

性质4 对收敛级数的项任意加括号后所成的级数仍然收敛，且其和不变.

注意：如果加括号后所成的级数收敛（则不能断定去括号后原来的级数也收敛：例如、级数

$1(1) + 1(1) + \cdots$ 收敛于零（但级数 $1 - 1 + 1 + 1 \cdots$ 却是发散的.

推论（如果加括号后所成的级数发散，则原来级数也发散.

级数收敛的必要条件.

性质5 如果 $\sum\limits_{n=1}^{\infty} u_n$ 收敛（则它的一般项 u_n 趋于零（即 $\lim\limits_{n \to 0} u_n = 0.$

3. 数项级数的敛散性判别方法

（1）正项级数判别法

正项级数定义：若级数 $\sum\limits_{n=1}^{\infty} u_n$ 满足 $u_n \geq 0 (n = 1, 2, \cdots)$，则称该级数为正项级数.

如果一个级数从某一项起通项全是非负的，我们也可以把它作为正项级数对待. 对负项级数 $\sum\limits_{n=1}^{\infty} u_n$（级数的通项满足 $u_n \leq 0, n = 1, 2, \cdots$），只要表示为 $-\sum\limits_{n=1}^{\infty} (-u_n)$ 就成为正项级数了.

①正项级数收敛的充要条件：正项级数 $\sum\limits_{n=1}^{\infty} u_n$ 收敛的充分必要条件它的部分和数列 $\{S_n\}$ 有界

②比较判别法：$\sum\limits_{n=1}^{\infty} u_n$ 和 $\sum\limits_{n=1}^{\infty} v_n$ 为两个正项级数，如果他们的通项满足

$u_n \leq kv_n, (k > 0$ 为常数，$n \geq N, N$ 为任意给定的正整数），则

1）若级数 $\sum\limits_{n=1}^{\infty} v_n$ 收敛，则级数 $\sum\limits_{n=1}^{\infty} u_n$ 也收敛；

2）若级数 $\sum\limits_{n=1}^{\infty} u_n$ 发散，则级数 $\sum\limits_{n=1}^{\infty} v_n$ 也发散.

注：若"大"级数收敛，则"小"级数也收敛；若"小"级数发散，则"大"级数必定发散.
应用比较判别法的关键，是要找到一个已知敛散性的比较级数，使其通项与要判别敛散

性的级数的通项进行比较后,对后者的敛散性得到明确的结论. 经常用来作参照的有几何级数,调和级数,还有下面的 p - 级数

推论 设 $\sum\limits_{n=1}^{\infty} u_n$ 和 $\sum\limits_{n=1}^{\infty} v_n (v_n \neq 0, n \geq N)$ 是两个正项级数,若极限 $\lim\limits_{n\to\infty} \dfrac{u_n}{v_n} = k$,则

1)$k > 0$, $\sum\limits_{n=1}^{\infty} u_n$ 和 $\sum\limits_{n=1}^{\infty} v_n$ 具有相同的敛散性;

2)$k = 0$,则当 $\sum\limits_{n=1}^{\infty} v_n$ 收敛时, $\sum\limits_{n=1}^{\infty} u_n$ 必定收敛;

3)$k = +\infty$ 则当 $\sum\limits_{n=1}^{\infty} v_n$ 发散时, $\sum\limits_{n=1}^{\infty} u_n$ 必定发散.

③比值判别法:设 $\sum\limits_{n=1}^{\infty} u_n$ 为正项级数,通项相邻项之比的极限为 $\lim\limits_{n\to\infty} \dfrac{u_{n+1}}{u_n} = k$,则

1)若 $k < 1$ 时,则级数 $\sum\limits_{n=1}^{\infty} u_n$ 收敛;

2)若 $k > 1$ 或为 $+\infty$ 时,则级数 $\sum\limits_{n=1}^{\infty} u_n$ 发散;

3)若 $k = 1$,则级数可能收敛,也可能发散.

④根式判别法(柯西判别法):

设 $\sum\limits_{n=1}^{\infty} u_n$ 是正项级数(如果它的一般项 u_n 的 n 次根的极限等于 ρ:

$$\lim_{n\to\infty} \sqrt[n]{u_n} = \rho.$$

则当 $\rho < 1$ 时级数收敛;当 $\rho > 1$(或 $\lim\limits_{n\to\infty} \sqrt[n]{u_n} = +\infty$)时级数发散(当 $\rho = 1$ 时级数可能收敛也可能发散.

⑤极限判别法:设 $\sum\limits_{n=1}^{\infty} u_n$ 为正项级数,

1)如果 $\lim\limits_{n\to\infty} n u_n = l > 0$(或 $\lim\limits_{n\to\infty} n u_n = +\infty$),则级数 $\sum\limits_{n=1}^{\infty} u_n$ 发散;

2)如果 $p > 1$,而 $\lim\limits_{n\to\infty} n^p u_n = l (0 \leq l < +\infty)$,则级数 $\sum\limits_{n=1}^{\infty} u_n$ 收敛.

(2)交错级数与绝对收敛

①交错级数及审敛法

如果级数通项正负交错,即级数可以写成 $\sum\limits_{n=1}^{\infty} (-1)^n u_n$ 或 $\sum\limits_{n=1}^{\infty} (-1)^{n+1} u_n$ 的形式,其中 $u_n > 0$,则称为交错级数.

交错级数有一个简便的审敛法:(莱布尼兹判别法)如果交错级数 $\sum\limits_{n=1}^{\infty} (-1)^n u_n (u_n > 0)$ 通项的绝对值单调减少趋于 0,即 $u_n > u_{n+1}, (n = 1, 2, 3, \cdots)$,且 $\lim\limits_{n\to\infty} u_n = 0$,则级数

收敛.

②一般项级数

若由级数 $\sum\limits_{n=1}^{\infty} u_n$ 通项的绝对值构成的级数 $\sum\limits_{n=1}^{\infty} |u_n|$ 收敛,则称级数 $\sum\limits_{n=1}^{\infty} u_n$ 为绝对收敛;若 $\sum\limits_{n=1}^{\infty} u_n$ 而 $\sum\limits_{n=1}^{\infty} |u_n|$ 发散,则称 $\sum\limits_{n=1}^{\infty} u_n$ 条件收敛. 例如,级数 $\sum\limits_{n=1}^{\infty} (-1)^n \frac{1}{n^2}$ 是绝对收敛,而级数 $\sum\limits_{n=1}^{\infty} (-1)^n \frac{1}{n}$ 则是条件收敛的.

如果级数 $\sum\limits_{n=1}^{\infty} u_n$ 绝对收敛(则级数 $\sum\limits_{n=1}^{\infty} u_n$ 必定收敛

注意:如果级数 $\sum\limits_{n=1}^{\infty} |u_n|$ 发散(我们不能断定级数 $\sum\limits_{n=1}^{\infty} u_n$ 也发散(比如级数 $\sum\limits_{n=1}^{\infty} (-1)^n \frac{1}{n}$ 收敛,但是 $\sum\limits_{n=1}^{\infty} \frac{1}{n}$ 发散.

注意:当 $\sum\limits_{n=1}^{\infty} u_n$ 为任意项级数时,若 $\sum\limits_{n=1}^{\infty} |u_n|$ 收敛,则 $\sum\limits_{n=1}^{\infty} u_n$ 必收敛;若 $\sum\limits_{n=1}^{\infty} |u_n|$ 发散,则 $\sum\limits_{n=1}^{\infty} u_n$ 可能收敛也可能发散;但是若用比值法或根植法判得 $\sum\limits_{n=1}^{\infty} |u_n|$ 发散,则 $\sum\limits_{n=1}^{\infty} u_n$ 必发散. 这是因为(此时 $|u_n|$ 不趋向于零(从而 u_n 也不趋向于零(因此级数 $\sum\limits_{n=1}^{\infty} u_n$ 也是发散的.

4. 数项级数的敛散性判别程序

判敛法	正项级数	任意项级数
	1. 若 $\sum\limits_{n=1}^{\infty} u_n \rightarrow u$,则级数收敛 2. 若 $\lim\limits_{n\to\infty} u_n \neq 0$,则级数发散 3. 基本性质	
	4. 充要条件 5. 比较法 6. 比值法 7. 根值法	4. 绝对收敛 5. 交错级数(莱布尼茨定理)

二、函数项级数的概念

1. 函数项级数(给定一个定义在区间 I 上的函数列 $\{u_n(x)\}$(由这函数列构成的表达式

$$u_1(x) + u_2(x) + u_3(x) + \cdots + u_n(x) + \cdots$$

称为定义在区间 I 上的(函数项)级数(记为 $\sum\limits_{n=1}^{\infty} u_n(x)$

2. 发散点定义:对于区间 I 内的一定点 x_0(若常数项级数 $\sum\limits_{n=1}^{\infty} u_n(x_0)$ 收敛(则称点

x_0 是级数 $\sum\limits_{n=1}^{\infty} u_n(x)$ 的收敛点. 若常数项级数 $\sum\limits_{n=1}^{\infty} u_n(x_0)$ 发散(则称点 x_0 是级数 $\sum\limits_{n=1}^{\infty} u_n$

(x) 的发散点.

收敛域与发散域定义(函数项级数 $\sum\limits_{n=1}^{\infty} u_n(x)$ 的所有收敛点的全体称为它的收敛域,

所有发散点的全体称为它的发散域.

和函数定义:在收敛域上,函数项级数 $\sum\limits_{n=1}^{\infty} u_n(x)$ 的和是 x 的函数 $S(x)$,$S(x)$ 称为函

数项级数 $\sum\limits_{n=1}^{\infty} u_n(x)$ 的和函数,并写成 $S(x) = \sum\limits_{n=1}^{\infty} u_n(x)$,函数项级数 $\sum\limits_{n=1}^{\infty} u_n(x)$ 的前 n

项的部分和记作 $S_n(x)$,即在收敛域上,$S(x) = \lim\limits_{n\to\infty} S_n(x)$.

三、幂级数 $\sum\limits_{n=0}^{\infty} a_n(x-x_0)^n$ 的收敛性

1.(阿贝尔定理)如果级数 $\sum\limits_{n=0}^{\infty} a_n x^n$ 当 $x = x_0(x_0 \neq 0)$ 时收敛,则适合不等式 $|x| <$

$|x_0|$ 的一切 x 使这幂级数绝对收敛. 反之,如果级数 $\sum\limits_{n=0}^{\infty} a_n x^n$ 当 $x = x_0$,则适合不等式 $||x$

$| < |x_0|$ 的一切 x 使这幂级数发散.

推论 如果级数 $\sum\limits_{n=0}^{\infty} a_n x^n$ 不是仅在点 $x = 0$ 一点收敛,也不是在整个数轴上都收敛

M 则必有一个完全确定的正数 R 存在(使得

当 $|x| < R$ 时,幂级数绝对收敛;

当 $|x| > R$ 时,幂级数发散;

当 $x = R$ 与 $x = -R$ 时,幂级数可能收敛也可能发散;

2. 如果 $\lim\limits_{n\to\infty} |\dfrac{a_{n+1}}{a_n}| = \rho$(其中 a_n、a_{n+1} 是幂级数 $\sum\limits_{n=0}^{\infty} a_n x^n$ 的相邻两项的系数(则这幂

级数的收敛半径

$$R = \begin{cases} +\infty & \rho = 0 \\ \dfrac{1}{\rho} & \rho \neq 0 \\ 0 & \rho = +\infty \end{cases}.$$

简要证明:$\lim\limits_{n\to\infty} |\dfrac{a_{n+1} x^{n+1}}{a_n x^n}| = \lim\limits_{n\to\infty} |\dfrac{a_{n+1}}{a_n}| \cdot |x| = \rho|x|$.

(1)如果 $0 < \rho < + \infty$,则只当 $\rho |x| < 1$ 时幂级数收敛,故 $R = \dfrac{1}{\rho}$.

(2)如果 $\rho = 0$,则幂级数总是收敛的,故 $R = + \infty$

(3)如果 $\rho = + \infty$,则只当 $x = 0$ 时幂级数收敛,故 $R = 0$.

3. 幂级数的运算

(1)基本运算公式:

设幂级数 $\displaystyle\sum_{n=0}^{\infty} a_n x^n$ 及 $\displaystyle\sum_{n=0}^{\infty} b_n x^n$ 分别在区间 $(- R , R)$ 及 $(- R' , R')$ 内收敛,则在 $(- R , R)$ 与 $(- R' , R')$ 中较小的区间内有

加法: $\displaystyle\sum_{n=0}^{\infty} a_n x^n + \sum_{n=0}^{\infty} b_n x^n = \sum_{n=0}^{\infty} (a_n + b_n) x^n$,

减法: $\displaystyle\sum_{n=0}^{\infty} a_n x^n - \sum_{n=0}^{\infty} b_n x^n = \sum_{n=0}^{\infty} (a_n - b_n) x^n$

乘法: $\left(\displaystyle\sum_{n=0}^{\infty} a_n x^n \right) \cdot \left(\sum_{n=0}^{\infty} b_n x^n \right) = a_0 b_0 + (a_0 b_1 + a_1 b_0) x + (a_0 b_2 + a_1 b_1 + a_2 b_0) x^2 + \cdots + (a_0 b_n + a_1 b_{n-1} + \cdots + a_n b_0) x^n + \cdots$

(2)幂级数的性质

性质 1　幂级数 $\displaystyle\sum_{n=0}^{\infty} a_n x^n$ 的和函数 $S(x)$ 在其收敛域 I 上连续.

如果幂级数在 $x = R$ (或 $x = - R$)也收敛(则和函数 $S(x)$ 在 $(- R , R]$ (或 $[- R , R)$)连续.

性质 2　幂级数 $\displaystyle\sum_{n=0}^{\infty} a_n x^n$ 的和函数 $S(x)$ 在其收敛域 I 上可积,并且有逐项积分公式

$$\int_0^x S(x) dx = \int_0^x \left(\sum_{n=0}^{\infty} a_n x^n \right) dx = \sum_{n=0}^{\infty} \int_0^x a_n x^n dx = \sum_{n=0}^{\infty} \frac{a_n}{n+1} x^{n+1} \ (x \in I) ,$$

逐项积分后所得到的幂级数和原级数有相同的收敛半径.

性质 3　幂级数 $\displaystyle\sum_{n=0}^{\infty} a_n x^n$ 的和函数 $S(x)$ 在其收敛区间 $(- R , R)$ 内可导,并且有逐项求导公式

$$S'(x) = \left(\sum_{n=0}^{\infty} a_n x^n \right)' = \sum_{n=0}^{\infty} (a_n x^n)' = \sum_{n=1}^{\infty} n a_n x^{n-1} \ (|x| < R) ,$$

逐项求导后所得到的幂级数和原级数有相同的收敛半径.

连续延拓定理:

若幂级数 $\displaystyle\sum_{n=1}^{\infty} a_n x^n$ 的收敛半径为 $R > 0$;以逐项求导的方法得到和函数 $S(x) = f(x)$, $x \in (- R , R)$. 若幂级数的收敛域包含收敛区间端点 $x = R$ (或 $x = - R$),且 $f(R)$ (或 $f(- R)$)有定义,则在 $x = R$ (或 $x = - R$)也成立 $S(x) = f(x)$.

4. 函数展开成泰勒级数和幂级数的方法

(1)泰勒级数:如果 $f(x)$ 在点 x_0 的某邻域内具有各阶导数 $f(x)(f'(x),\cdots\cdots,f^{(n)}(x),\cdots,:$ 则当 $n\to\infty$,$f(x)$ 在点 x_0 的泰勒多项式

$$p_n(x) = f(x_0) + f'(x_0)(x - x_0) + \frac{f'(x_0)}{2!}(x - x_0)^2 + \cdots + \frac{f^{(n)}(x_0)}{n!}(x - x_0)^n$$

成为幂级数

$$f(x_0) + f'(x_0)(x - x_0) + \frac{f'(x_0)}{2!}(x - x_0)^2 + \frac{f''(x_0)}{3!}(x - x_0)^3 + \cdots + \frac{f^{(n)}(x_0)}{n!}(x - x_0)^n + \cdots$$

这一幂级数称为函数 $f(x)$ 的泰勒级数.

(2)麦克劳林级数:在泰勒级数中取 $x_0 = 0$,得

$$f(0) + f'(0)x + \frac{f'(0)}{2!}x^2 + \cdots + \frac{f^{(n)}(0)}{n!}x^n + \cdots,$$

此级数称为 $f(x)$ 的麦克劳林级数.

(3)函数展开成幂级数,展开步骤:

第一步　求出 $f(x)$ 的各阶导数 $f'(x),f''(x),\cdots,f^{(n)}(x),\cdots,$

第二步　求函数及其各阶导数在 $x = 0$ 处的值

$$f(0),f'(0),f''(0),\cdots,f^{(n)}(0),\cdots,$$

第三步　写出幂级数

$$f(0) + f'(0)x + \frac{f''(0)}{2!}x^2 + \cdots + \frac{f^{(n)}(0)}{n!}x^n + \cdots,$$ 并求出收敛半径 R .

第四步　考察在区间 $(-R,R)$ 内时是否 $R_n(x) \to 0(n\to\infty)$,即判断

$$\lim_{n\to\infty} R_n(x) = \lim_{n\to\infty} \frac{f^{(n+1)}(\xi)}{(n+1)!}x^{n+1}$$

是否为零. 如果 $R_n(x) \to 0(n\to\infty)$,则 $f(x)$ 在 $(-R,R)$ 内有展开式

$$f(x) = f(0) + f'(0)x + \frac{f''(0)}{2!}x^2 + \cdots + \frac{f^{(n)}(0)}{n!}x^n + \cdots, \quad -R < x < R.$$

(4)常见函数的展开式小结

$$\frac{1}{1-x} = 1 + x + x^2 + \cdots + x^n + \cdots, \quad (-1 < x < 1).$$

$$e^x = 1 + x + \frac{1}{2!}x^2 + \cdots \frac{1}{n!}x^n + \cdots, \quad (-\infty < x < +\infty).$$

$$\sin x = x - \frac{x^3}{3!} + \frac{x^5}{5!} - \cdots + (-1)^{n-1}\frac{x^{2n-1}}{(2n-1)!} + \cdots, \quad (-\infty < x < +\infty).$$

$$\cos x = 1 - \frac{x^2}{2!} + \frac{x^4}{4!} - \cdots + (-1)^n\frac{x^{2n}}{(2n)!} + \cdots, \quad (-\infty < x < +\infty).$$

$$\ln(1+x) = x - \frac{x^2}{2} + \frac{x^3}{3} - \frac{x^4}{4} + \cdots + (-1)^n \frac{x^{n+1}}{n+1} + \cdots, \quad (-1 < x \leqslant 1).$$

$$(1+x)^\alpha = 1 + \alpha x + \frac{\alpha(\alpha-1)}{2!} x^2 + \cdots + \frac{\alpha(\alpha-1)\cdots(\alpha-n+1)}{n!} x^n + \cdots, \quad (-1 < x < 1)$$

9.2　学法指导

一、关于数项级数

掌握常数项级数的概念,熟记几类常用的级数,如(正项级数:级数中所有项均大于等于零;交错级数:级数中的项正负相间的级数;等比级数:$\sum_{n=0}^{\infty} aq^n (a,q \neq 0)$;调和级数:$\sum_{n=1}^{\infty} \frac{1}{n}$;$P$-级数:$\sum_{n=1}^{\infty} \frac{1}{n^p}$),熟记并能熟练运用级数敛散性的相关定理,并分清级数的类别,对不同的级数采用不同的判别法. 如正项级数用比较、比值判别法,交错级数用莱布尼茨判别法等. 对于正项级数,首先观察其通项是否趋于零,如果通项不趋于零,则级数发散;如果通项趋于零,则考虑用其他方法. 对任意级数先取绝对值,判断绝对值级数的敛散性,因为绝对级数是正项级数,所以可以用只适用于正项级数的比较判别法和比值判别法来判断,若收敛即为绝对收敛,若发散再看是否为交错级数,若是交错级数再用莱布尼茨判别法判断其敛散性.

二、关于函数项级数

1. 如果幂级数 $\sum_{n=0}^{\infty} a_n x^n$,其收敛半径可按公式 $\lim_{n \to \infty} \frac{a_{n+1}}{a_n} = \frac{1}{R}$ 求得;对幂级数 $\sum_{n=0}^{\infty} a_n (x - x_0)^n$ 可令 $x - x_0 = t$ 化为 $\sum_{n=0}^{\infty} a_n t^n$;形式若不属于标准形式,缺奇次(或偶次)项,则可用比值判别法求得.

2. 掌握幂级数在其收敛区间内和函数的求法,首先要熟悉几个常用的初等函数的幂级数展开式,其次还必须分析所给幂级数的特点,找出它与和函数已知的幂级数之间的联系,从而确定出用逐项求导法还是用逐项积分法求所给幂级数的和函数. 例如:幂级数的系数含有指数加 1 的因子,采用"先积后微"的方法;幂级数的系数含有指数的因子,采用"先微后积"的方法.

3. 将函数 $f(x)$ 展开为 $(x - x_0)$ 幂级数的方法有两种:(1)直接展开法(泰勒展开),该方法计算量大,$f^{(n)}(x)$ 的一般表达式不易求出,并且讨论余项 $R_n(x)$ 当 $n \to \infty$ 时否趋于 0 也困难. 为了避免这些缺点,常用间接展开法;(2)间接展开法,利用已知的函数展开式,通过恒等变换、变量代换、幂级数的代数运算及逐项求导或者积分把 $f(x)$ 展开成幂级数.

为了能较快地把函数展开成幂级数,首先要熟记$\dfrac{1}{1+x}$,e^x,$\sin x$ 与 $\ln(1+x)$ 等函数展开公式,并且会分析所给函数的特点,利用代数运算将所给函数进行整理,以利于用公式展开.

9.3 典型例题解析

例 1 判定下列数项级数的敛散性

(1) $\displaystyle\sum_{n=1}^{\infty} e^{\frac{1}{n}}$; (2) $\displaystyle\sum_{n=1}^{\infty} \dfrac{2^n n!}{n^n}$; (3) $\displaystyle\sum_{n=1}^{\infty} \dfrac{n\cos^2 \frac{n\pi}{3}}{2^n}$.

解 (1)因为$\lim\limits_{n\to\infty} e^{\frac{1}{n}} = 1 \neq 0$,所以级数 $\displaystyle\sum_{n=1}^{\infty} e^{\frac{1}{n}}$ 发散;

(2)是正项级数. 因为$\lim\limits_{n\to\infty}\dfrac{a_{n+1}}{a_n} = \lim\limits_{n\to\infty}\dfrac{2^{n+1}(n+1)!}{(n+1)^{n+1}}\dfrac{n^n}{2^n n!} = \lim\limits_{n\to\infty} 2\left(\dfrac{n}{n+1}\right)^n = \dfrac{2}{e} < 1$,所以原级数收敛;

(3)是正项级数.

$$\lim_{n\to\infty}\dfrac{a_{n+1}}{a_n} = \lim_{n\to\infty}\dfrac{(n+1)\cos^2\dfrac{(n+1)\pi}{3}}{2n\cos^2\dfrac{n\pi}{3}} = \lim_{n\to\infty}\dfrac{\cos^2\dfrac{(n+1)\pi}{3}}{2\cos^2\dfrac{n\pi}{3}}\text{不存在.}$$

但 $u_n = \dfrac{n\cos^2\dfrac{n\pi}{3}}{2^n} \leqslant \dfrac{n}{2^n} = v_n$,而 $\lim\limits_{n\to\infty}\dfrac{v_{n+1}}{v_n} = \lim\limits_{n\to\infty}\dfrac{n+1}{2^{n+1}}\dfrac{2^n}{n} = \dfrac{1}{2} < 1$,所以级数 $\displaystyle\sum_{n=1}^{\infty}\dfrac{n}{2^n}$ 收敛,由比较判别法知,原级数也收敛.

例 2 讨论级数 $\displaystyle\sum_{n=1}^{\infty}(-1)^n \dfrac{\ln n}{n}$ 的敛散性,如果收敛,是绝对收敛还是条件收敛?

解 首先考察此级数是否绝对收敛,因为

$$\sum_{n=1}^{\infty}|(-1)^n \dfrac{\ln n}{n}| = \sum_{n=1}^{\infty}\dfrac{\ln n}{n}, \dfrac{\ln n}{n} > \dfrac{1}{n}(n = 3,4,\cdots).$$

因为 $\displaystyle\sum_{n=1}^{\infty}\dfrac{1}{n}$ 发散,由比较判别法知级数 $\displaystyle\sum_{n=1}^{\infty}\dfrac{\ln n}{n}$ 也是发散的,即给定级数非绝对收敛.

再讨论级数是否收敛,原级数是交错级数,设 $f(x) = \dfrac{\ln x}{x}(x > 0)$

(1)应用罗必塔法则,$\lim\limits_{x\to\infty}\dfrac{\ln x}{x} = \lim\limits_{x\to\infty}\dfrac{1}{x} = 0$,所以$\lim\limits_{n\to\infty}\dfrac{\ln n}{n} = 0$.

$(2)f'(x) = \dfrac{1-\ln x}{x^2} < 0(x > 2)$,即当 $x > 2$ 时,$f(x)$单调减少,于是当 $n > 3$ 时,

$$u_n = \frac{lnn}{n} > \frac{ln(n+1)}{n+1} = u_{n+1} \text{ 即} \{u_n\} \text{单调减少.}$$

根据莱布尼兹判别法知,原级数收敛. 即原级数条件收敛.

例3 求下列幂级数的收敛半径与收敛域

$$(1) \sum_{n=1}^{\infty} \frac{1}{2n+1} \left(\frac{x}{2}\right)^n; \qquad (2) \sum_{n=1}^{\infty} \frac{1}{\sqrt{n}} (4x)^{2n-1}$$

解 (1)因为 $\sum_{n=1}^{\infty} \frac{1}{2n+1} \left(\frac{x}{2}\right)^n = \sum_{n=1}^{\infty} \frac{1}{(2n+1)2^n} x^n$,由于

$$\lim_{n\to\infty} \frac{a_{n+1}}{a_n} = \lim_{n\to\infty} \frac{(2n+1)2^n}{(2n+3) \cdot 2^{n+1}} = \frac{1}{2},\text{所以收敛半径 } R = 2.$$

当 $x = 2$ 时,级数为 $\sum_{n=1}^{\infty} \frac{1}{2n+1}$ 发散;当 $x = -2$ 时,级数为 $\sum_{n=1}^{\infty} \frac{(-1)^n}{2n+1}$ 收敛.

因此,级数的收敛域为 $[-2,2)$.

(2)这是缺项的幂级数,不能直接用求半径的公式,直接使用比值判别法,因为

$$\lim_{n\to\infty} \left|\frac{u_{n+1}}{u_n}\right| = \lim_{n\to\infty} \frac{4^{2n+1} \cdot x^{2n+1}}{\sqrt{n+1}} \frac{\sqrt{n}}{4^{2n-1} \cdot x^{2n-1}} = 16x^2 < 1,$$

即 $|x| < \frac{1}{4}$ 时级数收敛,所以原级数收敛半径 $R = \frac{1}{4}$.

当 $x = \frac{1}{4}$ 时,级数为 $\sum_{n=1}^{\infty} \frac{1}{\sqrt{n}}$ 发散;当 $x = -\frac{1}{4}$ 时,级数为 $\sum_{n=1}^{\infty} \frac{(-1)^{2n-1}}{\sqrt{n}}$ 也发散.

因此,级数的收敛域为 $\left(-\frac{1}{4}, \frac{1}{4}\right)$.

例4 求幂级数 $\sum_{n=0}^{\infty} \frac{n[2+(-1)^n]}{n+1} x^n$ 的收敛半径和收敛域.

解 $\frac{1}{2}|x|^n < \frac{n}{n+1}|x|^n \leq \frac{n[2+(-1)^n]}{n+1}|x|^n \leq \frac{3n}{n+1}|x|^n < 3|x|^n, n = 0,1,2,3\cdots$

据比较判别法,当 $|x| < 1|$,幂级数 $\sum_{n=0}^{\infty} 3|x^n| = 3\sum_{n=0}^{\infty}|x|^n$ 收敛,所以原幂级数绝

对收敛;当 $|x| > 1$,幂级数 $\sum_{n=0}^{\infty} \frac{1}{2}x^n = \frac{1}{2}\sum_{n=0}^{\infty}x^n$ 发散,所以 $\sum_{n=0}^{\infty} \frac{n[2+(-1)^n]}{n+1}|x|^n$ 发

散,且此时通项绝对值的极限 $\lim_{n\to\infty}\left|\frac{n[2+(-1)^n]}{n+1}x^n\right| \neq 0$,所以原级数也发散.

据收敛半径的定义,可知原级数的收敛半径 $R = 1$,收敛区间为 $(-1,1)$. 又当 $|x| = 1$ 时,因原级数的通项极限非0而发散. 所以收敛域为 $(-1,1)$.

例5 求级数 $\sum_{n=1}^{\infty} nx^n$ 的收敛域与和函数.

解 因为 $\lim_{n\to\infty}\frac{u_{n+1}}{u_n} = \lim_{n\to\infty}\frac{n+1}{n} = 1$,且 $x = \pm 1$ 时级数发散,故收敛域与收敛区间为 $(-$

$1,1)$. 而 $\sum\limits_{n=1}^{\infty} nx^n = x \sum\limits_{n=1}^{\infty} nx^{n-1}$,设 $S(x) = \sum\limits_{n=1}^{\infty} nx^n = x \sum\limits_{n=1}^{\infty} nx^{n-1}$, $S_1(x) = \sum\limits_{n=1}^{\infty} nx^{n-1}$

则 $S(x) = xS_1(x)$,对 $S_1(x)$ 在 $(-1,1)$ 应用逐项积分可得

$$\int_0^x S_1(t)dt = \int_0^x \Big[\sum_{n=1}^{\infty} nt^{n-1} \Big] dt = \sum_{n=1}^{\infty} \Big[\int_0^x nt^{n-1}dt \Big] = \sum_{n=1}^{\infty} x^n = \frac{1}{1-x}.$$

所以 $S_1(x) = \Big(\dfrac{1}{1-x} \Big)' = \dfrac{1}{(1-x)^2}$,

$$S(x) = xS_1(x) = \frac{x}{(1-x)^2}, \qquad x \in (-1,1)$$

例 6 求函数项级数 $\sum\limits_{n=1}^{\infty} \dfrac{(-1)^n}{n} \Big(\dfrac{x}{2x+1} \Big)^n$ 的收敛域及和函数.

解 设 $t = \dfrac{x}{2x+1}$,原级数 $= \sum\limits_{n=1}^{\infty} \dfrac{(-1)^n}{n} t^n = ln(1+t)$, $t \in (-1,1)$.

$t \in (-1,1) \Leftrightarrow \dfrac{x}{2x+1} \in (-1,1) \Leftrightarrow x \geqslant -1$ 或 $x > -\dfrac{1}{3}$.

所以 $\sum\limits_{n=1}^{\infty} \dfrac{(-1)^n}{n} \Big(\dfrac{x}{2x+1} \Big)^n = -ln\Big(1 + \dfrac{x}{2x+1} \Big)$.

$= ln(2x+1) - ln(3x+1)$, $x \geqslant -1$ 或 $x > -\dfrac{1}{3}$.

例 7 求幂级数 $\sum\limits_{n=1}^{\infty} \dfrac{1}{2^n n}(x-1)^n$ 的和函数,并计算 $\sum\limits_{n=1}^{\infty} \dfrac{(-1)^n}{2^n n}$ 的值

解 设 $S(x) = \sum\limits_{n=1}^{\infty} \dfrac{1}{2^n n}(x-1)^n$,有 $S(1) = 0$,

易得原级数的收敛半径 2,收敛区间为 $(-1,3)$,收敛域为 $[-1,3)$,即 $S(x)$ 的定义域为 $[-1,3)$.

在收敛区间内可以逐项求导,所以

$$S'(x) = \sum_{n=1}^{\infty} \Big[\frac{1}{2^n n}(x-1)^n \Big]' = \sum_{n=1}^{\infty} \frac{(x-1)^{n-1}}{2^n} = \frac{1}{2} \frac{1}{1 - \dfrac{x-1}{2}} = \frac{1}{3-x}, x \in (-1,3),$$

于是 $\quad \int_1^x S'(t)dt = S(x) - S(1) = S(x) = \int_1^x \dfrac{1}{3-t}dt = ln2 - ln(3-x), x \in (-1,3)$,

令 $x = 0$,得 $\sum\limits_{n=1}^{\infty} \dfrac{(-1)^n}{2^n n} = ln2 - ln3 = ln\dfrac{2}{3}$.

例 8 将 $f(x) = \dfrac{x}{x^2 - 5x + 6}$ 展开成 x 的幂级数;

解 $\dfrac{x}{x^2 - 5x + 6} = \dfrac{-2}{x-2} + \dfrac{3}{x-3} = \dfrac{1}{1 - \dfrac{x}{2}} - \dfrac{1}{1 - \dfrac{x}{3}}$

当 $|x| < 2$, $\dfrac{1}{1-\dfrac{x}{2}} = \sum_{n=0}^{\infty} \left(\dfrac{x}{2}\right)^n$；当 $|x| < 3$, $\dfrac{1}{1-\dfrac{x}{3}} = \sum_{n=0}^{\infty} \left(\dfrac{x}{3}\right)^n$，

综合之，当 $|x| < 2$, $\dfrac{x}{x^2-5x+6} = \sum_{n=0}^{\infty} \left(\dfrac{x}{2}\right)^n - \sum_{n=0}^{\infty} \left(\dfrac{x}{3}\right)^n = \sum_{n=0}^{\infty} \dfrac{3^n-2^n}{6^n} x^n$.

例 9　将函数 $f(x) = \ln(1+x+x^2)$ 展开成 x 的幂级数.

解　因为 $f(x) = \ln \dfrac{1-x^3}{1-x} = \ln(1-x^3) - \ln(1-x), x \neq 1$.

且　$\ln(1+x) = \sum_{n=1}^{+\infty} (-1)^{n-1} \dfrac{x^n}{n}$, $-1 < x \leqslant 1$,

则　$f(x) = \sum_{n=1}^{+\infty} (-1)^{n-1} \dfrac{(-x^3)^n}{n} - \sum_{n=1}^{+\infty} (-1)^{n-1} \dfrac{(-x)^n}{n}$,

$= \sum_{n=1}^{+\infty} \dfrac{x^n}{n} - \sum_{n=1}^{+\infty} \dfrac{x^{3n}}{n}$, $(-1 < x \leqslant 1)$.

例 10　把 $f(x) = \ln \dfrac{x}{1+x}$ 展开成 $(x-1)$ 的幂级数.

解　$f(x) = \ln \dfrac{x}{1+x} = \ln x - \ln(1+x)$

$= \ln[1+(x-1)] - \ln[2+(x-1)]$

$= \ln[1+(x-1)] - \ln 2 - \ln\left[1+\dfrac{x-1}{2}\right]$

$= -\ln 2 + \sum_{n=0}^{\infty} (-1)^n \dfrac{(x-1)^{n+1}}{n+1} - \sum_{n=0}^{\infty} (-1)^n \dfrac{(x-1)^{n+1}}{(n+1)2^{n+1}}$

$= -\ln 2 + \sum_{n=0}^{\infty} \dfrac{(-1)^n}{n+1}\left(1-\dfrac{1}{2^{n+1}}\right)(x-1)^{n+1}$, $(0 < x \leqslant 2)$.

例 11　利用 e^x 的幂级数展开式，证明 $\sum_{n=1}^{\infty} \dfrac{n}{(n+1)!} = 1$.

证明　设 $f(x) = \sum_{n=0}^{\infty} \dfrac{x^n}{(n+1)!}$ 则 $f'(x) = \sum_{n=1}^{\infty} \dfrac{nx^{n-1}}{(n+1)!}$，所求的和为 $f'(1)$. 于是问题转化为求出 $f(x)$.

$$x f(x) = \sum_{n=0}^{\infty} \dfrac{x^{n+1}}{(n+1)!} = e^x - 1,$$

所以　$f(x) = \dfrac{e^x-1}{x}, x \neq 0, f'(x) = \dfrac{xe^x - e^x + 1}{x^2}, x \neq 0$.

将 $x = 1$，得 $\sum_{n=1}^{\infty} \dfrac{n}{(n+1)!} = f'(1) = 1$.

例 12　求交错级数 $1 - \dfrac{1}{3} + \dfrac{1}{5} - \dfrac{1}{7} + \cdots$ 的和.

解 所给级数为 $\sum\limits_{n=1}^{\infty} \dfrac{(-1)^{n-1}}{2n-1}$，据莱布尼兹判别法易知级数收敛.

设 $f(x) = \sum\limits_{n=1}^{\infty} \dfrac{(-1)^{n-1}}{2n-1} x^{2n-1}$，易得其收敛域为 $[-1,1]$，所求和为 $f(1)$.

$$f'(x) = \sum\limits_{n=1}^{\infty} \left[\dfrac{(-1)^{n-1}}{2n-1} x^{2n-1} \right]' = \sum\limits_{n=1}^{\infty} (-1)^{n-1} \cdot x^{2n-2} = \sum\limits_{n=0}^{\infty} (-x^2)^n = \dfrac{1}{1+x^2},$$

$x \in (-1,1)$，

两边积分得

$$f(x) - f(0) = \int_0^x f'(t)\,\mathrm{d}t = \int_0^x \dfrac{1}{1+t^2}\,\mathrm{d}t = \arctan x, x \in (-1,1),$$

因为 $f(0) = 0, f(x) = \arctan x, x \in (-1,1)$. 根据连续延拓性质，

$$f(x) = \arctan x, x \in [-1,1],$$

于是 $\sum\limits_{n=1}^{\infty} \dfrac{(-1)^{n-1}}{2n-1} = f(1) = \arctan 1 = \dfrac{\pi}{4}$.

9.4 综合测试与参考答案

自 测 题

1. 填空

(1) 级数 $\sum\limits_{n=1}^{\infty} \dfrac{1+3^n}{4^n}$ 的和为_____；

(2) 已知 $\sum\limits_{n=1}^{\infty} u_n$ 收敛，则 $\lim\limits_{n\to\infty} u_n =$ _____；

(3) $\lim\limits_{n\to\infty} \dfrac{n!}{n^n} =$ _____；

(4) 级数 $\sum\limits_{n=1}^{\infty} \dfrac{1+n^2}{n^4+n}$ 的敛散性为_____；

(5) $\sum\limits_{n=1}^{\infty} (-1)^n \dfrac{x^n}{\sqrt{n}}$ 的收敛半径为_____；

(6) $\sum\limits_{n=1}^{\infty} \dfrac{x^{2n}}{4}$ 的收敛域为_____；

(7) 已知 $x = -2$ 是 $\sum\limits_{n=0}^{\infty} a_n x^n$ 的收敛点，则 $x = \dfrac{3}{2}$ 在 $\sum\limits_{n=0}^{\infty} a_n x^n$ 处_____；

　　（A）发散　（B）绝对收敛　（C）条件收敛　（D）可能收敛,也可能发散

(8) $f(x) = xe^{x^2}$ 的麦克劳林级数是_____.

2. 判定以下正项级数的敛散性：

(1) $\sum\limits_{n=1}^{\infty} \dfrac{1}{n\sqrt{n+1}}$；　(2) $\sum\limits_{n=1}^{\infty} 2^n \sin\dfrac{\pi}{3^n}$；　(3) $\sum\limits_{n=1}^{\infty} \dfrac{n^3}{3^n}$；

(4) $\sum\limits_{n=1}^{\infty} \dfrac{1}{3^n n^2}$；　(5) $1+\dfrac{1}{2}+\dfrac{\ln 2}{2^2}+\dfrac{1}{3}+\dfrac{\ln 3}{3^2}+\cdots+\dfrac{1}{n}+\dfrac{\ln n}{n^2}+\cdots$.

3. 判定以下级数的敛散性,如收敛,还要指出是条件收敛,还是绝对收敛?

(1) $\sum\limits_{n=1}^{\infty} \dfrac{-1^{n-1}}{n\cdot 2^n}$；　　　　　　　(2) $\sum\limits_{n=1}^{\infty} \dfrac{\arctan(n^2-1)}{n^2}$；

(3) $\sum\limits_{n=1}^{\infty} (-1)^{n-1}\dfrac{3^n+n^3}{6^n}$；　　　(4) $\sum\limits_{n=1}^{\infty} \dfrac{\cos n\pi}{\sqrt{n^2+n}}$.

4. 求下列幂级数的收敛半径和收敛域

(1) $\sum\limits_{n=0}^{\infty} \dfrac{x^n}{n4^n}$；　　　　(2) $\sum\limits_{n=1}^{\infty} (-1)^n \dfrac{x^n}{3^n n!}$；　　　(3) $\sum\limits_{n=1}^{\infty} \dfrac{2n-1}{2n} x^n$；

(4) $\sum\limits_{n=1}^{\infty} \left(\dfrac{3^n}{4^n}+n^2\right) x^n$；　(5) $\sum\limits_{n=1}^{\infty} \dfrac{(-1)^n}{n}(x-2)^n$；　(6) $\sum\limits_{n=1}^{\infty} \dfrac{(x+1)^n}{n2^n}$.

5. 将下列级数展开成为麦克劳林级数

(1) $\dfrac{2-2x}{1+x}$；

(2) $\dfrac{2}{\sqrt{\pi}}\displaystyle\int_0^x \mathrm{e}^{-t^2}\mathrm{d}t$.

6. 给定级数 $\sum\limits_{n=0}^{\infty} \dfrac{4n+1}{n!} x^{4n}$，求 $\sum\limits_{n=0}^{\infty} \dfrac{4n+1}{n!}(\ln 2)^n$.

自测题参考解答

1. (1) $\dfrac{10}{3}$；　(2) 0；　(3) 0；　(4) 收敛；　(5) $R=1$；　(6) $(-2,2)$；

(7) B；　(8) $\sum\limits_{n=0}^{\infty} \dfrac{x^{2n+1}}{n!}$.

2. (1) 由于 $\dfrac{1}{n\sqrt{n+1}} \leqslant \dfrac{1}{n\sqrt{n}} = \dfrac{1}{n^{\frac{3}{2}}}$，所以 $\sum\limits_{n=1}^{\infty} \dfrac{1}{n\sqrt{n+1}}$ 收敛；

(2) 由于 $2^n \sin\dfrac{\pi}{3^n} \leqslant 2^n \left(\dfrac{\pi}{3^n}\right) = \pi\left(\dfrac{2}{3}\right)^n$，所以 $\sum\limits_{n=1}^{\infty} 2^n \sin\dfrac{\pi}{3^n}$ 收敛；

(3) 由于 $\rho = \lim\limits_{n\to\infty} \dfrac{u_{n+1}}{u_n} = \dfrac{1}{3}\lim\limits_{n\to\infty} \dfrac{(n+1)^3}{n^3} = \dfrac{1}{3} < 1$，所以 $\sum\limits_{n=1}^{\infty} \dfrac{n^3}{3^n}$ 收敛；

(4) 由于 $\sum\limits_{n=1}^{\infty} \dfrac{1}{3^n n^2} < \sum\limits_{n=1}^{\infty} \dfrac{1}{n^2}$，$\sum\limits_{n=1}^{\infty} \dfrac{1}{n^2}$ 收敛，故 $\sum\limits_{n=1}^{\infty} \dfrac{1}{3^n n^2}$ 收敛；

(5) 在原级数的第一项后添加一个 0 项：$\dfrac{\ln 1}{1^2}$，然后相邻两项依次加括号,成为级数 $\sum\limits_{n=1}^{\infty}$

$\left(\dfrac{1}{n}+\dfrac{\ln n}{n^2}\right)$，其部分和 $S_n = 1 + \dfrac{1}{2} + \dfrac{\ln 2}{2^2} + \dfrac{1}{3} + \dfrac{\ln 3}{3^2} + \cdots + \dfrac{1}{n} + \dfrac{\ln n}{n^2} > 1 + \dfrac{1}{2} + \dfrac{1}{3} + \cdots +$

$\dfrac{1}{n}$．已知调和级数发散，所以 $\lim\limits_{n\to\infty} S_n = +\infty$，即原级数发散．

3. (1) 因为 $\displaystyle\sum_{n=1}^{\infty}\left|\dfrac{(-1)^{n-1}}{n2^n}\right| = \sum_{n=1}^{\infty}\dfrac{1}{n2^n}$ 收敛，所以 $\displaystyle\sum_{n=1}^{\infty}\dfrac{(-1)^{n-1}}{n2^n}$ 绝对收敛；

(2) 因为 $\displaystyle\sum_{n=1}^{\infty}\left|\dfrac{\arctan(n^2-1)}{n^2}\right| \leqslant \dfrac{\pi}{2}\sum_{n=1}^{\infty}\dfrac{1}{n^2}$ 收敛，所以 $\displaystyle\sum_{n=1}^{\infty}\dfrac{\arctan(n^2-1)}{n^2}$ 绝对收敛；

(3) 因为 $\displaystyle\sum_{n=1}^{\infty}\left|(-1)^{n-1}\dfrac{3^n+n^3}{6^n}\right| = \sum_{n=1}^{\infty}\dfrac{3^n+n^3}{6^n} = \sum_{n=1}^{\infty}\dfrac{3^n}{6^n} + \sum_{n=1}^{\infty}\dfrac{n^3}{6^n}$，而 $\displaystyle\sum_{n=1}^{\infty}\dfrac{3^n}{6^n}$ 与 $\displaystyle\sum_{n=1}^{\infty}\dfrac{n^3}{6^n}$ 都收

敛，故 $\displaystyle\sum_{n=1}^{\infty}(-1)^{n-1}\dfrac{3^n+n^3}{6^n}$ 绝对收敛；

(4) 因为 $\displaystyle\sum_{n=1}^{\infty}\left|\dfrac{\cos n\pi}{\sqrt{n^2+n}}\right| = \sum_{n=1}^{\infty}\dfrac{1}{\sqrt{n^2+n}} \geqslant \sum_{n=1}^{\infty}\dfrac{1}{\sqrt{2n^2}} = \sum_{n=1}^{\infty}\dfrac{1}{\sqrt{2}\,n}$ 发散，而由布莱尼茨定理知

$\displaystyle\sum_{n=1}^{\infty}\dfrac{\cos n\pi}{\sqrt{n^2+n}} = \sum_{n=1}^{\infty}\dfrac{(-1)^n}{\sqrt{n^2+n}}$ 收敛，故级数条件收敛．

4. (1) $R = 4$ 收敛域 $[-4,4)$；

(2) $R = +\infty$，收敛域 $(-\infty, +\infty)$；

(3) $R = 2$，收敛域 $(-2,2)$；

(4) $\displaystyle\sum_{n=1}^{\infty}\left(\dfrac{3^n}{4^n}+n^2\right)x^n = \sum_{n=1}^{\infty}\dfrac{3^n}{4^n}x^n + \sum_{n=1}^{\infty}n^2 x^n$，$R=1$，收敛域 $(-1,1)$；

(5) $R = 1$，收敛域 $(1,3]$ (6) $R = 2$，收敛域 $[-3,1)$．

5. (1) $\dfrac{1}{x^2-5x+6} = \dfrac{1}{2-x} - \dfrac{1}{3-x} = \dfrac{1}{2}\displaystyle\sum_{n=0}^{\infty}\dfrac{x^n}{2^n} - \dfrac{1}{3}\sum_{n=0}^{\infty}\dfrac{x^n}{3^n}$

$\dfrac{x}{x^2-5x+6} = \dfrac{1}{2}\displaystyle\sum_{n=1}^{\infty}\dfrac{x^n}{2^n} - \dfrac{1}{3}\sum_{n=1}^{\infty}\dfrac{x^n}{3^n}$

$\dfrac{2-2x}{1+x} = -2 + \dfrac{4}{1+x} = -2 + 4\displaystyle\sum_{n=1}^{\infty}(-1)^n x^n,\ x\in(-1,1)$；

(2) $e^{-x^2} = \displaystyle\sum_{n=0}^{\infty}\dfrac{(-1)^n}{n!}x^{2n},\ x\in(-\infty,+\infty)$，两边积分

$\displaystyle\int_0^x e^{-t^2}\mathrm{d}t = \sum_{n=0}^{\infty}\dfrac{(-1)^n}{(2n+1)n!}x^{2n+1},\ x\in(-\infty,+\infty)$

$f(x) = \dfrac{2}{\sqrt{\pi}}\displaystyle\int_0^x e^{-t^2}\mathrm{d}t = \dfrac{2}{\sqrt{\pi}}\sum_{n=0}^{\infty}\dfrac{(-1)^n}{(2n+1)n!}x^{2n+1},\ x\in(-\infty,+\infty)$．

6. $2(1+4\ln 2)$．

9.5 教材《作业与练习》参考答案

作业与练习 8.1

1. 收敛.

2. (1)发散;(2)发散;(3)收敛;(4)收敛;(5)发散, $\left[S_{2n} = \sum\limits_{k=1}^{n}\left(\dfrac{1}{2^{k}}+\dfrac{1}{10k}\right)\right]$.

作业与练习 8.2

1. (1)收敛; (2)收敛; (3)收敛; (4)收敛; (5)发散; (6)发散.

2. (1)绝对收敛; (2)发散; (3)条件收敛.

作业与练习 8.3

1. (1)比式判别法,收敛半径 $R = +\infty$,收敛区间和收敛域均为 $(-\infty,+\infty)$;

(2)根式判别法,收敛半径 $R = 0$,级数只在 $x = 0$ 处收敛,收敛区间和收敛域为 $\{0\}$;

(3) $\rho = \lim\limits_{n\to\infty}\left|\dfrac{a_{n+1}}{a_n}\right| = = \lim\limits_{n\to\infty}\dfrac{2\sqrt{n}}{\sqrt{n+1}} = 2$,收敛半径为 $R = \dfrac{1}{2}$,即 $\left|x - \dfrac{1}{2}\right| < \dfrac{1}{2}$ 时收敛,收敛

区间为 $(0,1)$, $x = 0$ 时,级数为 $\sum\limits_{n=1}^{\infty}\dfrac{1}{\sqrt{n}}$,发散; $x = 1$ 时,级数为 $\sum\limits_{n=1}^{\infty}\dfrac{(-1)^{n}}{\sqrt{n}}$,收敛;从而收

敛域为 $(0,1]$.

2. (1)逐项积分 $\dfrac{1}{(1-x)^{2}}$, $(-1 < x < 1)$; (2)逐项求导 $\dfrac{1}{2}\ln\dfrac{1+x}{1-x}$, $(-1 < x < 1)$.

3. 考虑级数 $\sum\limits_{n=1}^{\infty} n(n+1)x^{n}$.

作业与练习 8.4

1. (1) $e^{-\frac{x}{2}} = \sum\limits_{n=1}^{\infty}(-1)^{n}\dfrac{x^{n}}{2^{n}\cdot n!}$, $x \in (-\infty,+\infty)$.

(2) $\sin x = \sum\limits_{n=1}^{\infty}(-1)^{n-1}\dfrac{x^{2n-1}}{(2n-1)!}(-\infty < x < +\infty)$,

$\sin\dfrac{x}{3} = \sum\limits_{n=1}^{\infty}(-1)^{n-1}\dfrac{\left(\dfrac{x}{3}\right)^{2n-1}}{(2n-1)!} = \sum\limits_{n=1}^{\infty}(-1)^{n-1}\dfrac{x^{2n-1}}{3^{2n-1}(2n-1)!}$.

(3) $\ln(x^{2}+3x+2) = \ln(x+1)+\ln(x+2)$,

$\ln(2+x) = \ln\left[2\left(1+\dfrac{x}{2}\right)\right] = \ln 2 + \ln\left(1+\dfrac{x}{2}\right)$,

$$\ln(1+x) = \sum_{n=0}^{\infty} (-1)^n \frac{x^{n+1}}{n+1}, (-1 < x \leq 1),$$

$$\ln\left(1+\frac{x}{2}\right) = \sum_{n=0}^{\infty} (-1)^n \frac{x^{n+1}}{2^{n+1}(n+1)}, \left(-1 < \frac{x}{2} \leq 1\right), 即 (-2 < x \leq 2),$$

$$\ln(2+x) = \ln2 + \ln\left(1+\frac{x}{2}\right) = \ln2 + \sum_{n=0}^{\infty} (-1)^n \frac{x^{n+1}}{2^{n+1}(n+1)}, (-2 < x \leq 2),$$

$$\ln(x^2+3x+2) = \ln2 + \sum_{n=0}^{\infty} (-1)^n \frac{x^{n+1}}{n+1} + \sum_{n=0}^{\infty} (-1)^n \frac{x^{n+1}}{2^{n+1}(n+1)}, (-1 < x \leq 1).$$

$(4) \cos^2 x = \dfrac{1+\cos 2x}{2}$,

$$\cos x = \sum_{n=0}^{\infty} (-1)^n \frac{x^{2n}}{(2n)!}, (-\infty < x < +\infty),$$

$$\cos 2x = \sum_{n=0}^{\infty} (-1)^n \frac{4^n x^{2n}}{(2n)!}, (-\infty < x < +\infty),$$

$$\cos^2 x = \frac{1+\cos 2x}{2} = \frac{1}{2} + \frac{1}{2} \sum_{n=0}^{\infty} (-1)^n \frac{4^n x^{2n}}{(2n)!}, (-\infty < x < +\infty).$$

(5) 因为 $\left(\displaystyle\int_0^{2x} e^{-t}dt\right)' = 2e^{-2x} = 2\sum_{n=0}^{\infty} \frac{(-1)^n}{2^n n!} x^n$,

所以 $\displaystyle\int_0^{2x} e^{-t}dt = \int_0^{2x} \sum_{n=0}^{\infty} \frac{(-1)^n}{2^{n+1} n!} t^n dt = \sum_{n=0}^{\infty} \frac{(-1)^n}{2^{n+1}(n+1)!} x^{n+1}.$

2. $\sin x = \sin\left[\dfrac{\pi}{4} + \left(x - \dfrac{\pi}{4}\right)\right] = \dfrac{\sqrt{2}}{2}\left[\cos\left(x - \dfrac{\pi}{4}\right) + \sin\left(x - \dfrac{\pi}{4}\right)\right]$,

$$\cos\left(x - \frac{\pi}{4}\right) = 1 - \frac{1}{2!}\left(x - \frac{\pi}{4}\right)^2 + \frac{1}{4!}\left(x - \frac{\pi}{4}\right)^4 - \cdots, (-\infty < x < +\infty),$$

$$\sin\left(x - \frac{\pi}{4}\right) = \left(x - \frac{\pi}{4}\right) - \frac{1}{3!}\left(x - \frac{\pi}{4}\right)^3 + \frac{1}{5!}\left(x - \frac{\pi}{4}\right)^5 - \cdots, (-\infty < x < +\infty);$$

$$\sin x = \frac{\sqrt{2}}{2}\left[1 + \left(x - \frac{\pi}{4}\right) - \frac{1}{2!}\left(x - \frac{\pi}{4}\right)^2 - \frac{1}{3!}\left(x - \frac{\pi}{4}\right)^3 + \cdots\right], (-\infty < x < +\infty).$$

3. $\ln x = \ln(x-2+2) = \ln\left[2\left(1+\dfrac{x-2}{2}\right)\right] = \ln2 + \ln\left(1+\dfrac{x-2}{2}\right)$,

$$\ln\left(1+\frac{x-2}{2}\right) = \sum_{n=0}^{\infty} (-1)^n \frac{\left(\frac{x-2}{2}\right)^{n+1}}{n+1} = \sum_{n=0}^{\infty} (-1)^n \frac{(x-2)^{n+1}}{2^{n+1}(n+1)}, \left(-1 < \frac{x-2}{2} \leq 1\right),$$

$$\ln x = \ln2 + \sum_{n=0}^{\infty} (-1)^n \frac{(x-2)^{n+1}}{2^{n+1}(n+1)}, (0 < x \leq 4).$$

4. $\dfrac{1}{4-x} = \dfrac{1}{3-(x-1)} = \dfrac{1}{3\left(1-\frac{x-1}{3}\right)} = \dfrac{1}{3}\left[1 + \dfrac{x-1}{3} + \left(\dfrac{x-1}{3}\right)^2 + \cdots + \left(\dfrac{x-1}{3}\right)^n + \cdots\right], |x-1| < 3,$

$$\frac{x-1}{4-x} = (x-1)\frac{1}{4-x} = \frac{1}{3}(x-1) + \frac{(x-1)^2}{3^2} + \frac{(x-1)^3}{3^3} + \cdots + \frac{(x-1)^n}{3^n} + \cdots, |x-1| < 3,$$

$$\frac{f^{(n)}(1)}{n!} = \frac{1}{3^n}, 则 f^{(n)}(1) = \frac{n!}{3^n}.$$

习题 8

1. $(1) p > 1, p \leqslant 1.$

$(2) \rho < 1, \rho > 1 \left(或 \lim\limits_{n \to \infty} \dfrac{u_{n+1}}{u_n} = \infty \right), \rho = 1.$

$(3) 6.$

$(4) (-\infty, -2) \cup [0, +\infty),$

$$\frac{|u_{n+1}(x)|}{|u_n(x)|} = \frac{n}{n+1} \cdot \frac{1}{|1+x|} \to \frac{1}{|1+x|} (n \to \infty),$$

当 $\dfrac{1}{|1+x|} < 1, \Rightarrow |1+x| > 1,$ 即 $x > 0$ 或 $x < -2$ 时,原级数绝对收敛;

当 $\dfrac{1}{|1+x|} > 1, \Rightarrow |1+x| < 1,$ 即 $-2 < x < 0$ 时,原级数发散;

当 $|1+x| = 1, \Rightarrow x = 0$ 或 $x = -2,$ 当 $x = 0$ 时, $\sum\limits_{n=1}^{\infty} \dfrac{(-1)^n}{n}$ 收敛;

当 $x = -2$ 时,级数 $\sum\limits_{n=1}^{\infty} \dfrac{1}{n},$ 发散,故级数的收敛域为 $(-\infty, -2) \cup [0, +\infty).$

$(5) B.$

$(6) \sum\limits_{n=0}^{\infty} \dfrac{x^n}{2^n}.$

2. $(1) \lim\limits_{n \to \infty} \dfrac{\dfrac{\sqrt{n}}{(n+1)(2n-5)}}{\dfrac{1}{n^{\frac{3}{2}}}} = \lim\limits_{n \to \infty} \dfrac{1}{2 - 3\dfrac{1}{n} - 5\dfrac{1}{n^2}} = \dfrac{1}{2} > 0,$ 级数 $\sum\limits_{n=1}^{\infty} \dfrac{1}{n^{\frac{3}{2}}}$ 是收敛的,由推论知

所给级数收敛.

$(2) \lim\limits_{n \to \infty} \dfrac{u_{n+1}}{u_n} = \lim\limits_{n \to \infty} \left[\dfrac{(n+1)^k}{(n+1)!} \cdot \dfrac{n!}{n^k} \right] = \lim\limits_{n \to \infty} \dfrac{1}{n+1} \left(1 + \dfrac{1}{n} \right)^k = 0 < 1,$ 由比值判别法,所给级

数发散.

(3) 因为 $|\dfrac{\cos na}{n^2}| \leqslant \dfrac{1}{n^2},$ 而级数 $\sum\limits_{n=1}^{\infty} \dfrac{1}{n^2}$ 是收敛的,所以级数 $\sum\limits_{n=1}^{\infty} \left| \dfrac{\cos na}{n^2} \right|$ 也收敛,从而级

数 $\sum\limits_{n=1}^{\infty} \dfrac{\cos na}{n^2}$ 绝对收敛.

$(4)\dfrac{u_n}{u_{n+1}}=\dfrac{\dfrac{n+3}{(n+2)\sqrt{n+1}}}{\dfrac{(n+1)+3}{[(n+1)+2]\sqrt{(n+1)+1}}}=\dfrac{(n+3)^2\sqrt{n+2}}{(n+2)(n+4)\sqrt{n+1}}>1,$

即 $u_n>u_{n+1}$,

$\lim\limits_{n\to\infty}u_n=\lim\limits_{n\to\infty}\dfrac{n+3}{n+2}\cdot\dfrac{1}{\sqrt{n+1}}=0$,级数收敛.

$(5)\lim\limits_{n\to\infty}\dfrac{u_{n+1}}{u_n}=\lim\limits_{n\to\infty}\dfrac{\dfrac{3^{n+1}}{(n+1)\cdot 2^{n+1}}}{\dfrac{3^n}{n\cdot 2^n}}=\lim\limits_{n\to\infty}\dfrac{3n}{2(n+1)}=\dfrac{3}{2}$,发散.

(6)用根式判别法可知,收敛.

3.$(1)R=+\infty$; $(2)R=\dfrac{1}{2}$;

$(3)R=\sqrt{2}$; $(4)R=c$,其中 $c=\max\{a,b\}>0$;

(5)因为

$\rho=\lim\limits_{n\to\infty}|\dfrac{a_{n+1}}{a_n}|=\lim\limits_{n\to\infty}\dfrac{(n+1)!}{n!}=+\infty.$

所以收敛半径为 $R=0$,即级数仅在 $x=0$ 处收敛.

(6)**解**:可根据比值判别法来求收敛半径.

幂级数的一般项记为 $u_n(x)=\dfrac{(2n)!}{(n!)^2}x^{2n}.$

因为 $\lim\limits_{n\to\infty}\left|\dfrac{u_{n+1}(x)}{u_n(x)}\right|=4|x|^2.$

当 $4|x|^2<1$ 即 $|x|<\dfrac{1}{2}$ 时级数收敛,当 $4|x|^2>1$ 即 $|x|>\dfrac{1}{2}$ 时级数发散,所以收敛半径

为 $R=\dfrac{1}{2}.$

提示:$\dfrac{u_{n+1}(x)}{u_n(x)}=\dfrac{\dfrac{[2(n+1)]!}{[(n+1)!]^2}x^{2(n+1)}}{\dfrac{(2n)!}{(n!)^2}x^{2n}}=\dfrac{(2n+2)(2n+1)}{(n+1)^2}x^2.$

4.(1)绝对收敛;(2)条件收敛.

5.级数通项 $u_n=\dfrac{a_0n^\alpha+a_1n^{\alpha-1}+\cdots+a_\alpha}{b_0n^\beta+b_1n^{\beta-1}+\cdots+b_\beta}$.设 $v_n=\dfrac{1}{n^{\beta-\alpha}}$,

因为 $\lim\limits_{n\to\infty}|\dfrac{u_n}{v_n}|=|\dfrac{a_0}{b_0}|\neq 0$,所以级数 $\sum\limits_{n=1}^{\infty}u_n$ 与 $\sum\limits_{n=1}^{\infty}v_n$ 具有相同的敛散性,而 $\sum\limits_{n=1}^{\infty}v_n=$

$\sum\dfrac{1}{n^{\beta-\alpha}}$ 收敛的充要条件是 $\beta-\alpha>1$,故 $\sum\limits_{n=1}^{\infty}u_n$ 收敛的充要条件也是 $\beta-\alpha>1$,得证.

6. 求得幂级数的收敛域为 $[1,1)$,

设和函数为 $S(x)$,即 $S(x) = \sum\limits_{n=0}^{\infty} \dfrac{1}{n+1} x^n, x \in [-1,1)$,显然 $S(0) = 1$.

在 $xS(x) = \sum\limits_{n=0}^{\infty} \dfrac{1}{n+1} x^{n+1}$ 的两边求导得

$$[xS(x)]' = \sum\limits_{n=0}^{\infty} \left(\dfrac{1}{n+1} x^{n+1} \right)' = \sum\limits_{n=0}^{\infty} x^n = \dfrac{1}{1-x}.$$

对上式从 0 到 x 积分,得

$$xS(x) = \int_0^x \dfrac{1}{1-x} dx = -\ln(1-x).$$

于是,当 $x \neq 0$ 时,有 $S(x) = -\dfrac{1}{x}\ln(1-x)$,从而

$$S(x) = \begin{cases} -\dfrac{1}{x}\ln(1-x), & 0 < |x| < 1 \\ 1, & x = 0 \end{cases}$$

因为 $xS(x) = \sum\limits_{n=0}^{\infty} \dfrac{1}{n+1} x^{n+1} = \int_0^x \left[\sum\limits_{n=0}^{\infty} \dfrac{1}{n+1} x^{n+1} \right]' dx$

$$= \int_0^x \sum\limits_{n=0}^{\infty} x^n dx = \int_0^x \dfrac{1}{1-x} dx = -\ln(1-x).$$

所以,当 $x \neq 0$ 时,有 $S(x) = -\dfrac{1}{x}\ln(1-x)$.

从而 $S(x) = \begin{cases} -\dfrac{1}{x}\ln(1-x) & -1 \leqslant x < 1, \quad x \neq 0 \\ 1 & x = 0 \end{cases}$.

注意到 $S(-1) = \sum\limits_{n=0}^{\infty} \dfrac{(-1)^n}{n+1} = \ln\dfrac{1}{2}$,即 $\sum\limits_{n=0}^{\infty} \dfrac{(-1)^n}{n+1} = \ln\dfrac{1}{2}$.

7. 求得其收敛半径 $\rho = \lim\limits_{n\to\infty} \dfrac{2n+3}{2n+1} = 1, R = 1$,

收敛区间为 $(-1,1)$. $x = \pm 1$ 时得交错级数,$\sum\limits_{n=0}^{\infty} \dfrac{(-1)^n}{2n+1}$ 收敛,所以收敛域为 $[-1,1]$

和函数 $S(x) = \sum\limits_{n=0}^{\infty} \dfrac{(-1)^n x^{2n+1}}{(2n+1)}$,

两边求导,对等号右边幂级数逐项求导,得

$$S'(x) = \left(\sum\limits_{n=0}^{\infty} \dfrac{(-1)^n x^{2n+1}}{(2n+1)} \right) = \sum\limits_{n=0}^{\infty} \left[\dfrac{(-1)^n x^{2n+1}}{(2n+1)} \right]' = \sum\limits_{n=0}^{\infty} (-1)^n x^{2n}, x \in (-1,1),$$

最后的幂级数是以 $-x^2$ 为公比的等比级数. 当 $x \in (-1,1), |-x^2| < 1$,据等比级数求和公式

$$S'(x) = \frac{1}{1+x^2},$$

两边积分,注意 $S(0) = 0$,得

$$S(x) = \int_0^x S'(t)\,dt = \int_0^x \frac{1}{1+t^2}dt = \arctan x, x \in (-1,1).$$

8. $(\arcsin x)' = (1-x^2)^{-\frac{1}{2}} = 1 + \sum_{k=1}^{\infty} \left[\frac{\alpha(\alpha-1)(\alpha-2)\cdots(\alpha-k+1)}{k!} \right]\bigg|_{\alpha=-\frac{1}{2}} (-x^2)^k$

$$= 1 + \sum_{k=1}^{\infty} \frac{(2k-1)!!}{(2k)!!}x^{2k}, x \in (-1,1),$$

$\arcsin x = \int_0^x [\arcsin t)]'dt = \int_0^x [1 + \sum_{k=1}^{\infty} \frac{(2k-1)!!}{(2k)!!}t^{2k}]dt = x + \sum_{k=1}^{\infty} \frac{(2k-1)!!}{(2k)!!}\int_0^x t^{2k}dt$

$$= x + \sum_{k=1}^{\infty} \frac{(2k-1)!!}{(2k+1)(2k)!!}x^{2k+1}, x \in (-1,1).$$

9. $\sum_{n=0}^{\infty} \left(\frac{1}{2^{n+1}} - \frac{1}{3^{n+1}} \right)(x+4)^n, x \in (-6,-2).$

第 10 章　线性代数

10.1　主要内容归纳

一、行列式与克莱姆法则

1. 二阶、三阶行列式

对于二阶方阵 $A = \begin{pmatrix} a_{11} & a_{12} \\ a_{21} & a_{22} \end{pmatrix}$，称 $\begin{vmatrix} a_{11} & a_{12} \\ a_{21} & a_{22} \end{vmatrix}$ 为二阶方阵 A 的行列式，简称二阶行列式.

计算二阶行列式采用对角线法则：

$$\begin{vmatrix} a_{11} & a_{12} \\ a_{21} & a_{22} \end{vmatrix} = a_{11}a_{22} - a_{12}a_{21},$$

$a_{11}a_{22} - a_{12}a_{21}$ 称为二阶行列式的展开式.

二阶行列式的值就等于主对角线两个元素的乘积减去次对角线上两个元素的乘积.

二阶行列式的概念可推广到三阶.

2. 余子式与代数余子式

原行列式中划去元素 a_{ij} 所在的行和列后剩下的元素按原来的顺序构成的低一阶行列式，称为元素 a_{ij} 的余子式，记为 M_{ij}. 令 $A_{ij} = (-1)^{i+j} M_{ij}$，则称 A_{ij} 为元素 a_{ij} 的代数余子式.

二、矩阵的概念和运算

1. 矩阵的加法

设矩阵 $A = (a_{ij})$ 与矩阵 $B = (b_{ij})$ 都是 $m \times n$ 矩阵，称矩阵 $(a_{ij} + b_{ij})(i = 1, 2, \cdots, m; j = 1, 2, \cdots n.)$ 为这两个矩阵的和矩阵，记为 $A + B$. 即

$$A + B = (a_{ij} + b_{ij})(i = 1, 2, \cdots, m; j = 1, 2, \cdots n.).$$

2. 数乘矩阵

设矩阵 $A = (a_{ij})$ 是 $m \times n$ 矩阵，k 为常数，以数 k 乘矩阵 A 的每一个元素所得到的矩阵 (ka_{ij})，称为数 k 与矩阵 A 的积，或称为数乘矩阵. 记作 kA. 即

$$kA = (ka_{ij})_{m \times n}.$$

3. 矩阵的乘法

设矩阵 A 是 $m \times n$ 矩阵，矩阵 B 是 $n \times p$ 矩阵，即

$$A = \begin{pmatrix} a_{11} & a_{12} & \cdots & a_{1n} \\ a_{21} & a_{22} & \cdots & a_{2n} \\ \vdots & \vdots & \vdots & \vdots \\ a_{m1} & a_{m2} & \cdots & a_{mn} \end{pmatrix}, B = \begin{pmatrix} b_{11} & b_{12} & \cdots & b_{1p} \\ b_{21} & b_{22} & \cdots & b_{2p} \\ \vdots & \vdots & \vdots & \vdots \\ b_{n1} & b_{n2} & \cdots & b_{np} \end{pmatrix},$$

则矩阵 A 与矩阵 B 的乘积矩阵 $C = (c_{ij})$ 是 $m \times p$ 矩阵，记为 $C = A \cdot B$，其中

$$c_{ij} = a_{i1}b_{1k} + a_{i2}b_{2k} + \cdots + a_{in}b_{nk} = \sum_{j=1}^{n} a_{ij}b_{jk} (i=1,2,\cdots,m; j=1,2,\cdots p).$$

三、矩阵的初等变换和矩阵的秩

1. 设 A 是 $m \times n$ 矩阵，从 A 中任取 k 行 k 列（$1 \leqslant k \leqslant min\{m,n\}$），位于这些行与列相交处的元素，按原来的顺序构成一个 k 阶行列式，称此行列式为矩阵 A 的一个 k 阶子式.

2. 矩阵 A 中不等于零的子式的最高阶数称为矩阵 A 的秩，记为 $r(A)$. 规定零矩阵的秩是零.

3. 矩阵的初等行变换是指：

（1）换行变换：将矩阵的两行互换位置；

（2）倍缩变换：以非零数 k 乘矩阵某一行的所有元素；

（3）消去变换：把矩阵某一行所有元素乘同一数 k 加到另一行对应的元素上去.

上述变换对行实行，称为矩阵的初等行变换；若同样的变换对列实行，则称为矩阵的初等列变换. 初等行变换和初等列变换统称为矩阵的初等变换.

矩阵 A 经过有限次初等变换成为矩阵 B，则称矩阵 A 与 B 等价，记作 $A \sim B$.

四、逆矩阵

1. 设 A 是 n 阶方阵，如果存在 n 阶方阵 B，使得

$AB = BA = E$,

则称矩阵 A 是可逆的，并称 B 是 A 的逆矩阵，记为 A^{-1}，即 $B = A^{-1}$.

2. 对单位矩阵 E 施以一次初等变换而得到的矩阵，称为初等矩阵. 初等矩阵有三种，分别记为：

（1）矩阵 E 的第 i 行与第 j 行互换，记为 $E(i,j)$；

（2）矩阵 E 的第 i 行乘以常数 k，记为 $E(i(k))$；

（3）矩阵 E 的第 j 行乘以常数 k 后加到第 i 行，记为 $E(i,j(k))$.

3. 设 $A = (a_{ij})_{m \times n}$，对 A 的行施以某一种初等变换就相当于在 A 的左边乘上一个相应的 m 阶初等矩阵；对 A 的列施以某一种初等变换就相当于在 A 的右边乘上一个相应的 n 阶初等矩阵.（证明略）

4. 任意一个 n 阶可逆矩阵 A 总可以经过一系列初等行变换化成 n 阶单位矩阵.

5. 设 A 为 n 阶可逆矩阵,对 $n \times 2n$ 矩阵 $P = (A, E)$ 作一系列行的初等行变换,使 $P = (A, E) \longrightarrow (E, B)$,则 $B = A^{-1}$.

五、线性方程组

1. 线性方程组(9-1)有解的充分必要条件是其系数矩阵的秩与其增广矩阵的秩相同,即 $r(A) = r(\bar{A})$.

若 $r(A) \neq r(\bar{A})$,则线性方程组(9-1)无解.

若线性方程组(9-1)有解,则

(1)当 $r(\bar{A}) = n$ 时,方程组(9-1)有唯一解;

(2)当 $r(\bar{A}) < n$ 时,方程组(9-1)有无穷多个解.

当方程组(9-1)中的常数项均为零时,便得到齐次线性方程组

$$\begin{cases} a_{11}x_1 + a_{12}x_2 + \cdots + a_{1 \cdot n}x_n = 0 \\ a_{21}x_1 + a_{22}x_2 + \cdots + a_{2n}x_n = 0 \\ \cdots\cdots\cdots\cdots\cdots\cdots\cdots\cdots\cdots\cdots \\ a_{m1}x_1 + a_{m2}x_2 + \cdots + a_{m \cdot n}x_n = 0 \end{cases}$$

由于总有 $r(A) = r(\bar{A})$,所以方程组(9-5)一定有解,事实上,$x_1 = x_2 = \cdots = x_n = 0$ 是齐次线性方程组的解,称其为零解.

齐次线性方程组有零解的充分必要条件是 $r(A) = n$.

齐次线性方程组有非零解的充分必要条件是 $r(A) < n$.

特别地,若方程组中当方程个数少于未知量个数($m < n$)时,必有 $r(A) < n$,此时方程组必有非零解.

n 个方程 n 个未知量的齐次线性方程组有非零解的充分必要条件是它的系数行列式等于零.

10.2　学法指导

一、关于行列式

1. 行列式与行列式的值的区别:这是一个"形式"与"内涵"的问题. 以二阶行列式 $\begin{vmatrix} a & b \\ c & d \end{vmatrix}$ 为例,式子 $\begin{vmatrix} a & b \\ c & d \end{vmatrix}$ 称为二阶行列式,它表示一个数 $ad - bc$,这个数称为二阶行列式的值,并记作

$$\begin{vmatrix} a & b \\ c & d \end{vmatrix} = ad - bc$$

两个行列式相等其实质是指它们的值相等. 行列式的记号即表示行列式,又表示行列式的值,所以我们通常把行列式的值也称为"行列式".

2. 余子式和代数余子式的特点和联系:

(1)对于给定的一个 n 阶行列式 D,元素 a_{ij} 的余子式 M_{ij} 和代数余子式 A_{ij} 仅与位置 (i,j) 有关而与 D 中第 i 行、第 j 列元素的数值大小和正负无关.

(2)它们之间的联系是 $A_{ij} = (-1)^{i+j} M_{ij}$,因而当 $i+j$ 为偶数时,二者相同;当 $i+j$ 为奇数时,二者相反.

3. 行列式的计算:二阶、三阶行列式按照给出的相应计算规则计算就可以了,对于四阶以上的高阶行列式一般利用行列式的性质对行列死进行"化零降阶法"或"化三角形"等方法计算. 在工作实际应用中,遇到求解高阶行列式的问题用数学软件求解会更加方便.

二、关于矩阵

1. 矩阵与行列式的区别与联系:

矩阵的记号(数表外加括号)与行列式(数表外加两条竖线)很相像,但它们是两个截然不同的概念. 不能混淆,更不能混用,二者的区别是:

名称	行列式	矩阵
本质属性	数值	数表
书写形式	数表外加两条竖线	数表外加括号
元素个数	n^2 个元素	$n \times m$ 个元素
格式表达	只能排成正方形	既可以排成正方形也可以排成长方形

二者的联系是:对于 n 阶方阵 A 有其对应的行列式 $|A|$.

2. 关于矩阵的代数运算与矩阵的运算系统:

(1)矩阵的代数运算是指矩阵的加法、减法、数乘、矩阵的乘法以及可逆矩阵求逆这几种运算. 某个矩阵集合连同定义在其上的若干个封闭的代数运算构成一个矩阵运算系统,这里所说的封闭是指运算结果还在此集合中. 如 n 阶方阵集合对于加法、减法、数乘、乘法就构成一个矩阵运算系统.

3. 矩阵运算和实数运算的区别:

(1)实数运算满足交换律,而矩阵运算不满足交换律,主要表现在

1)若矩阵 A 与 B 可乘,但 B 与 A 未必可乘;

2)若 $A_{m \times n} B_{n \times m}$ 与 $B_{n \times m} A_{m \times n}$ 均存在,但两者的阶数当 $m \neq n$ 时不相等,于是 $AB \neq BA$;

3）即使 A、B 均为 n 阶方阵，AB 也未必等于 BA，例如

$$A = \begin{pmatrix} 1 & -1 \\ 0 & 0 \end{pmatrix}, \quad B = \begin{pmatrix} 1 & 0 \\ 1 & 0 \end{pmatrix}$$

有
$$AB = O = \begin{pmatrix} 0 & 0 \\ 0 & 0 \end{pmatrix}, \quad BA = \begin{pmatrix} 1 & -1 \\ 1 & -1 \end{pmatrix}$$

所以矩阵的乘法就有左乘和右乘之分.

（2）实数运算不存在化零因子，而矩阵运算存在化零因子. 即对于 n 阶矩阵 A、B，$A \neq 0$，且 $B \neq 0$，而 $AB = 0$ 可能成立，如上述的 3）中的 n 阶矩阵 A、B. 在实数运算中不存在化零因子，因为如果 $ab = 0$，$a, b \in R$，则 a, b 中至少有一个数是零.

（3）实数运算满足消去律，而矩阵运算不满足消去律. 即对于实数，如果有方程 $ax = 0$ 且 $a \neq 0$，则它必有 $x = 0$；如果有 $ab = ac$ 且 $a \neq 0$，则必有 $a = c$；而对于矩阵运算，如果矩阵 $AX = O$ 且 $A \neq O$，并不能推出 $X = O$；如果矩阵 A、B、C 满足

$AB = AC$ 且 $A \neq O$，并不能推出 $B = C$.

4. 矩阵的初等变换和矩阵的秩

（1）矩阵的三种初等变换直接源于求解线性方程组的消元法，它是矩阵的最重要的运算之一，可以利用初等变换求矩阵的秩、求 n 阶方阵的逆以及线性方程组的求解.

（2）矩阵的秩是刻画矩阵本质属性的一个指标，如矩阵是否可逆、线性方程组是否有解？有多少解等情况都可以由矩阵的秩来判断.

（3）矩阵秩的求法是：利用初等变换把矩阵化为行阶梯形矩阵，这个行阶梯形矩阵的非零行的行数即为该矩阵的秩.

（4）要注意行阶梯形矩阵和行简化阶梯形矩阵的区别和联系.

5. 逆矩阵

（1）判断 n 阶方阵 A 可逆的方法主要有：

1）定义法：存在 n 阶方阵 B，使得 $AB = BA = E$，则 n 阶方阵 A 可逆

2）行列式法：n 阶方阵 A 对应的行列式非零，即 $det(A) \neq 0$ 或 $|A| \neq 0$，则 n 阶方阵 A 可逆

3）秩法：n 阶方阵 A 是满秩的，即 $r(A) = n$，则 n 阶方阵 A 可逆

（2）逆矩阵的求法有两种：

一是伴随矩阵法：$A^{-1} = \dfrac{1}{det(A)} A^*$，其中，$det(A) \neq 0$，$A^*$ 是 A 的伴随矩阵.

（3）对于 n 阶方阵 A 以下说法是等价的：

A 可逆 $\Leftrightarrow det(A) \neq 0 \Leftrightarrow A$ 是非奇异矩阵 $\Leftrightarrow A$ 是满秩矩阵.

三、关于.线性方程组

1. 线性方程组的消元法：利用消元法求解线性方程组的过程，实质上就是对线性方

程组实施初等行变换的过程,也就是将方程组的增广矩阵化为行简化阶梯形矩阵的过程,即

增广矩阵 $\tilde{A} = (A \vdots B) \rightarrow$ 阶梯形矩阵 $\rightarrow$ 行简化阶梯形矩阵 $\rightarrow$ 方程组的解

2. 齐次线性方程组 $AX = 0$ 的求解

(1)如果 $r(A) = n$,齐次线性方程组只有零解;

(2)如果 $r(A) < n$,齐次线性方程组有非零解,且有无穷多解,它的求解步骤是:

第一步对系数矩阵 A 实施初等行变换,将其化为行简化阶梯形矩阵;

第二步根据行简化阶梯形矩阵写出同解线性方程组;

第三步根据行简化阶梯形矩阵求出矩阵的秩,并判断解得情况,如果方程组有无穷多解,确定自由未知量的个数 $n - r(A)$,并选取自由未知量;

第四步将非自由未知量用自由未知变量表示,并分别令其中的一个自由未知变量为 1,其他的为 0,得到通解的基变量,$\eta_1, \eta_2, \cdots, \eta_{n-r}$

第五步写出齐次线性方程组的通解

$$X = k_1\eta_1 + k_2\eta_2 + \cdots + k_{n-r}\eta_{n-r}$$

3. 非齐次线性方程组 $AX = B$ 的求解

(1)如果 $r(\tilde{A}) = r(A) = n$,非齐次线性方程组有唯一解,利用消元法求解即可.

(2)如果 $r(\tilde{A}) = r(A) = r < n$,非齐次线性方程组有无穷多解,它的解中含有 $n - r$ 个自由未知变量,它的求解步骤是:

第一步求出对应的齐次线性方程组 $AX = 0$ 的通解,即

$$k_1\eta_1 + k_2\eta_2 + \cdots + k_{n-r}\eta_{n-r}$$

第二步令所有的自由未知变量为 1,得到非齐次线性方程组的一个特解 X_0;

第三步写出非齐次线性方程组的通解:对应齐次线性方程组的通解与非齐次线性方程组的一个特解的和,即非齐次线性方程组的通解为

$$X = X_0 + k_1\eta_1 + k_2\eta_2 + \cdots + k_{n-r}\eta_{n-r}$$

10.3 典型例题解析

一、行列式

例 1 计算二阶行列式 $\begin{vmatrix} 7 & 2 \\ -3 & 5 \end{vmatrix}$ 的值.

解 $\begin{vmatrix} 7 & 2 \\ -3 & 5 \end{vmatrix} = 7 \times 5 - 2 \times (-3) = 41.$

例 2 计算三阶行列式 $\begin{vmatrix} 3 & -1 & 2 \\ 1 & -2 & 1 \\ 1 & 3 & -1 \end{vmatrix}$ 的值.

解 $\begin{vmatrix} 3 & -1 & 2 \\ 1 & -2 & 1 \\ 1 & 3 & -1 \end{vmatrix}$

$= 3 \times -2 \times (-1) + 2 \times 1 \times 3 + (-1) \times 1 \times 1 - 2 \times (-2) \times 1 - 3 \times 1 \times 3 - (-1) \times 1 \times (-1)$

$= 5$

例 3 计算三阶行列式的值: $D = \begin{vmatrix} -1 & 2 & 3 \\ -2 & 1 & 1 \\ 3 & -1 & 1 \end{vmatrix}$

解 $D = (-1) \begin{vmatrix} 1 & 1 \\ -1 & 1 \end{vmatrix} - 2 \begin{vmatrix} -2 & 1 \\ 3 & 1 \end{vmatrix} + 3 \begin{vmatrix} -2 & 1 \\ 3 & -1 \end{vmatrix} = 5$

例 4 计算四阶行列式 $D = \begin{vmatrix} 3 & -1 & 0 & 7 \\ 1 & 0 & 1 & 5 \\ 2 & 3 & -3 & 1 \\ 0 & 0 & 1 & -2 \end{vmatrix}$.

解 根据定理 8.1,可将 D 按第一行展开的

$D = 3 \times \begin{vmatrix} 0 & 1 & 5 \\ 3 & -3 & 1 \\ 0 & 1 & -2 \end{vmatrix} - (-1) \times \begin{vmatrix} 1 & 1 & 5 \\ 2 & -3 & 1 \\ 0 & 1 & -2 \end{vmatrix} + 0 \times \begin{vmatrix} 1 & 0 & 5 \\ 2 & 3 & 1 \\ 0 & 0 & -2 \end{vmatrix} - 7 \times \begin{vmatrix} 1 & 0 & 1 \\ 2 & 3 & -3 \\ 0 & 0 & 1 \end{vmatrix}$

$= 3 \times 21 - (-1) \times 19 - 7 \times 3 = 61$

如果按第四行展开,可得 $D = - \begin{vmatrix} 3 & -1 & 7 \\ 1 & 0 & 5 \\ 2 & 3 & 1 \end{vmatrix} - 2 \begin{vmatrix} 3 & -1 & 0 \\ 1 & 0 & 1 \\ 2 & 3 & -3 \end{vmatrix} = 33 - 2(-14) = 61$

二、矩阵的计算

例 1 设 $A = \begin{pmatrix} 1 & 2 & 3 \\ 2 & 5 & 8 \end{pmatrix}$, $B = \begin{pmatrix} 2 & 3 & 5 \\ 1 & 3 & 0 \end{pmatrix}$, 求 $A + B$.

解 $A + B = \begin{pmatrix} 1+2 & 2+3 & 3+5 \\ 2+1 & 5+3 & 8+0 \end{pmatrix} = \begin{pmatrix} 3 & 5 & 8 \\ 3 & 8 & 8 \end{pmatrix}$

例 2 设 $A = \begin{pmatrix} -1 & 2 & 0 \\ 1 & 3 & 2 \end{pmatrix}$, $B = \begin{pmatrix} 1 & 0 & -2 \\ 2 & -1 & 1 \end{pmatrix}$, 求 $A - B$.

解 $A - B = \begin{pmatrix} -1 & 2 & 0 \\ 1 & 3 & 2 \end{pmatrix} - \begin{pmatrix} 1 & 0 & -2 \\ 2 & -1 & 1 \end{pmatrix}$

$= \begin{pmatrix} -1-1 & 2-0 & 0-(-2) \\ 1-2 & 3-(-1) & 2-1 \end{pmatrix} = \begin{pmatrix} -2 & 2 & 2 \\ -1 & 4 & 1 \end{pmatrix}.$

例 3 设 $A = \begin{pmatrix} 1 & 2 & 3 \\ 2 & 5 & 8 \end{pmatrix}$；求 $3A, -5A$

解 则 $3A = \begin{pmatrix} 3 & 6 & 9 \\ 6 & 15 & 24 \end{pmatrix}$，$-5A = \begin{pmatrix} -5 & -10 & -15 \\ -10 & -25 & -40 \end{pmatrix}.$

例 4 设 $A = \begin{pmatrix} 1 & 2 & 3 \\ 2 & 5 & 8 \end{pmatrix}$，$B = \begin{pmatrix} -1 & 5 & 8 \\ -2 & 15 & 0 \end{pmatrix}$；求 $3A - 2B$.

解 $3A - 2B = 3\begin{pmatrix} 1 & 2 & 3 \\ 2 & 5 & 8 \end{pmatrix} - 2\begin{pmatrix} -1 & 5 & 8 \\ -2 & 15 & 0 \end{pmatrix} = \begin{pmatrix} 3 & 6 & 9 \\ 6 & 15 & 24 \end{pmatrix} - \begin{pmatrix} -2 & 10 & 16 \\ -4 & 30 & 0 \end{pmatrix}$

$= \begin{pmatrix} 5 & -4 & -7 \\ 10 & -15 & 24 \end{pmatrix}$

例 5 设 $A = \begin{pmatrix} 3 & -2 & 7 \\ 6 & 4 & 5 \end{pmatrix}$，$B = \begin{pmatrix} 9 & 4 & 1 \\ 3 & -5 & 2 \end{pmatrix}$ 且 $A + 2X = B$，求 X.

解 $X = \frac{1}{2}(B - A) = \frac{1}{2}\left[\begin{pmatrix} 9 & 4 & 1 \\ 3 & -5 & 2 \end{pmatrix} - \begin{pmatrix} 3 & -2 & 7 \\ 6 & 4 & 5 \end{pmatrix} \right] = \begin{pmatrix} 3 & 3 & -3 \\ -\frac{3}{2} & -\frac{9}{2} & -\frac{3}{2} \end{pmatrix}$

例 6 设 $A = \begin{pmatrix} 1 & 0 & 3 \\ 2 & 1 & 5 \end{pmatrix}$，$B = \begin{pmatrix} 2 & 0 \\ 1 & 3 \\ -1 & 0 \end{pmatrix}$，$C = \begin{pmatrix} -4 & 0 \\ 3 & 3 \\ 1 & 0 \end{pmatrix}$，求 AB, BA 和 AC.

解 $AB = \begin{pmatrix} 1 & 0 & 3 \\ 2 & 1 & 5 \end{pmatrix}\begin{pmatrix} 2 & 0 \\ 1 & 3 \\ -1 & 0 \end{pmatrix} = \begin{pmatrix} 1 \times 2 + 0 \times 1 + 3 \times (-1) & 1 \times 0 + 0 \times 3 + 3 \times 0 \\ 2 \times 2 + 1 \times 1 + 5 \times (-1) & 2 \times 0 + 1 \times 3 + 5 \times 0 \end{pmatrix}$

$= \begin{pmatrix} -1 & 0 \\ 0 & 3 \end{pmatrix}.$

$BA = \begin{pmatrix} 2 & 0 \\ 1 & 3 \\ -1 & 0 \end{pmatrix}\begin{pmatrix} 1 & 0 & 3 \\ 2 & 1 & 5 \end{pmatrix} = \begin{pmatrix} 2 \times 1 + 0 \times 2 & 2 \times 0 + 0 \times 1 & 2 \times 3 + 0 \times 5 \\ 1 \times 1 + 2 \times 3 & 1 \times 0 + 3 \times 1 & 1 \times 3 + 3 \times 5 \\ (-1) \times 1 + 0 \times 2 & (-1) \times 0 + 0 \times 1 & (-1) \times 3 + 0 \times 5 \end{pmatrix}$

$= \begin{pmatrix} 2 & 0 & 6 \\ 7 & 3 & 18 \\ -1 & 0 & -3 \end{pmatrix}.$

$$AC = \begin{pmatrix} 1 & 0 & 3 \\ 2 & 1 & 5 \end{pmatrix} \begin{pmatrix} -4 & 0 \\ 3 & 3 \\ 1 & 0 \end{pmatrix} = \begin{pmatrix} 1 \times (-4) + 0 \times 3 + 3 \times 1 & 1 \times 0 + 0 \times 3 + 3 \times 0 \\ 2 \times (-4) + 1 \times 3 + 5 \times 1 & 2 \times 0 + 1 \times 3 + 5 \times 0 \end{pmatrix}$$

$$= \begin{pmatrix} -1 & 0 \\ 0 & 3 \end{pmatrix}$$

例 7　设 $A = \begin{pmatrix} 1 & 1 & 2 \\ 2 & 2 & 4 \end{pmatrix}$, $B = \begin{pmatrix} 1 & -3 & 2 \\ 1 & 1 & 0 \\ -1 & 1 & -1 \end{pmatrix}$, 求 AB.

解　$AB = \begin{pmatrix} 1 & 1 & 2 \\ 2 & 2 & 4 \end{pmatrix} \begin{pmatrix} 1 & -3 & 2 \\ 1 & 1 & 0 \\ -1 & 1 & -1 \end{pmatrix} = \begin{pmatrix} 0 & 0 & 0 \\ 0 & 0 & 0 \end{pmatrix}$

三、矩阵的秩

例 1　求矩阵 $A = \begin{pmatrix} 1 & 0 & 1 \\ -2 & 1 & -1 \\ 3 & 2 & 5 \\ 5 & 1 & 6 \end{pmatrix}$ 的秩.

解　矩阵 A 中不等于零的子式的最高阶数最大可能是 3, 矩阵 A 有 4 个 3 阶子式, 他

们是: $\begin{vmatrix} 1 & 0 & 1 \\ -2 & 1 & -1 \\ 3 & 2 & 5 \end{vmatrix} = 0$, $\begin{vmatrix} -2 & 1 & -1 \\ 3 & 2 & 5 \\ 5 & 1 & 6 \end{vmatrix} = 0$, $\begin{vmatrix} 1 & 0 & 1 \\ 3 & 2 & 5 \\ 5 & 1 & 6 \end{vmatrix} = 0$, $\begin{vmatrix} 1 & 0 & 1 \\ -2 & 1 & -1 \\ 5 & 1 & 6 \end{vmatrix} = 0$.

矩阵 A 的所有 3 阶子式全为零, 而 $\begin{vmatrix} 1 & 0 \\ -2 & 1 \end{vmatrix} = 1 \neq 0$, 所以 $r(A) = 2$

例 2　求矩阵 $A = \begin{pmatrix} 1 & 0 & 1 \\ -2 & 1 & -1 \\ 3 & 2 & 5 \\ 5 & 1 & 6 \end{pmatrix}$ 的秩.

解　因为 $A = \begin{pmatrix} 1 & 0 & 1 \\ -2 & 1 & -1 \\ 3 & 2 & 5 \\ 5 & 1 & 6 \end{pmatrix} \xrightarrow[\substack{r_3 - 3r_1 \\ r_4 - 5r_1}]{r_2 + 2r_1} \begin{pmatrix} 1 & 0 & 1 \\ 0 & 1 & 1 \\ 0 & 2 & 2 \\ 0 & 1 & 1 \end{pmatrix} \xrightarrow[r_4 - r_2]{r_3 - 2r_2} \begin{pmatrix} 1 & 0 & 1 \\ 0 & 1 & 1 \\ 0 & 0 & 0 \\ 0 & 0 & 0 \end{pmatrix}$,

所以 $r(A) = 2$.

四、逆矩阵

例1 设 $A = \begin{pmatrix} 0 & 2 & -1 \\ 1 & 1 & 2 \\ -1 & -1 & -1 \end{pmatrix}$，求 A^{-1}.

解 $(A|E) = \begin{pmatrix} 0 & 2 & -1 & 1 & 0 & 0 \\ 1 & 1 & 2 & 0 & 1 & 0 \\ -1 & -1 & -1 & 0 & 0 & 1 \end{pmatrix} \xrightarrow{(r_1, r_2)} \begin{pmatrix} 1 & 1 & 2 & 0 & 1 & 0 \\ 0 & 2 & -1 & 1 & 0 & 0 \\ -1 & -1 & -1 & 0 & 0 & 1 \end{pmatrix}$

$\xrightarrow{r_3 + r_1} \begin{pmatrix} 1 & 1 & 2 & 0 & 1 & 0 \\ 0 & 2 & -1 & 1 & 0 & 0 \\ 0 & 0 & 1 & 0 & 1 & 1 \end{pmatrix} \xrightarrow{r_2 \times \frac{1}{2}} \begin{pmatrix} 1 & 1 & 2 & 0 & 1 & 0 \\ 0 & 1 & -\frac{1}{2} & \frac{1}{2} & 0 & 0 \\ 0 & 0 & 1 & 0 & 1 & 1 \end{pmatrix}$

$\xrightarrow[r_2 + \frac{1}{2} r_3]{r_1 - 2r_3} \begin{pmatrix} 1 & 1 & 0 & 0 & -1 & -2 \\ 0 & 1 & 0 & \frac{1}{2} & \frac{1}{2} & \frac{1}{2} \\ 0 & 0 & 1 & 0 & 1 & 1 \end{pmatrix} \xrightarrow{r_1 - r_2} \begin{pmatrix} 1 & 0 & 0 & -\frac{1}{2} & -\frac{3}{2} & -\frac{5}{2} \\ 0 & 1 & 0 & \frac{1}{2} & \frac{1}{2} & \frac{1}{2} \\ 0 & 0 & 1 & 0 & 1 & 1 \end{pmatrix}$,

所以 $A^{-1} = \begin{pmatrix} -\frac{1}{2} & -\frac{3}{2} & -\frac{5}{2} \\ \frac{1}{2} & \frac{1}{2} & \frac{1}{2} \\ 0 & 1 & -1 \end{pmatrix}$.

例2 解矩阵方程 $\begin{pmatrix} 1 & 0 \\ 2 & 4 \end{pmatrix} X = \begin{pmatrix} 3 & 4 \\ 0 & 2 \end{pmatrix}$.

解 设 $A = \begin{pmatrix} 1 & 0 \\ 2 & 4 \end{pmatrix}$，可求得 $A^{-1} = \begin{pmatrix} 1 & 0 \\ -\frac{1}{2} & \frac{1}{4} \end{pmatrix}$,

$X = \begin{pmatrix} 1 & 0 \\ -\frac{1}{2} & \frac{1}{4} \end{pmatrix} \begin{pmatrix} 3 & 4 \\ 0 & 2 \end{pmatrix} = \begin{pmatrix} 3 & 4 \\ -\frac{3}{2} & -\frac{3}{2} \end{pmatrix}$.

例3 用逆矩阵解线性方程组 $\begin{cases} 2x_2 + x_3 = 2, \\ x_1 + x_2 + 2x_3 = 2, \\ -x_1 - x_2 - x_3 = 4. \end{cases}$

解 其矩阵形式为 $\begin{pmatrix} 0 & 2 & -1 \\ 1 & 1 & 2 \\ -1 & -1 & -1 \end{pmatrix} \begin{pmatrix} x_1 \\ x_2 \\ x_3 \end{pmatrix} = \begin{pmatrix} 2 \\ 2 \\ 4 \end{pmatrix}$，由例1知 $A^{-1} = \begin{pmatrix} -\frac{1}{2} & -\frac{3}{2} & -\frac{5}{2} \\ \frac{1}{2} & \frac{1}{2} & \frac{1}{2} \\ 0 & 1 & 1 \end{pmatrix}$,

所以 $\begin{pmatrix} x_1 \\ x_2 \\ x_3 \end{pmatrix} = \begin{pmatrix} -\dfrac{1}{2} & -\dfrac{3}{2} & -\dfrac{5}{2} \\ \dfrac{1}{2} & \dfrac{1}{2} & \dfrac{1}{2} \\ 0 & 1 & 1 \end{pmatrix} \begin{pmatrix} 2 \\ 2 \\ 4 \end{pmatrix} = \begin{pmatrix} -14 \\ 4 \\ 6 \end{pmatrix}$,

故原方程的解为 $x_1 = -14, x_2 = 4, x_3 = 6$.

五、线性方程组

例 1　解线性方程组 $\begin{cases} x_1 + 5x_2 - x_3 - x_4 = -1, \\ x_1 - 2x_2 + x_3 + 3x_4 = 3, \\ 3x_1 + 8x_2 - x_3 + x_4 = 1, \\ x_1 - 9x_2 + 3x_3 + 7x_4 = 7. \end{cases}$

解　$\bar{A} = \begin{pmatrix} 1 & 5 & -1 & -1 & -1 \\ 1 & -2 & 1 & 3 & 3 \\ 3 & 8 & -1 & 1 & 1 \\ 1 & -9 & 3 & 7 & 7 \end{pmatrix} \rightarrow \begin{pmatrix} 1 & 5 & -1 & -1 & -1 \\ 0 & -7 & 2 & 4 & 4 \\ 0 & -7 & 2 & 4 & 4 \\ 0 & -14 & 4 & 8 & 8 \end{pmatrix}$

$\rightarrow \begin{pmatrix} 1 & 5 & -1 & -1 & -1 \\ 0 & -7 & 2 & 4 & 4 \\ 0 & 0 & 0 & 0 & 0 \\ 0 & 0 & 0 & 0 & 0 \end{pmatrix} \rightarrow \begin{pmatrix} 1 & 5 & -1 & -1 & -1 \\ 0 & 1 & -\dfrac{2}{7} & -\dfrac{4}{7} & -\dfrac{4}{7} \\ 0 & 0 & 0 & 0 & 0 \\ 0 & 0 & 0 & 0 & 0 \end{pmatrix}$

$\xrightarrow{\text{回代}} \begin{pmatrix} 1 & 0 & \dfrac{3}{7} & \dfrac{13}{7} & \dfrac{13}{7} \\ 0 & 1 & -\dfrac{2}{7} & -\dfrac{4}{7} & -\dfrac{4}{7} \\ 0 & 0 & 0 & 0 & 0 \\ 0 & 0 & 0 & 0 & 0 \end{pmatrix}$

变换后的最后一个矩阵对应的方程组为

$\begin{cases} x_1 + \dfrac{3}{7}x_3 + \dfrac{13}{7}x_4 = \dfrac{13}{7} \\ x_2 - \dfrac{2}{7}x_3 - \dfrac{4}{7}x_4 = -\dfrac{4}{7} \end{cases}$,移项得 $\begin{cases} x_1 = \dfrac{13}{7} - \dfrac{3}{7}x_3 - \dfrac{13}{7}x_4 \\ x_2 = -\dfrac{4}{7} + \dfrac{2}{7}x_3 + \dfrac{4}{7}x_4 \end{cases}$

取 $x_3 = c_1, x_4 = c_2 (c_1, c_2$ 为任意常数$)$,得到方程组的一般解为:

$$\begin{cases} x_1 = \dfrac{13}{7} - \dfrac{3}{7}c_1 - \dfrac{13}{7}c_2, \\[2mm] x_2 = -\dfrac{4}{7} + \dfrac{2}{7}c_1 + \dfrac{4}{7}c_2, \\[2mm] x_3 = c_1, \\[2mm] x_4 = c_2. \end{cases}$$

例 2 当 a,b 取何值时,线性方程组 $\begin{cases} x_1 + x_2 - 2x_3 = 0 \\ 2x_1 + x_2 + ax_3 = 1 \\ x_1 + 3x_2 - 6x_3 = b \end{cases}$ 无解?有唯一解?有无穷多

组解?

解 对增广矩阵 $\bar{A}$ 作初等行变换把它化为阶梯形矩阵,有

$$\bar{A} = \begin{pmatrix} 1 & 1 & -2 & 0 \\ 2 & 1 & a & 1 \\ 1 & 3 & -6 & b \end{pmatrix} \longrightarrow \begin{pmatrix} 1 & 1 & -2 & 0 \\ 0 & -1 & a+4 & 1 \\ 0 & 2 & -4 & b \end{pmatrix} \longrightarrow \begin{pmatrix} 1 & 1 & -2 & 0 \\ 0 & -1 & a+4 & 1 \\ 0 & 0 & 2a+4 & b+2 \end{pmatrix}$$

(1) 当 $2a+4 \neq 0$,即 $a \neq -2$ 时,$r(A) = r(\bar{A}) = 3$,方程组有唯一解;

(2) 当 $2a+4 = 0$ 而 $b+2 \neq 0$,即 $a = -2$ 而 $b \neq -2$ 时,$r(A) = 2 \neq r(\bar{A}) = 3$,方程组无解;

(3) 当 $2a+4 = 0$ 而 $b+2 = 0$,即 $a = -2$ 而 $b = -2$ 时,$r(A) = r(\bar{A}) = 2 < 3 = n$,方程组有无穷多组解.

例 3 判定 λ 取何值时,齐次线性方程组 $\begin{cases} 3x_1 + x_2 - x_3 = 0 \\ 3x_1 + 2x_2 + 3x_3 = 0 \\ x_2 + \lambda x_3 = 0 \end{cases}$ 有非零解,并求出其解.

解 因为齐次线性方程组的常数项为零,所以只对它的系数矩阵施以初等行变换就可以判别其解的情形

$$A = \begin{pmatrix} 3 & 1 & -1 \\ 3 & 2 & 3 \\ 0 & 1 & \lambda \end{pmatrix} \longrightarrow \begin{pmatrix} 3 & 1 & -1 \\ 0 & 1 & 4 \\ 0 & 0 & \lambda-4 \end{pmatrix}$$

可见,当 $\lambda = 4$ 时,有 $r(A) = 2 < 3$,所以,当 $\lambda = 4$ 时,该齐次线性方程组有非零解.继续对上面的矩阵进行初等行变换,变为简化阶梯型矩阵,

$$\begin{pmatrix} 3 & 1 & -1 \\ 0 & 1 & 4 \\ 0 & 0 & 0 \end{pmatrix} \longrightarrow \begin{pmatrix} 3 & 0 & -5 \\ 0 & 1 & 4 \\ 0 & 0 & 0 \end{pmatrix} \longrightarrow \begin{pmatrix} 1 & 0 & -\dfrac{5}{3} \\ 0 & 1 & 4 \\ 0 & 0 & 0 \end{pmatrix}$$

此时最后一个矩阵对应的方程组为 $\begin{cases} x_1 = \dfrac{5}{3}x_3 \\ x_2 = -4x_3 \end{cases}$，取 $x_3 = c$，故原方程组的一般解为

$$\begin{cases} x_1 = \dfrac{5}{3}c \\ x_2 = -4c \end{cases} \quad (c \text{ 为任意常数}).$$

六、特征值与特征向量部分

例1 求非齐次线性方程组 $\begin{cases} x_1 - 2x_2 + x_3 + x_4 = -1 \\ 2x_1 + x_2 - x_3 - x_4 = -1 \\ x_1 + 3x_2 - 2x_3 - 2x_4 = 0 \\ 3x_1 - x_2 = -2 \end{cases}$ 的通解.

解 对增广矩阵 $\bar{A}$ 施以初等行变换

$$\bar{A} \rightarrow \begin{pmatrix} 1 & -2 & 1 & 1 & -1 \\ 0 & 5 & -3 & -3 & 1 \\ 0 & 5 & -3 & -3 & 1 \\ 0 & 5 & -3 & -3 & 1 \end{pmatrix} \rightarrow \begin{pmatrix} 1 & -2 & 1 & 1 & -1 \\ 0 & 5 & -3 & -3 & 1 \\ 0 & 0 & 0 & 0 & 0 \\ 0 & 0 & 0 & 0 & 0 \end{pmatrix}$$

$$\rightarrow \begin{pmatrix} 1 & -2 & 1 & 1 & -1 \\ 0 & 1 & -\dfrac{3}{5} & -\dfrac{3}{5} & \dfrac{1}{5} \\ 0 & 0 & 0 & 0 & 0 \\ 0 & 0 & 0 & 0 & 0 \end{pmatrix} \rightarrow \begin{pmatrix} 1 & 0 & -\dfrac{1}{5} & -\dfrac{1}{5} & -\dfrac{3}{5} \\ 0 & 1 & -\dfrac{3}{5} & -\dfrac{3}{5} & \dfrac{1}{5} \\ 0 & 0 & 0 & 0 & 0 \\ 0 & 0 & 0 & 0 & 0 \end{pmatrix} = B$$

得原方程的同解方程组为 $\begin{cases} x_1 = \dfrac{1}{5}x_3 + \dfrac{1}{5}x_4 + \dfrac{3}{5} \\ x_2 = \dfrac{3}{5}x_3 + \dfrac{3}{5}x_4 - \dfrac{1}{5} \end{cases}$，取 x_3, x_4 为自由未知量，并令 $x_3 =$

$x_4 = 0$，可求得一个特解

$$X_p = \begin{pmatrix} \dfrac{3}{5} \\ -\dfrac{1}{5} \\ 0 \\ 0 \\ 0 \end{pmatrix}$$

同解方程组的导出组为 $\begin{cases} x_1 = \dfrac{1}{5}x_3 + \dfrac{1}{5}x_4 \\ x_2 = \dfrac{3}{5}x_3 + \dfrac{3}{5}x_4 \end{cases}$，分别令 $\begin{pmatrix} x_3 \\ x_4 \end{pmatrix} = \begin{pmatrix} 1 \\ 0 \end{pmatrix}$，$\begin{pmatrix} x_3 \\ x_4 \end{pmatrix} = \begin{pmatrix} 0 \\ 1 \end{pmatrix}$，可求得导

出组的一个基础解系

$$X_1 = \begin{pmatrix} \dfrac{1}{5} \\ \dfrac{3}{5} \\ 1 \\ 0 \end{pmatrix}, X_2? = \begin{pmatrix} \dfrac{1}{5} \\ \dfrac{3}{5} \\ 0 \\ 1 \end{pmatrix}.$$

于是原方程组的通解为 $X = X_P + k_1 X_1 + k_2 X_2$（其中 k_1, k_2 是任意实数）.

10.4　综合测试与参考解答

自　测　题

一、单项选择题

1. 设 A 为 $m \times n$ 矩阵，齐次线性方程组 $AX = 0$ 仅有零解的充分必要条件是 A 的
（　　）.
　（A）列向量组线性无关，　　　　　　　（B）列向量组线性相关，
　（C）行向量组线性无关，　　　　　　　（D）行向量组线性相关.

2. 向量 α, β, γ 线性无关，而 α, β, δ 线性相关，则（　　）.
　（A）α 必可由 β, γ, δ 线性表出，　　　（B）β 必不可由 α, γ, δ 线性表出，
　（C）δ 必可由 α, β, γ 线性表出，　　　（D）δ 必不可由 α, β, γ 线性表出.

3. 二次型 $f(x_1, x_2, x_3) = (\lambda - 1)x_1^2 + \lambda x_2^2 + (\lambda + 1)x_3^2$，当满足（　　）时，是正定二次型.
　（A）$\lambda > -1$；　　　（B）$\lambda > 0$；　　　（C）$\lambda > 1$；　　　（D）$\lambda \geqslant 1$.

4. 初等矩阵（　　）；
　（A）都可以经过初等变换化为单位矩阵；
　（B）所对应的行列式的值都等于 1；
　（C）相乘仍为初等矩阵；
　（D）相加仍为初等矩阵

5. 已知 $\alpha_1, \alpha_2, \cdots, \alpha_n$ 线性无关，则（　　）
　A. $\alpha_1 + \alpha_2, \alpha_2 + \alpha_3, \cdots, \alpha_{n-1} + \alpha_n$ 必线性无关；
　B. 若 n 为奇数，则必有 $\alpha_1 + \alpha_2, \alpha_2 + \alpha_3, \cdots, \alpha_{n-1} + \alpha_n, \alpha_n + \alpha_1$ 线性相关；

C. 若 n 为偶数,则必有 $\alpha_1 + \alpha_2, \alpha_2 + \alpha_3, \cdots, \alpha_{n-1} + \alpha_n, \alpha_n + \alpha_1$ 线性相关;

　D. 以上都不对.

二、填空题

6. 实二次型 $f(x_1, x_2, x_3) = tx_1^2 + 4x_1x_2 + x_2^2 + x_3^2$ 秩为 2,则 $t = \underline{\hspace{2cm}}$

7. 设矩阵 $A = \begin{pmatrix} 0 & 2 & 0 \\ 0 & 0 & 3 \\ 4 & 0 & 0 \end{pmatrix}$,则 $A^{-1} = \underline{\hspace{2cm}}$

8. 设 A 是 n 阶方阵,A^* 是 A 的伴随矩阵,已知 $|A| = 5$,则 AA^* 的特征值为 $\underline{\hspace{2cm}}$.

9. 行列式 $\begin{vmatrix} a_1b_1 & a_1b_2 & a_1b_3 \\ a_2b_1 & a_2b_2 & a_2b_3 \\ a_3b_1 & a_3b_2 & a_3b_3 \end{vmatrix} = \underline{\hspace{2cm}}$;

10. 设 A 是 4×3 矩阵,$R(A) = 2$,若 $B = \begin{pmatrix} 1 & 0 & 2 \\ 0 & 2 & 0 \\ 0 & 0 & 3 \end{pmatrix}$,则 $R(AB) = \underline{\hspace{2cm}}$;

三、计算题

11. 求行列式 $D = \begin{vmatrix} a_1+b_1 & a_1+b_2 & a_1+b_3 \\ a_2+b_1 & a_2+b_2 & a_2+b_3 \\ a_3+b_1 & a_3+b_2 & a_3+b_3 \end{vmatrix}$ 的值.

12. 设矩阵 $A = \begin{pmatrix} 1 & 1 & -1 \\ -1 & 1 & 1 \\ 1 & -1 & 1 \end{pmatrix}$,矩阵 X 满足 $A^*X = A^{-1} + 2X$,求 X.

13. 求线性方程组 $\begin{cases} x_1 - x_2 + 2x_4 = 0 \\ 3x_1 + 2x_2 - x_3 + x_4 = 1 \\ 2x_1 + 3x_2 - x_3 - x_4 = 1 \\ x_1 + 4x_2 - x_3 - 3x_4 = 1 \end{cases}$ 的通解.

14. 已知 $\alpha_1 = (1,2,2)^T, \alpha_2 = (3,6,6)^T, \alpha_3 = (1,0,3)^T, \alpha_4 = (0,4,-2)^T$,求出它的秩及其一个最大无关组.

15. 设 为三阶矩阵,有三个不同特征值 $\lambda_1, \lambda_2, \lambda_3, \alpha_1, \alpha_2, \alpha_3$ 依次是属于特征值 $\lambda_1, \lambda_2, \lambda_3,$ 的特征向量,令 $\beta = \alpha_1 + \alpha_2 + \alpha_3,$ 若 $A^3\beta = A\beta,$ 求 的特征值并计算行列式 $|2A - 3E|$.

四、解答题

16. 已知 $A = \begin{pmatrix} 1 & 0 & 0 \\ 0 & 3 & 2 \\ 0 & 2 & 3 \end{pmatrix}$，求 A^{10}

五、证明题

17. 设 ξ 是非齐次线性方程组 $AX = b$ 的一个特解，$\eta_1, \eta_2, \cdots, \eta_r$ 为对应的齐次线性方程组 $AX = 0$ 的一个基础解系，证明：向量组 $\xi, \eta_1, \eta_2, \cdots, \eta_r$ 线性无关.

参考解答

一、单项选择题

1. A 2. C 3. C 4. A 5. C

二、填空题

6. 4； 7. $\begin{pmatrix} 0 & 0 & \frac{1}{4} \\ \frac{1}{2} & 0 & 0 \\ 0 & \frac{1}{3} & 0 \end{pmatrix}$； 8. 5； 9. 0； 10. 2

三、计算题（每小题 10 分，共 50 分）

11. 解：$D = \begin{vmatrix} a_1 & a_1 + b_2 & a_1 + b_3 \\ a_2 & a_2 + b_2 & a_2 + b_3 \\ a_3 & a_3 + b_2 & a_3 + b_3 \end{vmatrix} + \begin{vmatrix} b_1 & a_1 + b_2 & a_1 + b_3 \\ b_1 & a_2 + b_2 & a_2 + b_3 \\ b_1 & a_3 + b_2 & a_3 + b_3 \end{vmatrix}$

$= \begin{vmatrix} a_1 & b_2 & b_3 \\ a_2 & b_2 & b_3 \\ a_3 & b_2 & b_3 \end{vmatrix} + \begin{vmatrix} b_1 & a_1 & a_1 \\ b_1 & a_2 & a_2 \\ b_1 & a_3 & a_3 \end{vmatrix}$

$= 0 + 0 = 0$

12. 解：$A^* X = A^{-1} + 2X \Rightarrow AA^* X = AA^{-1} + 2AX$

$\Rightarrow |A| X = E + 2AX \Rightarrow (|A| E - 2A) X = E$

所以 $X = (|A| E - 2A)^{-1} |A| = 4$

所以 $X = (|A| E - 2A)^{-1} = \frac{1}{4} \begin{pmatrix} 1 & 1 & 0 \\ 0 & 1 & 1 \\ 1 & 0 & 1 \end{pmatrix}$

13. 解:对其增广矩阵$(A \mid b)$作初等变换可得:

$$(A \mid b) = \begin{pmatrix} 1 & -1 & 0 & 2 \\ 3 & 2 & -1 & 1 \\ 2 & 3 & -1 & -1 \\ 1 & 4 & -1 & -3 \end{pmatrix} \begin{pmatrix} 0 \\ 1 \\ 1 \\ 1 \end{pmatrix} \sim \begin{pmatrix} 1 & -1 & 0 & 2 \\ 0 & 5 & -1 & -5 \\ 0 & 5 & -1 & -5 \\ 0 & 5 & -1 & -5 \end{pmatrix} \begin{pmatrix} 0 \\ 1 \\ 1 \\ 1 \end{pmatrix}$$

$$\sim \begin{pmatrix} 1 & 0 & -\dfrac{1}{5} & 1 \\ 0 & 1 & -\dfrac{1}{5} & -1 \\ 0 & 0 & 0 & 0 \\ 0 & 0 & 0 & 0 \end{pmatrix} \begin{pmatrix} \dfrac{1}{5} \\ \dfrac{1}{5} \\ 0 \\ 0 \end{pmatrix}$$

取 x_3, x_4 为自由向量,原方程组可化为:

$$\begin{cases} x_1 = \dfrac{1}{5} + \dfrac{1}{5} x_3 - x_4 \\ x_2 = \dfrac{1}{5} + \dfrac{1}{5} x_3 + x_4 \end{cases}$$

所以方程组的通解为:

$$\begin{pmatrix} x_1 \\ x_2 \\ x_3 \\ x_4 \end{pmatrix} = \begin{pmatrix} \dfrac{1}{5} \\ \dfrac{1}{5} \\ 0 \\ 0 \end{pmatrix} + k_1 \begin{pmatrix} \dfrac{1}{5} \\ \dfrac{1}{5} \\ 1 \\ 0 \end{pmatrix} + k_2 \begin{pmatrix} -1 \\ 1 \\ 0 \\ 1 \end{pmatrix} \quad 其中 k_1, k_2 为任意常数.$$

14. 解:由于 $\begin{pmatrix} 1 & 2 & 2 \\ 3 & 6 & 6 \\ 1 & 0 & 3 \\ 0 & 4 & -2 \end{pmatrix} \sim \begin{pmatrix} 1 & 2 & 2 \\ 0 & 0 & 0 \\ 0 & -2 & 1 \\ 0 & 4 & -2 \end{pmatrix} \sim \begin{pmatrix} 1 & 2 & 2 \\ 0 & 0 & 0 \\ 0 & -2 & 1 \\ 0 & 0 & 0 \end{pmatrix}$

因此该向量组的秩为 2,它的一个最大无关组的个数为 2.

由于 α_1, α_3 线性无关,所以是它的一个最大无关组.

15. 解:$A\alpha_1 = \lambda_1 \alpha_1 \quad A\alpha_2 = \lambda_2 \alpha_2 \quad A\alpha_3 = \lambda_3 \alpha_3$

$A\beta = A(\alpha_1 + \alpha_2 + \alpha_3) = \lambda_1 \alpha_1 + \lambda_2 \alpha_2 + \lambda_3 \alpha_3$

$A^2 \beta = \lambda_1^2 \alpha_1 + \lambda_2^2 \alpha_2 + \lambda_3^2 \alpha_3 \Rightarrow A^3 \beta = \lambda_1^3 \alpha_1 + \lambda_2^3 \alpha_2 + \lambda_3^3 \alpha_3$

$A^3 \beta = A\beta \Rightarrow \lambda_1^3 \alpha_1 + \lambda_2^3 \alpha_2 + \lambda_3^3 \alpha_3 = \lambda_1 \alpha_1 + \lambda_2 \alpha_2 + \lambda_3 \alpha_3$

$\Rightarrow \lambda_1 = 0, \lambda_2 = 1, \lambda_3 = -1$ 及 A 的特征值为 $0, 1, -1$

$\therefore 2A - 3E$ 的特征值为 $-3, -1, -5$

$\therefore |2A - 3E| = (-3) \times (-1) \times (-5) = -15$

16. **解** $|A-\lambda E| = \begin{vmatrix} 1-\lambda & 0 & 0 \\ 0 & 3-\lambda & 2 \\ 0 & 2 & 3-\lambda \end{vmatrix} = 0 \Rightarrow -(\lambda-1)^2(\lambda-5) = 0 \Rightarrow \lambda = 5, \lambda = 1(二重)$

当 $\lambda = 1$ 时,$(A-E)x = 0$,解得 $\lambda = 1$ 的特征向量为 $\xi_1 = \begin{pmatrix} 1 \\ 0 \\ 0 \end{pmatrix}, \xi_2 = \begin{pmatrix} 0 \\ -1 \\ 1 \end{pmatrix}$,

当 $\lambda = 5$ 时,$(A-5E)x = 0$,解得 $\lambda = 5$ 的特征向量为 $\xi_3 = \begin{pmatrix} 0 \\ 1 \\ 1 \end{pmatrix}$,

令 $P = \begin{pmatrix} 1 & 0 & 0 \\ 0 & -1 & 1 \\ 0 & 1 & 1 \end{pmatrix}$,则有 $P^{-1} = \begin{pmatrix} 1 & 0 & 0 \\ 0 & -\dfrac{1}{2} & \dfrac{1}{2} \\ 0 & \dfrac{1}{2} & \dfrac{1}{2} \end{pmatrix}$

$A = P \begin{pmatrix} 1 & 0 & 0 \\ 0 & 1 & 0 \\ 0 & 0 & 5 \end{pmatrix} P^{-1}$

所以 $A^{10} = P \begin{pmatrix} 1 & 0 & 0 \\ 0 & 1 & 0 \\ 0 & 0 & 5 \end{pmatrix}^{10} P^{-1} = \begin{pmatrix} 1 & 0 & 0 \\ 0 & -1 & 1 \\ 0 & 1 & 1 \end{pmatrix} \begin{pmatrix} 1 & 0 & 0 \\ 0 & 1 & 0 \\ 0 & 0 & 5 \end{pmatrix}^{10} \begin{pmatrix} 1 & 0 & 0 \\ 0 & -\dfrac{1}{2} & \dfrac{1}{2} \\ 0 & \dfrac{1}{2} & \dfrac{1}{2} \end{pmatrix}$

$= \begin{pmatrix} 1 & 0 & 0 \\ 0 & \dfrac{1+5^{10}}{2} & \dfrac{5^{10}-1}{2} \\ 0 & \dfrac{5^{10}-1}{2} & \dfrac{5^{10}+1}{2} \end{pmatrix}$

17. 证明:由题意可得 $A\xi = b, A\eta_1 = 0, A\eta_2 = 0, \cdots, A\eta_r = 0$,

在等式 $k_0\xi + k_1\eta_1 + k_2\eta_2 + \cdots + k_r\eta_r = 0$ 的两边同时乘以矩阵 A 可得

$k_0 A\xi + k_1 A\eta_1 + k_2 A\eta_2 + \cdots + k_r A\eta_r = 0$,由此得 $k_0 b = 0$,所以 $k_0 = 0, \cdots 3$ 分

因此上式可以写成 $k_1\eta_1 + k_2\eta_2 + \cdots + k_r\eta_r = 0$,由于 $\eta_1, \eta_2, \cdots, \eta_r$ 为对应的齐次

线性方程组 $AX = 0$ 的一个基础解系,所以 $\eta_1, \eta_2, \cdots, \eta_r$ 线性无关,

所以 $k_1 = k_2 = \cdots = k_r = 0$

所以向量组 $\xi, \eta_1, \eta_2, \cdots, \eta_r$ 线性无关.

10.5 教材《作业与练习》参考答案

作业与练习9.1

1. $(1)8$；$(2)a^2+b^2$；$(3)103$；(4)略

2. $(1)x_1=3,x_2=-1$；$(2)x_1=3,x_2=4,x_3=5$

3. -180

4. $(1)-120$；$(2)8$；$(3)5$；$(4)160$

5. $(1)x_1=3,x_2=-4,x_3=-1,x_4=1$；$(2)x_1=1,x_2=-2,x_3=0,x_4=0.5$

作业与练习9.2

1. $(1)\begin{bmatrix} 2 & 0 & -2 \\ 6 & 8 & -12 \\ 2 & -8 & -2 \end{bmatrix}$ $(2)\begin{bmatrix} 1 & 0 & -1 \\ 3 & 4 & -6 \\ 1 & -4 & -1 \end{bmatrix}$

2. $(1)\begin{bmatrix} 9 & -2 & -1 \\ 9 & 9 & 11 \end{bmatrix}$ $(2)\begin{bmatrix} 2x_1+x_2+4x_3+3x_4 \\ x_1+2x_2-x_3+2x_4 \\ x_1+x_2-x_3-x_4 \\ 3x_2+2x_3 \end{bmatrix}$ $(3)15$ $(4)a_1b_1+a_2b_2+\cdots+a_nb_n$

3. $\begin{bmatrix} 9 \\ 2 \\ -1 \end{bmatrix}$

4. 略

5. $\begin{bmatrix} a_{11} & a_{12} & \cdots & a_{1n} \\ a_{21} & a_{22} & \cdots & a_{2n} \\ \cdots & \cdots & \cdots & \cdots \\ a_{n1} & a_{n2} & \cdots & a_{nn} \end{bmatrix}\begin{bmatrix} x_1 \\ x_2 \\ \vdots \\ x_n \end{bmatrix}=\begin{bmatrix} b_1 \\ b_2 \\ \vdots \\ b_n \end{bmatrix}$

作业与练习9.3

1. $(1)3$；$(2)3$；$(3)3$

2. $(1)3$；$(2)2$

作业与练习9.4

1. 略

2. 略

3. (1) $\begin{bmatrix} -2 & 1 & 1 \\ -6 & 1 & 4 \\ 5 & -1 & -3 \end{bmatrix}$ (2) $\begin{bmatrix} -2 & 0 & 1 \\ 7 & -2 & -1 \\ 5 & -1 & -1 \end{bmatrix}$ (3)不存在

4. $x_1 = \dfrac{5}{3}, x_2 = \dfrac{7}{3}, x_3 = -1$

5. (1) $\begin{bmatrix} -7 & -2 & 9 \\ 5 & 1 & -5 \end{bmatrix}$ (2) $\begin{bmatrix} -9 & 17 \\ -7 & 12 \end{bmatrix}$ (3) $\begin{bmatrix} -2 & 2 & 1 \\ -\dfrac{8}{3} & 5 & -\dfrac{2}{3} \\ -\dfrac{10}{3} & 3 & \dfrac{5}{3} \end{bmatrix}$

作业与练习 9.5

1. (1) $x_1 = 2, x_2 = 0, x_3 = 0.5$; (2) $x_1 = 1.7941, x_2 = 0, x_3 = 0.3676$

(3) $x_1 = 2.2, x_2 = -0.8, x_3 = 0$

2. 略

3. $x_1 = -4.5, x_2 = 0, x_3 = -2.25, x_4 = 13.75, x_5 = 0$

$4 r(A) = 3$

作业与练习 9.6

1. -1、-2、$\begin{bmatrix} 0.7071 & 0.6 \\ 0.7071 & 0.8 \end{bmatrix}$

2. 1、2、$\begin{bmatrix} 0.9701 & 0.7071 \\ 0.2425 & 0.7071 \end{bmatrix}$

3. -1、-1、5、$\begin{bmatrix} 0.6015 & 0.5522 & 0.5574 \\ 0.1775 & -0.797 & 0.574 \\ -0.7789 & 0.2448 & 0.5774 \end{bmatrix}$

4. 2、1、1、$\begin{bmatrix} 0 & 0.4082 & 0.4082 \\ 0 & 0.8165 & 0.8165 \\ 1 & -0.4082 & -0.4082 \end{bmatrix}$

习题 9

一、1. 19

2. 0、n、满、$A^{-1} = \dfrac{A^*}{|A|}$

3. 略

二、1. （1）23；（2）（a+b）（a-b）-ab；（3）-17；

（4）0；（5）189；（6）略

2. （1）$x_1 = -5, x_2 = 9, x_3 = -1$；（2）$x_1 = 1, x_2 = 2, x_3 = 3, x_4 = -1$

3. （1）$\begin{bmatrix} 0 & 2 & -1 \\ 1 & 1 & -1 \\ -2 & -5 & 4 \end{bmatrix}$　（2）$\begin{bmatrix} -2.5 & 1 & -0.5 \\ 1.5 & -0.4 & 0.3 \\ -0.5 & 0.2 & 0.1 \end{bmatrix}$

（3）$\begin{bmatrix} \dfrac{1}{3} & 0.2222 & -0.1111 \\[2mm] -\dfrac{1}{3} & -0.1667 & 0.1667 \\[2mm] -\dfrac{1}{3} & 0.1111 & 0.111 \end{bmatrix}$　（4）$\begin{bmatrix} 0 & 0 & 1 & 0 \\ 0 & 0 & 0 & 1 \\ 1 & \dfrac{2}{3} & 0 & 0 \\[2mm] 0 & \dfrac{1}{3} & 0 & 0 \end{bmatrix}$

4. （1）3　；（2）3

5. $\begin{bmatrix} -2 & 1 & 1 \\ -1 & -1 & -2 \\ -3 & 0 & 1 \end{bmatrix}^{-1} \begin{bmatrix} 0 & 3 & 3 \\ 1 & 1 & 0 \\ -1 & 2 & 3 \end{bmatrix}$

6. 略

7. $k \neq -2$ 且 $k \neq 1$

8. $x_1 = 3, x_2 = 0, x_3 = 0, x_4 = 0, x_5 = 4$

9. $r = 2, x_1 = -x_4 - \dfrac{3}{2} x_3, x_2 = \dfrac{7}{2} x_3 - 2x_4$

三、$\begin{bmatrix} -1 & 0 & 1 \\ 0 & 1 & 1 \\ 1 & 1 & 1 \end{bmatrix}^{-1} \begin{bmatrix} 21 \\ 27 \\ 31 \end{bmatrix}$

第11章 线性规划

11.1 主要内容归纳

一、线性规划的数学模型

1. 线性规划的数学模型的一般形式：

目标函数 $max(或\ min)f = c_1x_1 + c_2x_2 + \cdots + c_nx_n$

约束条件 $s.t.$
$$\begin{cases} a_{11}x_1 + a_{12}x_2 + \cdots + a_{1n}x_n \leqslant b_1 \\ a_{21}x_1 + a_{22}x_2 + \cdots + a_{2n}x_n \leqslant b_2 \\ \cdots \\ a_{m1}x_1 + a_{m2} + \cdots + a_{mn}x_n \leqslant b_m \\ x_1, x_2, \cdots, x_n \geqslant 0 \end{cases}$$

其中 f 为目标函数，$x_1, x_2, \cdots, x_n$ 为决策变量，决策变量满足的条件 $s.t.$ 为约束条件.

2. 线性规划数学模型的矩阵形式：

$$max(或\ min)f = C^T X$$

$$s.t.\ AX \leqslant B(或 \geqslant B, 或 = B)$$

$$X \geqslant 0$$

其中，$A = \begin{pmatrix} a_{11} & a_{12} & \cdots & a_{1n} \\ a_{21} & a_{22} & \cdots & a_{2n} \\ \vdots & \vdots & \vdots & \vdots \\ a_{mn} & a_{m2} & \cdots & a_{mn} \end{pmatrix}, C = \begin{pmatrix} c_1 \\ c_2 \\ \vdots \\ c_n \end{pmatrix}, X = \begin{pmatrix} x_1 \\ x_2 \\ \vdots \\ x_n \end{pmatrix}, B = \begin{pmatrix} b_1 \\ b_2 \\ \vdots \\ b_m \end{pmatrix}$

二、线性规划的解

对于线性规划问题有以下几个基本概念

可行解：满足所有约束条件的解；

可行域：全部可行解的集合；

最优解：使目标函数取最小值的可行解；

最优值：目标函数的最小值.

三、对偶线性规划问题

1. 对偶规划的一般形式

原问题形式为：

$$maxf = C^T X$$

$$s.t. \begin{cases} AX \leqslant B \\ X \geqslant 0 \end{cases}.$$

则其对偶规划为

$$minS = y^T B$$

$$s.t. \begin{cases} y^T A \geqslant C \\ y \geqslant 0 \end{cases}$$

2. 对偶定理：

对于互为对偶的线性规划问题,若两者之一有最优解,则另一个也有最优解,且最优值相同;若两者之一具有无界解(无有限最优解),则另一个必定没有可行解.

四、整数规划模型

整数规划问题数学模型的一般形式为：

目标函数：

$$max(\text{或} min)f = c_1 x_1 + c_2 x_2 + \cdots + c_n x_n$$

约束条件：

$$s.t. \begin{cases} a_{11} x_1 + a_{12} x_2 + \cdots + a_{1n} x_n \leqslant b_1 \\ a_{21} x_1 + a_{22} x_2 + \cdots + a_{2n} x_n \leqslant b_2 \\ \cdots \\ a_{m1} x_1 + a_{m2} + \cdots + a_{mn} x_n \leqslant b_m \\ x_1, x_2, \cdots, x_n \geqslant 0, \text{且为整数} \end{cases}$$

11.2 学法指导

1. 关于线性规划

线性规划是运筹学中最成熟的一个分支,应用非常广泛,线性规划主要研究的是有限资源的最优配置问题,所以它是一个典型的优化问题. 目前,几乎所有的领域都面临资源紧缺的问题,所以线性规划的应用领域也是全方位. 学好线性规划,理解其科学的内涵,不仅在工具层面,而且在思维素质层面都是很有意义的.

2. 关于单纯性法

单纯性法是 1947 年由天才数学家乔治? 丹齐格提出的,并且建立了线性规划编程模型,这标志着线性规划是一门成熟的学科,虽然单纯型法的求解过程较为繁琐,但是其理论意义重大,人们还从问题的对立面提出了对偶问题,进而揭示了资源的影子价格,使人们对线性规划问题有了全面、系统深刻的了解和掌握

3. 关于线性规划问题的求解方法

线性规划的求解方法主要有三种:图解法、单纯形法和数学软件法. 但需要说明的是:对于一个线性规划,利用数学软件 $Lingo$ 求解既简单又准确,我们在第二章中已经学习过了,这里不再赘述.

4. 典型线性规划问题

一般地,线性规划典型的问题有:生产计划问题、运输问题、选址问题、指派问题、下料问题、投资问题等等.

11.3 典型例题解析

一、求线性目标函数的取值范围

例1 若 x、y 满足约束条件 $\begin{cases} x \leq 2 \\ y \leq 2 \\ x+y \geq 2 \end{cases}$,则 $z=x+2y$ 的取值范围是(   )

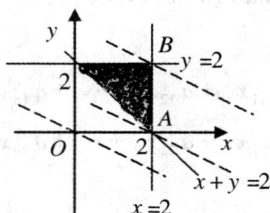

A. $[2,6]$ 　 B. $[2,5]$ 　 C. $[3,6]$ 　 D. $(3,5)$

解 如图,作出可行域,作直线 $l:x+2y=0$,将 l 向右上方平移,过点 $A(2,0)$ 时,有最小值2,过点 $B(2,2)$ 时,有最大值6,故选 A

二、求可行域的面积

例2 不等式组表示的平面区域的面积为(   )

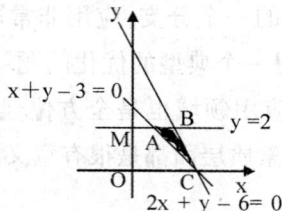

A. 4 　 　 B. 1 　 　 C. 5 　 　 D. 无穷大

解 如图,作出可行域,△ABC 的面积即为所求,由梯形 $OMBC$ 的面积减去梯形

OMAC 的面积即可,选 B

三、求可行域中整点个数

例3 、满足 $|x| + |y| \leqslant 2$ 的点 (x,y) 中整点(横纵坐标都是整数)有(　　)

A. 9 个　　　　B. 10 个　　　　C. 13 个

D. 14 个

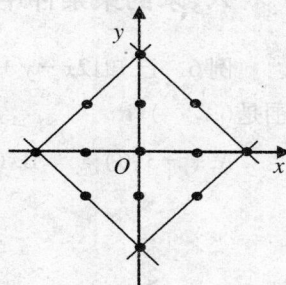

解 $|x| + |y| \leqslant 2$ 等价于作出可行域如右图,是正方形内部(包括边界),容易得到整点个数为 13 个,选 D

四、求线性目标函数中参数的取值范围

例4 已知 x、y 满足以下约束条件,使 $z = x + ay(a > 0)$ 取得最小值的最优解有无数个,则 a 的值为(　　)

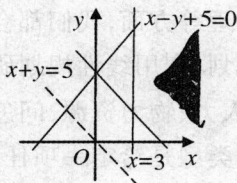

A. −3　　　　B. 3　　　　C. −1　　　　D. 1

解 如图,作出可行域,作直线 $l: x + ay = 0$,要使目标函数 $z = x + ay(a > 0)$ 取得最小值的最优解有无数个,则将 l 向右上方平移后与直线 $x + y = 5$ 重合,故 $a = 1$,选 D

五、求非线性目标函数的最值

例5 已知 x、y 满足以下约束条件则 $z = x^2 + y^2$ 的最大值和最小值分别是(　　)

A. 13,1　　　　B. 13,2　　　　C. 13,$\dfrac{4}{5}$　　　　D. $\sqrt{13}$,$\dfrac{2\sqrt{5}}{5}$

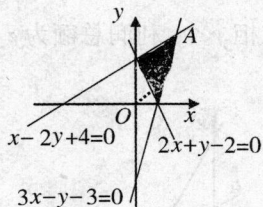

解 如图,作出可行域,$x^2 + y^2$ 是点 (x,y) 到原点的距离的平方,故最大值为点 $A(2,3)$ 到原点的距离的平方,即 $|AO|^2 = 13$,最小值为原点到直线 $2x + y - 2 = 0$ 的距离的平方,即为,选 C

六、求约束条件中参数的取值范围

例 6 已知 $|2x-y+m|<3$ 表示的平面区域包含点 $(0,0)$ 和 $(-1,1)$，则 m 的取值范围是（　　）

A. $(-3,6)$　　　B. $(0,6)$　　　　C. $(0,3)$　　　　D. $(-3,3)$

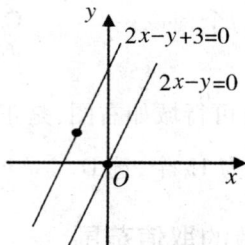

解　$|2x-y+m|<3$ 等价于由右图可知，故 $0<m<3$，选 C

七、线性规划的实际应用

在科学研究、工程设计、经济管理等方面，我们都会碰到最优化决策的实际问题，而解决这类问题的理论基础是线性规划. 利用线性规划研究的问题，大致可归纳为两种类型：第一种类型是给定一定数量的人力、物力资源，问怎样安排运用这些资源，能使完成的任务量最大，的效益最大，第二种类型是给定一项任务，问怎样统筹安排，能使完成这项任务的人力、物力资源量最小.

例 1　某木器厂生产圆桌和衣柜两种产品，现有两种木料，第一种有 $72\ m^3$，第二种有 $56\ m^3$，假设生产每种产品都需要用两种木料，生产一只圆桌和一个衣柜分别所需木料如下表所示. 每生产一只圆桌可获利 6 元，生产一个衣柜可获利 10 元. 木器厂在现有木料条件下，圆桌和衣柜各生产多少，才使获得利润最多？

产品	木料（m^3）	
	第一种	第二种
圆桌	0.18	0.08
衣柜	0.09	0.28

解　设生产圆桌 x 只，生产衣柜 y 个，利润总额为 z 元，那么而 $z=6x+10y$.

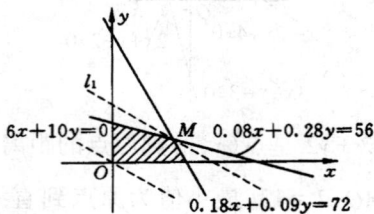

如上图所示，作出以上不等式组所表示的平面区域，即可行域.

作直线 $l:6x+10y=0$，即 $l:3x+5y=0$，把直线 l 向右上方平移至 $l1$ 的位置时，直线经过可行域上点 M，且与原点距离最大，此时 $z=6x+10y$ 取最大值解方程组，得 M 点坐标 $(350,100)$. 答:应生产圆桌 350 只，生产衣柜 100 个，能使利润总额达到最大. 指出:资源数量一定，如何安排使用它们，使得效益最好，这是线性规划中常见的问题之一

例 2　某养鸡场有 1 万只鸡，用动物饲料和谷物饲料混合喂养. 每天每只鸡平均吃混合饲料 0.5 kg，其中动物饲料不能少于谷物饲料的. 动物饲料每千克 0.9 元，谷物饲料每千克 0.28 元，饲料公司每周仅保证供应谷物饲料 50000 kg，问饲料怎样混合，才使成本最低.

解　:设每周需用谷物饲料 x kg，动物饲料 y kg，每周总的饲料费用为 z 元，那么

$$\begin{cases} x+y \geqslant 35\ 000 \\ y \geqslant \dfrac{1}{5}x \\ 0 \leqslant x \leqslant 50\ 000 \\ y \geqslant 0 \end{cases},$$

而 $z=0.28x+0.9y$

如下图所示，作出以上不等式组所表示的平面区域，即可行域.

作一组平行直线 $0.28x+0.9y=t$，其中经过可行域内的点且和原点最近的直线，经过直线 $x+y=35\ 000$ 和直线 $y=\dfrac{1}{5}x$ 的交点 $A(\dfrac{87\ 500}{3},\dfrac{17\ 500}{3})$，即 $x=\dfrac{87\ 500}{3}$，$y=\dfrac{17\ 500}{3}$ 时，饲料费用最低.

所以，谷物饲料和动物饲料应按 5:1 的比例混合，此时成本最低.

指出:要完成一项确定的任务，如何统筹安排，尽量做到用最少的资源去完成它，这是线性规划中最常见的问题之一.

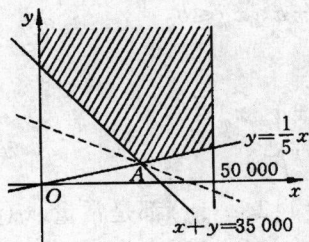

（例 3 图）

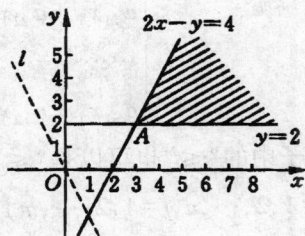

（例 4 图）

例 3　、下表给出甲、乙、丙三种食物的维生素 A、B 的含量及成本:

	甲	乙	丙
维生素 A(单位/千克)	400	600	400
维生素 B(单位/千克)	800	200	400
成本(元/千克)	7	6	5

营养师想购这三种食物共 10 千克,使之所含维生素 A 不少于 4400 单位,维生素 B 不少于 4800 单位,问三种食物各购多少时,成本最低? 最低成本是多少?

解: 设所购甲、乙两种食物分别为 x 千克、y 千克,则丙种食物为 $(10-x-y)$ 千克. x、y 应满足线性条件为

$$\begin{cases} 400x + 600y + 400(10-x-y) \geqslant 4400 \\ 800x + 200y + 400(10-x-y) \geqslant 4800 \end{cases},$$

化简得

$$\begin{cases} y \geqslant 2 \\ 2x - y \geqslant 4 \end{cases}.$$

作出可行域如上图中阴影部分

目标函数为 $z = 7x + 6y + 5(10-x-y) = 2x + y + 50$,令 $m = 2x + y$,作直线 $l:2x + y = 0$,则直线 $2x + y = m$ 经过可行域中 $A(3,2)$ 时,m 最小,即 $m_{min} = 2(3+2 = 8,\therefore z_{min} = m_{min} + 50 = 58$ 答:甲、乙、丙三种食物各购 3 千克、2 千克、5 千克时成本最低,最低成本为 58 元.

指出:本题可以不用图解法来解,比如,由 $\begin{cases} y \geqslant 2 \\ 2x - y \geqslant 4 \end{cases}$ 得

$z = 2x + y + 50 = (2x-y) + 2y + 50 \leqslant 4 + 2(2 + 50 = 58$,当且仅当 $y = 2$,$x = 3$ 时取等号

总结:(1)设出决策变量,找出线性规划的约束条件和线性目标函数;

(2)利用图象,在线性约束条件下找出决策变量,使线性目标函数达到最大(或最小).

2. 线性规划问题的一般数学模型是:

已知

$$\begin{cases} a_{11}x_1 + a_{12}x_2 + \cdots + a_{1m}x_m \leqslant b_1 \\ a_{21}x_1 + a_{22}x_2 + \cdots + a_{2m}x_m \leqslant b_2 \\ \cdots\cdots\cdots\cdots \\ a_{n1}x_1 + a_{n2}x_2 + \cdots + a_{nm}x_m \leqslant b_n \end{cases}$$

(这 N 个式子中的"$\leqslant$"也可以是"$\leqslant$"或"$=$"号)

其中 $a_{ij}(i = 1,2,\cdots,n,j = 1,2,\cdots,m)$,$b_i(i = 1,2,\cdots,n)$ 都是常量,$x_j(j = 1,2,\cdots,m)$ 是非负变量,求 $z = c_1x_1 + c_2x_2 + \cdots + c_mx_m$ 的最大值或最小值,这里 $c_j(j = 1,2,\cdots,m)$ 是常量.

(3)线性规划的理论和方法主要在以下两类问题中得到应用:一是在人力、物力资金等资源一定的条件下,如何使用它们来完成最多的任务;二是给一项任务,如何合理安排和规划,能以最少的人力、物力、资金等资源来完成该项任务.

线性规划中整点最优解的求解策略在工程设计、经营管理等活动中,经常会碰到最优化决策的实际问题,而解决此类问题一般以线性规划为其重要的理论基础. 然而在实

际问题中,最优解(x,y)通常要满足$x,y \in N$,这种最优解称为整点最优解,下面通过具体例子谈谈如何求整点最优解.

1. 平移找解法

作出可行域后,先打网格,描出整点,然后平移直线l,直线l最先经过或最后经过的那个整点便是整点最优解.

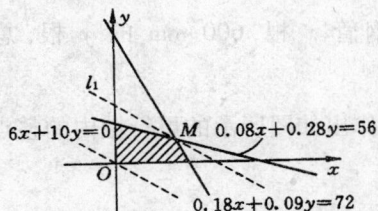

例 1 、某木器厂生产圆桌和衣柜两种产品,现有两种木料,第一种有 72 m^3,第二种有 56 m^3,假设生产每种产品都需要用两种木料,生产一只圆桌和一个衣柜分别所需木料如下表所示. 每生产一只圆桌可获利 6 元,生产一个衣柜可获利 10 元. 木器厂在现有木料条件下,圆桌和衣柜各生产多少,才使获得利润最多?

产品	木料(m^3)	
	第一种	第二种
圆桌	0.18	0.08
衣柜	0.09	0.28

解 设生产圆桌x只,生产衣柜y个,利润总额为z元,那么

$$\begin{cases} 0.18x + 0.09y \leqslant 72 \\ 0.08x + 0.28y \leqslant 56 \\ x \geqslant 0 \\ y \geqslant 0 \end{cases}$$

而$z = 6x + 10y$. 如图所示,作出以上不等式组所表示的平面区域,即可行域.

作直线$l:6x + 10y = 0$,即$l:3x + 5y = 0$,把直线l向右上方平移至l_1的位置时,直线经过可行域上点M,且与原点距离最大,此时$z = 6x + 10y$取最大值. 解方程组

$$\begin{cases} 0.18x + 0.09y = 72 \\ 0.08x + 0.28y = 56 \end{cases},$$

得M点坐标$(350,100)$. 答:应生产圆桌 350 只,生产衣柜 100 个,能使利润总额达到最大. 点评:本题的最优点恰为直线$0.18x + 0.09y = 72$和$0.08x + 0.28y = 56$的交点M.

例 2 有一批钢管,长度都是 4000 mm,要截成 500 mm 和 600 mm 两种毛坯,且这两种毛坯按数量比不小于配套,怎样截最合理?

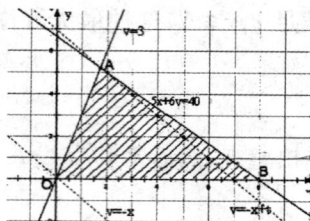

解 设截 500 mm 的钢管 x 根,600 mm 的 y 根,总数为 z 根. 根据题意,得

$\begin{cases} 5x+6y\leqslant 40 \\ y\leqslant 3x \\ x\in N^*,y\in N^* \end{cases}$,目标函数为,作出如图所示的可行域内的整点,作一组平行直线 $x+y=t$,

经过可行域内的点且和原点距离最远的直线为过 $B(8,0)$ 的直线,这时 $x+y=8$. 由于 x, y 为正整数,知 $(8,0)$ 不是最优解. 显然要往下平移该直线,在可行域内找整点,使 $x+y=7$,可知点 $(2,5),(3,4),(4,3),(5,2),(6,1)$ 均为最优解. 答:略.

点评:本题与上题的不同之处在于,直线 $x+y=t$ 经过可行域内且和原点距离最远的点 $B(8,0)$ 并不符合题意,此时必须往下平移该直线,在可行域内找整点,比如使 $x+y=7$,从而求得最优解.

从这两例也可看到,平移找解法一般适用于其可行域是有限区域且整点个数又较少,但作图要求较高.

二、整点调整法

先按"平移找解法"求出非整点最优解及最优值,再借助不定方程的知识调整最优值,最后筛选出整点最优解.

例 3 .已知满足不等式组

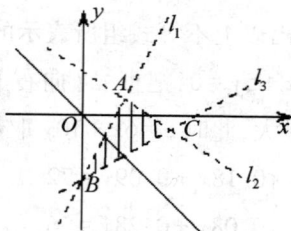

$\begin{cases} 2x-y-3>0 \\ 2x+3y-6<0 \\ 3x-5y-15<0 \end{cases}$,

求使取最大值的整数.

解:不等式组的解集为三直线 $l_1:2x-y-3=0,l_2:2x+3y-6=0,l_3:3x-5y-15=0$ 所围成的三角形内部(不含边界)如图 $10-12$ 所示,设 l_1 与 l_2,l_1 与 l_3,l_2 与 l_3 交点分别

为 A,B,C,则 A,B,C 坐标分别为 $A\left(\dfrac{15}{8},\dfrac{3}{4}\right),B(0,-3),C\left(\dfrac{75}{19},-\dfrac{12}{19}\right)$.

作一组平行线 $l:x+y=t$ 平行于 $l_0:x+y=0$,当 l 往 l_0 右上方移动时,t 随之增大,$\therefore$ 当 l 过 C 点时 $x+y$ 最大为 $\dfrac{63}{19}$,但不是整数解,又由 $0<x<\dfrac{75}{19}$ 知 x 可取 $1,2,3$.

当 $x=1$ 时,代入原不等式组得 $y=-2$,$\therefore x+y=-1$;

当 $x=2$ 时,得 $y=0$ 或 -1,$\therefore x+y=2$ 或 1;

当 $x=3$ 时,$y=-1$,$\therefore x+y=2$,故 $x+y$ 的最大整数解为 $\begin{cases}x=2\\y=0\end{cases}$ 或 $\begin{cases}x=3\\y=-1\end{cases}$.

3. 逐一检验法

由于作图有时有误差,有时仅有图象不一定就能准确而迅速地找到最优解,此时可将若干个可能解逐一校验即可见分晓.

例4 一批长 4000 mm 的条形钢材,需要将其截成长分别为 518 mm 与 698 mm 的甲、乙两种毛坯,求钢材的最大利用率.

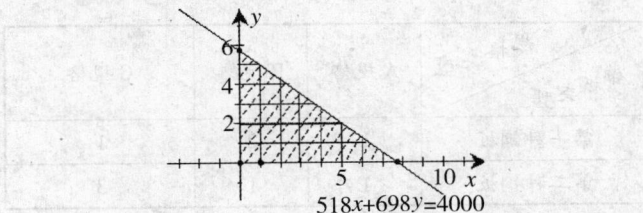

$$518x+698y=4000$$

解 设甲种毛坯截 x 根,乙种毛坯截 y 根,钢材的利用率为 P,则 $\begin{cases}518x+698y\leqslant4000\\x\in\mathbf{N},y\in\mathbf{N}\end{cases}$ ……①,目标函数为 $P=\dfrac{518x+698y}{4000}100$ % ……②,线性约束条件①表示的可行域是图中阴影部分的整点.②表示与直线 $518x+698y=4000$ 平行的直线系.所以使 P 取得最大值的最优解是阴影内最靠近直线 $518x+698y=4000$ 的整点坐标.如图看到 $(0,5),(1,4),(2,4),(3,3),(4,2),(5,2),(6,1),(7,0)$ 都有可能是最优解,将它们的坐标逐一代入②进行校验,可知当 $x=5,y=2$ 时,.

答:当甲种毛坯截 5 根,乙种毛坯截 2 根,钢材的利用率最大,为 99.65 %.

解线性规划问题的关键步骤是在图(可行域)上完成的,所以作图时应尽可能精确,图上操作尽可能规范,但考虑到作图时必然会有误差,假如图上的最优点并不十分明显易辨时,不妨将几个有可能是最优点的坐标都求出来,然后逐一进行校验,以确定整点最优解.

11.4 综合测试与参考解答

自 测 题

1. 某家俱公司生产甲、乙两种型号的组合柜,每种柜的制造白坯时间、油漆时间及有关数据如下:

时间 \ 产品 \ 工艺要求	甲	乙	生产能力台时/天
制白坯时间	6	12	120
油漆时间	8	4	64
单位利润	200		240

问该公司如何安排这两种产品的生产,才能获得最大的利润. 最大利润是多少?

2. 要将两种大小不同的钢板截成 A、B、C 三种规格,每张钢板可同时截得三种规格小钢板的块数如下:

规格类型 \ 钢板类型	A 规格	B 规格	C 规格
第一种钢板	1	2	1
第二种钢板	1	1	3

每张钢板的面积,第一种为 1 m^2,第二种为 2 m^2,今需要 A、B、C 三种规格的成品各 $12, 15, 17$ 块,问各截这两种钢板多少张,可得所需三种规格成品,且使所用钢板面积最小.

3. 某人承揽一项业务,需做文字标牌 2 个,绘画标牌 3 个,现有两种规格的原料,甲种规格每张 3 m^2,可做文字标牌 1 个,绘画标牌 2 个,乙种规格每张 2 m^2,可做文字标牌 2 个,绘画标牌 1 个,求两种规格的原料各用多少张,才能使总的用料面积最小.

4. 某蔬菜收购点租用车辆,将 100 吨新鲜黄瓜运往某市销售,可供租用的大卡车和农用车分别为 10 辆和 20 辆,若每辆卡车载重 8 吨,运费 960 元,每辆农用车载重 2.5 吨,运费 360 元,问两种车各租多少辆时,可全部运完黄瓜,且动费最低. 并求出最低运费.

5. 某木器厂生产圆桌和衣柜两种产品,现有两种木料,第一种有 72 立方米,第二种有 56 立方米,假设生产每种产品都需要两种木料. 生产一只圆桌需用第一种木料 0.18 立方米,第二种木料 0.08 立方米,可获利润 60 元,生产一个衣柜需用第一种木料 0.09 立方米,第二种 0.28 立方米,可获利润 100 元,木器厂在现有木料情况下,圆桌和衣柜应各生产多少,才能使所获利润最多.

参考解答

1. 设 x, y 分别为甲、乙两种柜的日产量,

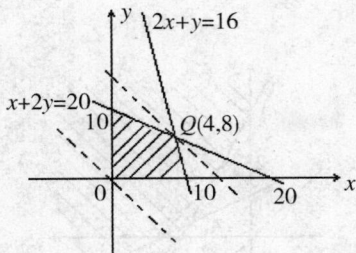

目标函数 $z = 200x + 240y$,线性约束条件:

$$\begin{cases} 6x + 12y \leqslant 120 \\ 8x + 4y \leqslant 64 \\ x \geqslant 0 \\ y \geqslant 0 \end{cases} \quad 即 \begin{cases} x + 2y \leqslant 20 \\ 2x + y \leqslant 16 \\ x \geqslant 0 \\ y \geqslant 0 \end{cases}$$

作出可行域. $\begin{cases} x + 2y = 20 \\ 2x + y = 16 \end{cases}$ 得 $Q(4,8)$

z 最大 $= 200 \times 4 + 240 \times 8 = 2720$

答:该公司安排甲、乙两种柜的日产量分别为 4 台和 8 台,可获最大利润 2720 元.

2. 设需截第一种钢板 x 张,第二种钢板 y 张,所用钢板面积 $z\,\mathrm{m}^2$.

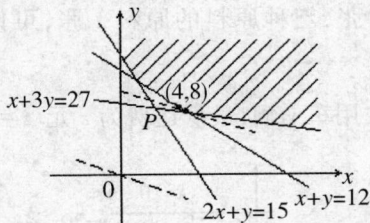

目标函数 $z = x + 2y$,线性约束条件:

$$\begin{cases} x + y \geqslant 12 \\ 2x + y \geqslant 15 \\ x + 3y \geqslant 27 \\ x \geqslant 0 \\ y \geqslant 0 \end{cases}$$

作出可行域. 作一组平行直线 $x + 2y = t$.

解 $\begin{cases} x + 3y = 27 \\ x + y = 12 \end{cases}$ 得 $P\left(\dfrac{9}{2}, \dfrac{15}{2}\right)$,点 P 不是可行域内的整点,在可行域内

的整点中,点 $(4,8)$ 使 z 取得最小值.

答:应截第一种钢板 4 张,第二种钢板 8 张,能得所需三种规格的钢板,且使所用钢板的面积最小.

3. 设用甲种规格原料 x 张,乙种规格原料 y 张,所用原料的总面积是 $z\,\mathrm{m}^2$,目标函数

$z = 3x + 2y,$

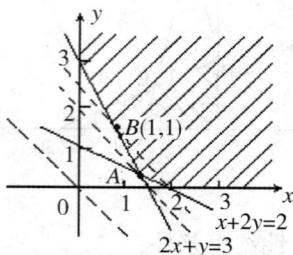

线性约束条件, $\begin{cases} x + 2y \geq 2 \\ 2x + y \geq 3 \\ x \geq 0, y \geq 0 \end{cases}$

作出可行域. 作一组平等直线 $3x + 2y = t$.

解 $\begin{cases} 2x + y = 3 \\ x + 2y = 2 \end{cases}$ 得 $A\left(\dfrac{4}{3}, \dfrac{1}{8}\right)$

A 不是整点, A 不是最优解. 在可行域内的整点中, 点 $B(1,1)$ 使 z 取得最小值. z 最小 $= 3 \times 1 + 2 \times 1 = 5$,

答: 用甲种规格的原料 1 张, 乙种原料的原料 1 张, 可使所用原料的总面积最小为 $5\ \mathrm{m}^2$.

4. 设租用大卡车 x 辆, 农用车 y 辆, 最低运费为 z 元. $z = 960x + 360y$.

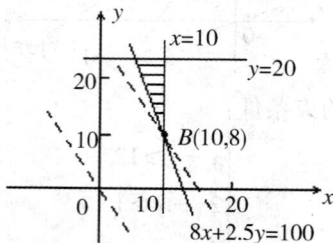

线性约束条件是:

$\begin{cases} 0 \leq x \leq 10 \\ 0 \leq y \leq 20 \\ 8x + 2.5y \geq 100 \end{cases}$ 作出可行域. 由 $\begin{cases} 8x + 2.5y = 100 \\ x = 10 \end{cases}$ 得 $B(10, 8)$

作直线 $960x + 360y = 0$. 即 $8x + 3y = 0$, 向上平移至过点 $B(10,8)$ 时, $z = 960x + 360y$ 取到最小值.

z 最小 $= 960 \times 10 + 360 \times 8 = 12480$

答: 大卡车租 10 辆, 农用车租 8 辆时运费最低, 最低运费为 12480 元.

5. 设圆桌和衣柜的生产件数分别为 x、y, 所获利润为 z, 则 $z = 6x + 10y$.

$$\begin{cases} 0.18x + 0.09y \leqslant 72 \\ 0.08x + 0.28y \leqslant 56 \\ x \geqslant 0 \\ y \geqslant 0 \end{cases} \quad \text{即} \quad \begin{cases} 2x + y \leqslant 800 \\ 2x + 7y \leqslant 1400 \\ x \geqslant 0 \\ y \geqslant 0 \end{cases}$$

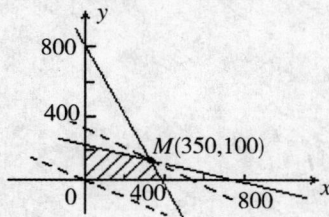

作出可行域.

解 $\begin{cases} 2x + y = 800 \\ 2x + 7y = 1400 \end{cases}$，得 $\begin{cases} x = 350 \\ y = 100 \end{cases}$ 即 $M(350,100)$. 当直线 $6x + 10y = 0$ 即 $3x + 5y = 0$ 平

移到经过点 $M(350,100)$ 时，$z = 6x + 10y$ 最大

11.5 教材《作业与练习》参考答案

作业与练习 10.1

1. $minf = -100x_1 - 80x_2$

$$\begin{cases} 2x_1 + 4x_2 + x_3 = 80 \\ 3x_1 + x_2 + x_4 = 60 \\ x_1, x_2 \geqslant 0 \end{cases}$$

作业与练习 10.2

1. 800   2. $\dfrac{14}{3}$

作业与练习 10.4

1. 150、42、12   2. 7.5、1.5、0.5、0

作业与练习 10.5

略

习题 10

1. (1)引入非负松弛变量 x_4, x_5, x_6

$$min(-f) = -2x_1 - 2x_2 - 3x_3$$

$$s.t. \quad 3x_1 + 2x_2 + 5x_3 - x_4 = 2$$

$$2x_1 + 3x_2 + x_3 + x_5 = 4$$

$$x_1 + 5x_2 + 7x_3 - x_6 = 8$$

$$x_1, x_2, x_3, x_4, x_5, x_6 \geq 0$$

（2）引入非负松弛变量 x_5, x_6

$$minS = 2x_1 - x_2 + x_3 + 3x_4$$

$$s.t. \quad x_1 + x_2 + 3x_4 - x_5 = 3$$

$$2x_1 - 3x_2 - 2x_4 = 2$$

$$x_1 + x_3 + x_6 = 4$$

$$x_1, x_2, x_3, x_4, x_5, x_6 \geq 0$$

2. （1）$(6,0)$ $maxf = 30$ （2）$\left(\dfrac{5}{2}, 1\right)$ $maxf = 9$

3. 3950

4. 甲种椅子 85 把，乙种椅子 90 把.

第 12 章　概率论与数理统计

12.1　主要内容归纳

一、随机变量及其概率

1. 随机试验

具有下列三个特性的试验称为随机试验：

（1）试验可以在相同的条件下重复地进行；

（2）每次试验的可能结果不止一个，但事先知道每次试验所有可能的结果；

（3）每次试验前不能确定哪一个结果会出现.

2. 随机事件

在随机试验中，把一次试验中可能发生也可能不发生、而在大量重复试验中却呈现某种规律性的事情称为随机事件（简称事件）. 通常把必然事件（记作 U）与不可能事件（记作 ϕ）

看作特殊的随机事件.

3. 事件的关系及运算

（1）包含：若事件 A 发生，一定导致事件 B 发生，那么，称事件 B 包含事件 A，记作 $A \subset B$（或 $B \supset A$）.

（2）相等：若两事件 A 与 B 相互包含，即 $A \supset B$ 且 $B \supset A$，那么，称事件 A 与 B 相等，记作 $A = B$.

（3）和事件："事件 A 与事件 B 中至少有一个发生"这一事件称为 A 与 B 的和事件，记作 $A \cup B$.

（4）积事件："事件 A 与事件 B 同时发生"这一事件称为 A 与 B 的积事件，记作 $A \cap B$（简记为 AB）.

（5）互不相容：若事件 A 和 B 不能同时发生，即 $AB = \phi$，那么称事件 A 与 B 互不相容（或互斥）.

（6）对立事件：若事件 A 和 B 互不相容且它们中必有一事件发生，即 $AB = \phi$ 且 $A \cup B = U$，那么，称 A 与 B 是对立的. 事件 A 的对立事件（或逆事件）记作 $\bar{A}$.

（7）差事件：若事件 A 发生且事件 B 不发生，那么，称这个事件为事件 A 与 B 的差事件，记作 $A - B$（或 $A \bar{B}$）.

（8）交换律：对任意两个事件 A 和 B 有

$$A \cup B = B \cup A, AB = BA$$

（9）结合律：对任意事件 A, B, C 有

$$A \cup (B \cup C) = (A \cup B) \cup C, A \cap (B \cap C) = (A \cap B) \cap C.$$

（10）分配律：对任意事件 A, B, C 有

$$A \cup (B \cap C) = (A \cup B) \cap (A \cup C), A \cap (B \cup C) = (A \cap B) \cup (A \cap C)$$

（11）德摩根（DeMorgan）法则：对任意事件 A 和 B 有

$$\overline{A \cup B} = \overline{A} \cap \overline{B}, \overline{A \cap B} = \overline{A} \cup \overline{B}$$

4. 频率与概率的定义

（1）概率的统计定义

设事件 A 在 n 次重复进行的试验中发生了 m 次，则称 $\dfrac{m}{n}$ 为事件 A 发生的频率，m 称为事件 A 发生的频数。显然，任何随机事件的频率都是个于 0 与 1 之间的一个数。

在一个随机试验中，如果随着试验次数的增大，事件 A 出现的频率 $\dfrac{m}{n}$ 在某个常数 P 附近摆动，那么定义事件 A 的概率为 P，记作 $P(A) = P$，概率的这种定义，称为概率的统计定义。

（2）古典概率的定义

具有下列两个特征的随机试验的数学模型称为古典概型：

①试验结果的个数是有限的，即基本事件的个数是有限的。

②每个试验结果出现的可能性相同，即每个基本事件发生的可能性是相同的。

③在任一试验中，只能出现一个结果，也就是基本事件之间是两两互斥的。

如果古典概型中的所有基本事件的个数是 n，事件 A 包含的基本事件的个数是 m，则事件 A 的概率为

$$P(A) = \frac{m}{n} = \frac{\text{事件 } A \text{ 包含的基本事件个数}}{\text{所有基本事件个数}}.$$

概率的这种定义，称为概率的古典定义。

5. 概率的性质

（1）$P(\phi) = 0, P(U) = 1$.

（2）（有限可加性）若事件 $A_1, A_2, \cdots, A_n$ 两两互不相容，则

$$P(A_1 \cup A_2 \cup \cdots \cup A_n) = P(A_1) + P(A_2) + \cdots + P(A_n),$$

即互斥事件之和的概率等于各事件的概率之和。

（3）对于任意一个事件 $A, P(A) = 1 - P(\bar{A})$.

（4）若事件 A, B 满足 则有

$$P(B - A) = P(B) - P(A),$$

$$P(A) \leqslant P(B).$$

（5）对于任意一个事件 A，有 $0 \leqslant P(A) \leqslant 1$.

（6）（加法公式）对于任意两个事件 A，B，有

$$P(A \cup B) = P(A) + P(B) - P(AB).$$

6. 条件概率与乘法公式

设 A 与 B 是两个事件. 在事件 B 发生的条件下事件 A 发生的概率称为条件概率，记作 $P(A|B)$. 当 $P(B) \neq 0$，规定

$$P(A|B) = \frac{P(AB)}{P(B)}.$$

在同一条件下，条件概率具有概率的一切性质.

乘法公式：对于任意两个事件 A 与 B，当 $P(A) \neq 0$，$P(B) \neq 0$ 时，有

$$P(AB) = P(A)P(B|A) = P(B)P(A|B).$$

7. 随机事件的相互独立性如果事件 A 与 B 满足

$$P(AB) = P(A)P(B),$$

那么，称事件 A 与 B 相互独立.

关于事件 A 与 B 的独立性有下列两条性质：

（1）如果 $P(A) \neq 0$，那么，事件 A 与 B 相互独立的充分必要条件是 $P(B|A) = P(B)$；如果 $P(B) \neq 0$，那么，事件 A 与 B 相互独立的充分必要条件是 $P(A|B) = P(A)$.

这条性质的直观意义是"事件 A 与 B 发生与否互不影响".

（2）下列四个命题是等价的：

①事件 A 与 B 相互独立；

②事件 A 与 $\overline{B}$ 相互独立；

③事件 $\overline{A}$ 与 B 相互独立；

④事件 $\overline{A}$ 与 $\overline{B}$ 相互独立.

对于任意 n 个事件 $A_1, A_2, \cdots, A_n$ 相互独立性定义如下：对任意一个 $k = 2, \cdots, n$，任意的 $1 \leqslant i_1 < \cdots < i_k \leqslant n$，若事件 $A_1, A_2, \cdots, A_n$ 总满足

$$P(A_{i1} \cdots A_{ik}) = P(A_{i1}) \cdots P(A_{ik}),$$

则称事件 $A_1, A_2, \cdots, A_n$ 相互独立. 这里实际上包含了 $_{\wedge}$ 等式.

8. 贝努里概型与二项概率

设在每次试验中，随机事件 A 发生的概率 $P(A) = p(0 < p < 1)$，则在 n 次重复独立试验中，事件 A 恰发生 k 次的概率为

$$P_n(k) = C_n^k p^k (1 - p)^{n-k}, k = 0, 1, 2, \cdots, n,$$

称这组概率为二项概率.

9. 全概率公式

全概率公式:如果事件 $A_1, A_2, \cdots, A_n$ 两两互不相容,且 $A_1 \cup A_2 \cup \cdots \cup A_n = U$,$P(A_i) > 0 (i = 1, 2, \cdots, n)$,则对任意事件 B,有

$$P(B) = \sum_{i=1}^{n} P(A_i) P(B \mid A_i).$$

二、随机变量及其概率分布

1. 离散型随机变量及其概率分布

如果随机变量 X 仅可能取有限个或可列无限多个值,则称 X 为离散型随机变量.

设离散型随机变量 X 的可能取值为 $x_1, x_2, \cdots x_n, \cdots$,则

$$P\{X = x_i\} = P(x_i) = p_i \ (i = 1, 2, \cdots)$$

称为随机变量 X 的概率分布或分布列.

也可以用表格形式来表示

X	x_1	$_2$	x_3	$\cdots$	x_n	$\cdots$
P	p_1	p_2	p_3	$\cdots$	p_n	$\cdots$

显然,随机变量 X 的分布列具有下列性质:

(1) $p_i \geqslant 0 (i = 1, 2, \cdots)$; (2) $\sum_{i=1}^{\infty} p_i = 1$.

2. 离散型随机变量概率分布的性质

(1) $p_i \geqslant 0 (i = 1, 2, \cdots)$;

(2) $\sum_{i=1}^{\infty} p_i = 1$.

由已知的概率分布可以算得概率

$$P\{x \in S\} = \sum_{x_i \in S} p_i,$$

其中,S 是实数轴上的一个集合.

3. 常用离散型随机变量的分布

(1) 0 - 1 分布 $B(1, p)$,它的概率分布为

$$P\{X = k\} = p^k (1 - p)^{1-k},$$

其中 $k = 0$ 或 $1, 0 < p < 1$.

(2) 二项分布 $B(n, p)$,它的概率分布为

$$P\{X = k\} = C_n^k p^k (1 - p)^{n-k},$$

其中 $k = 0, 1, \cdots, n, 0 < p < 1$.

(3) 泊松分布 $P(\lambda)$,它的概率分布为

$$P\{X = k\} = \frac{\lambda^k}{k!} e^{-\lambda},$$

其中 $k = 0, 1, 2, \cdots, \lambda > 0$.

4. 分布函数

随机变量的分布可以用其分布函数来表示,随机变量 X 取值不大于实数的概率 P(X ≤x)称为随机变量的分布函数,记作 F(x),即

$$F(x) = P\{X \le x\}.$$

分布函数 F(x)的性质:

(1)$0 \le F(x) \le 1$;

(2)F(x)是非减函数,即当 $x_1 < x_2$ 时,有 $F(x_1) \le F(x_2)$;

(3)$F(-\infty) = \lim\limits_{x \to -\infty} F(x) = 0, F(+\infty) = \lim\limits_{x \to +\infty} F(x) = 1$;

(4)$F(x)$是右连续函数,即 $F(x) = F(x+0) = \lim\limits_{\Delta x \to 0^+} F(x + \Delta x)$.

由已知随机变量 X 的分布函数 F(x),可算得 X 落在任意区间$(a,b]$内的概率

$P\{a < X \le b\} = F(b) - F(a)$

5. 连续型随机变量及其概率密度

设随机变量 X 的分布函数为 F(x),如果存在一个函数 $f(x) \ge 0$,使得对于任一实数 x,有

$$F(x) = \int_{-\infty}^{x} f(t)\,\mathrm{d}t$$

成立,则称 X 为连续型随机变量,函数 $f(x)$称为连续型随机变量 X 的概率密度.

6. 概率密度 f(x)及连续型随机变量的性质

(1)$f(x) \ge 0$;

(2)$\int_{-\infty}^{+\infty} f(x)\,dx = 1$;

(3)连续型随机变量 X 的分布函数为 $F(x)$是连续函数,且在 $F(x)$的连续点处有 $F'(x) = f(x)$;

(4)设 X 为连续型随机变量,则对任意一个实数 $a, P\{X = a\} = 0$;

(5)设 $f(x)$是连续型随机变量 X 的概率密度,则有

$$P\{a < X < b\} = P\{a \le X < b\} = P\{a < X \le b\} = P\{a \le X \le b\} = \int_{a}^{b} f(x)\,dx.$$

7. 常用的连续型随机变量的分布

(1)均匀分布 $U(a,b)$,它的概率密度为

$$f(x) = \begin{cases} \dfrac{1}{b-a}, & a \le x \le b \\ 0, & \text{其它} \end{cases}$$

其中 $-\infty < a < b < +\infty$.

(2)指数分布 $E(\lambda)$,它的概率密度为

$$f(x) = \begin{cases} \lambda e^{-\lambda x}, & x \ge 0 \\ 0, & x < 0 \end{cases}$$

其中 $\lambda > 0$.

（3）正态分布 $N(\mu, \sigma^2)$，它的概率密度为

$$f(x) = \frac{1}{\sqrt{2\pi}\sigma} e^{-\frac{(x-\mu)^2}{2\sigma^2}}, \quad -\infty < x < +\infty,$$

其中，$-\infty < \mu < +\infty$，$\sigma > 0$，当 $\mu = 0$，$\sigma = 1$ 时，称 $N(0,1)$ 为标准正态分布，它的概率密度为

$$\varphi(x) = \frac{1}{\sqrt{2\pi}} e^{-\frac{x^2}{2}}, \quad -\infty < x < +\infty,$$

标准正态分布的分布函数记作 $\Phi(x)$，即

$$\Phi(x) = \frac{1}{\sqrt{2\pi}} \int_{-\infty}^{x} e^{-\frac{t^2}{2}} dt,$$

当 $x \geq 0$ 时，$\Phi(x)$ 可查表得到；当 $x < 0$ 时，$\Phi(x)$ 可由下面性质得到

$$\Phi(-x) = 1 - \Phi(x).$$

若 $X \sim N(0,1)$，则 $P\{a < X < b\} = \Phi(b) - \Phi(a)$；

若 $X \sim N(\mu, \sigma^2)$，则

$$P\{a < X < b\} = P\left\{\frac{a-\mu}{\sigma} < X < \frac{b-\mu}{\sigma}\right\} = \Phi\left(\frac{b-\mu}{\sigma}\right) - \Phi\left(\frac{a-\mu}{\sigma}\right).$$

8. 数学期望

（1）数学期望的定义

设 X 是离散型的随机变量，其概率函数为 $P(X = x_i) = p_i$，$i = 1, 2, \cdots$，如果 $\sum_{i=1}^{\infty} |x_i| p_i < +\infty$，则定义 X 的数学期望为

$$E(X) = \sum_{i=1}^{\infty} x_i p_i;$$

设 X 为连续型随机变量，其概率密度为 $f(x)$，如果若积分 $\int_{-\infty}^{+\infty} |x| f(x) dx$ 收敛，则定义的数学期望为

$$E(X) = \int_{-\infty}^{+\infty} x f(x) dx.$$

（2）数学期望的性质

① 设 C 为常数，则有 $E(C) = C$；

② $E(kX + b) = kE(X) + b$（k, b 为常数）；

③ $E(X + Y) = E(X) + E(Y)$；

9. 方差

（1）方差的定义

设 X 是一个随机变量. 若 $E[X - E(X)]^2$ 存在，则称 $E[X - E(X)]^2$ 为 X 的方差，记为 $D(X)$，即 $D(X) = E[X - E(X)]^2$. 与 X 具有相同量纲的量 $\sqrt{D(X)}$ 称为 X 的均方差或

标准差,记为 σ_x.

若 X 为离散型随机变量,其分布律为 $P(X = x_k) = p_k, k = 1, 2, \cdots$,则 $D(X) = \sum\limits_{k=1}^{\infty}$ $[x_k - E(X)]^2 p_k$;若 X 为连续型随机变量,其密度函数为 $f(x)$,则 $D(X) = \int_{-\infty}^{+\infty} [x - E(X)]^2 f(x) dx$.

另外,还有一个常用的计算方差的重要公式:

$$D(X) = E(X^2) - [E(X)]^2.$$

(2)方差的性质

①设 C 为常数,则 $D(C) = 0$;

②$D(CX) = C^2 D(X)$(C 为常数);

③$D(kX + b) = k^2 D(X)$(k, b 为常数).

10. 常见随机变量的数学期望和方差

分布名称	简略记法	数学期望	方差
两点分布	$0 - 1$ 分布	p	$p(1 - p)$
二项分布	$B(n, p)$	np	$np(1 - p)$
泊松分布	$P(\lambda)$	λ	λ
均匀分布	$U(a, b)$	$\dfrac{a + b}{2}$	$\dfrac{(b - a)^2}{12}$
指数分布	$E(\lambda)$	$\dfrac{1}{\lambda}$	$\dfrac{1}{\lambda^2}$
正态分布	$N(\mu, \sigma^2)$	μ	σ^2

三、数理统计

1. 基本概念

总体:所研究对象的全体.

个体:组成总体的每个元素.

样本:从总体中抽取 n 个相互独立且与总体 X 有相同分布的个体 $X_1, X_2, \cdots, X_n$ 组成的集合.

样本容量:样本中所含个体的数量 n.

简单随机抽样:具有①随机性(抽到各个个体的机会均等),②独立性(各次抽取不受其它次抽取的影响).

2. 统计量:

(1)统计量:

设 $X_1, X_2, \cdots, X_n$ 为总体 X 的样本,$g(x_1, x_2, \cdots, x_n)$ 为不含任何未知参数的实值函数,称 $g(X_1, X_2, \cdots, X_n)$ 为样本 $X_1, X_2, \cdots, X_n$ 的一个统计量.

（2）常用的统计量：

样本均值：$\bar{X} = \dfrac{1}{n} \sum_{i=1}^{n} X_i$；

样本方差：$S^2 = \dfrac{1}{n-1} \sum_{i=1}^{n} (X_i - \bar{X})^2 = \sum_{i=1}^{n} X_i^2 - n\bar{X}^2$；

样本标准差（均方差）：$S = \sqrt{S^2} = \sqrt{\dfrac{1}{n-1} \sum_{i=1}^{n} (X_i - \bar{X})^2}$；

样本 k 阶原点矩：$A_k = \dfrac{1}{n} \sum_{i=1}^{n} X_i^k, k = 1, 2, \cdots$；

样本 k 阶中心矩：$B_k = \dfrac{1}{n} \sum_{i=1}^{n} (X_i - \bar{X})^k, k = 1, 2, \cdots$.

2. 抽样分布：

（1）χ^2 分布（卡方分布）：

①定义：设 $(X_1, X_2, \cdots, X_n)$ 是来自标准正态分布 $N(0,1)$ 的一个样本，则统计量 $\chi^2 = X_1^2 + X_2^2 + \cdots + X_n^2$ 服从自由度为 n 的 χ^2 分布，记作：$\chi^2 \sim \chi^2(n)$.

②性质：

若 $\chi^2 \sim \chi^2(n)$，则 $E(\chi^2) = n, D(\chi^2) = 2n$；

若 $\chi_1^2 \sim \chi_1^2(n), \chi_2^2 \sim \chi_2^2(n)$，且 χ_1^2, χ_2^2 相互独立，则 $\chi_1^2 + \chi_2^2 \sim \chi^2(n_1 + n_2)$.

（2）t 分布：

定义：设 X 与 Y 为两个互相独立的随机变量，且 $X \sim N(0,1), Y \sim \chi^2(n)$，则统计量

$T = \dfrac{X}{\sqrt{Y/n}}$ 服从自由度为 n 的 t 分布记为 $T \sim t(n)$.

（3）F 分布：

定义：设 $X \sim \chi^2(n_1), Y \sim \chi^2(n_2)$ 且 X 与 Y 互相独立，则称 $F = \dfrac{X/n_1}{Y/n_2}$ 服从自由度为 (n_1, n_2) 的 F 分布，记为 $F \sim F(n_1, n_2)$.

性质：若 $F \sim F(n_1, n_2)$，则 $1/F \sim F(n_2, n_1)$.

（4）正态总体的抽样分布

设 $(X_1, X_2, \cdots, X_n)$ 是来自正态总体 $N(\mu, \sigma^2)$ 的一个样本，$\bar{X}, S^2$ 分别为样本均值和样本方差，则有以下结论：

$a\ \bar{X} = \dfrac{1}{n} \sum_{i=1}^{n} X_i \sim N\left(\mu, \dfrac{\sigma^2}{n}\right)$；

$b\ U = \dfrac{\bar{X} - \mu}{\dfrac{\sigma}{\sqrt{n}}} \sim N(0,1)$，此时，称统计量 U 服从 U 分布；

$$c\ \frac{\bar{X}-\mu}{\frac{S}{\sqrt{n}}} \sim t(n-1);$$

$$d\ \frac{(n-1)S^2}{\sigma^2} \sim \chi^2(n-1).$$

3. 常见分布的临界值

(1)定义:对于总体 X 和给定的正数 $\alpha(0<\alpha<1)$,称满足条件 $P(x>\lambda_\alpha)=\alpha$ 的实数 λ_α 为 X 分布的临界值.

(2)标准正态分布的临界值 u_α:满足 $\Phi(u_\alpha)=1-\alpha$.

(3)χ^2 分布的临界值 $\chi^2_\alpha(n)$.

(4)t 分布的临界值 $t_\alpha(n)$.

4. 参数估计

(1)点估计

①数字特征法:

以样本均值 $\bar{X}$ 作为总体均值 μ 的点估计量,即 $\mu=\bar{X}=\frac{1}{n}\sum_{i=1}^{n}X_i$;

以样本方差 S^2 作为总体方差 σ^2 的点估计量 $\hat{\sigma}^2=S^2=\frac{1}{n-1}\sum_{i=1}^{n}(X_i-\bar{X})^2$.

②矩估计法:

k 阶原点矩:$E(X^k)(k=1,2,\cdots)$;

k 阶中心矩:$E(X-E(X))^k(k=1,2,\cdots)$.

方法:若总体的分布中有 k 个未知参数,则应该用到样本的 $1,2,\cdots,k$ 阶矩,构造一个 k 元方程组,再解此方程组,得到 k 个未知参数的矩估计.

③点估计的评价标准

(i)无偏性:设 $\hat{\theta}$ 为未知参数 θ 的估计量,若 $E\hat{\theta}=\theta$,则称 $\hat{\theta}$ 为 θ 的无偏估计量.

附:$\bar{X}$ 是 EX 的无偏估计,S^2 是 DX 的无偏估计.

(ii)有效性:设 $\hat{\theta}_1$ 与 $\hat{\theta}_2$ 都为未知参数 θ 的无偏估计量,若 $D\hat{\theta}_1<D\hat{\theta}_2$,则称 $\hat{\theta}_1$ 为较 $\hat{\theta}_2$ 有效的估计量.

(2)区间估计

设 θ 为总体 X 的未知参数,若对给定的 $\alpha\in(0,1)$,由样本 $X_1,\cdots,X_n$ 确定的估计 $\hat{\theta}_1$ $(X_1,\cdots,X_n)$ 与 $\hat{\theta}_2(X_1,\cdots,X_n)$ 满足 $P(\hat{\theta}_1<\theta<\hat{\theta}_2)=1-\alpha$,则称 $(\hat{\theta}_1,\hat{\theta}_2)$ 是置信度 $1-\alpha$ 下,θ 的置信区间且称 $\hat{\theta}_1(\hat{\theta}_2)$ 为置信度 $1-\alpha$ 下的置信下(上)限,α 为置信水平(显著性水平). 这里,只讨论正态总体的区间估计.

问题	条件	统 计 量	置 信 区 间
估计 μ	σ^2 已知	$U = \dfrac{\bar{X} - \mu}{\sigma/\sqrt{n}} \sim N(0,1)$	$\left(\bar{X} - u_{\alpha/2} \cdot \sigma/\sqrt{n},\ \bar{X} + u_{\alpha/2} \cdot \sigma/\sqrt{n} \right)$
	σ^2 未知	$t = \dfrac{\bar{X} - \mu}{S/\sqrt{n}} \sim t(n-1)$	$\left(\bar{X} - t_{\frac{\alpha}{2}}(n-1) \cdot S/\sqrt{n},\ \bar{X} + t_{\frac{\alpha}{2}}(n-1) \cdot S/\sqrt{n} \right)$
估计 σ^2		$\chi^2 = \dfrac{(n-1)S^2}{\sigma^2}$	$\left(\dfrac{(n-1)S^2}{\chi^2_{\alpha/2}(n-1)}, \dfrac{(n-1)S^2}{\chi^2_{1-\frac{\alpha}{2}}(n-1)} \right)$

以方差已知时,求期望的置信区间为例:

①问题:总体 $X \sim N(\mu, \sigma^2)$ 且 $\sigma > 0$ 已知,由观测值 $x_1, \cdots, x_n$ 在置信度 $1-\alpha$ 下,求 μ 的置信区间.

②关键:$U = (\bar{X} - \mu)\sqrt{n}/\sigma \sim N(0,1)$.

③思路:取 μ 的无偏估计 $\bar{X} = \dfrac{1}{n} \sum_{i=1}^{n} X_1$,有 $U = (\bar{X} - \mu)\sqrt{n}/\sigma \sim N(0,1)$ 对给定的 $\alpha \in (0,1)$,查正态表得 $u_{\alpha/2}$,计算 $\bar{X}$,

④置信区间:$(\bar{X} - u_{\alpha/2} \cdot \sigma/\sqrt{n},\ \bar{X} + u_{\alpha/2} \cdot \sigma/\sqrt{n})$.

5. 假设检验:

(1)问题:这是另一类型的统计推断问题,它是在总体的分布函数未知(或仅知其形式但未知其参数)的前提下,对总体的某些性态作出某种假使再利用样本值来检验这一假设是否可取.

(2)方法(以参数检验为例):

①对总体的未知参数 θ 的某一属性作出检验假设(包含原假设 H_0 与其反面的备择假设 H_1).

②对 θ 选择合适的点估计 $\hat{\theta}$.

③将 θ 与 $\hat{\theta}$ 置于服从常用分布的统计量(常称为检验统计量) $W = f(x_1, \cdots, x_n; \theta, \hat{\theta})$ 之中.

④利用样本值 $x_1, \cdots, x_n$,在给定的显著性水平 $\alpha \in (0,1)$ 下进行检验:若 $\begin{matrix} w \in \Omega \\ w \notin \Omega \end{matrix}$ 则 $\begin{matrix} 拒绝 \\ 接受 \end{matrix} H_0, \begin{matrix} 接受 \\ 拒绝 \end{matrix} H_1$,

这里,α 一般较小,而 Ω 满足 $P(w \in \Omega) = \alpha$ 为拒绝域,且起边界点称为临界点,w 为 $x_1, \cdots, x_n$ 代入 $W = f(x_1, \cdots, x_n; \theta, \hat{\theta})$ 后的统计值.

发生在拒绝 H_0 时,而拒绝的依据是小概率原理.

(3)单个总体的检验(仅对正态总体而言):方差已知期望的检验(u 检验):

步骤:①建立检验假设:$H_0 : \mu = \mu_0$, $H_1 : \mu = \mu_1$.

②取检验统计量:　$w = (\bar{X} - \mu)\sqrt{n}/\sigma \sim N(0,1)$.

③确定拒绝域:$\Omega = \{ w \mid |w| > u_{\alpha/2} \}$.

④计算:$\bar{x}$, $w = (\bar{x} - \mu)\sqrt{n}/\sigma$.

⑤查找 $u_{\alpha/2}$.

⑥写出拒绝域,作出判断.

待验假设 H_0	备择假设 H_1	统　计　量	拒　绝　域
$\mu = \mu_0$ (σ^2 已知)	$\mu \neq \mu_0$	$U = \dfrac{\bar{X} - \mu_0}{\sigma/\sqrt{n}} \sim N(0,1)$	$\Omega = \{ u \mid |u| \geq u_{\alpha/2} \}$
$\mu = \mu_0$ (σ^2 未知)	$\mu \neq \mu_0$	$t = \dfrac{\bar{X} - \mu_0}{S/\sqrt{n}} \sim t(n-1)$	$\Omega = \{ t \mid |t| \geq t_{\alpha/2}(n-1) \}$
$\sigma^2 = \sigma_0^2$	$\sigma^2 \neq \sigma_0^2$	$\chi^2 = \dfrac{(n-1)S^2}{\sigma_0^2}$	$\Omega = \left\{ \chi^2 \mid \begin{array}{l} \chi^2 \leq \chi^2_{1-\alpha/2}(n-1) \\ \vee\, \chi^2 \geq \chi^2_{\alpha/2}(n-1) \end{array} \right\}$

12.2　学法指导

(一)关于概率论部分:

事件之间的关系与运算,可以与集合的运算规律相结合;概率的定义及性质,简单利用概率的性质计算一些事件的概率;认识古典概型,利用古典概型计算一些简单事件的概率;利用加法公式、条件概率公式、乘法公式、全概率公式和贝叶斯公式计算概率;事件独立性的概念,利用独立性计算事件的概率;独立重复试验,伯努利概型及有关事件概率的计算. 对于随机变量及概率分布:能够将随机事件与函数联系起来,认识离散型、连续型随机变量,了解它们的定义,认识分布函数,及分布函数与概率密度之间的关系,掌握一些重要的随机变量的分布及性质,主要的有:(0-1)分布、二项分布、泊松分布、均匀分布、指数分布和正态分布,会进行有关事件概率的计算;了解随机变量的两个数字特征:数学期望、方差以及常用随机变量的数学期望和方差;

(二)关于数理统计部分:

首先掌握数理统计的基本概念:总体,样本等,熟悉常见的统计量:样本均值、样本方差和样本矩等;认识统计量常见的分布 χ^2 分布、t 分布和 F 分布的定义;认识各个分布相应的临界值.

关于参数估计

(1)参数的点估计,矩估计;

(2)判断估计量的无偏性、有效性、一致性;

（3）求正态总体参数的置信区间，熟练掌握三种置信区间公式．

关于假设检验：

（1）正态总体参数的显著性检验；

（2）总体分布假设的 $x2$ 检验．

12.3 典型例题解析

例1 向指定目标射击 3 枪，如果 $A_1 = \{$第一枪击中目标$\}$，$A_2 = \{$第二枪击中目标$\}$，$A_3 = \{$第三枪击中目标$\}$，求下列运算代表什么事件：

（1）$A_1 \cup A_2 \cup A_3$；　（2）$A_1 A_2 A_3$；（3）$A_1 \overline{A}_2 \overline{A}_3$；（4）$A_1 \overline{A}_2 \overline{A}_3 + \overline{A}_1 A_2 \overline{A}_3 + \overline{A}_1 \overline{A}_2 A_3$；

（5）$\overline{A_1 \cup A_2 \cup A_3}$；　（6）$\overline{A_1 A_2 A_3}$．

解　（1）$A_1 \cup A_2 \cup A_3 = \{$至少有一枪击中目标$\}$；

（2）$A_1 A_2 A_3 = \{$三枪都击中目标$\}$；

（3）$A_1 \overline{A}_2 \overline{A}_3 = \{$只有第一枪击中$\}$；

（4）$A_1 \overline{A}_2 \overline{A}_3 + \overline{A}_1 A_2 \overline{A}_3 + \overline{A}_1 \overline{A}_2 A_3 = \{$只有一枪击中目标$\}$；

（5）$\overline{A_1 \cup A_2 \cup A_3} = \overline{A}_1 \overline{A}_2 \overline{A}_3 = \{$三枪都没有击中目标$\}$；

（6）$\overline{A_1 A_2 A_3} = \overline{A}_1 \cup \overline{A}_2 \cup \overline{A}_3 = \{$至少有一枪没有击中目标$\}$；

例2　设 $P(A) = 0.3$，$P(B) = 0.5$，且 A 与 B 互斥，求 $P(A \cup B)$ 与 $P(\overline{A}B)$．

解　因为 A 与 B 互斥，$AB = \Phi$ 且 $B \subset \overline{A}$，$\overline{A}B = B$，所以

$$P(A \cup B) = P(A) + P(B) = 0.8, P(\overline{A}B) = P(B) = 0.5.$$

例3　在一批产品中有 7 件正品 3 件次品，从中任取三件，求取出的产品中有次品的概率．

解　设 $A = \{$取出的三件中有次品$\}$，$A_i = \{$取出的三件中有 i 件次品$\}$，$i = 1, 2, 3$，则基本事件总数 $n = C_{10}^3 = 120$，事件 A_1 包含的基本事件数 $C_7^2 C_3^1 = 63$，事件 A_2 包含的基本事件数 $C_7^1 C_3^2 = 21$，事件 A_3 包含的基本事件数 $C_3^3 = 1$，所以

$$P(A_1) = \frac{63}{120} = 0.525, P(A_2) = \frac{21}{120} = 0.175, P(A_3) = \frac{1}{120} = 0.008.$$

又 A_1, A_2, A_3 互斥，故

$$P(A) = P(A_1) + P(A_2) + P(A_3) = 0.708.$$

或者设 $A = \{$取出的三件中有次品$\}$，$\overline{A} = \{$取出的三件中没有次品$\}$，则基本事件的总数 $n = C_{10}^3 = 120$，事件 $\overline{A}$ 包含的基本事件数 $C_7^3 = 35$，所以

$$P(\overline{A}) = \frac{35}{120} = 0.292, P(A) = 1 - P(\overline{A}) = 0.708.$$

例4　一个袋中装有 10 个球，其中有 3 个黑球 7 个白球，先后两次不放回地任意抽

取一球. 已知第一次取出的是白球, 求第二次取出的仍是白球的概率.

解 设 A_i 表事件第 i 次取得白球 $(i=1,2)$;

已知 A_1 发生了, 在此条件下第二次是从剩下的 3 个黑球、6 个白球共 9 个中任取 1 个, 由概率的古典定义很容易直接求得取到白球的概率为:

$$P(A_2 \mid A_1) = \frac{6}{9} = \frac{2}{3};$$

例 5 某厂有三条流水线生产同一种产品, 产量依次占总量的 45 %、35 %、20 %, 又三条流水线的次品率分别为 4 %、2 %、5 %. 现从出厂产品中任抽一件, 问恰好抽到次品的概率为多少?

解 令 A_i 表事件抽到的产品为第 i 车间生产的 $(i=1,2,\cdots n)$, B 表事件抽到的产品为次品. 由题已知有:

$$P(A_1) = 0.45, P(A_2) = 0.35, P(A_3) = 0.20;$$
$$P(B \mid A_1) = 0.04, P(B \mid A_2) = 0.02, P(B \mid A_3) = 0.05;$$

由全概率公式有:

$$P(B) = \sum_{i=1}^{3} P(A_i) P(B \mid A_i) = 0.45 \times 0.04 + 0.35 \times 0.02 + 0.20 \times 0.05 = 0.035;$$

例 6 甲、乙、丙三人各射一次靶, 他们各自中靶与否相互独立, 且知他们各自中靶的概率分别为 0.5、0.6、0.8. 求下列事件的概率:

(1) 恰有一人中靶;

(2) 至少有一人中靶.

解 设 $A_i (i=1,2,3)$ 分别表事件甲、乙、丙中靶, 据题意有 A_1、A_2、A_3 相互独立, 故:

$$(1) P(A_1 \bar{A}_2 \bar{A}_3 + \bar{A}_1 A_2 \bar{A}_3 + \bar{A}_1 \bar{A}_2 A_3) = P(A_1 \bar{A}_2 \bar{A}_3) + P(\bar{A}_1 A_2 \bar{A}_3) + P(\bar{A}_1 \bar{A}_2 A_3)$$
$$= P(A_1)P(\bar{A}_2)P(\bar{A}_3) + P(\bar{A}_1)P(A_2)P(\bar{A}_3) + P(\bar{A}_1)P(\bar{A}_2)P(A_3)$$
$$= 0.5 \times 0.4 \times 0.2 + 0.5 \times 0.6 \times 0.2 + 0.5 \times 0.4 \times 0.8 = 0.26.$$
$$(2) P(A_1 + A_2 + A_3) = 1 - P(\bar{A}_1 \bar{A}_2 \bar{A}_3) = 1 - 0.5 \times 0.4 \times 0.2 = 0.96.$$

例 7 口袋中有 3 个红球和 2 个白球, 从中一个一个地任意取球, 每次取出的球都不放回, 直至取到一个红球为止. 设 X 是取到红球为止所需的取球次数, 求 X 的概率分布.

解 随机变量 X 的可能取值为 1, 2, 3.

$X = 1$, 即第 1 次就取到红球, 概率为 $P\{X = 1\} = \frac{3}{5} = 0.6$;

$X = 2$, 即第 1 次取到白球, 第 2 次取到红球, 概率为 $P\{X = 2\} = \frac{2}{5} \times \frac{3}{4} = \frac{3}{10} = 0.3$;

$X = 3$, 即第 1 次、第 2 次都取到白球, 第 3 次取到红球, 概率为

$$P\{X = 3\} = \frac{2}{5} \times \frac{1}{4} \times \frac{3}{3} = \frac{1}{10} = 0.1.$$

所以, X 的概率分布为:

x	3
$P\{X=x_i\}$	0.6

知道了一个离散型随机变量的概率分布,也就不难计算出与这个随机变量有关的各种概率. 例如,在上面的例 7 中,我们可以求得:

$$P\{X \geqslant 2\} = P\{X=2\} + P\{X=3\} = 0.3 + 0.1 = 0.4,$$

$$P\{0 < X < 3\} = P\{X=1\} + P\{X=2\} = 0.6 + 0.3 = 0.9,$$

等等.

例 8 在规划河流的洪水控制系统时,必须注意河流的年最大洪水量,假定在任何一年中最大洪水位超过某一规定的设计水位 h_0 的概率为 0.1,问在今后五年中,至少有两年最大洪水位超过 h_0 的概率是多少?

解 在每一年中,最大洪水位只有两种情况,即"超过 h_0"或"不超过 h_0",各年的洪水位可以认为是相互独立的,所以,这可以看作是一个独立试验序列,试验次数 $n = 5$,事件 $A = \{$洪水位超过 $h_0\}$, $p = P(A) = 0.1$.

设 X 是在今后 5 年中,最大洪水位超过 h_0 的年数. 显然 X 服从参数为 $n = 5$ 和 $p = 0.1$ 的二项分布,即有 $X \sim B(5, 0.1)$. 故所求概率为:

$$P\{X > 1\} = 1 - P\{X=0\} - P\{X=1\} = 1 - C_5^0 (0.1)^0 (0.9)^5 - C_5^1 (0.1)^1 (0.9)^4$$
$$= 1 - 0.59049 - 0.32805 = 0.08146.$$

例 9 由商店过去的销售记录知道,某种商品每月的销售数服从参数 $\lambda = 10$ 的泊松分布. 问商店每个月要备货多少件,才能有 95% 以上的把握保证该种商品不会脱销?

解 设商店每月销售该种商品 X 件,每月备货为 a 件,则当 $X \leqslant a$ 时就不会脱销.

根据题意,要求不会脱销的概率在 95% 以上,即要有 $P\{X \leqslant a\} \geqslant 0.95$.

因为 $X \sim P(10)$, $P\{X=k\} = \dfrac{10^k}{k!} e^{-10}$,所以上式也就是

$$P\{X \leqslant a\} = \sum_{k=0}^{a} P\{X=k\} = \sum_{k=0}^{a} \frac{10^k}{k!} e^{-10} \geqslant 0.95.$$

直接计算或查书后附录中泊松分布的概率表,可以求得:

$$\sum_{k=0}^{14} \frac{10^k}{k!} e^{-10} \approx 0.0000 + 0.0005 + \cdots + 0.0521 \approx 0.9166 < 0.95,$$

$$\sum_{k=0}^{15} \frac{10^k}{k!} e^{-10} \approx 0.0000 + 0.0005 + \cdots + 0.0521 + 0.0347 \approx 0.9513 > 0.95.$$

因此,这家商店每月备货 15 件,就可以有 95% 以上的把握保证这种商品不脱销.

例 10 设连续型随机变量 X 的概率密度为:

$$\varphi(x) = \begin{cases} \dfrac{A}{(x+1)^2} & x > 0 \\ 0 & x \leqslant 0 \end{cases}.$$

（1）求未知常数 A；

（2）求 X 落在区间（1,3）中的概率 $P\{1<X<3\}$；

（3）求 X 的分布函数 $F(x)$.

解 （1）由于

$$1 = \int_{-\infty}^{+\infty} \varphi(x)dx = \int_0^{+\infty} \frac{A}{(x+1)^2}dx = -\frac{A}{x+1}\Big|_0^{+\infty} = A,$$

可得 $A=1$.

（2）

$$P\{0<\xi<3\} = \int_0^3 \frac{1}{(x+1)^2}dx = -\frac{1}{x+1}\Big|_0^3 = \frac{3}{4}.$$

（3）

$$F(x) = \int_{-\infty}^x \varphi(t)dt = \begin{cases} \int_{-\infty}^0 0dt + \int_0^x \frac{1}{(t+1)^2}dt = \frac{x}{x+1} & x>0 \\ \int_{-\infty}^0 0dt = 0 & x\leqslant 0 \end{cases}.$$

例 11 某公共汽车站从上午 7 点起每 15 分钟来一班车，即 7：00,7：15,7：30 等时刻有汽车到达车站. 如果某乘客到达此站的时刻是 7：00 到 7：30 之间的均匀随机变量. 试求他等候（1）不到 5 分钟就能乘上车的概率；（2）超过 10 分钟才能乘上车的概率.

解 设乘客于 7 点过 X 分到达此站，X 是区间［0,30］上的均匀随机变量，概率密度为

$$\varphi(x) = \begin{cases} \dfrac{1}{30-0} = \dfrac{1}{30} & 0\leqslant x\leqslant 30 \\ 0 & \text{其他} \end{cases}.$$

（1）要使得等候时间不到 5 分钟，必须且只需在 7：10 到 7：15 之间或 7：25 到 7：30 之间到达车站，所以，不到 5 分钟就能乘上车的概率为

$$P\{10<X<15\} + P\{25<X<30\} = \int_{10}^{15}\frac{1}{30}dx + \int_{25}^{30}\frac{1}{30}dx = \frac{1}{3}.$$

（2）当且仅当在 7：00 至 7：05 之间或 7：15 至 7：20 之间来到车站时，需要等候 10 分钟以上，所以，超过 10 分钟才能乘上车的概率为

$$P\{0<X<5\} + P\{15<X<20\} = \int_0^5\frac{1}{30}dx + \int_{15}^{20}\frac{1}{30}dx = \frac{1}{3}.$$

例 12 设已知某种电子仪器的无故障使用时间，即从修复后使用到出现故障之间的时间间隔长度 X（单位：小时）服从参数为 λ 的指数分布. 求这种仪器能无故障使用 t 小时以上的概率；

解 因为 $X \sim E(\lambda)$，X 的分布函数为 $F(x) = \begin{cases} 1-e^{-\lambda x} & x>0 \\ 0 & x\leqslant 0 \end{cases}.$

仪器能无故障使用 t 小时以上的概率为

$$P\{X>t\} = 1 - P\{X\leqslant t\} = 1 - F(t) = 1 - (1-e^{-\lambda t}) = e^{-\lambda t}.$$

例13 设 $X \sim N(2, 0.5^2)$，求：(1) $P\{X \leqslant 2.2\}$；(2) $P\{2.2 \leqslant X < 2.5\}$；(3) $P\{|X-2| \leqslant 1\}$；(4) $P\{|X| > 0.5\}$.

解 $X \sim N(\mu, \sigma^2)$，其中 $\mu = 2, \sigma = 0.5$，所以通过计算和查表可以求得

(1) $P\{X \leqslant 2.2\} = \Phi\left(\dfrac{2.2-2}{0.5}\right) = \Phi(0.4) \approx 0.6554$.

(2) $P\{2.2 \leqslant X < 2.5\} = \Phi\left(\dfrac{2.5-2}{0.5}\right) - \Phi\left(\dfrac{2.2-2}{0.5}\right) = \Phi(1) - \Phi(0.4)$

$$\approx 0.8413 - 0.6554 = 0.1859.$$

(3) $P\{|X-2| \leqslant 1\} = P\{1 \leqslant X \leqslant 3\} = \Phi\left(\dfrac{3-2}{0.5}\right) - \Phi\left(\dfrac{1-2}{0.5}\right)$

$$= \Phi(2) - \Phi(-2) = \Phi(2) - [1 - \Phi(2)] = 2\Phi(2) - 1$$

$$\approx 2 \times 0.9772 - 1 = 0.9544.$$

(4) $P\{|X| > 0.5\} = 1 - P\{|X| \leqslant 0.5\} = 1 - P\{-0.5 \leqslant X \leqslant 0.5\}$

$$= 1 - \left[\Phi\left(\dfrac{0.5-2}{0.5}\right) - \Phi\left(\dfrac{-0.5-2}{0.5}\right)\right] = 1 - \Phi(-3) + \Phi(-5)$$

$$= \Phi(3) + 1 - \Phi(5) \approx 0.9887 + 1 - 1 = 0.9887.$$

类似地，对服从 $N(\mu, \sigma^2)$ 的随机变量 X 来说，容易求得

$$P\{|X-\mu| \leqslant \sigma\} = \Phi(1) - \Phi(-1) = 2\Phi(1) - 1 \approx 0.6826,$$

$$P\{|X-\mu| \leqslant 2\sigma\} = \Phi(2) - \Phi(-2) = 2\Phi(2) - 1 \approx 0.9544,$$

$$P\{|X-\mu| \leqslant 3\sigma\} = \Phi(3) - \Phi(-3) = 2\Phi(3) - 1 \approx 0.9974,$$

$$P\{|X-\mu| > 3\sigma\} = 1 - P\{|-\mu| \leqslant 3\sigma\} \approx 1 - 0.9974 = 0.0026.$$

这些结果表明，ξ 落在 μ 的 σ 邻域内的概率超过了 $\dfrac{2}{3}$，落在 2σ 邻域内的概率在 95% 以上，落在 3σ 邻域内的概率达到 99.7% 以上，而落在 3σ 邻域外的概率还不到 0.3%.

所以，在处理实际问题时，对服从 $N(\mu, \sigma^2)$ 的随机变量 X 来说，可以认为，X 落在 μ 的 3σ 邻域内即 $|X-\mu| < 3\sigma$ 的情形实际上是必然的，而 X 落在 μ 的 3σ 邻域外的情形实际上是不可能发生的. 这种观点，被一些实际工作者称为正态分布的"3σ 原则".

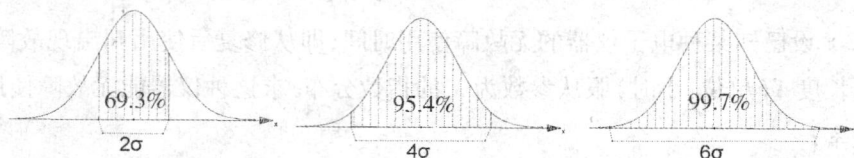

例14 某电脑公司欲开发一种软件，其开发费用为 200 万元，但有开发成功与不成功可能，据以往经验，开发成功概率 0.6，不成功概率 0.4，若成功就面临把软件推向市场，市场畅销可获利 600 万元而销畅概率为 0.7，不畅销将损失 100 万元而不畅销概率为 0.3. 根据以上情况是否决定要开发软件.

解　设获利数为 X，推向市场获利数为 X_1

$E(X_1) = 600 \times 0.7 + 0.3 \times (-100) = 390,$

$E(X) = (390 - 200) \times 0.6 + (-200) \times 0.4 = 114 - 80 = 34$

所以可以开发.

例 15　某商店对某种家用电器的销售采用先使用后付款的方式. 记使用寿命为 X（以年计），规定：

$X \leqslant 1$，一台付款 1500 元；

$1 < X \leqslant 2$，一台付款 2000 元；

$2 < X \leqslant 3$，一台付款 2500 元；

$X > 3$，一台付款 3000 元.

设寿命 X 服从指数分布，概率密度为

$$f x = \begin{cases} \dfrac{1}{10} e^{-x/10}, & x > 0 \\ 0, & x \leqslant 0. \end{cases}$$

试求该类家用电器一台收费 Y 的数学期望.

解　先求出寿命 X 落在各个时间区间的概率，即有

$P\{X \leqslant 1\} = \int_0^1 \dfrac{1}{10} e^{-x/10} dx = 1 - e^{-0.1} = 0.0952,$

$P\{1 < X \leqslant 2\} = \int_1^2 \dfrac{1}{10} e^{-x/10} dx = e^{-0.1} - e^{-0.2} = 0.0861,$

$P\{2 < X \leqslant 3\} = \int_2^3 \dfrac{1}{10} e^{-x/10} dx = e^{-0.2} - e^{-0.3} = 0.0779,$

$P\{X > 3\} = \int_3^\infty \dfrac{1}{10} e^{-x/10} dx = e^{-0.3} = 0.7408,$

则 Y 的分布列为

Y	1500	2000	2500	3000
p_k	0.0952	0.0861	0.0779	0.7408

得 $E(Y) = 2732.15$，即平均一台收费 2732.15 元.

例 16　（投资风险价值）现有 A、B 两个投资方案，如下表：

可能的结果	A 投资方案		B 投资方案	
	收益/元	概率	收益/元	概率
好	4000	0.1	6000	0.2
中	3000	0.8	4000	0.6
坏	2000	0.1	2000	0.2

试对 A、B 方案进行投资风险价值分析.

解 投资风险价值是反映投资者冒着风险进行某次投资所得到的报酬.投资风险越大,为补偿额外风险,通常其所要求获得的报酬也就越高.

在实际工作中,测量风险通常用"标准差",一般地,标准差越大说明投资风险就越大,投资风险价值通常也就越大.

设 X_A 表示 A 方案的收益,X_B 表示 B 方案的投资收益,则

$E(X_A) = 4000 \times 0.1 + 3000 \times 0.8 + 2000 \times 0.1 = 3000$

$D(X_A) = E(X_A^2) - [E(X_A)]^2 = 200000, \sqrt{D(X_A)} \approx 447.21$

同理 $E(X_B) = 4000, \sqrt{D(X_B)} = 1264.91$

从上面结果可看出:A 方案均收益比 B 方案低,而 A 方案投资风险比 B 方案小.即 B 方案投资风险价值大于 A 方案.

在进行决策时,既要考虑风险因素,又要注意报酬.一般说当两个方案投资收益相同时,应选择标准差小的方案(风险小).若两个标准差相同时,应选择收益期望大的方案.

例 17 设总体 X 的概率密度为 $f(x) = \begin{cases} 6x(\theta-x)/\theta^3, & 0 < x < \theta \\ 0, & 其它 \end{cases}$,$X_1, \cdots, X_n$ 是取自总体 X 的简单随机样本.①求 θ 的矩估计量 $\hat\theta$,②求 $\hat\theta$ 的方差 $D\hat\theta$.

解 :①$EX = \int_{-\infty}^{+\infty} xf(x)dx = \int_0^\theta (6x^2(\theta-x)/\theta^3)dx = \theta/2, \therefore \bar X = \hat\theta/2, \hat\theta = 2\bar X$,

②$EX^2 = \int_{-\infty}^{+\infty} x^2 f(x)dx = \int_0^\theta (6x^3(\theta-x)/\theta^3)dx = 6\theta^2/20$,

$DX = \theta^2/20, D\hat\theta = D(2\bar X) = 4D\bar X = \theta^2/5n$.

例 18 设 $X_1, X_2, \cdots, X_n$ 是概率密度为 $f(x) = \begin{cases} 1/(b-a), a \le x \le b \\ 0, & 其它 \end{cases}$ 之总体 X 的样本,其中 $b > a$ 都是未知参数,试求 a 与 b 的矩估计量.

解 $\because X \sim U(a,b), \therefore EX = \dfrac{a+b}{2}, DX = \dfrac{(b-a)^2}{12}$,

解 此方程组有 $S^2 = \dfrac{1}{n-1}\sum_{i=1}^n (X_i - \bar X)^2$ 为样本方差

$\hat b = \bar X - \sqrt 3 S, \hat a = \bar X + \sqrt 3 S$,这里 $\bar X = \dfrac{1}{n}\sum_{i=1}^n (X_i - \bar X)^2, S = \sqrt{\dfrac{1}{n-1}\sum_{i=1}^n (X_i - \bar X)^2}$.

例 19 假定某矿区矿层的厚度 $X \sim N(\mu, \sigma^2)$(单位 m),以前曾鉴定出矿层的平均厚度为 $\mu_0 = 165$.现在,重新测量了 25 个钻井的矿层厚度,并算得样本均值 $\bar x = 159$ 与样本方差的无偏估计量 $s^2 = 3.61$.试在以下两种情形下,分别对以前的鉴定是否可信作出推断.

(1)总体方差 $\sigma^2 = 4$ 为已知; (2)总体方差 $\sigma^2 (\sigma > 0)$ 为未知.($\alpha = 0.05$)

解 建立检验假设 $H_0 : \mu = 165$（以前的鉴定可以信赖）.

（1）取统计量 $u = (\bar{x} - \mu)\sqrt{n}/\sigma \sim N(0,1)$

而 $|u| = |159 - 165|\sqrt{25}/2 = 15 > 1.96 = u_{0.025} = u_{\alpha/2}$,

所以应拒绝 H_0,即以前的鉴定不可信赖.

（2）取统计量 $t = (\bar{x} - \mu_0)\sqrt{n}/s \sim t(n-1)$.

而 $|t| = |159 - 165|\sqrt{25}/1.9 = 15.8 > 2.0639 = t_{0.025}(24)$,

所以应拒绝 H_0,即以前的鉴定不可信赖.

例20 设总体 X 的概率密度为 $f(x;\theta) = \begin{cases} \dfrac{1}{2\theta} & \\ \dfrac{1}{2(1-\theta)} & 0 \leqslant x < \theta \\ 0 & \end{cases}$

$\theta \leqslant x \leqslant 1$

其他,$(X_1, X_2, \cdots, X_n)$ 为来自总体 X 的样本,X 为样本均值. 求

（Ⅰ）参数 θ 的矩估计量;

（Ⅱ）判断 $4\bar{X}^2$ 是否为 θ^2 的无偏估计量,说明理由.

解 :（Ⅰ） $EX = \int_{-\infty}^{+\infty} x f(x,\theta) dx = \int_0^\theta x \dfrac{1}{2\theta} dx + \int_\theta^1 x \dfrac{1}{2(1-\theta)} dx = \dfrac{\theta}{2} + \dfrac{1}{4}$, ? $\therefore \hat{\theta} = 2\bar{X}$

$-\dfrac{1}{2}$.

（Ⅱ）$4\bar{X}^2$ 不为 θ^2 的无偏估计量. 因为

$$EX^2 = \int_{-\infty}^{+\infty} x^2 f(x;\theta) dx = \int_0^\theta x^2 \dfrac{1}{2\theta} dx + \int_\theta^1 x^2 \dfrac{1}{2(1-\theta)} dx = \dfrac{\theta^2}{3} + \dfrac{\theta}{6} + \dfrac{1}{6},$$

$$DX = EX^2 - (EX)^2 = \dfrac{\theta^2}{12} - \dfrac{\theta}{12} + \dfrac{5}{48}.$$

则 $E(4\bar{X}^2) = 4\left[\dfrac{1}{n}DX + (EX)^2\right] = \left(1 + \dfrac{1}{3n}\right)\theta^2 + \left(1 - \dfrac{1}{3n}\right)\theta + \left(\dfrac{1}{4} + \dfrac{5}{12n}\right) \neq \theta^2.$

例21 某台设备加工同一种零件,抽样测得其厚度,得11个数据如下（单位:毫米）:
6.2,5.7,6.5,6.0,6.3,5.8,5.7,6.0,5.8,6.0,6.0. 试以 90% 的置信度对这台设备的产品厚度均值做区间估计（设厚度服从正态分布）.

解: （1）本题正态总体的方差未知,对总体均值 μ 进行区间估计,故选择统计量

$$t = \frac{\bar{X} - \mu}{S/\sqrt{n}} \sim t(n-1)$$

（2）计算 $\bar{x}$, S^2,分别为 $\bar{x} = 6.0, S^2 = 0.064$,

（3）查临界值,注意到自由度 $n - 1 = 11 - 1 = 10, 1 - \alpha = 0.90, \alpha = 0.1$,

t 分布的双侧临界值 $\pm t_{\frac{\alpha}{2}}(n-1) = \pm t_{0.05}(10) = \pm 1.812$

（4）写出 μ 的 90% 的置信区间为

$$\left(\bar{X} - t_{\frac{\alpha}{2}}(n-1) \cdot S/\sqrt{n}, \bar{X} + t_{\frac{\alpha}{2}}(n-1)\right) \cdot S/\sqrt{n}) = (5.862, 6.138).$$

例 22 假定初生婴儿的体重服从正态分布，随机抽取 12 名男婴，测其体重（单位：克）为：

3100, 2520, 3000, 3000, 3600, 3160, 3560, 3320, 2880, 2600, 3400, 3540

试以 95% 的置信度对男婴体重的方差 σ^2 进行区间估计.

解 经计算得 $\bar{X} = 3140, S^2 = 130255, (n-1)S^2 = 1432805$，

查 χ^2 分布表得临界值为

$$\lambda_1 = \chi^2_{1-\frac{\alpha}{2}}(n-1) = \chi^2_{0.975}(11) = 3.82;$$

$$\lambda_2 = \chi^2_{\frac{\alpha}{2}}(n-1) = \chi^2_{0.025}(11) = 21.92,$$

代入置信区间公式得

$$\left(\frac{(n-1)S^2}{\lambda_2}, \frac{(n-1)S^2}{\lambda_1}\right) = (65365, 375080)$$

故新生男婴体重方差 σ^2 的置信度为 95% 的置信区间为 (65365, 375080)，标准差 σ 的置信区间为 $(\sqrt{65365}, \sqrt{375080}) = (255.67, 612.44)$.

例 23 某炼铁厂的铁水含碳量 X 在正常情况下服从正态分布，现对操作工艺进行了某些改进，从中抽取了五炉铁水，测得含碳量数据如下：

4.420, 4.052, 4.357, 4.287, 4.683

据此，是否可认为新工艺炼出的铁水含碳量的方差仍为 $0.108^2 (\alpha = 0.05)$？

解 假设 $H_0 : \sigma^2 = \sigma_0^2 = 0.108^2$

选取 $\chi^2 = \dfrac{(n-1)S^2}{0.108^2}$，对于 $\alpha = 0.05$，查自由度为 $n-1 = 4$ 的 χ^2 分布表得

$\chi^2_{0.025}(4) = 11.1, \chi^2_{0.975}(4) = 0.484$

由样本观测值计算 $S^2 = 0.0520$，于是

$$\chi^2 = \frac{(5-1) \times 0.0520}{0.108^2} = 17.836 > 11.1$$

所以拒绝原假设 H_0，即不能认为新工艺炼出的铁水含碳量的方差仍为 0.108^2.

12.4 综合测试与参考答案

一、填空题

1. 设 A、B、C 是三个随机事件. 试用 A、B、C 分别表示事件

（1）A、B、C 至少有一个发生_____

（2）A、B、C 中恰有一个发生_____

（3）A、B、C 不多于一个发生_____

2. 设 A、B 为随机事件，$P(A)=0.5$，$P(B)=0.6$，$P(B\mid A)=0.8$，则 $P(A\cup B)=$_____

3. 已知离散型随机变量 X 的概率分布如下：

X	-2	-1	0	1	2
$P\{X=x_i\}$	$3a$	$\frac{1}{6}$	$3a$	a	$\frac{11}{30}$

　　则 $a=$_____.

4. 设随机变量的概率密度为 $f(x)=\begin{cases}Ae^{-x}\\0\end{cases}$

$x\geq 0$

$x<0$，则 $A=$_____.

5. 设 $X\sim U(1,5)$，当 $x_1<1<x_2<5$ 时，$P\{x_1\leq X\leq x_2\}=$_____.

6. 设随机变量 X 的概率密度为 $\varphi(x)=\frac{1}{\sqrt{6\pi}}e^{-\frac{x^2-4x+4}{6}}$，则 $X\sim N(\quad)$

7. 已知 $X\sim N(-2,0.4^2)$，则 $E[(X+3)^2]=$_____

8. 设随机变量 X_1 在 $[0,6]$ 上服从均匀分布，记 $Y=2X_1-3$，则 $D(Y)=$_____

9. 设样本 $(X_1,X_2,\cdots,X_n)$ 取自标准正态分布总体 $N(0,1)$，$\bar X$ 是样本均值，则 $\bar X\sim$_____；$\sum_{i=1}^{n}X_i^2\sim$_____.

10. 设 $X\sim N(\mu,\sigma^2)$，$\bar X$、S^2 分别是容量为 n 的样本均值及样本方差，则 $\sum_{i=1}^{n}\left(\frac{X_i-\bar X}{\sigma}\right)^2\sim$_____.

11. 对于相同的置信度，置信区间的长度越小，表示估计的精确度越_____（高/低）.

二、选择题

1. 设 A,B 为两随机事件，且 $B\subset A$，则下列式子正确的是（　　）

(A)$P(A+B)=P(A)$　　　　　　　　(B)$P(AB)=P(A)$

(C)$P(B\mid A)=P(B)$　　　　　　　(D)$P(B-A)=P(B)-P(A)$

2. 袋中有 50 个乒乓球，其中 20 个黄的，30 个白的，现在两个人不放回地依次从袋中随机各取一球. 则第二人取到黄球的概率是（　　）

(A)1/5　　　　　(B)2/5　　　　　(C)3/5　　　　　(D)4/5

3. 随机变量 ξ 的概率分布为:

X	0	1	2	3
$P\{X=x_i\}$	0.1	0.3	0.4	0.2

$F(x)$ 为其分布函数,则 $F(2)=($).

(A)0.2　　　　　　　(B)0.4　　　　　　　(C)0.8　　　　　　　(D)1.

4. $P\{\xi=k\}=\dfrac{\lambda^k}{k!}e^{-\lambda}(k=0,1,2,\cdots)$ 是( )分布的概率分布.

(A)指数　　　　　(B)二项　　　　　(C)均匀　　　　　(D)泊松

5. 每张奖券中尾奖的概率为 $\dfrac{1}{10}$,某人购买了 20 张号码杂乱的奖券,设中尾奖的张数为 X,则 X 服从( )分布.

(A)二项;　　　　　(B)泊松;　　　　　(C)指数;　　　　　(D)正态.

6. 设随机变量 $\xi\sim N(0,1)$,ξ 的分布函数为 Φx,则 $P\{|\xi|>2\}$ 的值为( ).

(A)$2(1-\Phi(2))$　　(B)$2\Phi(2)-1$　　(C)$2-\Phi(2)$　　(D)$1-2\Phi(2)$

7. 设两个相互独立的随机变量 X 和 Y 的方差分别为 6 和 3,则随机变量 $2X-3Y$ 的方差是( )

(A)51　　　　　　　(B)21　　　　　　　(C)-3　　　　　　　(D)36

8. 设总体 $X\sim N(\mu,\sigma^2)$,其中 μ 已知,σ^2 未知,$(X_1,X_2,\cdots,X_n)$ 是从总体中抽取的样本,则下列表达式中不是统计量的是( )

(A)$X_1+X_2+X_3$　　　　　　　　　(B)$\displaystyle\sum_{i=1}^{n}\dfrac{X_i^2}{\sigma^2}$

(C)$min\{X_1+X_2+X_3\}$　　　　　　(D)$X_1+2\mu$

9. 设 (X_1,X_2,X_3) 是总体 X 的样本,则 $E(X)$ 的无偏估计量是( )

(A)$\hat{\mu}_1=\dfrac{1}{2}X_1-\dfrac{1}{5}X_2+\dfrac{1}{2}X_3$　　　　　(B)$\hat{\mu}_2=\dfrac{1}{3}X_1+\dfrac{1}{3}X_2+X_3$

(C)$\hat{\mu}_3=\dfrac{1}{2}X_1+\dfrac{3}{2}X_2-\dfrac{1}{3}X_3$　　　　　(D)$\hat{\mu}_4=\dfrac{1}{2}X_1+\dfrac{1}{4}X_2+\dfrac{1}{4}X_3$

10. 设总体 $X\sim N(2,4^2)$,$(X_1,X_2,\cdots,X_n)$ 为 X 的样本,则下面结果正确的是( )

(A)$\dfrac{\bar{X}-2}{4}\sim N(0,1)$　　　　　　　(B)$\dfrac{\bar{X}-2}{16}\sim N(0,1)$

(C)$\dfrac{\bar{X}-2}{2}\sim N(0,1)$　　　　　　　(D)$\dfrac{\bar{X}-2}{\frac{4}{\sqrt{n}}}\sim N(0,1)$

三、计算题

1. 已知 $A\subset B$,$=0.4$,$P(B)=0.6$,求:(1)$P(\bar{A})$,$P(\bar{B})$;(2)$P(AB)$;(3)$P(A+B)$.

2. 一批产品共有 100 件,其中一等品 50 个,二等品 40 个,次品 10 个,规定一、二等品为合格品,求一、二等品率与次品率.

3. 箱内装有 4 个红球 5 个白球,从中任取 2 个,求取到 2 个都是白球的概率.

4. 一批产品的废品率为 0.1,每次抽取一个观察后放回去,下次再抽一个. 重复抽取 3 次,求 3 次中有两次取到废品的概率.

5. 高射炮向敌机发射 3 发炮弹(每弹击中与否相互独立),每发击中敌机的概率为 0.3,又知敌机中一弹而坠落的概率为 0.2,中两弹而坠落的概率为 0.6,中三弹则必然坠落. 求敌机被击落的概率.

6. 某班有学生 20 名,其中有 5 名女同学. 从这个班上任选 4 名学生去参观展览,求被选到的女同学数的概率分布.

7. 设有一批产品 10 件,其中 3 件次品,从中任抽 2 件,如果用 X 表示抽取次品数,求 X 的概率分布与分布函数.

8. 设连续型随机变量 X 的分布函数为

$$F(x) = \begin{cases} 0 & x < -\dfrac{\pi}{2} \\[2mm] \dfrac{1 + \sin x}{2} & -\dfrac{\pi}{2} \leqslant x < \dfrac{\pi}{2} \\[2mm] 1 & x \geqslant \dfrac{\pi}{2} \end{cases}$$

(1) 求 X 落在区间 $\left(\dfrac{\pi}{6}, \dfrac{5\pi}{6} \right)$ 中的概率 $P\left\{ \dfrac{\pi}{6} < X < \dfrac{5\pi}{6} \right\}$;

(2) 求 X 的概率密度 $\varphi(x)$.

9. 甲,乙两人进行打靶,所得分数分别记为 X_1, X_2,它们的分布列分别为

X_1　0　1　2

p_i　0　0.2　0.8, 　X_2　0　1　2

p_i　0.6　0.3　0.1

试评定他们的成绩的好坏.

10. 某种产品的每件表面上的疵点数服从参数 $\lambda = 0.8$ 的泊松分布,若规定疵点数不超过 1 个为一等品,价值 10 元;疵点数大于 1 个不多于 4 个为二等品,价值 8 元;疵点数超过 4 个为废品. 求:

(1) 产品的废品率;

(2) 产品价值的平均值.

11. 已知随机变量 X 的分布函数 $F(x) = \begin{cases} 0, & x \leqslant 0 \\[1mm] \dfrac{x}{4}, & 0 < x \leqslant 4 \\[1mm] 1, & x > 4 \end{cases}$,求 $E(X)$.

12. 设总体 $X \sim N(\mu, 0.9^2)$，任取容量 $n=9$ 的样本，样本均值 $\bar{X}=5$，求总体 μ 的置信度为 95% 的置信区间.

13. 某批砂矿的 5 个样品中的镍含量经测定为

$x_i(\%): 3.25, 3.27, 3.24, 3.26, 3.24$

设测定值服从正态分布，问在 $\alpha=0.01$ 下能接受这批矿砂的镍含量为 3.25 的假设?

14. 设总体 X 服从指数分布，其概率密度函数为 $px = \begin{cases} \lambda e^{-\lambda x} & x \geq 0 \\ 0 \end{cases}$

$x < 0$

λ 未知，抽取容量为 5 的样本值为 $(1000, 1002, 1003, 998, 997)$，试用点估计法估计 λ 的值.

15. 进行 30 次独立试验，测得零件加工时间的样本平均值 $\bar{X}=5.5$ 秒，样本标准差 $S=1.7$ 秒，设零件加工时间是服从正态分布的，求零件加工时间的数学期望及标准差对应于置信概率 0.95 的置信区间.

参考答案

(一)填空题

1. $(1)A \cup B \cup C$　$(2)A\bar{B}\bar{C} \cup \bar{A}B\bar{C} \cup \bar{A}\bar{B}C$　$(3)\bar{B}\bar{C} \cup \bar{A}\bar{C} \cup \bar{A}\bar{B}$ 或 $A\bar{B}\bar{C} \cup \bar{A}B\bar{C} \cup \bar{A}\bar{B}C \cup \bar{A}\bar{B}\bar{C}$　2. 0.7　3. $\frac{1}{15}$　4. 1　5. $\frac{1}{4}(x_2-1)$　6. 2,3　7. 1.16　8. 12　9. $N\left(0, \frac{1}{n}\right), \chi^2(n)$；　10. $\chi^2(n-1)$；　11. 高.

(二)选择题

1. A　2. B　3. C　4. D　5. A　6. A　7. A　8. B　9. D　10. D

(三)计算题

1. $(1)0.8, 0.4;(2)0.4;(3)0.6.$　2. 一等品率 0.5, 二等品率 0.4, 次品率 0.1.　3. $\frac{10}{36}$　4. 0.027　5. 0.2285

6.

X	0	1	2	3	4
$P\{X=x_i\}$	0.2817	0.4696	0.2167	0.0310	0.0010

7. X 的概率分布为 $P(x=k) = \dfrac{C_3^k C_7^{2-k}}{C_{10}^2}(k=0,1,2)$ 或用表格表示即

X	0	1	2

续表

P	$\dfrac{7}{15}$	$\dfrac{7}{15}$	$\dfrac{1}{15}$

其分布函数 $F(x) = \begin{cases} 0 & x < 0 \\ \dfrac{7}{15} & 0 \leq x < 1 \\ \dfrac{14}{15} & 1 \leq x < 2 \\ 1 & 2 \leq x \end{cases}$

8. (1) $\dfrac{1}{4}$ (2) $\varphi(x) = \begin{cases} \dfrac{\cos x}{2} & -\dfrac{\pi}{2} \leq x < \dfrac{\pi}{2} \\ 0 & \text{其他} \end{cases}$

9. 乙的成绩远不如甲的成绩. 10. (1)0.001411. (2)9.61(元).

11. 2 12. (4.412,5.588) 13. 能

14. 0.001 15. (4.86,6.14),(1.35,2.29).

解答

(三)计算题

1. 已知 $A \subset B$, $=0.4$, $P(B) = 0.6$, 求:(1) $P(\overline{A})$, $P(\overline{B})$;(2) $P(AB)$;(3) $P(A+B)$.

解 (1) $P(\overline{A}) = 1 - P(A) = 1 - 0.2 = 0.8$, $P(\overline{B}) = 1 - P(B) = 1 - 0.6 = 0.4$;

(2)因为 $A \subset B$, 所以 $AB = A$, 故 $P(AB) = P(A) = 0.4$;

(3) $P(A+B) = P(B) = 0.6$.

2. 一批产品共有 100 件, 其中一等品 50 个, 二等品 40 个, 次品 10 个, 规定一、二等品为合格品, 求一、二等品率与次品率.

解 设 A 表事件取到一等品, B 表事件取到二等品, C 表事件取到次品, 据题意有:

$$P(A) = \frac{50}{100} = 0.5, P(B) = \frac{40}{100} = 0.4, P(C) = \frac{10}{100} = 0.1.$$

也可解为: $P(C) = P(\overline{A+B}) = 1 - P(A+B) = 1 - P(A) - P(B) = 0.1$.

3. 箱内装有 4 个红球 5 个白球, 从中任取 2 个, 求取到 2 个都是白球的概率.

解 令 A 表事件取得 2 个白球. 九个球中任取 2 个的总取法数为 $C_9^2 = \dfrac{9 \times 8}{2!} = 36$,

2 个白球应从 5 个白球中任取, 故事件数为 $C_5^2 = 10$, 由概率的古典定义有:

$$P(A) = \frac{C_5^2}{C_9^2} = \frac{10}{36}.$$

4. 一批产品的废品率为 0.1, 每次抽取一个观察后放回去, 下次再抽一个. 重复抽取 3 次, 求 3 次中有两次取到废品的概率.

解　令 A_i 表第 i 次抽到次品($i=1,2,3$),那么 3 次中有两次取到废品的事件为:$A_1A_2\bar{A}_3+A_1\bar{A}_2A_3+\bar{A}_1A_2A_3$. 据题意可知各次是否取到次品是相互独立的,故:

$$P(A_1A_2\bar{A}_3+A_1\bar{A}_2A_3+\bar{A}_1A_2A_3)=P(A_1A_2\bar{A}_3)+P(A_1\bar{A}_2A_3)+P(\bar{A}_1A_2A_3)$$

$$=P(A_1)P(A_2)P(\bar{A}_3)+P(A_1)P(\bar{A}_2)P(A_3)+P(\bar{A}_1)P(A_2)P(A_3)=3\times$$

$0.1\times0.9^2=0.027$

5. 高射炮向敌机发射 3 发炮弹(每弹击中与否相互独立),每发击中敌机的概率为 0.3,又知敌机中一弹而坠落的概率为 0.2,中两弹而坠落的概率为 0.6,中三弹则必然坠落. 求敌机被击落的概率.

解　令 A_i 表有 i($i=0,1,2,3$)发炮弹击中敌机,B 表敌机被击落. 又据题意,A_0、A_1、A_2、A_3 构成一完备事件组;就炮弹击中敌机而言,其为一个 $p=0.3$ 的 3 重独立试验概型;且已知:$P(B|A_1)=0.2$,$P(B|A_2)=0.6$,$P(B|A_6)=1$,显然 $P(B|A_0)=0$. 故:

$$P(A_1)=P_3(1)=C_3^1 0.3\times0.7^2=0.441,P(A_2)=P_3(2)=C_3^2 0.3^2\times0.7=0.189,$$

$$P(A_3)=P_3(3)=C_3^3 0.3^3=0.027$$

$$P(B)=\sum_{i=0}^{3}P(A_i)P(B|A_i)=0.441\times0.2+0.189\times0.6+0.027\times1=0.2285$$

6. 某班有学生 20 名,其中有 5 名女同学. 从这个班上任选 4 名学生去参观展览,求被选到的女同学数的概率分布.

解　设 ξ 为被选出的 4 名学生中的女同学数,ξ 可能取值为 0,1,2,3,4. 当 $\xi=k$ 时,相当于从 4 名女同学中任意选出 k 人,再从其余 15 名男同学中任意选出 $4-k$ 人,有 $C_5^k C_{15}^{4-k}$ 种不同取法,而从 20 人中任选 4 人,总共有 C_{20}^4 种取法,所以 ξ 的概率分布为

$$P\{\xi=k\}=\frac{C_5^k C_{15}^{4-k}}{C_{20}^4}\quad(k=0,1,2,3,4).$$

数值计算的结果列表如下:

X	0	1	2	3	4
$P\{\xi=x_i\}$	0.2817	0.4696	0.2167	0.0310	0.0010

7. 设有一批产品 10 件,其中 3 件次品,从中任抽 2 件,如果用 X 表示抽取次品数,求 X 的概率分布与分布函数.

解　设 $X=\{$抽的次品数$\}$,则 X 可取值为 $\{0,1,2\}$.

$$P(x=0)=\frac{C_7^2}{C_{10}^2}=\frac{7}{15}\quad P(x=1)=\frac{C_7^1 C_3^1}{C_{10}^2}=\frac{7}{15}\quad P(x=2)=\frac{C_3^2}{C_{10}^2}=\frac{1}{15}$$

$\therefore X$ 的概率分布为 $P(x=k)=\frac{C_3^k C_7^{2-k}}{C_{10}^2}\quad(k=0、1、2)$

或用表格表示即

X	0	1	2
P	$\dfrac{7}{15}$	$\dfrac{7}{15}$	$\dfrac{1}{15}$

其分布函数 $F(x)=\begin{cases} 0 & x<0 \\[2mm] \dfrac{7}{15} & 0\leqslant x<1 \\[2mm] \dfrac{14}{15} & 1\leqslant x<2 \\[2mm] 1 & 2\leqslant x \end{cases}$

8. 设连续型随机变量 X 的分布函数为

$$F(x)=\begin{cases} 0 & x<-\dfrac{\pi}{2} \\[2mm] \dfrac{1+\sin x}{2} & -\dfrac{\pi}{2}\leqslant x<\dfrac{\pi}{2} \\[2mm] 1 & x\geqslant\dfrac{\pi}{2} \end{cases}$$

(3)求 X 落在区间 $\left(\dfrac{\pi}{6},\dfrac{5\pi}{6}\right)$ 中的概率 $P\left\{\dfrac{\pi}{6}<X<\dfrac{5\pi}{6}\right\}$;

(4)求 X 的概率密度 $\varphi(x)$.

解　(1)$P\left\{\dfrac{\pi}{6}<X<\dfrac{5\pi}{6}\right\}=P\left\{X\leqslant\dfrac{5\pi}{6}\right\}-P\left\{X\leqslant\dfrac{\pi}{6}\right\}=F\left(\dfrac{5\pi}{6}\right)-F\left(\dfrac{\pi}{6}\right)$

$$=1-\dfrac{1+\sin\dfrac{\pi}{6}}{2}=\dfrac{1}{4}.$$

(2)X 的概率密度为

$$\varphi(x)=\dfrac{d}{dx}F(x)=\begin{cases} 0'=0 & x<-\dfrac{\pi}{2} \\[2mm] \left(\dfrac{1+\sin x}{2}\right)'=\dfrac{\cos x}{2} & -\dfrac{\pi}{2}\leqslant x<\dfrac{\pi}{2}, \\[2mm] 1'=0 & x\geqslant\dfrac{\pi}{2} \end{cases}$$

即有

$$\varphi(x)=\begin{cases} \dfrac{\cos x}{2} & -\dfrac{\pi}{2}\leqslant x<\dfrac{\pi}{2} \\[2mm] 0 & 其他 \end{cases}.$$

9. 甲,乙两人进行打靶,所得分数分别记为 X_1,X_2,它们的分布列分别为

X_1	0	1	2
p_i	0	0.2	0.8

X_2	0	1	2
p_i	0.6	0.3	0.1

试评定他们的成绩的好坏.

解 我们来计算 X_1 的数学期望,得 $E(X_1) = 0 \times 0 + 1 \times 0.2 + 2 \times 0.8 = 1.8$(分). 这意味着,如果甲进行很多次的射击,那么,所得分数的算术平均就接近 1.8,而乙所得分数的数学期望为 $E(X_2) = 0 \times 0.6 + 1 \times 0.3 + 2 \times 0.1 = 0.5$(分). 很明显,乙的成绩远不如甲的成绩.

10. 某种产品的每件表面上的疵点数服从参数 $\lambda = 0.8$ 的泊松分布,若规定疵点数不超过 1 个为一等品,价值 10 元;疵点数大于 1 个不多于 4 个为二等品,价值 8 元;疵点数超过 4 个为废品. 求:

(1)产品的废品率;

(2)产品价值的平均值.

解 设 X 代表每件产品上的疵点数,由题意知 $\lambda = 0.8$.

(1)因为 $P\{X > 4\} = 1 - P\{X \leqslant 4\} = 1 - \sum_{k=0}^{4} \frac{0.8^k}{k!} e^{-0.8} = 0.001411$,

所以产品的废品率为 0.001411.

(2)设 Y 代表产品的价值,那么 Y 的概率分布为:

Y	10	8	0
P	$P\{X \leqslant 1\}$	$P\{1 < X \leqslant 4\}$	$P\{X > 4\}$

所以产品价值的平均值为

$E(Y) = 10 \times P\{X \leqslant 1\} + 8 \times P\{1 < X \leqslant 4\} + 0 \times P\{X > 4\}$

$= 10 \times \sum_{k=0}^{1} \frac{0.8^k}{k!} e^{-0.8} + 8 \times \sum_{k=2}^{4} \frac{0.8^k}{k!} e^{-0.8} + 0 = 9.61$(元).

11. 已知随机变量 X 的分布函数 $F(x) = \begin{cases} 0, & x \leqslant 0 \\ \dfrac{x}{4}, & 0 < x \leqslant 4, \\ 1, & x > 4 \end{cases}$ 求 $E(X)$.

解 随机变量 X 的分布密度为 $f(x) = F'(x) = \begin{cases} \dfrac{1}{4}, & 0 < x \leqslant 4 \\ 0, & 其它 \end{cases}$,故 $E(X) = \int_{-\infty}^{+\infty} x f(x) dx = \int_{0}^{4} x \cdot \frac{1}{4} dx = \frac{x^2}{8} \Big|_{0}^{4} = 2.$

12. 设总体 $X \sim N(\mu, 0.9^2)$,任取容量 $n = 9$ 的样本,样本均值 $\bar{X} = 5$,求总体 μ 的置信度为 95 % 的置信区间.

解: 本题正态总体的方差已知,对总体均值 μ 进行区间估计,故选择统计量

$U = \dfrac{\bar{X} - \mu}{\sigma / \sqrt{n}} \sim N(0, 1)$

$$\bar{X} = 5, n = 9, 1 - \alpha = 0.95, \alpha = 0.05$$

查临界值, $u_{\frac{\alpha}{2}} = u_{0.025} = 1.96$, 代入置信区间

$$(\bar{X} - u_{\alpha/2} \cdot \sigma / \sqrt{n}, \bar{X} + u_{\alpha/2} \cdot \sigma / \sqrt{n}) = (4.412, 5.588).$$

13. 某批砂矿的 5 个样品中的镍含量经测定为

$x_i(\%)$: 3.25, 3.27, 3.24, 3.26, 3.24

设测定值服从正态分布, 问在 $\alpha = 0.01$ 下能接受这批矿砂的镍含量为 3.25 的假设?

解　假设 $H_0 : \mu = \mu_0 = 3.25$

由于总体方差未知, 取统计量 $t = (\bar{x} - \mu_0) \sqrt{n} / S \sim t(n-1)$. 计算得观测值 $\bar{x} = 3.252, S^2 = 0.00017, S = 0.013$, 而 $|t| = |3.252 - 3.25| \sqrt{5} / 0.013 = 0.344 < t_{0.005}(4) = 4.6041$, 所以接受 H_0, 能接受这批矿砂的镍含量为 3.25 的假设

14. 设总体 X 服从指数分布, 其概率密度函数为 $px = \begin{cases} \lambda e^{-\lambda x} & x \geqslant 0 \\ 0 & x < 0 \end{cases}$

λ 未知, 抽取容量为 5 的样本值为 (1000, 1002, 1003, 998, 997), 试用点估计法估计 λ 的值.

解　指数分布的数学期望为 $E(X) = \dfrac{1}{\lambda}$,

而　$\hat{E}(X) = \bar{X} = \dfrac{1}{n} \sum_{i=1}^{n} X_i$,

所以 $\hat{\lambda} = \dfrac{1}{\bar{X}} = \dfrac{n}{\sum\limits_{i=1}^{n} X_i} = \dfrac{5}{1000 + 1002 + 1003 + 998 + 997} = 0.01$

15. 进行 30 次独立试验, 测得零件加工时间的样本平均值 $\bar{X} = 5.5$ 秒, 样本标准差 $S = 1.7$ 秒, 设零件加工时间是服从正态分布的, 求零件加工时间的数学期望及标准差对应于置信概率 0.95 的置信区间.

解　本题总体方差未知

(1) 数学期望的置信区间

$$t = \frac{\bar{X} - \mu}{S / \sqrt{n}} \sim t(n-1)$$

$\bar{X} = 5.5, S = 1.7, \alpha = 0.05$

查 t 分布表得临界值 $t_{\frac{\alpha}{2}}(n-1) = t_{0.025}(29) = 2.0452$,

代入置信区间 $(\bar{X} - t_{\alpha/2}(n-1) \cdot S / \sqrt{n}, \bar{X} + t_{\alpha/2}(n-1) \cdot S / \sqrt{n}) = (4.86, 6.14)$;

(2) 标准差的置信区间

$$\overline{X} = 5.5, S = 1.7, 查 \chi^2 分布表得临界值为$$

$$\lambda_1 = \chi^2_{1-\frac{\alpha}{2}}(n-1) = \chi^2_{0.975}(29) = 16.047;$$

$$\lambda_2 = \chi^2_{\frac{\alpha}{2}}(n-1) = \chi^2_{0.025}(29) = 45.722,$$

代入置信区间公式得

$$\left(\frac{(n-1)S^2}{\lambda_2}, \frac{(n-1)S^2}{\lambda_1} \right) = (1.35, 2.29).$$

12.5　教材《作业与练习》参考答案

作业与练习 11.1

1. $(1) A\,\overline{BC}$; $(2) A+B+C(A\cup B\cup C)$; $(3) A\,\overline{BC} \cup \overline{A}B\,\overline{C} \cup \overline{A}\overline{B}C$; $(4) \overline{ABC}$.

2. $(1) \dfrac{3}{10}$; $(2) \dfrac{3}{5}$; $(3) \dfrac{9}{10}$.

3. $\dfrac{C_5^2 C_{95}^{48}}{C_{100}^{50}} = 0.319$.

4. $\dfrac{41}{81} = 0.506$.

5. $\dfrac{1}{15}$.

6. $(1) \dfrac{n!}{N^n}$; $(2) \dfrac{N!}{N^n(N-n)!}$; $(3) \dfrac{n!\,(N-1)^{n-m}}{N^n(n-m)!}$.

作业与练习 11.2

1. $\dfrac{16}{21}$.

2. $\dfrac{2}{3}$.

3. $(1) P(B\mid A) = \dfrac{P(AB)}{P(A)} = \dfrac{0.12}{0.2} = 0.6$;

   $(2) P(A\mid B) = \dfrac{P(AB)}{P(B)} = \dfrac{0.12}{0.18} = \dfrac{2}{3}$.

4. 0.5.

5. 0.72.

6. $\dfrac{5}{14}$.

7. 0.0345.

8. 甲乙中奖概率均为 3%.

9. 0.98.

10. $C_{35}^3 (0.07)^3 (1 - 0.07)^{35-3}$.

11. $(1) C_5^2 (0.1)^2 (1 - 0.1)^{5-2} = 0.0729$;

    $(2) C_5^3 (0.1)^3 (1 - 0.1)^2 + C_5^4 (0.1)^4 (1 - 0.1) + C_5^5 (0.1)^5 (1 - 0.1)^0$

    $(3) 0.40951$.

作业与练习 11.3

1. $a = \dfrac{1}{3}$.

2.

X	0	1
P	$\dfrac{2}{5}$	$\dfrac{3}{5}$

3. (1)

X	0	1
P	0.2	0.8

(2)

X	1	2
P	0.8	0.16

4.

X	0	1
P	0.9	0.1

    $P\{X = 2\} = C_5^2 (0.1)^2 (1 - 0.1)^{5-2} = 0.0729$;

    $P\{X \leqslant 2\} = P\{X = 0\} + P\{X = 1\} + P\{X = 2\} = 0.9^5 + C_5^1 (0.1)(0.9)^4 + 0.0729$

    $= 0.99144$

5. $P\{X = 3\} = \dfrac{4^3}{3!} e^{-4} = 0.195367$;

    $P\{X \leqslant 4\} = P\{X = 0\} + P\{X = 1\} + P\{X = 2\} + P\{X = 3\} + P\{X = 4\}$

    $= 0.018316 + 0.073263 + 0.146525 + 0.195367 + 0.195367 = 0.628838$

6. $P\{X = 0\} = \dfrac{5^0}{0!} e^{-5} = 0.006738$;

    $P\{X = 1\} = \dfrac{5^1}{1!} e^{-5} = 0.033690$;

    $P\{X = 2\} = \dfrac{5^2}{2!} e^{-5} = 0.084224$.

7. $(1) A = 1$;　$(2) 0.4$.

8. $(1) \dfrac{1}{4}$; $(2) \dfrac{9}{16}$; $(3) \dfrac{3}{4}$.

9. $\dfrac{3}{5}$.

10. e^{-1}.

11. $(1) \Phi(1.65) = 0.9505$;　$(2) \Phi(2.09) - \Phi(1.65) = 0.9817 - 0.9505 = 0.0312$;

    $(3) 1 - \Phi(2.09) = 1 - 0.9817 = 0.0183$; $(4) 1 - \Phi(2) = 1 - 0.9772 = 0.0228$;　$(5) \Phi$

$(0.09)=0.5359;(6)2\Phi(1.96)-1=2*0.9750-1=0.95.$

12. 车门的高度至少为 183.98 cm.

13. $(1)1-\Phi(0.5)=1-0.6915=0.3085;$

  $(2)23.16$ 万.

  $(3)24.6$ 万.

作业与练习 11.4

1. $E(X)=1.6,E(Y)=1.5,$ 甲射手射击技术比较好.

2. $E(X)=1.6,E(Y)=1.5,D(X)=2.9,D(Y)=2.7,$ 乙射手技术比较稳定.

3. $E(X)=0,D(X)=\dfrac{1}{6}.$

4. $(1)k=1,b=\dfrac{1}{2};(2)D(X)=\dfrac{11}{144},\sqrt{D(X)}=\dfrac{\sqrt{11}}{12}.$

作业与练习 11.5

1. $\overline{X}=1460,S^2=4044.44,S=63.596.$

2. $0.1336.$

3. $(1)0.9996;(2)0.8904;(3)n=96.$

4. $t_\alpha=2.015.$

5. $\lambda_1=10.219,\lambda_2=5.071.$

作业与练习 11.6

1. $\hat{\mu}=2809,\hat{\sigma}^2=1206.8.$

2. $\hat{\theta}=\dfrac{2}{n}\sum_{i=1}^{n}X_i.$

3. $\hat{\sigma}^2=\dfrac{1}{n}\sum_{i=1}^{n}(X_i-3)^2.$

4. $D(\hat{\mu}_2)<D(\hat{\mu}_1)<D(\hat{\mu}_3),$ 所以 $\hat{\mu}_2$ 更有效.

5. $(1.386,1.446).$

6. $(11.903,12.397).$

7. $(0.147,0.955).$

作业与练习 11.7

1. 该测距仪存在系统误差.

2. 该日生产不正常.

3. 此次考试的标准差符合要求.

习题 11

一、填空题

1. $(1)A\overline{BC};$

$(2) A + B + C(A \cup B \cup C)$;

$(3) \overline{ABC}$;

$(4) A\,\overline{BC} \cup \overline{A}B\,\overline{C} \cup \overline{AB}C \cup \overline{ABC}$.

2. $P(AB) = 0.128, P(A+B) = 0.572$.

3. $P\{X = k\} = \dfrac{\lambda^k}{k!} e^{-\lambda}$.

4. $N(0,1)$, $fx = \dfrac{1}{\sqrt{2\pi}} e^{-\frac{x^2}{2}}$.

5. $E(X) = \mu, D(X) = \sigma^2$; $E(X) = \lambda, D(X) = \lambda$.

6. $\dfrac{1}{n} \sum_{i=1}^{n} X_i, \dfrac{1}{n-1} \sum_{i=1}^{n} (X_i - \overline{X})^2$.

7. 无偏性,有效性.

8. 小概率原理.

二、解答题

1. 0.19.

2. $\dfrac{5}{18}$.

3. 中奖概率相同.

4. (1) 0.6826; (2) 0.013.

5. $(1) -\dfrac{1}{2}$;

$(2) Fx = \begin{cases} 0 \\ -\dfrac{1}{4}x^2 + x & x < 0 \\ 1 \end{cases}$

$0 \leqslant x \leqslant 2$

$x > 2$;

$(3) \dfrac{1}{16}$

6. $(1) a = \dfrac{4}{5}, b = \dfrac{3}{5}$;

$(2) D(X) = \dfrac{5}{72}$.

7. $(1) E(X) = -0.2$;

$(2) D(X) = 2.76$;

$(3) E(3X + 1) = 0.4$.

8. $\overline{X} = 1108, S^2 = 62.681, S = 7.917$.

9. $(2.69, 2.72)$.

10. 新机器包装的平均重量不再是 $15g$.

11. 无显著性差异.

附录一

江苏省 2014 年普通高校专升本统一考试高等数学试卷

一、**选择题**(本大题共 6 小题,每小题 4 分,共 24 分,在每小题给出的四个选项中,只有一项是符合题目要求的,请把所选项前的字母填在答题卷的指定位置上)

1. 若 $x = 1$ 是函数 $f(x) = \dfrac{x^2 - 4x + a}{x^2 - 3x + 2}$ 的可去间断点,则常数 $a = ($).

   A. 1   B. 2   C. 3   D. 4

2. 曲线 $y = x^4 - 2x^3$ 的凸区间是( ).

3. 若函数 $f(x)$ 的一个原函数为 $x \sin x$,则 $\int f''(x)\,\mathrm{d}x = ($).

   A. $x \sin x + C$ B. $2\cos x - x \sin x + C$

   C. $\sin x - x \cos x + C$ D. $\sin x + x \cos x + C$

4. 已知函数 $z = z(x, y)$ 由方程 $z^2 - 3yz + x^2 - 2 = 0$ 所确定,则 $\left. \dfrac{\partial z}{\partial x} \right|_{\substack{x=1 \\ y=0}} = ($).

   A. -1 B. 0   C. 1   D. 2

5. 二次积分 $\int_1^2 \mathrm{d}x \int_0^{2-x} f(x, y)\,\mathrm{d}y$ 交换积分次序后得( ).

   A. $\int_1^2 \mathrm{d}y \int_0^{2-y} f(x, y)\,\mathrm{d}x$ B. $\int_0^1 \mathrm{d}y \int_1^{2-y} f(x, y)\,\mathrm{d}x$

   C. $\int_0^1 \mathrm{d}y \int_{2-y}^2 f(x, y)\,\mathrm{d}x$ D. $\int_0^1 \mathrm{d}y \int_1^{2-y} f(x, y)\,\mathrm{d}x$

6. 下列级数发散的是( ).

   A. $\sum_{n=1}^{\infty} \dfrac{(-1)^n}{\sqrt{n}}$ B. $\sum_{n=1}^{\infty} \dfrac{\sin n}{n^2}$ C. $\sum_{n=1}^{\infty} \left(\dfrac{1}{2^n} + \dfrac{1}{n^2} \right)$ D. $\sum_{n=1}^{\infty} \dfrac{2^n}{n^2}$.

二、**填空题**(本大题共 6 小题,每小题 4 分,共 24 分)

7. 曲线 $y = \left(1 - \dfrac{2}{x}\right)^x$ 的水平渐近线的方程为_____.

8. 设函数 $f(x) = ax^3 - 9x^2 + 12$ 在 $x = 2$ 处取得极小值,则 $f(x)$ 的极大值为_____.

9. 定积分 $\int_{-1}^1 (x^3 + 1) \dfrac{1}{\sqrt{1 - x^2}}\,\mathrm{d}x$ 的值为_____.

10. 函数 $z = \arctan \dfrac{y}{x}$ 的全微分 $\mathrm{d}z = $_____.

11. 设向量 $\vec{a} = (1, 2, 1)$,$\vec{b} = (1, 0, -1)$,向量 $\vec{a} + \vec{b}$ 与 $\vec{a} - \vec{b}$ 的夹角为_____.

12. 幂级数 $\displaystyle\sum_{n=1}^{\infty} \frac{(x-1)^n}{\sqrt{n}}$ 的收敛域为 _____.

三、计算题（本大题共 8 小题,每小题 8 分,共 64 分）

13. 求极限 $\displaystyle\lim_{x\to 0}\left(\frac{1}{x\arcsin x} - \frac{1}{x^2}\right)$.

14. 设函数 $y = f(x)$ 有参数方程 $\begin{cases} x = (t+1)e^{2t} \\ e^y + ty = e \end{cases}$ 所确定,求 $\dfrac{dy}{dx}\Big|_{t=0}$.

15. 求不定积分 $\displaystyle\int x\ln^2 x \, dx$.

16. 计算定积分 $\displaystyle\int_{\frac{1}{2}}^{\frac{3}{2}} \frac{\sqrt{2x-1}}{2x+3} \, dx$.

17. 求平行于 x 轴,且经过两点 $M(1,1,1)$ 与 $N(2,3,4)$ 的平面方程.

18. 设 $z = f(\sin x, x^2 - y^2)$,其中函数 f 具有二阶连续偏导数,求 $\dfrac{\partial^2 z}{\partial x \partial y}$.

19. 计算二重积分 $\displaystyle\iint_D f(x+y) \, dx \, dy$,其中 D 是由三直线 $y = -x$,$y = 1$,$x = 0$,所围成的平面区域.

20. 求微分方程 $y'' - 2y' = xe^{3x}$ 的通解.

四、证明题（本大题共 2 小题,每小题 9 分,共 18 分）

21. 证明:方程 $x\ln x = 3$ 在区间 $(2,3)$ 内有且仅有一个实根.

22. 证明:当 $x > 0$ 时,$e^x - 1 > \dfrac{1}{2}x^2 + \ln(x+1)$.

五、综合题（本大题共 2 小题,每小题 10 分,共 20 分）

23. 设平面图形 D 由抛物线 $y = 1 - x^2$ 及其在点 $(1,0)$ 处的切线以及 y 轴所围成,试求

    （1）平面图形 D 的面积;

    （2）平面图形 D 绕 y 轴旋转一周所形成的旋转体的体积.

24. 设 $\varphi(x)$ 是定义在 $(-\infty, +\infty)$ 上的连续函数,且满足方程 $\displaystyle\int_0^x t\varphi(t) \, dt = 1 - \varphi(x)$,

    （1）试求函数 $\varphi(x)$ 的表达式;

    （2）讨论函数 $f(x) = \begin{cases} \dfrac{\varphi(x)-1}{x^2}, & x \neq 0 \\ -\dfrac{1}{2}, & x = 0 \end{cases}$,在 $x = 0$ 处的连续性与可导性.

江苏省 2014 年普通高校专升本统一考试
高等数学试题参考答案

一、选择题

1. 因为 $x=1$ 是函数 $f(x)=\dfrac{x^2-4x+a}{x^2-3x+2}$ 的可去间断点, 所以 $\lim\limits_{x\to 1}\dfrac{x^2-4x+a}{x^2-3x+2}$ 极限存在, $\lim\limits_{x\to 1}$

$\dfrac{x^2-4x+a}{x^2-3x+2}=\lim\limits_{x\to 1}\dfrac{x^2-4x+a}{(x-1)(x-2)}$, 即当 $x=1$ 时, $x^2-4x+a=0$, 故 $a=3$.

2. $y'=4x^3-6x^2$, $y''=12x^2-12x=12x(x-1)$, 在 $[0,1]$ 上 $y''=12x(x-1)<0$

   所以, 凸区间为 $[0,1]$.

3. $\displaystyle\int f''(z)\,\mathrm{d}x=f'(x)+C$

   因为 $f(x)$ 的一个原函数为 $x\sin x$, 所以 $f(x)=(x\sin x)'=\sin x+x\cos x$

   则 $f'(x)=(\sin x+x\cos x)'=\cos x+\cos x-x\sin x=2\cos x-x\sin x$

   故 $\displaystyle\int f''(x)\,\mathrm{d}x=2\cos x-x\sin x+C$

4. 设 $F(x,y,z)=z^2-3xyz+x^2-2$, $\dfrac{\partial z}{\partial x}=-\dfrac{F'_x}{F'_z}=-\dfrac{-3yz+3x^2}{3z^2-3xy}=\dfrac{yz-x^2}{z^2-xy}$

   当 $x=1$, $y=0$ 时, $z=1$, 所以 $\dfrac{\partial z}{\partial x}\Big|_{\substack{x=1\\y=0}}=-1$.

5. $\displaystyle\int_1^2\mathrm{d}x\int_0^{2-x}f(x,y)\,\mathrm{d}y$, 则 $\begin{cases}0\leqslant y\leqslant 2-x\\1\leqslant x\leqslant 2\end{cases}$, 可得 $\begin{cases}1\leqslant x\leqslant 2-y\\0\leqslant y\leqslant 1\end{cases}$

   所以, 有 $\displaystyle\int_0^1\mathrm{d}y\int_1^{2-y}f(x,y)\,\mathrm{d}x$.

6. $\displaystyle\sum_{n=1}^{\infty}\dfrac{(-1)^n}{\sqrt{n}}$, $u_n=\dfrac{1}{\sqrt{n}}$, 因为 $u_n=\dfrac{1}{\sqrt{n}}>u_{n+1}=\dfrac{1}{\sqrt{n+1}}$, 且 $\lim\limits_{n\to\infty}\dfrac{1}{\sqrt{n}}=0$, 所以

   $\displaystyle\sum_{n=1}^{\infty}\dfrac{(-1)^n}{\sqrt{n}}$ 收敛; $\displaystyle\sum_{n=1}^{\infty}\dfrac{\sin n}{n^2}$, 因为 $\left|\dfrac{\sin n}{n^2}\right|\leqslant\dfrac{1}{n^2}$, 且 $\displaystyle\sum_{n=1}^{\infty}\dfrac{1}{n^2}$ 收敛, 所以 $\displaystyle\sum_{n=1}^{\infty}\left|\dfrac{\sin n}{n^2}\right|$ 收敛,

   则 $\displaystyle\sum_{n=1}^{\infty}\dfrac{\sin n}{n^2}$ 绝对收敛, 故 $\displaystyle\sum_{n=1}^{\infty}\dfrac{\sin n}{n^2}$ 收敛. ; $\displaystyle\sum_{n=1}^{\infty}\left(\dfrac{1}{2^n}+\dfrac{1}{n^2}\right)$, 因为 $\displaystyle\sum_{n=1}^{\infty}\dfrac{1}{2^n}$ 收敛, $\displaystyle\sum_{n=1}^{\infty}\dfrac{1}{n^2}$ 也

   收敛, 则 $\displaystyle\sum_{n=1}^{\infty}\left(\dfrac{1}{2^n}+\dfrac{1}{n^2}\right)$ 收敛; $\displaystyle\sum_{n=1}^{\infty}\dfrac{2^n}{n^2}$, 因为 $\lim\limits_{n\to\infty}\dfrac{u_{n+1}}{u_n}=\lim\limits_{n\to\infty}\dfrac{\frac{2^{n+1}}{(n+1)^2}}{\frac{2^n}{n^2}}=$

   $\lim\limits_{n\to\infty}\dfrac{2n^2}{(n+1)^2}=2$, 所以级数 $\displaystyle\sum_{n=1}^{\infty}\dfrac{2^n}{n^2}$ 发散.

二、填空题

7. 因为 $\lim\limits_{x\to\infty}\left(1-\dfrac{2}{x}\right)^x = \lim\limits_{x\to\infty}\left(1+\dfrac{1}{-\dfrac{x}{2}}\right)^x = \lim\limits_{x\to\infty}\left[\left(1+\dfrac{1}{-\dfrac{x}{2}}\right)^{-\frac{x}{2}}\right]^{-2} = e^{-2}$,

所以,水平渐近线的方程为 $y = e^{-2}$.

8. 因为函数 $f(x) = ax^3 - 9x^2 + 12$ 在 $x = 2$ 处取得极小值,且 $f(x)$ 在 $x = 2$ 处可导,

所以 $x = 2$ 是 $f(x)$ 的驻点,$f'(x) = 3ax^2 - 18x + 12$,$f'(2) = 12a - 36 + 12 = 0$,

所以 $a = 2$,即 $f(x) = 2x^3 - 9x^2 + 12$,$f'(x) = 6x^2 - 18x + 12 = 6(x-1)(x-2)$

解得,$x = 1$,$x = 2$,故 $f(x)$ 在 $x = 1$ 处取得极大值,极大值为 $f(1) = 5$.

9. $\displaystyle\int_{-1}^{1}(x^3+1)\dfrac{1}{\sqrt{1-x^2}}\mathrm{d}x = \int_{-1}^{1}\left(x^3\dfrac{1}{\sqrt{1-x^2}}\right)\mathrm{d}x + \int_{-1}^{1}\dfrac{1}{\sqrt{1-x^2}}\mathrm{d}x = 2\int_{0}^{1}\dfrac{1}{\sqrt{1-x^2}}\mathrm{d}x = $

$2\arcsin x \big|_{0}^{1} = \pi$

10. $z = \arctan\dfrac{y}{x}$,$\dfrac{\partial z}{\partial x} = \dfrac{1}{1+\dfrac{y^2}{x^2}}\left(-\dfrac{y}{x^2}\right) = \dfrac{-y}{x^2+y^2}$,$\dfrac{\partial z}{\partial y} = \dfrac{1}{1+\dfrac{y^2}{x^2}}\left(\dfrac{1}{x}\right) = \dfrac{x}{x^2+y^2}$,

$\mathrm{d}z = \dfrac{-y}{x^2+y^2}\mathrm{d}x + \dfrac{x}{x^2+y^2}\mathrm{d}y$.

11. $\vec{a} = (1,2,1)$,$\vec{b} = (1,0,-1)$,$\vec{a}+\vec{b} = (2,2,0)$,$\vec{a}-\vec{b} = (0,2,2)$,设 $\vec{a}+\vec{b}$ 与 $\vec{a}-\vec{b}$ 的

夹角为 θ,$\cos\theta = \dfrac{(\vec{a}+\vec{b})(\vec{a}-\vec{b})}{|\vec{a}+\vec{b}||\vec{a}-\vec{b}|} = \dfrac{4}{\sqrt{8}\sqrt{8}} = \dfrac{1}{2}$,所以 $\theta = \dfrac{\pi}{3}$.

12. 设 $y = x - 1$,$\displaystyle\sum_{n=1}^{\infty}\dfrac{(x-1)^n}{\sqrt{n}} = \sum_{n=1}^{\infty}\dfrac{y^n}{\sqrt{n}}$,$\lim\limits_{n\to\infty}\dfrac{\dfrac{1}{\sqrt{n+1}}}{\dfrac{1}{\sqrt{n}}} = \lim\limits_{n\to\infty}\dfrac{\sqrt{n}}{\sqrt{n+1}} = 1$,$R = 1$

当 $y = -1$ 时,级数 $\displaystyle\sum_{n=1}^{\infty}\dfrac{y^n}{\sqrt{n}}$ 收敛,当 $y = 1$ 时,级数 $\displaystyle\sum_{n=1}^{\infty}\dfrac{y^n}{\sqrt{n}}$ 发散,所以,级数 $\displaystyle\sum_{n=1}^{\infty}\dfrac{y^n}{\sqrt{n}}$ 收

敛的收敛域为 $[-1,1)$,因为 $y = x - 1$,$-1 \leqslant x - 1 < 1$,即 $0 \leqslant x < 2$,故幂级数 $\displaystyle\sum_{n=1}^{\infty}$

$\dfrac{(x-1)^n}{\sqrt{n}}$ 的收敛域为 $[0,2)$.

三、计算题

13. 解 $\lim\limits_{x\to0}\left(\dfrac{1}{x\arcsin x} - \dfrac{1}{x^2}\right) = \lim\limits_{x\to0}\dfrac{x-\arcsin x}{x^2\arcsin x} = \lim\limits_{x\to0}\dfrac{x-\arcsin x}{x^3} = \lim\limits_{x\to0}\dfrac{1-\dfrac{1}{\sqrt{1-x^2}}}{3x^2} = $

$\lim\limits_{x\to0}\dfrac{\sqrt{1-x^2}-1}{3x^2\sqrt{1-x^2}} = \lim\limits_{x\to0}\dfrac{-\dfrac{x^2}{2}}{3x^2\sqrt{1-x^2}} = \lim\limits_{x\to0}-\dfrac{1}{6\sqrt{1-x^2}} = -\dfrac{1}{6}$.

14. **解**: $dx = (2t+3)e^{2t}dt$，对 $e^y + ty = e$ 两边关于 t 求导，有 $e^y \cdot y' + y + ty' = 0$

则有，$y' = -\dfrac{y}{e^y + t}$，即 $dy = -\dfrac{y}{e^y + t}dt$，故

$$\frac{dy}{dx} = \frac{-\dfrac{y}{e^y + t}dt}{(2t+3)e^{2t}dt} = -\frac{y}{(e^y + t)(2t+3)e^{2t}}$$

当 $t = 0$ 时，$x = 1$；当 $t = 0$ 时，$y = 1$；$\dfrac{dy}{dx}\Big|_{t=0} = -\dfrac{1}{3e}$

15. **解**: $\displaystyle\int x\ln^2 x\,dx = \int \ln^2 x\,d\left(\frac{x^2}{2}\right) = \frac{x^2}{2}\ln^2 x - \int \frac{x^2}{2}d(\ln^2 x) = \frac{x^2}{2}\ln^2 x - \int x\ln x\,dx$

$$= \frac{x^2}{2}\ln^2 x - \int \ln x\,d\left(\frac{x^2}{2}\right) = \frac{x^2}{2}\ln^2 x - \left(\frac{x^2}{2}\ln x - \int \frac{x^2}{2}d(\ln x)\right)$$

$$= \frac{x^2}{2}\ln^2 x - \frac{x^2}{2}\ln x + \int \frac{x}{2}dx = \frac{x^2}{2}\ln^2 x - \frac{x^2}{2}\ln x + \frac{x^2}{4} + C$$

16. **解**: 设 $t = \sqrt{2x-1}$，$x = \dfrac{t^2+1}{2}$，$dx = t\,dt$，当 $x = \dfrac{1}{2}$ 时，$t = 0$；当 $x = \dfrac{5}{2}$ 时，$t = 2$，代入原式，有 $\displaystyle\int$

$$\int_{\frac{1}{2}}^{\frac{3}{2}} \frac{\sqrt{2x-1}}{2x+3}dx = \int_0^2 \frac{t}{t^2+4}t\,dt = \int_0^2 \frac{t^2+4-4}{t^2+4}dt = \int_0^2\left(1 - \frac{4}{t^2+4}\right)dt = \int_0^2 1\,dt - 2\int_0^2$$

$$\frac{1}{\left(\dfrac{x}{2}\right)^2 + 1}d\frac{t}{2} = 2 - 2\arctan\frac{x}{2}\Big|_0^2 = 2 - \frac{\pi}{2}.$$

17. **解**: 由题意，设平面方程为 $By + Cz + D = 0$，因为平面过两点 $M(1,1,1)$，$N(2,3,4)$，所以，$B + C + D = 0$，$3B + 4C + D = 0$，解得 $B = -3D$，$C = 2D$，则有

$-3Dy + 2Dz + D = 0$，所以，平面方程为 $-3y + 2z + 1 = 0$

18. **解**: $\dfrac{\partial z}{\partial x} = f_1' \cos x + f_2' 2x = f_1'\cos x + 2f_2' x$

$$\frac{\partial^2 z}{\partial x \partial y} = \cos x(f_{11}'' \cdot 0 + f_{12}'' \cdot (-2y)) + 2x(f_{21}'' \cdot 0 + f_{22}'' \cdot (-2y))$$

$$= -2y\cos x f_{12}'' - 4xy f_{22}''.$$

19. **解**: $\begin{cases} -x \leqslant y \leqslant 1 \\ -1 \leqslant x \leqslant 0 \end{cases}$

$$\iint_D f(x+y)\,dx\,dy = \int_{-1}^0 dx \int_{-x}^1 (x+y)\,dy = \int_{-1}^0 \left(xy + \frac{1}{2}y^2\right)\Big|_{-x}^1 dx$$

$$= \int_{-1}^0 \left(\frac{3}{2}x^2 + 2x + \frac{1}{2}\right)dx = \left(\frac{x^3}{2} + x^2 + \frac{x}{2}\right)\Big|_{-1}^0 = 0.$$

20. **解**: 特征方程为 $r^2 - 2r = 0$，解得 $r_1 = 0$，$r_2 = 2$

因为 $\alpha = 2$ 是特征方程的单根，所以 $k = 1$

设原方程的特解为 $y^* = e^{2x}x(A + Bx) = e^{2x}(Ax + Bx^2)$

$$y^{*\prime} = (A + 2Bx)e^{2x} + 2(Ax + Bx^2)e^{2x},$$

$$y^{*\prime\prime} = 2Be^{2x} + 4(A + 2Bx)e^{2x} + 4(Ax + Bx^2)e^{2x}.$$

把 $y^*, y^{*\prime}, y^{*\prime\prime}$ 代入原方程,得

$$2Be^{2x} + 4(A + 2Bx)e^{2x} + 4(Ax + Bx^2)e^{2x} - 2(A + 2Bx)e^{2x} - 4(Ax + Bx^2)e^{2x} = xe^{2x}$$

$$2Be^{2x} + 2(A + 2Bx)e^{2x} = xe^{2x}, \quad \text{即} \quad 2B + 2A + 4Bx = x$$

所以,$\begin{cases} 2B + 2A = 0 \\ 4B = 1 \end{cases}$,解得 $A = -\dfrac{1}{4}, B = \dfrac{1}{4}$

则有特解 $y^* = e^{2x}\left(-\dfrac{1}{4}x + \dfrac{1}{4}x^2\right) = \dfrac{1}{4}(x^2 - x)e^{2x}$

所以,原方程的通解为 $y = C_1 + C_2 e^{2x} + \dfrac{1}{4}(x^2 - x)e^{2x}$.

四、证明题(本大题共 2 小题,每小题 9 分,共 18 分)

21. 证明:设 $f(x) = x\ln x - 3$,显然,$f(x)$ 在 $[2,3]$ 上连续,

因为 $f(2) = 2\ln 2 - 3 < 0, f(3) = 3\ln 3 - 3 > 0$,即 $f(2) \cdot f(3) < 0$,

所以,由零点定理知,$f(x)$ 在 $(2,3)$ 内至少有存在一点 ξ,使得 $f(\xi) = 0$,即方程 $x\ln$

$x = 3$ 在区间 $(2,3)$ 内至少存在一个实根,又因为 $f'(x) = \ln x + 1$ 在 $(2,3)$ 内大于

零,即 $f(x)$ 在 $(2,3)$ 内单调递增,所以,$f(x)$ 在 $(2,3)$ 内有且仅有一点 ξ,使得 $f(\xi)$

$= 0$,即方程 $x\ln x = 3$ 在区间 $(2,3)$ 内有且仅有一个实根.

22. 证明:设 $f(x) = e^x - 1 - \dfrac{1}{2}x^2 - \ln(x+1), f'(x) = e^x - x - \dfrac{1}{x+1}, f''(x) = e^x - 1 +$

$\dfrac{1}{(x+1)^2}$. 显然,当 $x > 0$ 时,$f''(x) > 0, f'(x)$ 单调增加,故当 $x > 0$ 时,$f'(x) > f'(0)$

$= 0$,因此,当 $x > 0$ 时,$f(x)$ 单调增加,所以,当 $x > 0$ 时,$f(x) > f(0) = 0$,即当 $x > 0$

时,$e^x - 1 - \dfrac{1}{2}x^2 - \ln(x+1) > 0$,则当 $x > 0$ 时,$e^x - 1 > \dfrac{1}{2}x^2 + \ln(x+1)$.

五、综合题

23. 解(1)$y' = -2x, y'\big|_{x=1} = -2$,所以,切线方程为 $y = -2x + 2$,

$$S = \dfrac{1}{2} \times 1 \times 2 - \int_0^1 (1 - x^2)\,dx = 1 - \left(x - \dfrac{1}{3}x^3\right)\Big|_0^1 = \dfrac{1}{3}.$$

(2)$V_y = \dfrac{1}{3}\pi \times 1^2 \times 2 - \pi\int_0^1 (1-y)\,dy = \dfrac{2}{3}\pi - \left(y - \dfrac{1}{2}y^2\right)\Big|_0^1 = \dfrac{1}{6}\pi.$

24. 解:(1)方程 $\int_0^x t\varphi(t)\,dt = 1 - \varphi(x)$ 两边求导,得 $x\varphi(x) = -\varphi'(x)$,设 $y = \varphi(x)$,

方程为 $\dfrac{dy}{dx} = -xy. \dfrac{dy}{y} = -x\,dx, \int \dfrac{dy}{y} = \int -x\,dx, \ln y = -\dfrac{1}{2}x^2 + \ln C, y = Ce^{-\frac{x^2}{2}}.$

当 $x = 0$ 时,代入方程 $\int_0^0 t\varphi(t)\,dt = 1 - \varphi(0)$,得 $\varphi(0) = 1$,所以,当 $x = 0$ 时,

$1 = Ce^0, C = 1$，则，$y = e^{-\frac{x^2}{2}}$，即 $\varphi(x) = e^{-\frac{x^2}{2}}$.

$(2) f(x) = \begin{cases} \dfrac{e^{-\frac{x^2}{2}} - 1}{x^2}, & x \neq 0 \\[3mm] -\dfrac{1}{2}, & x = 0 \end{cases}$，因为，

$$\lim_{x \to 0} f(x) = \lim_{x \to 0} \frac{e^{-\frac{x^2}{2}} - 1}{x^2} = \lim_{x \to 0} \frac{-\frac{x^2}{2}}{x^2} = -\frac{1}{2} = f(0),$$

所以，$f(x)$ 在 $x = 0$ 处连续. 因为，

$$\lim_{x \to 0} \frac{f(x) - f(0)}{x - 0} = \lim_{x \to 0} \frac{\dfrac{e^{-\frac{x^2}{2}} - 1}{x^2} + \dfrac{1}{2}}{x} = \lim_{x \to 0} \frac{2e^{-\frac{x^2}{2}} - 2 + x^2}{2x^3} = \lim_{x \to 0} \frac{-2xe^{-\frac{x^2}{2}} + 2x}{6x^2}$$

$$= -\frac{1}{3} \lim_{x \to 0} \frac{e^{-\frac{x^2}{2}} - 1}{x} = -\frac{1}{3} \lim_{x \to 0} \frac{-\frac{x^2}{2}}{x} = \frac{1}{6} \lim_{x \to 0} x = 0.$$

所以，$f(x)$ 在 $x = 0$ 处可导.

附录二

江苏省 2015 年普通高校"专转本"统一考试高等数学试卷

一、选择题(每小题 4 分,共 32 分)

1. 当 $x = 0$,函数 $f(x) = 1 - e^{\sin x}$ 是函数 $g(x) = xg$ 的(　　).

   A. 高阶无穷小　　　　　　　　　　B. 低阶无穷小

   C. 同阶无穷小　　　　　　　　　　D. 等价无穷小

2. 函数 $y = (1-x)^x (x < 1)$ 的微分 dy 为(　　).

   A. dx　　　　　B. dx　　　　　C. dx　　　　　D. dx

3. $x = 0$ 是函数 $f(x) = \begin{cases} \dfrac{e^{\frac{1}{x}} + 1}{e^{\frac{1}{x}} - 1}, & x \neq 0 \\ 0, & x = 0 \end{cases}$ 的(　　).

   A. 无穷间断点　　　　　　　　　　B. 跳跃间断点

   C. 可去间断点　　　　　　　　　　D. 连续点

4. 设 $F(x)$ 是函数 $f(x)$ 的一个原函数,则.

   A. $-\dfrac{1}{2}F(3 - 2x) + C$　　　　　　B. $\dfrac{1}{2}F(3 - 2x) + C$

   C. $-2F(3 - 2x) + C$　　　　　　　　D. $2F(3 - 2x) + C$

5. 下列级数条件收敛的是(　　).

   A. $\displaystyle\sum_{n=1}^{\infty} \frac{(-1)^n - n}{n^2}$　　　　　　B. $\displaystyle\sum_{n=1}^{\infty} (-1)^n \frac{n+1}{2n-1}$

   C. $\displaystyle\sum_{n=1}^{\infty} (-1)^n \frac{n!}{n^n}$　　　　　　D. $\displaystyle\sum_{n=1}^{\infty} (-1)^n \frac{n+1}{n^2}$

6. 二次积分 $=$ (　　).

   A. $\displaystyle\int_1^a dx \int_{\ln}^1 xf(x,y)\,dy$　　　　　B. $\displaystyle\int_\alpha^1 dx \int_{ex}^e f(x,y)\,dy$

   C. $\displaystyle\int_0^1 dx \int_0^{gx} f(x,y)\,dy$　　　　　D. $\displaystyle\int_0^1 dx \int_1^{ex} f(x,y)\,dy$

二、填空题(本大题共 6 小题,每小题 4 分,共 24 分)

7. 设 $f(x) = \displaystyle\lim_{n \to \infty} \left(1 - \frac{x}{n}\right)^x$,则 $f(\ln 2) = $ _____.

8. 曲线 $f(x) = \begin{cases} x = t^3 - 2t + 1 \\ y = t^3 + 1 \end{cases}$ 在点 $(0,2)$ 处的切线方程为 _____.

9. 设向量 $\vec{b}$ 与向量 $\vec{a} = (1, -2, -1)$ 平行,且 $\vec{a} \cdot \vec{b} = 12$,则 $\vec{b} = $ _____.

10. 设 $f(x) = \dfrac{1}{2x+1}$,则 $f^{(n)}(x) = $ _____.

11. 微分方程 $xy' - y = x^2$ 满足初始条件 $y|_{x=1} = 2$ 的特解为 _____.

12. 幂级数 $\displaystyle\sum_{n=1}^{\infty} \dfrac{2^n}{\sqrt{n}}(x-1)^n$ 的收敛域为 _____.

三、计算题(本大题共 8 小题,每小题 8 分,共 64 分)

13. 求极限 $\displaystyle\lim_{n\to\infty} \dfrac{\int_0^x t\arcsin t\, dt}{2e^x - x^2 - 2x - 2}$.

14. 设 $f(x) = \begin{cases} \dfrac{x - \sin x}{x^2}, & x \neq 0 \\ 0, & x = 0 \end{cases}$,求 $f'(x)$.

15. 求通过直线 $\dfrac{x+1}{2} = \dfrac{y-1}{1} = \dfrac{z+2}{5}$ 与平面 $3x + 2y + z - 10 = 0$ 的交点. 且与直线 $\begin{cases} x - y + 2z + 3 = 0 \\ 2x + y - z - 4 = 0 \end{cases}$ 平行的直线方程.

16. 求不定积分 $\int \dfrac{x^2}{\sqrt{9-x^2}}dx$.

17. 计算定积分 $\int_{-\frac{\pi}{2}}^{\frac{\pi}{2}} (x^2+x)\sin x dx$.

18. 设 $z=f\left(\dfrac{x}{y},\varphi(x)\right)$，其中函数 f 具有二阶连续偏导数，函数具有连续导数，求 $\dfrac{\partial^2 z}{\partial x \partial y}$.

19. 计算二重积分 $\iint xydxdy$，其中 D 为曲线 $y=\sqrt{4-x^2}$ 与直线 $y=x$ 及直线 $y=2$ 所围成的平面闭区间.

20. 已知 $y=c_1e^x+c_2e^{2x}+ce^{3x}$ 是二阶常系数非齐次线性微分方程 $y''+py'+qy=f(x)$ 的通解，试求该微分方程.

四、综合题(本大题共 2 小题,每小题 10 分,共 20 分)

21. 设 D 是由曲线 $y = x^2$ 与直线 $y = ax(a > 0)$ 所围成的平面图形,已知 D 分别绕两坐标轴旋转一周所形成的旋转体的体积相等,试求:

   (1)常数 a 的值;

   (2)平面图形的 D 面积.

22. 设 $f(x) = \dfrac{ax + b}{(x+1)^2}$ 在点 $x = 1$ 处取得极值 $-\dfrac{1}{4}$,试求:

   (1)常数 a, b 的值;

   (2)曲线 $y = f(x)$ 的凹凸区间与拐点;

   (3)曲线 $y = f(x)$ 的渐近线.

五、证明题(本大题共 2 小题,每小题 9 分,共 18 分)

23. 证明:当 $0 < x < 1$ 时,$(x - 2)\ln(1 - x) > 2x$.

24. 设 $z = z(x, y)$ 是由方程 $y + z = xf(y^2 - z^2)$ 所确定的函数,其中 f 为可导函数,

   证明:$x \dfrac{\partial z}{\partial x} + z \dfrac{\partial z}{\partial y} = y$.

江苏省 2015 年普通高校"专转本"统一考试高等数学试卷参考解答

一、选择题(每小题 4 分,共 32 分).

1. 选 C. 解 $\lim\limits_{x\to 0}\dfrac{f(x)}{g(x)} = \lim\limits_{x\to 0}\dfrac{1-e^{\sin x}}{x} = \lim\limits_{x\to 0}\dfrac{-\sin x}{x} = -1$.

2. 选 B.

   解 $\ln y = x\ln(1-x), \dfrac{1}{x}y' = \ln(1-x)^{x}\left[\ln(1-x) - \dfrac{x}{1-x}\right], dy = y'dx = (1-x)^{x}$

   $\left[\ln(1-x) - \dfrac{x}{1-x}\right]dx$.

3. 选 B.

   解 $\lim\limits_{x\to 0^{-}}f(x) = \lim\limits_{x\to 0}\dfrac{e^{\frac{1}{x}}+1}{e^{\frac{1}{x}}-1} = -1, \lim\limits_{x\to 0^{+}}f(x) = \lim\limits_{x\to 0}\dfrac{e^{\frac{1}{x}}+1}{e^{\frac{1}{x}}-1} = 1$.

4. 选 A

   解 $\displaystyle\int f(3-2x)dx = -\dfrac{1}{2}\int f(3-2x)d(3-2x) = -\dfrac{1}{2}F(3-2x) + c$.

5. 选 D.

6. 选 D.

   解 $\displaystyle\int_{1}^{e}dy\int_{\ln y}^{1}f(x,y)dx = \int_{0}^{1}dx\int_{1}^{e^{x}}f(x,y)dy$.

二、填空题(本大题共 6 小题,每小题 4 分,共 24 分)

7. 解 $f(x) = \lim\limits_{n\to\infty}\left(1-\dfrac{n}{x}\right)^{n} = \lim\limits_{n\to\infty}\left\{\left[1+\left(-\dfrac{x}{n}\right)\right]^{-\frac{n}{x}}\right\}^{-x} = e^{-x}$,所以,$f(\ln 2) = e^{-\ln 2}$

   $= \dfrac{1}{2}$.

8. 解 由 $y = 2$ 得 $t = 1$,由参数方程的求导法,有

   $\dfrac{dy}{dx} = \dfrac{\dfrac{dy}{dt}}{\dfrac{dx}{dt}} = \dfrac{3t^{2}}{3t^{2}-2}$,所以切线的斜率为 $k = \dfrac{dy}{dx}\Big|_{t=1} = 3$

   切线方程为 $y - 2 = 3x$,即 $y = 3x + 2$.

9. 解　由于 $\vec{a}//\vec{b}$,所以,设 $\vec{b}=\lambda\vec{a}=(\lambda,-2\lambda,-\lambda)$,则根据已知有

$\vec{a}\cdot\vec{b}=\lambda+4\lambda+\lambda=6\lambda=12$,解得 $\lambda=2$,从而 $\vec{b}=(2,-4,-2)$.

10. 解　$f(x)=\dfrac{1}{2x+1}=\dfrac{1}{2}\cdot\dfrac{1}{x+\dfrac{1}{2}}=\dfrac{1}{2}\left(x+\dfrac{1}{2}\right)^{-1}$,所以

$$f'(x)=\left(\dfrac{1}{2}\left(x+\dfrac{1}{2}\right)^{-1}\right)'=\dfrac{1}{2}\cdot(-1)\left(x+\dfrac{1}{2}\right)^{-2}.$$

$$f''(x)=\left(\dfrac{1}{2}\cdot(-1)\left(x+\dfrac{1}{2}\right)^{-2}\right)'=\dfrac{1}{2}\cdot(-1)\cdot(-2)\left(x+\dfrac{1}{2}\right)^{-3}$$

......

$$f^{(n)}(x)=\dfrac{1}{2}(-1)^n n!\left(x+\dfrac{1}{2}\right)^{-(n+1)}=\dfrac{(-1)^n 2^n n!}{(2x+1)^{n+1}}$$

11. 解　把微分方程 $xy'-y=x^2$ 化为标准方程为

$$y'-\dfrac{y}{x}=x$$

于是,$p(x)=-\dfrac{1}{x}$,$q(x)=x$,则根据一阶线性微分方程解的公式有

$$y=e^{-\int p(x)dx}\left(\int q(x)e^{\int p(x)dx}dx+c\right)$$

$$=e^{-\int\frac{1}{x}dx}\left(\int xe^{-\int\frac{1}{x}dx}dx+c\right)$$

$$=x(x+c).$$

又有初始条件 $y(1)=2$ 得到 $c=1$,所以,所求的特解为 $y=x^2+x$.

12. 解　$\lim\limits_{n\to\infty}\left|\dfrac{a_{n+1}}{a_n}\right|=\lim\limits_{n\to\infty}\left|\dfrac{\dfrac{2^{n+1}}{\sqrt{n+1}}}{\dfrac{2^n}{\sqrt{n}}}\right|=2\lim\limits_{n\to\infty}\dfrac{\sqrt{n}}{\sqrt{n+1}}=2$,则有

$|x-1|<\dfrac{1}{2}$,解得 $\dfrac{1}{2}<x<\dfrac{3}{2}$,

当 $x=\dfrac{1}{2}$ 时,级数 $\sum\limits_{n=1}^{\infty}\dfrac{(-1)^n}{\sqrt{n}}$ 收敛,当 $x=\dfrac{3}{2}$ 时,级数 $\sum\limits_{n=1}^{\infty}\dfrac{1}{\sqrt{n}}$ 发散,因而收敛域

为 $\left[\dfrac{1}{2},\dfrac{3}{2}\right)$.

三、计算题(本大题共 8 小题,每小题 8 分,共 64 分)

13. 解　$\lim\limits_{x\to0}\dfrac{\int_0^x t\arcsin t\,dt}{2e^x-x^2-2x-2}=\lim\limits_{x\to0}\dfrac{x\arcsin x}{2e^x-2x-2}$

$$= \lim_{x \to 0} \frac{x^2}{2e^x - 2x - 2} = \lim_{x \to 0} \frac{2x}{2e^x - 2} = \lim_{x \to 0} \frac{x}{x} = 1.$$

14. **解**　当 $x \neq 0$ 时, $f'(x) = \frac{(1 - \cos x)x^2 - (x - \sin x)2x}{x^4} = \frac{2\sin x - x\cos x - x}{x^2}$;

当 $x = 0$ 时, $f'(0) = \lim_{x \to 0} \frac{f(x) - f(0)}{x} = \lim_{x \to 0} \frac{x - \sin x}{x^3} = \lim_{x \to 0} \frac{1 - \cos x}{3x^2} = \lim_{x \to 0} \frac{\frac{1}{2}x^2}{3x^2} = \frac{1}{6}$

所以 $, f'(x) = \begin{cases} \dfrac{2\sin x - x\cos x - x}{x^2}, & x \neq 0 \\[2mm] \dfrac{1}{6}, & x = 0 \end{cases}$.

15. **解**　令 $\frac{x+1}{2} = \frac{y-1}{1} = \frac{z+2}{5} = t$, 则有 $x = 2t - 1, y = t + 1, z = 5t - 2$ 代入平面方程有 3
$(2t - 1) + 2(t + 1) + (5t - 2) - 10 = 0$, 解得 $t = 1$, 所以, 所求直线经过点 $(1, 2,$
$3)$, 由题可知所求直线的方向向量为 $\vec{s} = (-1, 5, 3)$, 因而所求的直线方程为
$$\frac{x-1}{-1} = \frac{y-2}{5} = \frac{z-3}{3}$$

16. **解**　设 $x = 3\sin t, dx = 3\cos t dt$, 所以

$$\int \frac{x^2}{\sqrt{9 - x^2}} dx = \int \frac{27\sin^3 t}{3\cos t} 3\cos t dt = 27 \int (1 - \cos^2 t) \sin t dt$$

$$= 27 \left(\int \sin t dt - \int \cos^2 t \sin t dt \right) = 27 \left(-\cos t + \int \cos^2 t d\cos t \right)$$

$$= 9\cos^3 t - 27\cos t + c$$

$$= \frac{1}{3} (9 - x^2)^{\frac{3}{2}} - 9(9 - x^2)^{\frac{1}{2}} + c$$

$$= -\frac{1}{3} \sqrt{9 - x^2} (x^2 + 18) + c$$

17. **解** $\int_{-\frac{\pi}{2}}^{\frac{\pi}{2}} (x^2 + x)\sin x dx = \int_{-\frac{\pi}{2}}^{\frac{\pi}{2}} x^2 \sin x dx + \int_{-\frac{\pi}{2}}^{\frac{\pi}{2}} x\sin x dx$

$$= 0 + 2 \int_0^{\frac{\pi}{2}} x\sin x dx$$

$$= -2 \int_0^{\frac{\pi}{2}} x d\cos x = -2(x\cos x) \Big|_0^{\frac{\pi}{2}} + 2 \int_0^{\frac{\pi}{2}} \cos x dx = 2$$

18. **解**设 $u = \frac{x}{y}, v = \varphi(x)$, 则

$$z = f(u,v), \frac{\partial z}{\partial x} = \frac{1}{y}f_1' + \varphi'(x)f_2', \frac{\partial^2 z}{\partial x \partial y} = -\frac{1}{y^2}f_1' - \frac{x}{y^3}f_{11}'' - \frac{x\varphi'(x)}{y^2}f_{21}''.$$

19. **解** $\displaystyle\int_D xy\,dxdy = \int_{\sqrt{2}}^2 y\,dy \int_{\sqrt{4-y^2}}^y x\,dx = \int_{\sqrt{2}}^2 y\left(\frac{1}{2}x^2\right)\Big|_{\sqrt{4-y^2}}^y dy$

$$= \int_{\sqrt{2}}^2 y(y^2-2)\,dy = \left(\frac{1}{4}y^4 - y^2\right)\Big|_{\sqrt{2}}^2 = 1.$$

20. **解** 由题意对应齐次线性方程的特征方程为 $(r-1)(r-2)=0$, 即 $r^2 - 3r + 2 = 0$,

则对应齐次线性方程为 $\qquad y'' - 3y' + 2y = 0$.

设 $y^{*\prime} = e^{3x} + xe^{3x} \cdot 3 = (3x+1)e^{3x}$,

于是 $f(x) = y^{*\prime\prime} - 3y^{*\prime} + 2y^* = (2x+3)e^{3x}$, 则该微分方程为

$$y'' - 3y' + 2y = (2x+3)e^{3x}.$$

四、综合题(本大题共 2 小题,每小题 10 分,共 20 分)

21. **解**

(1) 依题意有 $V_x = V_y, a = \frac{5}{4}$;

(2) 平面图形 D 的面积 $S = \displaystyle\int_0^a (ax - x^2)\,dx = \left[\frac{1}{2}ax^2 - \frac{1}{3}x^3\right]_0^a = \frac{1}{6}a^3$,

当 $a = \frac{5}{4}$ 时, $S = \frac{1}{6}\left(\frac{5}{4}\right)^3 = \frac{125}{384}$.

22. **解** $f'(x) = \dfrac{a(x+1)^2 - (ax+b) \cdot 2(x+1)}{(x+1)^4} = \dfrac{-ax+a-2b}{(x+1)^3}$.

(1) 依题意有 $\begin{cases} \dfrac{1}{4}(a+b) = -\dfrac{1}{4} \\ -\dfrac{1}{4}b = 0 \end{cases}, \begin{cases} a = -1 \\ b = 0 \end{cases}$;

(2) $f'(x) = \dfrac{x-1}{(x+1)^3}, f''(x) = \dfrac{(x+1)^3 - (x-1) \cdot 3(x+1)^2}{(x+1)^6} = \dfrac{4-2x}{(x+1)^4}$,

令 $f''(x) = 0$, 解得 $x = 2$.

x	$(-\infty, 2)$	2	$(2, +\infty)$
$f''(x)$	$+$	0	$-$
$f(x)$	$\cup$	拐点$\left(2, -\dfrac{2}{9}\right)$	$\cap$

由上表可知:曲线在$(-\infty,2)$是凹的,在$(2,+\infty)$是凸的,拐点是$\left(2,-\dfrac{2}{9}\right)$;

(3)由于$\lim\limits_{x\to\infty}f(x)=\lim\limits_{x\to\infty}\dfrac{-x}{(x+1)^2}=0$,$\lim\limits_{x\to-1}f(x)=\lim\limits_{x\to-1}\dfrac{-x}{(x+1)^2}=\infty$,所以曲线有一条水平渐

近线$y=0$,一条垂直渐近线$x=-1$.

五、证明题(本大题共2小题,每小题9分,共18分)

23. 证明

设$f(x)=(x-2)ln(1-x)-2x$,则

$$f'(x)=ln(1-x)-\frac{x-2}{1-x}-2=ln(1-x)+\frac{x}{1-x},$$

$$f''(x)=\frac{-1}{1-x}+\frac{1}{(1-x)^2}=\frac{x}{(1-x)^2}>0,$$

因而当$x>0$时,从而有$f(x)>f(0)=0$,

即$(x-2)ln(1-x)-2x>0$,从而$(x-2)ln(1-x)>2x$.

24. 证明

依题意有

$$\frac{\partial z}{\partial x}=f-2xzf'\frac{\partial z}{\partial x},\quad 1+\frac{\partial z}{\partial y}=x\left(2y-2z\frac{\partial z}{\partial y}\right)f',$$

解得 $\dfrac{\partial z}{\partial x}=\dfrac{f}{1+2xzf'}$,$\dfrac{\partial z}{\partial x}=\dfrac{2xyf'-1}{1+2xzf'}$,

于是有

$$x\frac{\partial z}{\partial x}+z\frac{\partial z}{\partial y}=\frac{xf}{1+2xzf'}+\frac{z(2xyf'-1)}{1+2xzf'}=\frac{xf+2xyzf'-z}{1+2xzf'}=\frac{xf+2xyzf'-xf+y}{1+2xzf'}=y.$$

附录三

江苏省 2016 年普通高校"专转本"统一考试高等数学试卷

一、选择题(本大题共 6 小题,每小题 4 分,满分 24 分)

1. 函数 $f(x)$ 在 $x = x_0$ 处有意义是极限 $\lim\limits_{x \to x_0} f(x)$ 存在的(   ).

    A. 充分条件   B. 必要条件

    C. 充分必要条件   D. 无关条件

2. 函数 $f(x) = \sin x$,当时,下列函数中是 $f(x)$ 的高阶无穷小的是(   ).

    A. $\tan x$ B. $\sqrt{1-x} - 1$

    C. $x^2 \sin \dfrac{1}{x}$ D. $e^{\sqrt{x}} - 1$.

3. 设函数 $f(x)$ 的导函数为 $\sin x$,$f(x)$ 的一个原函数是(   )

    A. $\sin x$ B. $-\sin x -$ C. $\cos x$ D. $-\cos x -$.

4. 二阶常系数非齐次线性微分方程的特解的正确形式为(   ).

    A. Axe^{-x} B. $Ax^2 e^{-x}$ C. $(Ax+b)e^{-x} -$ D. $x(Ax+b)e^{-x}$.

5. 函数 $z = (x-y)^2$,则 $=$(   ).

    A. $2dx + 2dy$ B. $dx - 2dy$ C. $-2dx + 2dy +$ D. $-2dx - 2dy$

6. 幂级数 $\sum\limits_{n=1}^{\infty} \dfrac{2^n}{n^2} x^n$ 的收敛域为(   ).

    A. $\left[-\dfrac{1}{2}, \dfrac{1}{2} \right]$ B. $\left[-\dfrac{1}{2}, \dfrac{1}{2} \right)$

    C. $\left(-\dfrac{1}{2}, \dfrac{1}{2} \right]$ D. $\left(-\dfrac{1}{2}, \dfrac{1}{2} \right)$

二、填空题(本大题共 6 小题,每小题 4 分,共 24 分)

7. 极限 $\lim\limits_{x \to 0} (1 - 2x)^{\frac{1}{x}} = $ _____.

8. 已知向量 $\vec{a} = (1, 0, 2)$,$\vec{b} = (4, -3, -2)$,则 $(2\vec{a} - \vec{b}) \cdot (\vec{a} + 2\vec{b}) = $ _____.

9. 函数的 n 阶导数 $f^{(n)}(x) = $ _____.

10. 函数 $f(x) = \dfrac{x^2 + 1}{2x} \sin \dfrac{1}{x}$ 的水平渐近线方程为_____.

11. 函数则 $F(x) = \int_{x}^{2x} lntdt$，则 $F(x) = $ _____.

12. 无穷级数 $\sum\limits_{n=1}^{\infty} \dfrac{1+(-1)^n}{2n}$ _____（填写收敛或发散）.

三、计算题（本大题共 8 小题，每小题 8 分，共 64 分）

13. 求极限 $\lim\limits_{x \to 0}\left(\dfrac{1}{x\sin x} - \dfrac{\cos x}{x^2}\right)$.

14. 设函数 $y = y(x)$ 由方程 $e^{xy} = x + y$ 确定，求 $\dfrac{dy}{dx}$.

15. 计算定积分 $\int_{1}^{5} \dfrac{1}{1 + \sqrt{x-1}} dx$.

16. 求不定积分 $\int \dfrac{lnx}{(1+x)^2} dx$.

17. 求微分方程 $x^2y' + 2xy = \sin x$ 满足条件 $y(\pi) = 0$ 的解.

18. 求由直线 $L_1: \dfrac{x-1}{1} = \dfrac{y-1}{3} = \dfrac{z-1}{1}$ 和直线 $L_2: \begin{cases} x = 1+t \\ y = 1+2t \\ z = 1+3t \end{cases}$ 所确定的平面方程.

19. 设 $z = f(x^2 - y, y^2 - x)$,其中函数 f 具有二阶连续偏导数,求 $\dfrac{\partial^2 z}{\partial x \partial y}$.

20. 计算二重积分 $\displaystyle\iint_D x \, dx \, dy$,其中 D 为由直线 $y = x + 2$,,x 轴及曲线 $y = \sqrt{4 - x^2}$ 所围成的平面区域.

四、证明题(本大题共 2 小题,每小题 9 分,共 18 分)

21. 证明函数 $y = |x|$ 在 $x = 0$ 处连续但不可导.

22. 证明 $x \geqslant -\dfrac{1}{2}$ 时,不等式 $2x^3 + 1 \geqslant 3x^2$ 成立.

五、综合题(本大题共 2 小题,每小题 10 分,共 20 分)

23. 平面区域 D 由曲线 $x^2 + y^2 = 2y, y = \sqrt{x}$,及 y 轴所围成
   (1)求平面区域 D 的面积;
   (2)求平面图形 D 绕 x 轴旋转一周所得的旋转体体积.

24、设函数 $f(x)$ 满足 $f(x) = \dfrac{1}{x^2} + 2\displaystyle\int_1^2 f(x)\,dx$,
   (1)求 $f(x)$ 的表达式;
   (2)确定反常积分 $\displaystyle\int_1^{+\infty} f(x)\,dx$ 的敛散性.

江苏省2016年普通高校"专转本"统一考试高等数学试卷参考解答

一、选择题(本大题共6小题,每小题4分,满分24分)

1. 选 D. 因为函数在点 x_0 处是否有极限与在该点是否有定义无关.

2. 选 C. 因为 $\lim\limits_{x \to 0} \dfrac{x^2 \sin \frac{1}{x}}{\sin x} = \lim\limits_{x \to 0} \dfrac{x^2 \sin \frac{1}{x}}{x} = \lim\limits_{x \to 0} x \sin \frac{1}{x} = 0$, (有界函数和无穷小的乘积).

3. 选 B. 因为 $f'(x) = \sin x \Rightarrow f(x) = \displaystyle\int \sin x\, dx = -\cos x + C_1$, $F(x) = \displaystyle\int f(x)\, dx = -\sin x + C_1 x + C_2$.

4. 选 D. 因为 $y'' - y' - 2y = 2xe^{-x}$ 的特征方程为: $r^2 - r - 2 = 0 \Rightarrow r = -1, 2$, $\Rightarrow y^* = x^1 (Ax + B)e^{-x}$.

5. 选 B. $z = (x - y)^2 \Rightarrow \dfrac{\partial z}{\partial x} = 2(x - y)$, , $dz = \dfrac{\partial z}{\partial x} dx + \dfrac{\partial z}{\partial y} dy \Rightarrow d\big|_{x=1, y=0} = 2dx - 2dy$.

6. 选 A. $x = -\dfrac{1}{2} \Rightarrow \displaystyle\sum_{n=1}^{\infty} \dfrac{2^n}{n^2} x^n = \sum_{n=1}^{\infty} \dfrac{(-1)^n}{n^2}$, 由莱布尼兹判别法可知级数 $\displaystyle\sum_{n=1}^{\infty} \dfrac{2^n}{n^2} x^n$ 收敛, $x = \dfrac{1}{2} \Rightarrow \displaystyle\sum_{n=1}^{\infty} \dfrac{2^n}{n^2} x^n = \sum_{n=1}^{\infty} \dfrac{1}{n^2}$, p 级数且 $p > 1 \Rightarrow$ 级数收敛 $\displaystyle\sum_{n=1}^{\infty} \dfrac{2^n}{n^2} x^n$ 收敛.

二、填空题(本大题共6小题,每小题4分,共24分)

7. $\lim\limits_{x \to 0} (1 - 2x)^{\frac{1}{x}} = \lim\limits_{x \to 0} \big[(1 - 2x)^{\frac{1}{-2x}} \big]^{-2} = e^{-2} = \dfrac{1}{e^2}$.

8. $\vec{a} = (1, 0, 2), \vec{b} = (4, -3, -2) \Rightarrow (2\vec{a} - \vec{b}) = (-2, 3, 6)$, $(\vec{a} + 2\vec{b}) = (9, -6, -2)$, 所以, $(2\vec{a} - \vec{b}) ? (\vec{a} + 2\vec{b}) = (-2) \times 9 + 3 \times (-6) + 6 \times (-2) = -48$.

9. $f(x) = xe^x \Rightarrow f'(x) = e^x + xe^x = (1 + x)e^x$, 还有 $f''(x) = (x + 2)e^x$, $f'(x) = (x + 3)e^x$, ……, $f^{(n)}(x) = (x + n)e^x$.

10. $\lim\limits_{x \to \infty} f(x) = \lim\limits_{x \to \infty} \dfrac{x^2 + 1}{2x} \sin \dfrac{1}{x} = \lim\limits_{x \to \infty} \dfrac{x^2 + 1}{2x} \cdot \dfrac{1}{x} = \dfrac{1}{2}$.

11. $F(x) = \displaystyle\int_x^{2x} \ln t\, dt \Rightarrow F'(x) = 2\ln 2x - \ln x = 2(\ln 2 + \ln x) - \ln x = \ln 4 + \ln x = \ln 4x$.

12. $\displaystyle\sum_{n=1}^{\infty} \dfrac{1 + (-1)^n}{2n} = \dfrac{1}{2} \sum_{n=1}^{\infty} \dfrac{1}{n}$ (发散) $+ \dfrac{1}{2} \sum_{n=1}^{\infty} \dfrac{(-1)^n}{n}$ (由莱布尼兹判别法可知收敛) 故原级数发散.

三、计算题（本大题共 8 小题，每小题 8 分，共 64 分）

13. **解**

$$\lim_{x \to 0}\left(\frac{1}{x \sin x} - \frac{\cos x}{x^2}\right) = \lim_{x \to 0}\left(\frac{x - \sin x \cos x}{x^2 \sin x}\right)$$

$$= \lim_{x \to 0}\frac{x - \frac{1}{2}\sin 2x}{x^3}$$

$$= \lim_{x \to 0}\frac{1 - \cos 2x}{3x^2}$$

$$= \lim_{x \to 0}\frac{\frac{1}{2}(2x)^2}{3x^2} = \frac{2}{3}.$$

14. **解** 由方程 $e^{xy} = x + y$ 和隐函数求导法，得

$$e^{xy}\left(y + x\frac{dy}{dx}\right) = 1 + \frac{dy}{dx}$$

化简整理得

$$\frac{dy}{dx} = \frac{1 - ye^{xy}}{xe^{xy} - 1}.$$

15. **解** 设 $t = \sqrt{x-1}$，则 $x = t^2 + 1$，$dx = 2t\,dt$，当 $x = 1$ 时，$t = 0$，当 $x = 5$ 时，$t = 2$，

所以，$\displaystyle\int_1^5 \frac{1}{1 + \sqrt{x-1}}dx = \int_0^2 \frac{2t}{1+t}dt = 2\int_0^2 \frac{t+1-1}{1+t}dt$

$$= 2\int_0^2 \left(1 - \frac{1}{1+t}\right)dt$$

$$= 2(t - \ln(1+t))\big|_0^2 = 2(2 - \ln 3) = 4 - 2\ln 3.$$

16. **解** $\displaystyle\int \frac{\ln x}{(1+x)^2}dx = -\int \ln x\, d\left(\frac{1}{1+x}\right) = -\frac{\ln x}{1+x} + \int \frac{1}{1+x}\cdot\frac{1}{x}dx$

$$= -\frac{\ln x}{1+x} + \int \frac{(1+x) - x}{(x(1+x))}dx$$

$$= -\frac{\ln x}{1+x} + \int \frac{1}{x}dx - \int \frac{1}{1+x}dx$$

$$= -\frac{\ln x}{1+x} + \ln x - \ln(1+x) + C$$

$$= -\frac{\ln x}{1+x} + \ln \frac{x}{1+x} + C.$$

17. **解** 因为 $2xy + x^2 y = (x^2 y)'$，原微分方程 $x^2 y' + 2xy = \sin x$ 可化为 $2xy + x^2 y = (x^2 y)' = \sin x$ 所以，$x^2 y = \displaystyle\int \sin x\,dx = -\cos x + C$ 将初始条件 $y(\pi) = 0$ 代入上式，

得 $c = -1$，所以，所求的微分方程的特解为 $y = -\dfrac{1 + \cos x}{x^2}$.

18. **解**　由直线的参数式方程 $\begin{cases} x=1+t \\ y=1+2t \\ z=1+3t \end{cases}$ 化为点向式方程为 $\dfrac{x-1}{1}=\dfrac{y-1}{2}=\dfrac{z-1}{3}$

所以,平面的法向量为

$$\vec{n}=\begin{vmatrix} i & j & k \\ 1 & 3 & 1 \\ 1 & 2 & 3 \end{vmatrix}=7i-2j-k=(7,-2,-1)$$

故所求平面的方程为

$$7(x-1)-2(y-1)-(z-1)=0$$

即　$7x-2y-z-4=0$

19. **解**　由多元函数偏导数的求导法则,有

$$z=f(x^2-y,y^2-x)\Rightarrow \frac{\partial z}{\partial x}=2xf_1'-f_2'$$

于是,　$\dfrac{\partial^2 z}{\partial x \partial y}=2x(-f_{11}''+2yf_{12}'')+f_{21}''-2yf_{22}''$

由于 f 具有二阶连续偏导数,有 $f_{21}''=f_{12}''$

所以,$\dfrac{\partial^2 z}{\partial x \partial y}=-2xf_{11}''+(4xy+1)f_{12}''-2yf_{22}''$.

20. **解**　$\displaystyle\iint_D xdxdy = \int_{-2}^0 dx \int_0^{x+2} xdy + \int_0^{\frac{\pi}{2}} d\theta \int_0^2 r^2 \cos\theta$

$$= \int_{-2}^0 x(x+2)dx + \int_0^{\frac{\pi}{2}} \frac{8}{3}\cos\theta d\theta$$

$$= \left(\frac{x^3}{3}+x^2\right)\Big|_{-2}^0 + \left(\frac{8}{3}\sin\theta\right)\Big|_0^{\frac{\pi}{2}} = \frac{4}{3}.$$

四、证明题(本大题共 2 小题,每小题 9 分,共 18 分)

21. **证明**　因为 $\lim_{x\to 0}f(x) = \lim_{x\to 0}|x| = 0 = f(0)$

所以 $,f(x)=|x|$ 在 $x=0$ 处连续.

又因为

$$f_-'(0)=\lim_{x\to 0^-}\frac{f(x)-f(0)}{x}=\lim_{x\to 0^-}\frac{-x}{x}=-1; f_+'(0)=\lim_{x\to 0^+}\frac{f(x)-f(0)}{x}=\lim_{x\to 0^+}$$

$\dfrac{x}{x}=1$

有 $,f_-'(0)\neq f_+'(0)$,所以 $f(x)=|x|$ 在 $x=0$ 处不可导.

22. **证明**设 $f(x)=2x^3+1-3x^2$,则 $f'(x)=6x(x-1)$,令 $f'(x)=0$ 得 $x=0,x=1$

而 $f\left(-\dfrac{1}{2}\right)=0, f(0)=1, f(1)=0$

且 $\lim\limits_{x\to+\infty}f(x)=+\infty$

所以, $x\geqslant-\dfrac{1}{2}$ 时, $f(x)$ 的最小值为 0,

故当 $x\geqslant-\dfrac{1}{2}$ 时, 有 $f(x)=2x^3+1-3x^2>0$, 从而有 $2x^3+1\geqslant3x^2$.

五、综合题(本大题共 2 小题, 每小题 10 分, 共 20 分)

23. **解** 解方程组 $\begin{cases} x^2+y^2=2y \\ y=\sqrt{x} \end{cases}$ 得交点坐标为 $(0,0)$, $(1,1)$, 由 $x^2+y^2=2y$ 得到

$$y=1+\sqrt{1-x^2} \text{ 和 } y=1-\sqrt{1-x^2} \text{ (舍去)}$$

(1) 所求的面积为

$$A=\int_0^1\left(1+\sqrt{1-x^2}-\sqrt{x}\right)dx=\left(x-\dfrac{2}{3}x^{\frac{3}{2}}\right)\Big|_0^1+\int_0^1\sqrt{1-x^2}\,dx=\dfrac{1}{3}+\dfrac{\pi}{4}$$

其中, 由定积分的几何意义可知 $\int_0^1\sqrt{1-x^2}\,dx=\dfrac{\pi}{4}$.

(2) 所求的体积为: $V=\pi\int_0^1\left[\left(1+\sqrt{1-x^2}\right)^2-\left(\sqrt{x}\right)^2\right]dx$

$$=\pi\int_0^1(-x^2-x+2)dx+2\pi\int_0^1\sqrt{1-x^2}\,dx$$

$$=\pi\left[-\dfrac{x^3}{3}-\dfrac{x^2}{2}+2x\right]_0^1+2\pi\times\dfrac{\pi}{4}$$

$$=\dfrac{7}{6}\pi+\dfrac{\pi^2}{2}.$$

24. 解设 $\int_1^2 f(x)dx=a$.

(1) 由已知 $f(x)=\dfrac{1}{x^2}+2\int_1^2 f(x)dx$, 两边取定积分, 有

$$\int_1^2 f(x)dx=\int_1^2\dfrac{1}{x^2}dx+2\int_1^2 f(x)dx\int_1^2 dx \quad (\text{因为 } 2\int_1^2 f(x)dx \text{ 为常数})$$

所以, 上式为

$$a=\dfrac{1}{2}+2a \quad \text{解得} \quad a=-\dfrac{1}{2}$$

从而, $f(x)=\dfrac{1}{x^2}+2\times\left(-\dfrac{1}{2}\right)=\dfrac{1}{x^2}-1$

(2) $\int_1^{+\infty}f(x)dx=\int_1^{+\infty}\left(\dfrac{1}{x^2}-1\right)dx=\left(-\dfrac{1}{x}-x\right)\Big|_1^{+\infty}=\infty$ 所以反常积分 $\int_1^{+\infty}f$ $(x)dx$ 发散.

附录四

2012 年江苏省普通高等学校第十一届高等数学竞赛试题

一、填空题(每小题 4 分,共 32 分)

1、$\lim\limits_{x \to 4} \dfrac{\sqrt{4+3x}-4}{\sqrt{1+6x}-5} = $ _____.

2、$\lim\limits_{x \to \infty} \dfrac{1^3+2^3+\cdots n^3}{n^4} = $ _____.

3、$\lim\limits_{x \to 0} \dfrac{\int_0^x t\sin^3 t\, dt}{x^2} = $ _____.

4、$y = \ln(1-x)$,则 $y^{(n)} = $ _____.

5、$\int x^2 \arctan x\, dx = $ _____.

6、$\int_1^{\sqrt{2}} x\arccos \dfrac{2}{x}\, dx = $ _____.

7、点 $(2,-1,3)$ 到直线 $\dfrac{x-1}{1} = \dfrac{y+3}{-2} = \dfrac{z}{2}$ 的距离为 _____.

8、级数 $\sum\limits_{n=2}^{\infty} (-1)^n \dfrac{n^k}{n-1}$ 为条件收敛,则常数 k 的取值范围是 _____.

二、(每小题 6 分,共 12 分)

(1) 求 $\lim\limits_{n \to \infty} n^3 \left(\dfrac{3}{n^2} - \sum\limits_{i=1}^{3} \dfrac{1}{(n+i)^2} \right)$

(2) 设 $f(x)$ 在,且 $f(0)=1$,$f'(0)=2$,$\lim\limits_{x \to 0} \dfrac{f(\cos x-1)-1}{x^2}$

三、(第 (1) 小题 4 分,第 (2) 小题 6 分,共 10 分)

在下面两题中,分别指出满足条件的函数是否存在? 若存在,举一例;若不存在,请给出证明.

(1)函数 $f(x)$ 在 $(-\delta,\delta)$ 上有定义 $(\delta>0)$,当 $-\delta<x<0$ 时,$f(x)$ 严格增加,当 $0<x<\delta$ 时,$f(x)$ 严格减少,$\lim\limits_{x\to\infty}f(x)$ 存在,且 $f(0)$ 是 $f(x)$ 的极小值.

(2)函数 $f(x)$ 在 $(-\delta,\delta)$ 上一阶可导 $(\delta>0)$,$f(0)$ 为极值,且 $(0,f(0))$ 为曲线 $y=f(x)$ 的拐点.

四、(10分) 求一个次数最低的多项式 p(x),使得它在 x=1 时取得极大值

五、(12分)

过点 $(0,0)$ 作曲线 $T:Y=e^{-x}$ 的切线 L,设 D 是以曲线 T,切线 L 及轴为边界的无界区域,

(1)求切线 L 的方程;

(2)求区域 D 的面积;

(3)求区域 D 绕轴旋转一周所得旋转体的体积.

六、(12分)

点 $A(1,2,-1)$,$B(5,-2,3)$ 在平面 $\Pi:2x-y-2z=3$ 的两侧,过点 A,B 作球面,使其在平面 Π 上截得的圆 T 最小,

(1)求直线 AB 与平面 Π 的交点 M 的坐标;

(2)若点 M 是圆 T 的圆心,求球面的球心坐标与该球面的方程;

(3)证明:点 M 的确是圆 T 的圆心.

七、(12分)

求级数 $\sum\limits_{n=1}^{\infty}\dfrac{n(n+1)+(-1)^n}{2^n n}$ 的和.

2012 年江苏省普通高等学校第十一届高等数学竞赛试题参考解答

一、填空题(每小题 4 分,共 32 分)

1. $\dfrac{5}{8}$.

2. $\dfrac{1}{4}$.

3. $\dfrac{1}{5}$.

4. $-\dfrac{(n-1)!}{(1-x)^n}$.

5. $\dfrac{1}{3}x^3\arctan x - \dfrac{1}{6}x^2 + \dfrac{1}{6}\ln(1+x^2) + C$.

6. $\dfrac{\pi}{4} - \dfrac{1}{2}$.

7. $\dfrac{\sqrt{65}}{3}$.

8. $0 \leqslant k < 1$.

二、(每小题 6 分,共 12 分)

9. 解 (1) 原式 =

$$\lim_{n\to\infty}\left\{n^3\left[\frac{1}{n^2} - \frac{1}{(n+1)^2}\right] + n^3\left[\frac{1}{n^2} - \frac{1}{(n+2)^2}\right] + n^3\left[\frac{1}{n^2} - \frac{1}{(n+3)^2}\right]\right\}$$

$$= \lim_{n\to\infty}\left[\frac{n^2(2n+1)}{n^2(n+1)^2} + \frac{n^2(4n+4)}{n^2(n+2)^2} + \frac{n^2(6n+9)}{n^2(n+3)^2}\right]$$

$$= 2 + 4 + 6 = 12.$$

10. 解 $\displaystyle\lim_{x\to 0}\frac{f(\cos x - 1) - 1}{x^2} = \lim_{x\to 0}\frac{f(\cos x - 1) - f(0)}{\cos x - 1}\cdot\frac{\cos x - 1}{x^2} = f'(0)\left(-\frac{1}{2}\right) = -1$

$$= \lim_{x\to 0}\frac{f(\cos x - 1) - f(0)}{\cos x - 1}\lim_{x\to 0}\frac{\cos x - 1}{x^2} = f'(0)\left(-\frac{1}{2}\right) = -1$$

$$= f'(0)\cdot\left(-\frac{1}{2}\right) = 2\cdot\left(-\frac{1}{2}\right) = -1.$$

注 本题不能应用洛必达法则,若应用洛必达法则,并求出 -1 的,共给 2 分.

三、(第(1)小题 4 分,第(2)小题 6 分,共 10 分)

解 (1)满足条件的函数存在,例如,

$$f(x) = \begin{cases} -x^2, & 0 < |x| < 1 \\ -2, & x = 0 \end{cases}$$

(2)满足条件的函数不存在,证明如下:(反证法)

因为 $f(0)$ 是极值,所以 $f'(0) = 0$. 不妨设 $f(0)$ 是极小值,若 $(0, f(0))$ 是拐点,则存在 $x = 0$ 的取去心邻域 $U = \{(x, y) \mid 0 < |x| < \delta_1\}(\delta_1 < \delta)$,使得 $f'(x)$ 在 $(-\delta, 0)$ 和 $(0, \delta)$ 上严格单调性相反,不妨设 $-\delta < x < 0$ 时,$f'(x)$ 严格增加;$0 < x < \delta_1$,$f'(x)$ 严格严格减少,因 $f'(0) = 0$,于是存在 $x \in U$,都有 $f'(x) < 0$,因此 $0 < x < \delta_1$ 时,函数 $f(x)$ 单调减少,故 $f(0)$ 不可能是 $f(x)$ 的极小值,此与 $f(0)$ 为极小值矛盾,所以满足条件的函数不存在.

四、(10 分)

解 令 $p'(x) = a(x-1)(x-4)$,积分得

$$p(x) = a\left(\frac{1}{3}x^3 - \frac{5}{2}x^2 + 4x\right) + b$$

由 $p(1) = \frac{11}{6}a + b = 13$,$p(4) = -\frac{8}{3}a + b = -14$,可解得 $a = 6$, $b = 2$.

于是所求的函数为

$$p(x) = 2x^3 - 15x^2 + 24x + 2.$$

五、(12 分)

解 (1)设切点为 (a, e^{-a}),则

$$L: y - e^{-a} = -e^{-a}f(x),$$

将 $(0, 0)$ 代入上式,得 $a = -1$,于是 L 的方程为

$$y = -ex$$

(2)因切点为 $(-1, e)$,故

$$S = \int_{-1}^{\infty} e^{-x} dx - \frac{1}{2}e = (-e^{-x}) \Big|_{-1}^{+\infty} - \frac{1}{2}e = \frac{1}{2}e.$$

$$(3) V = \pi \int_{-1}^{+\infty} e^{-2x} dx - \frac{1}{3}\pi e^2 = \left(-\frac{\pi}{2}e^{-2x}\right) \Big|_{-1}^{+\infty} - \frac{1}{3}\pi e^2$$

$$= \frac{1}{2}\pi e^2 - \frac{1}{3}\pi e^2 = \frac{1}{6}\pi e^2.$$

六、(12 分)

解 (1) $\overrightarrow{AB} = 4(1, -1, 1)$,直线 AB 的方程为

$$x = 1 + t, \quad y = 2 - t, \quad z = -1 + t$$

代入平面方程 $\Pi : 2x - y - 2z = 3$ 中,解得 $t = 1$,所以交点 M 的坐标为 $M(2, 1, 0)$.

(2)线段 AB 的中点是 $(3, 0, 1)$,线段 AB 的垂直平分面 Π_1 的方程为

$$x - y + z = 4$$

过点 $M(2, 1, 0)$ 作平面 Π 的垂线 L,则 L 的方程为

$$x = 2 + 2t, \quad y = 1 - t, \quad z = -2t$$

将上式代入平面 Π_1 的方程,解得 $t = 3$

由此得到球面的球心坐标为 $(8, -2, -6)$,又因为 $|OA|^2 = 90$,所以球面方程为

$$(x - 8)^2 + (y + 2)^2 + (z + 6)^2 = 90$$

(2)在圆 T 内过一点 M 作直径 CD,设过 AB 和 CD 的平面与球面的交线圆 T_1,设 $AM = a$, $MB = b$, $CM = x$, $MD = y$,因为

$$\Delta AMC \sim \Delta DMB$$

所以,$\dfrac{a}{y} = \dfrac{x}{b} \Rightarrow xy = ab$

圆 T 的面积为

$$S = \pi \left(\frac{x + y}{2} \right)^2 = \frac{\pi}{4} \left((x - y)^2 + 4xy \right) = \frac{\pi}{4} \left((x - y)^2 + 4ab \right)$$

因为圆 T 最小,所以 $x = y$,即得点 M 是圆 T 的圆心.

七、(12 分)

解 令 $f(x) = \displaystyle\sum_{n=1}^{\infty} (n + 1) x^n$,

$$\int_0^x f(x) \, dx = \sum_{n=1}^{\infty} x^{n+1} = \frac{x^2}{1 - x}, \quad |x| < 1,$$

所以,$f'(x) = \left(\dfrac{x^2}{1 - x} \right)' = \dfrac{2x - x^2}{(1 - x)^2}, \quad |x| < 1$

$$f\left(\frac{1}{2} \right) = \sum_{n=1}^{\infty} \frac{n + 1}{2^n} = 3, \quad \sum_{n=0}^{\infty} \frac{1}{n} \left(-\frac{1}{2} \right)^n = -ln \frac{3}{2},$$

于是,有

$$\sum_{n=1}^{\infty} \frac{n(n + 1) + (-1)^n}{2^n n} = \sum_{n=1}^{\infty} \frac{n + 1}{2} + \sum_{n=1}^{\infty} \frac{1}{n} \left(-\frac{1}{2} \right) = 3 - ln \frac{3}{2}.$$

附录五

2014 年江苏省普通高等学校第十二届高等数学竞赛试题（专科）

附录六

2016 年江苏省普通高等学校第十三届高等数学竞赛试题（专科）

一、解下列各题（每小题 6 分，共 24 分）

1. 设 $f(x)=(x-2)^2(x-3)^3(x-4)^4$，试求 $f'(2)$，$f''(2)$.

2. 求极限 $\lim\limits_{x\to 0}\dfrac{\sin(\sin) - \sin(\sin(\sin))}{\sin^3 x}$.

3. 求定积分 $\displaystyle\int_0^{\frac{\pi}{2}}\dfrac{\sin x}{(\sin x + \cos x)^3}dx$.

4. 已知点 $P(3,2,1)$，在直线 $\dfrac{x-3}{5}=\dfrac{y+1}{-1}=\dfrac{z}{-3}$ 上求一点 Q，使得线段 PQ 平行于平面 $2x-2y+3z=1$，试写出点 Q 的坐标.

二、（8 分）.

判断下一命题是否成立？若判断成立，给出证明；若判断不成立，举一反三，作出说明.

命题：若函数 $f(x)$ 满足 $f(0)=0$，$\lim\limits_{x\to 0}\dfrac{f(2x)-f(x)}{x}=a\,(a\in R)$，则 $f(x)$ 在 $x=0$ 处可导，且 $f'(0)=a$.

三、（10 分）.

设函数 $f(x)$ 在区间 $[0,1]$ 上二阶可导，$f(0)=0$，$f(1)=0$，且 $\max\limits_{x\in[0,1]}f(x)>0$，$\min\limits_{x\in[0,1]}f(x)<0$，求证：存在 $\xi\in(0,1)$，使得 $f''(\xi)=0$.

四、（12 分）.

设函数 $f(x)$ 在 $x=2$ 处可微，满足

$$2f(2+x) + f(2-x) = 3 + 2x + o(x)$$

这里 $o(x)$ 表示比 x 为高阶无穷小(当 $x \to 0$ 时),试求微分,并求曲线 $y = f(x)$ 在点 $(2, f(2))$ 处的切线方程.

五、(10 分)

设函数 $f(x)$ 在区间 $[0,1]$ 上连续,求证:

$$\int_0^\pi xf(\sin x)\,dx = \pi \int_0^{\frac{\pi}{2}} f(\sin x)\,dx ;$$

并求定积分 $\displaystyle\int_0^\pi \frac{x\sin x}{1+\sin^2 x}\,dx.$

六、(12 分)

设 $f(x) = \displaystyle\int_0^x \frac{\ln(1+t)}{1+t^2}\,dt$,试求定积分 $\displaystyle\int_0^1 xf(x)\,dx.$

七、(12 分).

求立体的体积.

八、(12 分)

已知级数 $\displaystyle\sum_{n=2}^\infty (-1)^n \left(\sqrt{n^2+1} - \sqrt{n^2-1}\right) n^\lambda$,其中实数 $\lambda \in [0,1]$,试对 λ 讨论该级数的绝对收敛,条件收敛与发散性.

2016 年江苏省普通高等学校第十三届高等数学竞赛试题（专科）参考解答

一、解下列各题

1. 解令 $g(x) = (x-3)^3(x-4)^4$，则 $f(x) = (x-2)^2 g(x)$，应用求导公式可得

$$f'(x) = 2(x-2)g(x) + (x-2)^2 g'(x)$$

$$f''(x) = 2g(x) + 4(x-2)g'(x) + (x-2)^2 g''(x)$$

于是 $f'(2) = 0, f''(2) = 2g(2) = 2(-1)^3(-2)^4 = -32$.

2. **解**　应用等价无穷小代换与洛必达法则得

$$原式 = \lim_{x \to 0} \frac{\sin(\sin) - \sin(\sin(\sin))}{x^3}$$

$$= \lim_{x \to 0} \frac{\cos(\sin) \cdot \cos - \cos(\sin(\sin)) \cdot \cos(\sin x) \cdot \cos}{3x^2}$$

$$= \lim_{x \to 0} \frac{1 - \cos(\sin(\sin))}{3x^2} \cdot \lim_{x \to 0} \cos(\sin x) \cdot \cos x = \lim_{x \to 0} \frac{1 - \cos(\sin(\sin x))}{3x^2}$$

$$= \lim_{x \to 0} \frac{(1/2) \cdot \sin^2(\sin)}{3x^2} = \lim_{x \to 0} \frac{x^2}{6x^2} = \frac{1}{6}$$

3. **解法** 1　应用定积分的换元积分法得

$$原式 = \int_0^{\frac{\pi}{2}} \frac{1x}{(1+\cot x)^3} d(1+\cot x) \quad (令 1 + \cos x = t)$$

$$= \int_1^{+\infty} \frac{1}{t^3} dt = -\frac{1}{2t^2} \Big|_1^{+\infty} = \frac{1}{2}.$$

解法 2　应用定积分的换元积分法得

$$原式 = \int_0^{\frac{\pi}{2}} \frac{\tan x}{(1+\tan x)^3} d\tan x \quad (令 1 + \tan x = t)$$

$$\int_1^{+\infty} \frac{t-1}{t^3} dt = \left(-\frac{1}{t} + \frac{1}{2t^2} \right) \Big|_1^{+\infty} = \frac{1}{2}.$$

解法 3　应用定积分的换元积分法得，令 $x = \frac{\pi}{2} - t$，则

$$\int_0^{\frac{\pi}{2}} \frac{\sin x}{(\sin x + \cos x)^3} dx = \int_{\frac{\pi}{2}}^0 \frac{\cos t}{(\sin t + \cos t)^3} dt = \int_0^{\frac{\pi}{2}} \frac{\cos x}{(\sin x + \cos x)^3} dx$$

于是

$$原式 = \frac{1}{2} \left(\int_0^{\frac{\pi}{2}} \frac{\sin x}{(\sin x + \cos x)^3} dx + \int_0^{\frac{\pi}{2}} \frac{\cos x}{(\sin x + \cos x)^3} dx \right) = \frac{1}{2} \int_0^{\frac{\pi}{2}} \frac{\sin x}{(\sin x + \cos x)^2}$$

dx

$$= \frac{1}{2} \int_0^{\frac{\pi}{2}} \frac{1}{(1+\tan x)^2} d(1+\tan x) \quad (令 1+\tan x = t)$$

$$= \frac{1}{2} \int_1^{+\infty} \frac{1}{t^2} dt = -\frac{1}{2t} \Big|_1^{+\infty} = \frac{1}{2}.$$

解法4 原式 $= \frac{1}{2} \int_0^{\frac{\pi}{2}} \frac{(\sin x + \cos) + (\sin x - \cos x)}{(\sin x + \cos x)^3} dx$

$$= \frac{1}{2} \int_0^{\frac{\pi}{2}} \frac{1}{(\sin x + \cos x)^2} dx - \frac{1}{2} \int_0^{\frac{\pi}{2}} \frac{(\sin x + \cos)'}{(\sin x + \cos x)^3} dx$$

$$= \frac{1}{4} \int_0^{\frac{\pi}{2}} \sec^2(x - \frac{\pi}{4}) dx + \frac{1}{4} \frac{1}{(\sin x + \cos)^2} \Big|_0^{\frac{\pi}{2}}$$

$$= \frac{1}{4} \tan(x - \frac{\pi}{4}) \Big|_0^{\frac{\pi}{2}} + 0 = \frac{1}{2}.$$

4. **解** 通过点 $P(3,2,1)$,且与平面 $2x - 2y + 3z = 1$ 平行的平面为

$$\Pi: 2x - 2y + 3z = 5$$

题给直线通过点 $A(3,-1,0)$,方向为 $\vec{L}(5,-1,-3)$,设点 Q 的坐标为(x_0, y_0, z_0),其中 $x_0 = 3 + 5t, y_0 = -1 - t, z_0 = -3t$,

代入平面 Π 的方程得

$$2(3+5t) - 2(-1-t) + 3((-3t)) = 5$$

解得 $t = -1$

于是点 Q 的坐标为$(-2,0,3)$.

二、解命题不成立

反例:$f(x) = \begin{cases} ax + 1 & (x \neq 0) \\ 0 & (x = 0), \end{cases}$

满足 $f(0) = 0, \lim_{x \to 0} \frac{f(2x) - f(x)}{x} = a$,但 $f(x)$ 在 $x = 0$ 处不连续,所以 $f(x)$ 在 $x = 0$ 不可导.

注1 若应用到 $f(x)$ 在 $x = 0$ 处可导,由

$$\lim_{x \to 0} \frac{f(2x) - f(x)}{x} = 2\lim_{x \to 0} \frac{f(2x) - f(0)}{2x} - \lim_{x \to 0} \frac{f(x) - f(0)}{x} =$$

$$= 2f'(0) - f'(0) = f'(0)$$

推出 $f'(0) = a$,得出命题成立的,共给 2 分.

注2 若应用到 $f(x)$ 在 $x = 0$ 处可导,由

$$\lim_{x \to 0} \frac{f(2x) - f(x)}{x} = \lim_{x \to 0} \frac{2f'(2x) - f'(0)}{x'} = 2f'(0) - f'(0) = f'(0)$$

推出 $f'(0) = a$,得出命题成立的,共给 2 分.

三、证

因为 $f(x)$ 在区间 $[0,1]$ 上可导,所以 $f(x)$ 在区间 $[0,1]$ 上连续,应用闭区间上连续函数的最值定理,设 $f(a)=\max\limits_{x\in[0,1]}f(x)>0$,$f(b)=\min\limits_{x\in[0,1]}f(x)<0$,

不妨设 $0<a<b<1$,应用闭区间上连续函数的零点定理可得,存在 $c\in(a,b)$,使得 $f(c)=0$

因为 $f(x)$ 在区间 $[0,1]$ 上可导,分别在区间 $[0,c]$ 与 $[c,1]$ 上应用洛尔定理可得,存在 $\xi_1\in(0,c)$,$\xi_2\in(c,1)$,使得

$$f'(\xi_1)=0,f'(\xi_2)=0$$

因为 $f'x$ 在区间 $[\xi_1,\xi_2]$ 上可导,在区间 $[\xi_1,\xi_2]$ 上应用洛尔定理可得,存在 $\xi\in(\xi_1,\xi_2)\subset(0,1)$,使得

$$f''(\xi)=0$$

四、解法 1 函数 $f(x)$ 在 $x=2$ 处可微即可导,所以 $f(x)$ 在 $x=2$ 处连续,又函数

$$\varphi x=2+x,\varphi(x)=2-x$$

在 $x=0$ 处连续,在原式中令 $x\to0$ 得

$$2f(2)+f(2)=3$$

因此 $f(2)=1$

原式化为 $\dfrac{2(f(2+x)-f(2))}{x}-\dfrac{f(2-x)-f(2)}{-x}=2+\dfrac{o(x)}{x}$ (1)

因函数 $f(x)$ 在 $x=2$ 处可导 (x),应用导数的定义得

$$\lim_{x\to0}\frac{f(2+x)-f(2)}{x}=f'(2),\lim_{x\to0}\frac{f(2-x)-f(2)}{-x}=f'(2),$$

又 $\lim\limits_{x\to0}\left(2+\dfrac{o(x)}{x}\right)=2,$

在 (1) 式两边求极限得 $f'(2)=2$,因此 $df(x)\big|_{x=2}=f'(2)dx=2dx.$

曲线 $y=f(x)$ 在点 $(2,1)$ 处的切线方程为

$$y-1=f'(2)(x-2),即\ 2x-y=3$$

解法 2 因为函数 $f(x)$ 在 $x=2$ 处可微即可导,所以 $f(x)$ 在 $x=2$ 处连续,又函数

$$\varphi x=2+x,\varphi(x)=2-x$$

在 $x=0$ 处连续,在原式中令 $x \to 0$ 得

$$2f(2) + f(2) = 3$$

因此 $f(2) = 1$

因为函数 $f(x)$ 在 $x=2$ 处可导,应用导数的定义得

$$f'(2) = \lim_{x \to 0} \frac{f(2+x) - f(2)}{x} \quad (1)$$

$$f'(2) = \lim_{x \to 0} \frac{f(2-x) - f(2)}{-x} \quad (2)$$

$2 \times (1) - (2)$ 式得

$$2f'(2) - f'(2) = \lim_{x \to 0} \frac{2f(2+x) - 2}{x} - \lim_{x \to 0} \frac{f(2-x) - 1}{-x}$$

$$= \lim_{x \to 0} \frac{2f(2+x) + f(2-x) - 3}{x} = \lim_{x \to 0} \frac{2x + ox}{x} = 2$$

因此 $f'(2) = 2$.

于是,$df(x)\big|_{x=2} = f'(2)dx = 2dx$.

曲线 $y = f(x)$ 在点 $(2,1)$ 处的切线方程为

$y - 1 = f'(2)(x-2)$,即 $2x - y = 3$

五、解

(1)证原式 $= \int_0^{\frac{\pi}{2}} xf(\sin x)dx + \int_{\frac{\pi}{2}}^{\pi} xf(\sin x)dx$

在第二项中令 $x = \pi - t$,则

$$\int_{\frac{\pi}{2}}^{\pi} xf(\sin x)dx = \int_0^{\frac{\pi}{2}} (\pi - t)f(\sin t)dt = \pi \int_0^{\frac{\pi}{2}} f(\sin t)dt - \int_0^{\frac{\pi}{2}} tf(\sin t)dt$$

$$= \pi \int_0^{\frac{\pi}{2}} f(\sin x)dx - \int_0^{\frac{\pi}{2}} xf(\sin x)dx$$

于是 原式 $= \int_0^{\pi} xf(\sin x)dx = \pi \int_0^{\frac{\pi}{2}} f(\sin x)dx$

(2)利用上面(1)的公式得

$$\int_0^{\pi} \frac{x\sin x}{1 + \sin^2 x}dx = \pi \int_0^{\frac{\pi}{2}} \frac{\sin x}{1 + \sin^2 x}dx$$

$$= -\pi \int_0^{\frac{\pi}{2}} \frac{1}{2 - \cos^2 x}d\cos x \ (\diamondsuit \cos = u) = \pi \int_0^1 \frac{1}{2 - u^2}du.$$

$$= \frac{\pi}{2\sqrt{2}} \left(\ln \frac{\sqrt{2} + u}{\sqrt{2} - u} \right)\bigg|_0^1 = \frac{\pi}{2\sqrt{2}} \ln \left(\frac{\sqrt{2} + 1}{\sqrt{2} - 1} \right) = \frac{\pi}{\sqrt{2}} \ln(1 + \sqrt{2}).$$

六、解法 1　$f'x = \dfrac{ln(1+x)}{1+x^2}$　应用分部积分法得

$$\int_0^1 xf(x)\,dx = \frac{1}{2}\int_0^1 f(x)\,dx^2$$

$$= \frac{1}{2}x^2 f(x)\Big|_0^1 - \frac{1}{2}\int_0^1 x^2 f'(x)\,dx$$

$$= \frac{1}{2}f(1) - \frac{1}{2}\int_0^1 x^2 \cdot \frac{ln(1+x)}{1+x^2}\,dx$$

$$= \frac{1}{2}f(1) - \frac{1}{2}\int_0^1 ln(1+x)\,dx + \frac{1}{2}\int_0^1 \frac{ln(1+x)}{1+x^2}\,dx$$

$$= f(1) - \frac{1}{2}\int_0^1 ln(1+x)\,dx$$

$$= f(1) - \frac{1}{2}\Big(xln(1+x)\Big|_0^1 - \int_0^1 \frac{x}{1+x}\,dx\Big)$$

$$= f(1) - \frac{1}{2}\big(ln2 - 1 + ln(1+x)\big|_0^1\big) = f(1) - ln2 + \frac{1}{2}$$

下面来求 $f(1)$ 令 $\dfrac{1+t}{2} = \dfrac{1}{1+x}$，则 $dt = -\dfrac{2}{(1+x)^2}dx$，$\dfrac{1}{1+t^2} = \dfrac{(1+x)^2}{2(1+x^2)}$，

$$f(1) = \int_0^1 \frac{ln(1+t)}{1+t^2}\,dt = \int_0^1 \frac{ln2 + ln\left(\dfrac{(1+t)}{2}\right)}{1+t^2}\,dt = ln2 \cdot \int_0^1 \frac{1}{1+t^2}\,dt - \int_0^1 \frac{ln(1+x)}{1+x^2}\,dx$$

$$= ln2 \cdot artanx\Big|_0^1 - f(1) = \frac{\pi}{4}ln2 - f(1)$$

于是　$f(1) = \dfrac{\pi}{8}ln2$，

原式 $= \dfrac{\pi}{8}ln2 - ln2 + \dfrac{1}{2}$.

解法 2　$f'x = \dfrac{ln(1+x)}{1+x^2}$，应用分部积分法得

$$\int_0^1 xfx\,dx = x^2 f(x)\Big|_0^1 - \int_0^1 x(fx + xf'x)\,dx$$

$$= f(1) - \int_0^1 xfx\,dx - \int_0^1 \frac{(1+x^2-1)ln(1+x)}{1+x^2}\,dx$$

$$= f(1) - \int_0^1 xfx\,dx - \int_0^1 ln(1+x)\,dx + f(1)$$

于是

$$\int_0^1 xfx\,dx = f(1) - \frac{1}{2}\int_0^1 ln(1+x)\,dx = f(1) - \frac{1}{2}\Big(xln(1+x)\Big|_0^1 - \int_0^1 \frac{x}{1+x}\,dx\Big)$$

$$= f(1) - \frac{1}{2}(ln2 - 1 + ln(1 + x)\big|_0^1) = f(1) - ln2 + \frac{1}{2}.$$

于是 $f(1) = \frac{\pi}{8}ln2$ 的求法同解法1

所以，原式 $= \frac{\pi}{8}ln2 - ln2 + \frac{1}{2}.$

七、解 球面

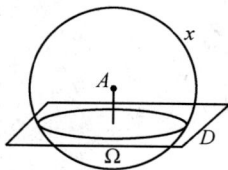

$\sum : (x-2)^2 + (y+1)^2 + (z-1)^2 = 4$ 的球心为 $A(2, -1, 1)$，

半径为 $R = 2$. 球心 A 到平面 $\Pi : 2x + 2y - z = 4$ 的距离为

$$d = \frac{|4 - 2 - 1 - 4|}{\sqrt{4 + 4 + 1}} = \frac{|-3|}{3} = 1$$

由于球心 A 在区域 $2x + 2y - z < 4$ 中，立体 Ω 在区域 $2x + 2y - z \geq 4$ 中，所以立体 Ω 是球体

$$(x-2)^2 + (y+1)^2 + (z-1)^2 \leq 4$$

被平面 Π 割下的较小的一块.

立体 Ω 可视为 xoy 平面上图形 $D : \{(x,y) | 0 \leq y \leq \sqrt{4 - x^2}, 1 \leq x \leq 2\}$ 绕 ox 轴旋转一周所生成的立体，所以立体 Ω 的体积为

$$v = \pi \int_1^2 y^2 dx = \pi \int_1^2 (4 - x^2) dx = \pi \left(4x - \frac{1}{3}x^3\right)\Big|_1^2 = \frac{5}{3}\pi$$

注 若将立体 Ω 错视为球体被平面 Π 割下的较大的一块，并求得立体 Ω 的体积为 9π 的，最多给 7 分.

八、解法 1 设 $a_n = (\sqrt{n^2 + 1} - \sqrt{n^2 - 1})n^\lambda$，则 $a_n > 0$

$$a_n = n(\sqrt{n^2 + 1} - \sqrt{n^2 - 1})\frac{1}{n^{1-\lambda}} = \frac{2}{\left(\sqrt{1 + \frac{1}{n^2}} + \sqrt{1 - \frac{1}{n^2}}\right)n^{1-\lambda}} > \frac{1}{n^{1-\lambda}}$$

因为 $\lambda \in [0,1], 1 - \lambda \leq 1, \sum_{n=2}^{\infty} \frac{1}{n^{1-\lambda}}$ 发散，应用比较判别法得原级数非绝对收敛.

(1) 当 $\lambda \in [0,1)$ 时，令 $fx = x(\sqrt{x^2 + 1} - \sqrt{x^2 - 1})$，当 $x \geq 2$ 时，因为

$$f'(x) = \sqrt{x^2 + 1} - \sqrt{x^2 - 1} + x\left(\frac{x}{\sqrt{x^2 + 1}} - \frac{x}{\sqrt{x^2 - 1}}\right)$$

$$= \frac{2}{\sqrt{x^2 + 1} + \sqrt{x^2 - 1}} \cdot \left(\frac{\sqrt{x^4 - 1} - x^2}{\sqrt{x^4 - 1}}\right) < 0$$

所以 $f(x)$ 在 $x \geqslant 2$ 上单调减少, 故 $f(n) = n(\sqrt{n^2+1} - \sqrt{n^2-1})$ 单调减少

因 $0 < 1 - \lambda \leqslant 1$, $g(n) = \dfrac{1}{n^{1-\lambda}}$ 显然单调减少, 又 $f(n) > 0$, $g(n) > 0$, 故 $\{a_n\} = \{f(n) \cdot g(n)\}$ 也单调减少. 显然有

$$\lim_{n \to \infty} a_n = \lim_{n \to \infty} \frac{2}{\sqrt{1 + \dfrac{1}{n^2}} + \sqrt{1 - \dfrac{1}{n^2}}} \cdot \lim_{n \to \infty} \frac{1}{n^{1-\lambda}} = 1. \, 0 = 0$$

应用莱布尼茨判别法得交错级数 $\displaystyle\sum_{n=2}^{\infty} (-1)^n a_n$ 收敛.

所以原级数在 $\lambda \in [0, 1)$ 时为条件收敛.

(2) 当 $\lambda = 1$ 时, 因为 $\displaystyle\lim_{n \to \infty} \frac{2}{\sqrt{1 + \dfrac{1}{n^2}} + \sqrt{1 - \dfrac{1}{n^2}}} = 1$, $\displaystyle\lim_{n \to \infty} (-1)^n a_n \neq 0$, 所以原级数在

$\lambda = 1$ 时发散.

解法 2　数列 $\{a_n\}$ 单调减少的证明改动如下, 其他步骤同上

令 $fx = (\sqrt{x^2+1} - \sqrt{x^2-1}) \cdot x^{\lambda}$ 则

$$f'x = \left(\frac{x}{\sqrt{x^2+1}} - \frac{x}{\sqrt{x^2-1}}\right) x^{\lambda} + (\sqrt{x^2+1} - \sqrt{x^2-1}) \lambda x^{\lambda-1}$$

$$= \frac{-2x^2 + 2\lambda\sqrt{x^4-1}}{\sqrt{x^4-1}(\sqrt{x^2+1} + \sqrt{x^2-1}) x^{1-\lambda}} < \frac{2x^2(\lambda-1)}{\sqrt{x^4-1}(\sqrt{x^2+1} + \sqrt{x^2-1}) x^{1-\lambda}}$$

< 0

所以 $f(x)$ 单调减少, 故 $\{a_n\} = \{f(n)\}$ 单调减少

注: 上述步骤 (1) 中, 若证明 $0 \leqslant \lambda < 1$ 时, 级数 $\displaystyle\sum_{n=2}^{\infty} (-1)^n \frac{1}{n^{1-\lambda}}$ 条件收敛, 从而

推出原级数在 $0 \leqslant \lambda < 1$ 时为条件收敛, 则此步的 6 分最多给 3 分.

附录七

历年全国大学生数学建模竞赛(CUMCM)专科组竞赛赛题目录

CUMCM – 2015   C 题:月上柳梢头

CUMCM – 2015   D 题:众筹筑屋规划方案设计

CUMCM – 2014   C 题:生猪养殖场的经营管理

CUMCM – 2014   D 题:储药柜的设计

CUMCM – 2013   C 题:古塔的变形

CUMCM – 2013   D 题:公共自行车服务系统

CUMCM – 2012   C 题:脑卒中发病环境因素分析及干预

CUMCM – 2012   D 题:机器人避障问题

CUMCM – 2011   C 题:企业退休职工养老金制度的改革

CUMCM – 2011   D 题:天然肠衣搭配问题

CUMCM – 2010   C 题:输油管的布置

CUMCM – 2010   D 题:对学生宿舍设计方案的评价

CUMCM – 2009   C 题:卫星和飞船的跟踪测控

CUMCM – 2009   D 题:会议筹备

CUMCM – 2008   C 题:地面搜索

CUMCM – 2008   D 题:NBA 赛程的分析与评价

CUMCM – 2007   C 题:手机"套餐"优惠几何

CUMCM – 2007   D 题:体能测试时间安排

CUMCM – 2006   C 题:易拉罐形状和尺寸的最优设计

CUMCM – 2006   D 题:煤矿瓦斯和煤尘的监测与控制

CUMCM – 2005   C 题:雨量预报方法评价

CUMCM – 2005   D 题:DVD 在线租赁

CUMCM – 2004   C 题:饮酒驾车

CUMCM – 2004   D 题:公务员的招聘

CUMCM – 2003   C 题:SARS 的传播

CUMCM – 2003   D 题:抢渡长江

CUMCM – 2002   C 题:车灯线光源的计算

CUMCM – 2002   D 题:赛程安排

CUMCM – 2001   C 题:基金使用计划

CUMCM – 2001   D 题:公交车调度

CUMCM – 2000   C 题:飞跃北极

CUMCM – 2000   D 题:空洞探测

CUMCM – 1999   C 题:煤矸石堆积

CUMCM – 1999   D 题:钻井布局

参 考 文 献

[1]陈笑缘.数学建模.北京:中国财政经济出版社,2014.8.

[2]冯宁.高等数学(第二版).南京.南京大学出版社,2011.8.

[3]颜文勇,成和平.北京:科学出版社,2004.7.

[4]王正林,刘明.北京:电子工业出版社,2007.7.

[5]肖华勇.基于 MATLAB 和 LINGO 的数学实验.西安.西北工业大学出版社,2009.3.

[6]候风波.应用数学.北京:科学出版社,2007.9.

[7]胡守信,李柏年.基于 MATLAB 的数学实验.北京:科学出版社,2004.6.

[8]萧树铁.大学数学(第二版).北京:高等教育出版社,1999.7.

[9]教育部高等教育司组编.线性代数.北京:高等教育出版社,1999.7.

[10]同济大学应用数学系.线性代数学习辅导与习题选解.北京:高等教育出版社,1999.7.

[11]陈笑缘.高等数学专升本辅导教程.北京:高等教育出版社,2013.1.

学习笔记

学习笔记

学习笔记

学习笔记